自然语言
处理与应用

张华平 商建云 汤泽阳 雷沛钶 著

清华大学出版社
北京

内 容 简 介

本书集学术前沿、教学成果与应用实践于一体,系统讲述自然语言处理理论与应用。全书分为5篇。基础理论篇包括第1~4章,主要内容为自然语言处理与应用概述、面向自然语言处理的深度学习经典平台与算法、面向自然语言处理的深度学习前沿进展、预训练语言模型;信息处理篇包括第5~9章,主要内容为网络爬虫技术、多格式文档解析与管理、语音文字识别、图像语义表示与字符识别、中文分词与词性标注;语义分析篇包括第10~13章,主要内容为情感分析、新词发现、命名实体识别与关键词提取、知识图谱的大数据自动构建与应用;文本挖掘篇包括第14~18章,主要内容为信息过滤、文本分类、文本聚类、文本校对、自动摘要;应用篇包括第19、20章,主要内容为自然语言处理应用项目和案例。

本书可作为高等学校自然语言处理方向研究生与高年级本科生的专业课教材,也可供自然语言处理方向的科研人员、工程技术人员和爱好者参考。

图书在版编目(CIP)数据

自然语言处理与应用/张华平等著. —北京:清华大学出版社,2023.9
计算机学科研究生系列教材
ISBN 978-7-302-64626-6

Ⅰ.①自…　Ⅱ.①张…　Ⅲ.①自然语言处理-研究生-教材　Ⅳ.①TP391

中国国家版本馆 CIP 数据核字(2023)第 175344 号

责任编辑:白立军　战晓雷
封面设计:杨玉兰
责任校对:胡伟民
责任印制:宋　林

出版发行:清华大学出版社
　　　　网　　　址:http://www.tup.com.cn,http://www.wqbook.com
　　　　地　　　址:北京清华大学学研大厦 A 座　　　　邮　　编:100084
　　　　社 总 机:010-83470000　　　　　　　　　　　邮　　购:010-62786544
　　　　投稿与读者服务:010-62776969,c-service@tup.tsinghua.edu.cn
　　　　质量反馈:010-62772015,zhiliang@tup.tsinghua.edu.cn
印 装 者:三河市龙大印装有限公司
经　　销:全国新华书店
开　　本:185mm×260mm　　　　印　　张:22　　　　字　　数:556 千字
版　　次:2023 年 9 月第 1 版　　　　　印　　次:2023 年 9 月第 1 次印刷
定　　价:89.00 元

产品编号:095914-01

前 言

  自然语言处理是一门融语言学、计算机科学、数学于一体的学科,研究人与计算机之间用自然语言进行有效通信的各种理论和方法。自然语言处理的目标是让机器在理解语言上像人类一样有智能,最终目标是减小人类交流(自然语言)和计算机理解(机器语言)之间的差距。自然语言处理被誉为"人工智能皇冠上的明珠"。微软全球副总裁、著名人工智能专家沈向洋在中国计算机大会上明确表示:"得语言者得天下。"自然语言处理已经成为人工智能研究的难点与热点,孕育着改变世界未来的机会。魔多情报(Mordor Intelligence)公司的报告显示,2020 年全球自然语言处理市场规模为 107.20 亿美元,预计到 2026 年将增长至 484.60 亿美元,平均年复合增长率为 26.84%。随着新冠疫情的全球传播,自然语言处理在医疗健康方面的增长尤为迅速。

  近年来,自然语言处理领域已经有不少优秀专著或教材面世,但主要介绍自然语言处理的经典算法与相关技术,结合实际系统与应用实践的不多。我从 2016 年开始在北京理工大学开设研究生选修课"大数据分析与应用",2022 年开始为北京理工大学人工智能专业大三学生开设必修课"大数据处理技术",尝试将自然语言处理与大数据、人工智能相结合,采用研究型教学方式,给出自然语言处理的经典任务命题,由学生们分组给出综述报告,要求详细介绍自然语言处理各个技术点的经典算法,并反映出近 3 年国际学术研究的前沿进展,最后给出直观的演示系统并进行实验验证。课程期末考试需要团队协作完成有一定创新性的自然语言处理项目,由校外产学研各界专家进行独立评审。经过 6 年的不断探索,课程受到了 1000 多位修课同学的广泛好评,课程期末平均成绩为 94.73 分。随着教学实践体系的不断完善,我希望能将 20 多年自然语言处理研究和 6 年教学实践的成果分享出来,最终完成了这本自然语言处理与应用密切结合的教材。

  本书共分 5 篇:基础理论篇主要包括自然语言处理与应用概述、深度学习经典平台与算法、深度学习前沿进展、预训练语言模型;信息处理篇主要包括网络爬虫技术、多格式文档解析与管理、语音文字识别、图像语义表示与字符识别、中文分词与词性标注;语义分析篇包括情感分析、新词发现、命名实体识别与关键词提取、知识图谱的大数据自动构建与应用等;文本挖掘篇包括信息过滤、文本分类、文本聚类、文本校对、自动摘要;应用篇主要介绍一些有特色的自然语言处理应用项目和案例。

本书的特色是集学术前沿、应用实践、教学成果于一体,充分反映大数据、人工智能与自然语言处理方向的国际学术前沿进展,同时融入作者团队20余年自然语言处理与应用方向的创新性成果,相关成果先后获得新疆维吾尔自治区科技进步奖一等奖与二等奖以及钱伟长中文信息处理科学技术奖一等奖。本书吸收了"大数据分析与应用""大数据处理技术"6年多一线研究型教学实践成果,收录了多个研究小组的优秀项目作为应用案例。作为本书成果的配套网站和相关资料的下载基地,NLPIR(自然语言处理与信息检索)共享平台提供了实际成果演示与各类资源的下载。本书可作为高校自然语言处理方向研究生与高年级本科生的教材,也可供自然语言处理方向的科研人员、工程技术人员和爱好者参考。

本书内容主要涉及作者所在的北京理工大学NLPIR实验室的研究成果,部分章节内容来自实验室近10年发表的学术论文与研究生毕业论文。张华平负责总体策划与任务安排,商建云负责本书的统筹,汤泽阳、雷沛钶、骆曦完成了全部初稿的整理。本书采用了作者指导的研究生张宝华、姜庆鸿、蔡佳豪、刘子宇等的毕业论文及发表的文章,同时采用了北京理工大学"大数据分析与应用"研究生课程、"大数据处理技术"本科课程部分学生的课程作业,均在相应的部分进行了标注。各个章节依次由康铠、王彦浩、杨蔓芝、张晓松、李育霖、张俊辉、马弋洋、张恒瑀、高玉箫、赵青青、杨子研、刘维康、张洪彬、严若豪、谌立凤、李静、蔡佳豪、杜伦、雷沛钶、汤泽阳、黄咏仪等同学进行了精心编辑整理。本书得到基础加强计划技术领域基金(编号:2021-JCJQ-JJ-0059)、北京市自然科学基金(编号:4212026)、北京理工大学"十四五"规划教材项目的资助。在本书策划和写作过程中,得到了清华大学出版社白立军、杨帆老师的大力支持和帮助,作者在此表示衷心感谢。在本书的写作与相关科研课题的研究工作中,得到了多方面的支持与帮助,作者在此谨向相关文献的作者以及为本书提供帮助的老师、同仁和课题组成员致以诚挚的谢意和崇高的敬意。

限于作者的学识、水平,书中不妥之处在所难免,恳请广大读者批评指正。

张华平

2023 年 5 月

目 录 <<

第 2 篇　信息处理篇

第3篇　语义分析篇

第 4 篇 文本挖掘篇

▶ 第5篇 应用篇

第1篇　基础理论篇

第1章

自然语言处理与应用概述

语言是人类区别于其他动物的本质特性之一。人类的多种智能都与语言有着密切的关系：人类的逻辑思维以语言为形式，人类的绝大部分知识也是以语言文字的形式记载和流传下来的。本章给出自然语言处理的定义，介绍自然语言处理的复杂性、重要性、发展历程和上下游任务，并从自然语言处理任务评测结果、中文数据集及评测以及中文预训练语言模型等全面介绍中文自然语言处理的发展现状。[①]

▶ 1.1 自然语言处理

本节对自然语言处理技术进行定义，介绍其复杂性和重要性，并介绍自然语言处理的技术发展路径和上下游任务。

1.1.1 自然语言处理的定义、难点及其发展历程

1. 定义

自然语言处理（Natural Language Processing，NLP）是一门融语言学、计算机科学、数学于一体的科学，研究人与计算机之间用自然语言进行有效通信的各种理论和方法。自然语言是指人们日常使用的、伴随社会发展而演变的语言。处理是指对字、词、实体、句、篇章、话题、知识等粒度的输入进行识别、分析、转化、理解、推理和生成的过程。自然语言处理的目标是让机器在理解语言上像人类一样智能，最终目标是减小人类交流（自然语言）和计算机理解（机器语言）之间的差距。

2. 难点

自然语言处理的难点表现在抽象性、组合性、歧义性、进化性、非规范性、主观性、知识性及难移植性等方面。

自然语言中蕴含了大量的信息，因而自然语言处理也成为人工智能的一个重要组成部分[②]。自然语言是简化了底层物理感知的世界模型，也是人类对世界各种事物及其联系的一套完整的符号化描述。这意味着自然语言处理技术需要处理离散的抽象符号，跳过感知

[①] 本章由康铠整理，部分内容由杜伦、王彦浩贡献。

[②] 曹沁颖. 人工智能对出版业的影响及应对浅析[J]. 科技与出版，2017，36(11)：7-10.

的过程而关注各种抽象概念、语义和逻辑推理,由此带来了抽象性、组合性、歧义性、进化性、非规范性、主观性、知识性及难移植性等一系列问题,如表1-1所示。自然语言处理一直致力于解决这些问题,旨在让机器接近或达到人的理解、推理和表达能力。

表1-1 自然语言处理的部分难点

难　　点	说　　明	举　　例
抽象性	有很多抽象的名词难以被理解和表达	价值、尊严、权利
组合性	自然语言可以排列组合出巨量的语义	不好说,说不好,不说好
进化性	自然语言随着社会的发展而不断变化	古今异义
非规范性	相比代码,自然语言难以被程序理解	要是……就……→if…then…
主观性	不同的人对于同一表达的理解不相同	加入适量味精

如今,互联网带来了海量的文本信息,这些信息来自不同的语言,蕴含丰富的知识,携带大量的噪声,包含丰富的修辞手法,不断地迭代表达方法。自然语言处理技术可以充分地解放和发展生产力,提高国家的科技硬实力。

3. 发展历程

自然语言处理的发展历程如图1-1所示。这个发展历程伴随着经验主义与理性主义从分裂走向统一。通常可以将自然语言处理的发展历程分为20世纪60—80年代基于规则的方法、20世纪80年代到2010年的统计学习方法和2010年以后的深度学习方法3个阶段。

1.1.2　自然语言处理的上下游任务

1. 上游任务

在语言学家和符号主义者看来,自然语言理解是一个层次化的过程,分别是词法分析、句法分析、语义分析和篇章分析,如图1-2所示。只有通过上游任务对语言进行解析后,才可以进行下一步工作。

词法分析是找出词汇的各个词素,从中获得语言学的信息。词法分析包括中文分词和词性标注等。处理中文的首要工作就是要将输入的字串切分为单独的词,这一步骤称为分词。接下来词性标注为每一个词赋予一个词性类别。

句法分析对句子和短语的结构进行分析,如图1-3所示。常见的句法分析任务包括以下两个:

(1)成分句法分析:分析、识别短语结构以及短语之间的层次句法关系。

(2)依存句法分析:识别词之间的相互依存关系。

语义分析旨在学习与理解一段文本所表示的语义内容,将自然语言映射为机器可理解的语言。要求模型对自然语言本身、场景都有深度理解,并且具备一定的推理能力。语义分析又可进一步分解为词汇级语义分析(词义消歧和表示)、句子级语义分析(语义角色标注)以及篇章级语义分析(篇章结构分析)。

篇章分析是指超越单个句子范围的各种分析,包括句子(段落)之间的关系以及关系类

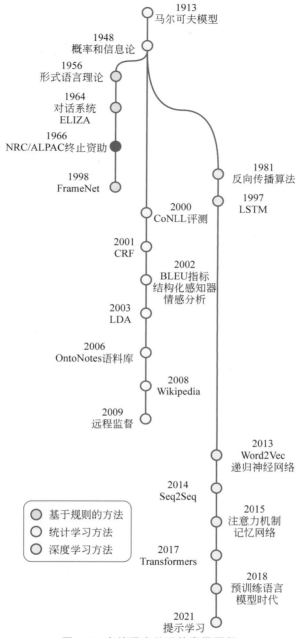

1913
马尔可夫模型

1948
概率和信息论

1956
形式语言理论

1964
对话系统
ELIZA

1966
NRC/ALPAC终止资助

1998
FrameNet

1981
反向传播算法

1997
LSTM

2000
CoNLL评测

2001
CRF

2002
BLEU指标
结构化感知器
情感分析

2003
LDA

2006
OntoNotes语料库

2008
Wikipedia

2009
远程监督

2013
Word2Vec
递归神经网络

2014
Seq2Seq

2015
注意力机制
记忆网络

2017
Transformers

2018
预训练语言
模型时代

2021
提示学习

基于规则的方法
统计学习方法
深度学习方法

图 1-1　自然语言处理的发展历程

型的划分,段落之间的关系判断、跨越单个句子的词之间的关系分析、话题的继承与变迁等。常用的篇章分析有指代消解技术、篇章结果分析、衔接性理论等。

2. 下游任务

自然语言处理的应用技术通常会依赖基础技术,如图 1-4 所示。自然语言处理的下游任务包括文本分类、文本聚类、文本摘要、自动问答、机器翻译、信息抽取、信息推荐、信息检

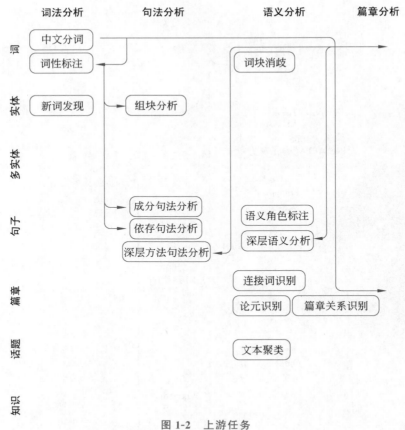

图 1-2　上游任务

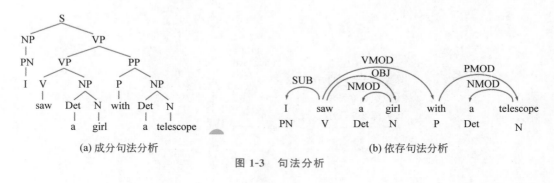

(a) 成分句法分析　　　　　　　　　　　　　　(b) 依存句法分析

图 1-3　句法分析

索等。

　　文本分类：根据文档的内容或主题,将文档分配至预先定义的类别。

　　文本聚类：根据文档间的内容或主题相似度,将文档集合分为若干子集。

　　文本摘要：通过对原文本进行压缩、提炼,得到简明扼要的文字描述。

　　自动问答：利用计算机自动回答用户提出的问题。

　　机器翻译：利用计算机实现从一种语言到另一种语言的自动翻译。

　　信息抽取：从非结构化/半结构化的文本中提取指定的信息,通过信息归并、冗余消除和冲突消解等手段转换为结构化信息,主要包括实体抽取、属性抽取、关系抽取、事件抽取、

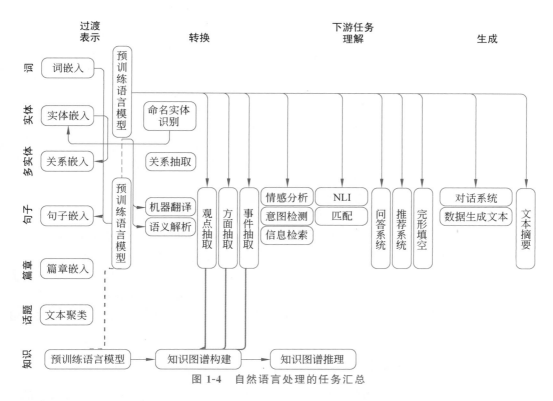

图 1-4　自然语言处理的任务汇总

方面抽取。

　　信息推荐：根据用户的习惯、偏好或兴趣，从大规模信息中识别能够满足用户兴趣的信息。

　　信息检索：将信息按一定方式加以组织，通过查找手段满足用户的信息需求。

▶ 1.2 中文自然语言处理发展现状

1.2.1 自然语言处理任务评测结果

　　SOTA 是 State Of The Art 的缩写，是指特定时刻设备、技术或科学领域发展的最高层次。在自然语言处理领域，如果提出的方法评测分数超越了现有的模型，那么就可以称该方法是某特定数据集的 SOTA 方法。表 1-2 是 12 种主流自然语言处理评测数据集。

表 1-2　12 种主流自然语言处理评测数据集

评测数据集	提出时间	任务类型	规模	提出时最好模型的表现/%	当前最好模型的表现/%	指标
GLUE	2018.4	综合	9 个任务	70.0	90.7	F_1 等
SuperGLUE	2019.7	综合	8 个任务	71.5	89.3	F_1 等
CLUE	2020.11	综合	9 个任务	74.9	80.1	EM、Acc
WinoGrande	2019.11	推理	4.4 万题	79.3	87.0	AUC

续表

评测数据集	提出时间	任务类型	规模	提出时最好模型的表现/%	当前最好模型的表现/%	指标
SQuAD 1.1	2016.10	阅读理解	10 万题	51.0	89.9	F_1
SQuAD 2.0	2018.6	阅读理解	15 万题	66.3	93.0	F_1
CoQA	2019.3	阅读理解	12.7 万题	65.4	90.7	F_1
CommonsenseQA	2019.3	阅读理解	1.2 万题	32.0	83.3	Acc
RACE	2017.12	阅读理解	10 万题	44.1	91.4	F_1
MuTual	2020.4	对话理解	0.9 万题	69.5	91.6	R@1

众所周知,模型与算法的复现也是尤为重要的,诸如 Paper With Code、Hugging Face 等网站不仅可以推广模型以增加其知名度,同时也推动了语言相关模型的发展。

自然语言领域评测与比赛也是推动模型换代与算法更新的重要环节。人工评测需要人类标注员在每个模型版本上进行大规模的质量检查,这种方法虽然精度很高,但劳动密集型的质量检查任务要消耗大量人力。而 GLUE、CLUE 等自动化评测方法可以对模型进行快速评测,对模型迭代意义重大。

1.2.2　中文数据集与评测现状

图 1-5 是目前自然语言处理领域不同语种的数据集分布。可以看到,中文数据集的数量相较于英文数据集非常少,从侧面说明中文自然语言处理的评测数据不全面、不充足。

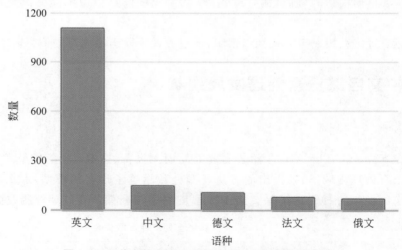

图 1-5　目前自然语言处理领域不同语种的数据集分布

中文数据集在现阶段自然语言处理评测中存在的问题有 4 个:数据集偏差、评测指标失真、评测任务不科学和评测技术单一[①]。自然语言处理评测虽然处于高涨期,但在各类任务上暴露的种种问题表明,现阶段的自然语言处理评测缺少原则和规范的约束,这也导致

---

① 董青秀,穗志方,詹卫东,等. 自然语言处理评测中的问题与对策[J]. 中文信息学报,2021,35(6):1-15.

自然语言处理评测迟迟无法向稳定发展的阶段迈进。

表 1-3 的评测认可度较高。其中有些指标虽然达到很高的水平,但大多数的算法并未得到公开验证,同样会影响研究人员的算法选择与科研进度。

表 1-3　近年来认可度较高的评测

排行	模　型	研　究　机　构	评测时间	Score 1.1
1	HUMAN	CLUE	2019.12.1	86.678
2	神农	云小微 AI	2021.10.15	84.236
3	ShenZhou	QQ 浏览器实验室	2021.9.19	83.872
4	Mengzi	澜舟科技	2021.9.14	81.092
5	BERT	BERT	2021.10.18	78.618

1.2.3　中文预训练语言模型现状

自 2018 年下半年开始,到现在为止,预训练语言模型的发展基本呈爆发趋势,研究者越来越多,研究方向也越来越广。从图 1-6 可以看到,预训练语言模型的研究主要以英文为主,而中文预训练语言模型数量很少。许多在英文数据集发挥出色的模型并没有中文版本,这种局面给中文自然语言处理研究者造成了障碍。

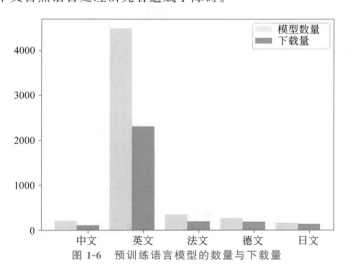

图 1-6　预训练语言模型的数量与下载量

英文预训练语言模型发展迅速,图 1-7 中是主流的预训练语言模型。许多中文自然语言处理研究者在英文预训练语言模型框架下用大规模中文数据集训练出中文预训练语言模型,例如 bert-base-chinese、chinese-roberta-wwm-ext、albert-tiny-chinese 等。

1.2.4　中国影响力现状

2012—2020 年,美、中、英、德四国在 13 个自然语言顶级会议上的论文发表数量如图 1-8 所示。可以看到,美国研究人员发表的论文数量仍保持领先地位,而在 2017—2020 年中国研究人员在顶级会议上发表的论文数量爆发式地增长。

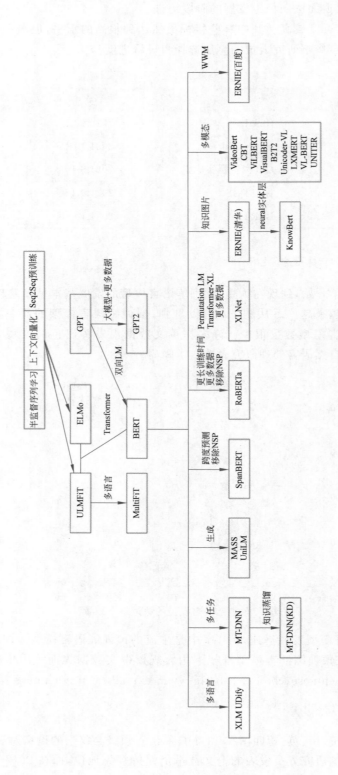

图 1-7　主流的预训练语言模型

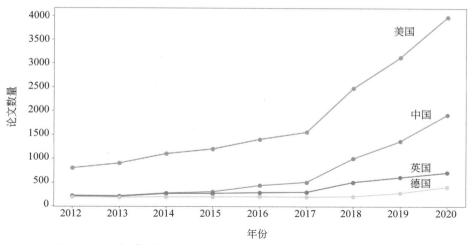

图 1-8 美、中、英、德四国在 13 个自然语言顶级会议上的论文发表数量
来源：https://github.com/thunlp/PLMpapers

目前,各科技巨头在自然语言处理研究领域进行模型训练时都开始单独训练中文预训练语言模型,如 BERT、T5 等。除此之外,大量的技术网站也设立了专门的中文版本,以方便中文研究者进行学习与改进。

▶ 1.3 自然语言处理的发展趋势

自然语言处理的发展趋势可以概括为：处理从人工到自动化,应用从通用到场景化,算法从单一到平台化。

1.3.1 处理从人工到自动化

伴随着深度学习的进步,基于规则的方法和统计学习方法依靠人力设计规则、寻找模式的方式在效率和性能方面的问题逐渐显现,最终被深度学习淘汰。而后,在深度学习领域,需要大量人工设计和大量资源训练的架构工程和目标工程也受到诟病,学术界和工业界呼唤着从人工到自动化的下一场革命。表 1-4 是机器学习从特征工程到范式融合的发展历程。

表 1-4 机器学习的发展历程

范 式	任务间关系	时 间
特征工程	□分类 □标注 □语言模型 □生成	*1913—2001* *2001—2011*
架构工程	□分类 □标注 □语言模型 □生成	*2011—2018*

续表

范　式	任务间关系	时　间
目标工程	分类　标注 语言模型 生成	2018—2021
范式融合	分类　标注 语言模型 生成	2021 至今

1. 特征工程

早期的自然语言处理模型严重依赖特征工程。自然语言处理研究人员或工程师利用他们的领域知识从原始数据中定义和提取显著特征,并提供具有适当归纳偏差的模型,以从这些有限的数据中学习。常用的特征包括句子长度、词频等。可以通过建立规则集合或者使用典型的机器学习方法进行特征工程建模。

2. 架构工程

随着用于自然语言处理的神经网络模型的出现,对特征的设计和对权重参数的学习逐渐转移到对模型的设计和对模型参数的训练上。自然语言处理的重点转向架构工程——通过一定的先验设计一个合适的网络,然后端到端地学习抽象特征,提高了模型的泛化能力。

特征工程和架构工程的比较如表 1-5 所示。

表 1-5　特征工程和架构工程的比较

阶段	特　征　工　程		架　构　工　程
方法	规则方法	统计学习方法	深度学习方法
举例	查情感词典	朴素贝叶斯分类	Word2Vec＋DNN
决策	$\text{mean}(score_{senti})$	$\text{argmax}P(\boldsymbol{W}|C_i)P(C_i)$	$\text{argmax}(\text{softmax}(\boldsymbol{O}))$

3. 目标工程

随着预训练语言模型的出现,自然语言处理领域形成了新常态。以往的完全监督的范式(特征工程和架构工程)逐渐被取代,转变为预训练和微调范式。在这种新的范式中,一个具有固定架构的模型被预先训练为语言模型,以预测文本数据出现的可能性。

由于预训练语言模型采用自监督学习,可以学习无标签的语料知识。模型利用互联网非常丰富的原始文本数据,获得大量的知识以完成下游任务。接下来引入额外的参数,并使用特定任务的目标函数对它们进行微调,使预训练语言模型适应不同的下游任务。

在这一范式中,研究人员的重点转向了目标工程,只需要根据任务简单地设计一个小网络,选择预训练和微调阶段的训练目标,就可以获得出色的性能。

4. 下一个范式

自然语言处理的第三次革命蓄势待发,目前比较有希望的是提示学习。提示学习不是通过目标工程将预训练语言模型调整到下游任务中,而是重新指定下游任务,使其看起来更像在原始训练中通过提示解决的任务。

通过这种方式,只需要选择适当的提示,而不需要任何额外的特定任务训练,就可以使预训练语言模型生成期望的输出。这种方法的优点是在完全无监督的方式下训练的预训练语言模型可以通过一套适当的提示解决大量任务。预训练语言模型利用预训练过程中的无标签语料能够出色地同时解决多个零样本和少样本问题。

除了提示学习,机器阅读理解模型和自然语言推理模型也具备良好的适应能力,有可能在取得更好的性能的同时继续简化人类的工作。

1.3.2　应用从通用到场景化

当自然语言处理技术从学术界的温室走出进入工业界时,会遇到各种各样的问题与困难。通常将这些问题归纳为样本问题、领域问题、语言问题、模态问题和设备问题。

1. 样本问题

基于少量样本进行学习和泛化的能力是区分人类智能和人工智能的重要分界线,因为人类往往能够基于一个或少量样本建立对新事物的认知,而机器学习算法通常需要数百或数千个监督样本才能实现泛化。

如果拥有充足的数据标注,基于深度学习的神经网络可以有效提取目标特征。然而,在实际生产活动中,训练数据很少,神经网络中的参数学习难以在有限的样本上进行泛化,神经网络容易出现过拟合。因此,少样本问题成为深度学习走向实际应用的一个重点和难点。[1]

2. 领域问题

领域自适应(简称域适应)问题和领域问题[2]是两个截然相反的解决方案。前者目前在学术界被广泛研究,后者是目前工业界的主流方法。训练集与测试集独立同分布的假设在实际应用中很难满足。当源域和目标域的分布存在差异时,由源域得到的模型不能在目标域上取得良好的预测结果。从而出现领域间的鸿沟问题。

域适应是一种在训练集和测试集不满足独立同分布条件时的机器学习技术。源域表示与测试样本不同的领域,具有丰富的监督标注信息;目标域表示测试样本所在的领域,无标签或者只有少量标签。源域和目标域往往属于同一类任务,但是分布不同。目标是让源域和目标域共享相同的特征和类别,在特征分布不同的情况下利用信息丰富的源域样本提

---

①　李新叶,龙慎鹏,朱婧. 基于深度神经网络的少样本学习综述[J]. 计算机应用研究,2020,37(8):2241-2247.

②　RAMPONI A, PLANK B. Neural Unsupervised Domain Adaptation in NLP—A Survey[C]. Proceedings of the 28th International Conference on Computational Linguistics,2020:6838-6855.

升目标域模型的性能。

把源域和目标域的数据都映射到一个特征空间中,在特征空间中找一个度量准则,使得源域和目标域数据的特征分布尽量接近,于是基于源域的数据特征训练出的判别器就可以用到目标域数据上。域适应主要有以下 4 类:基于领域分布差异的方法、基于对抗的方法、基于重构的方法以及基于样本生成的方法。

在理想的情况下,一个在任何领域都能够拥有良好性能的模型当然是最优解。但是即使是在学术界的数据集下,这样的域适应模型也无法获得令人满意的效果(在现实条件下,性能会更差)。因此,在实际的工程中不得不退而求其次,根据实际业务领域的需要引入相关知识,构建适用于特定领域的模型。

在教育、医疗、法律这些对准确率和推理能力要求高的领域,通常需要建立领域知识图谱,然后在知识图谱上进行基于规则或基于深度学习的推理。在汽车系统这类强调安全的系统中,通常对深度学习的准确性和实时性要求较高,还需要配合规则以保证安全。每一个领域都需要建立专门的字典,根据实际需要进行预处理。

尽管这极大地降低了代码和模型复用的程度,但是为了使模型能够达到实际要求,这是目前条件下只能采取的必要且有效的手段。研究人员也期待着具有泛化能力、迁移学习的模型,正在积极进行垂直领域模型的探索。

3. 语言问题

语言多但可用的语料少,导致模型训练困难。全球有超过 6000 种语言,但常用的仅 15 种。在无监督数据方面,大多数语言的语料资源都不足 10GB,如图 1-9 所示;在有监督数据方面,大多数公司在中文/英文上有一定的业务数据沉淀,但在新语言上的积累基本为零。

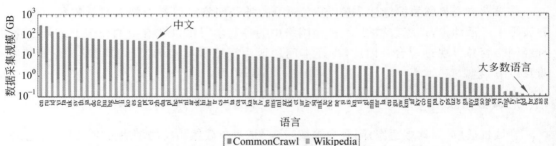

图 1-9　不同语言的语料资源情况

语言种类的繁多增加了维护难度,减缓了扩展速度。为小语种招募数据标注人员也存在一定难度,间接限制了有监督数据的获得。数据的匮乏使得在中小语种上训练一个有效的单语言模型变得困难。算法工程师不懂目标语言,翻译工具质量不高,减缓了开发、调试速度。在工程中,模型优化的收益大多来自数据的制作与清洗,但这一流程在多语言的设定下变得困难,工程师不懂目标语言,使得该过程几乎无法进行。一方面,模型上线后,不同语言对应的模型需要单独优化、处理坏案例(bad case);另一方面,倘若没有良好的复用机制,支持一个新语言的周期会比较长,难以适应快速扩展的业务需求。外部翻译软件仅能在一定程度上缓解此问题,其在小语种上的效果并不可靠,且翻译这一动作本身就极大地影响效率。

4. 模态问题

如图 1-10 所示,多模态的概念起源于计算机人机交互领域信息表示方式的研究,其中术语"模态"一词被定义为在特定物理媒介上信息的表示及交换方式。通过从多模态信息源中学习,有可能捕获模态之间的对应关系并获得对自然现象的深入理解。当前多模态机器学习面临广泛的挑战,包括表示、翻译、对齐、融合和共同学习。[①]

5. 设备问题

目前在深度学习研究中,研究者试图使用强大、复杂的模型网络,追求更高的性能;工程实践者努力

图 1-10　多模态问题

把算法应用在更稳定、高效的硬件平台上,努力提高效率。虽然复杂的模型性能优越,但是对存储空间、计算资源具有很强的依赖,难以有效应用在硬件平台上,因此模型压缩十分重要。目前深度学习模型压缩和加速算法的 3 个方向分别为加速网络结构设计、模型裁剪与稀疏化、量化加速。[②]

1.3.3　算法从单一到平台化

深度学习需要在算法平台上编写代码,从而避免影响底层算法的实现进度。目前,大量底层平台和算法平台的出现为研究人员和生产企业提供了帮助。在不断的竞争中,形成了若干产品生态。

1. 底层平台

得益于深度学习框架发展初期各家为更好地推动技术发展而打造的开源生态模式,如今,深度学习框架百花齐放,快速推动了深度学习技术在工业界的落地应用。常用的深度学习平台包括:Pytorch、TensorFlow、PaddlePaddle,如图 1-11 所示。

 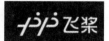

图 1-11　主流框架

开源工具包 PyTorch 使用 Python 脚本语言,一般用于自然语言处理和计算机视觉。它具有强大的 GPU、很高的内存使用效率和动态计算图,这使得它在协助开发动态神经网络方面很受欢迎,并能够根据用户的要求建立图形和将数据可视化。

TensorFlow 工具包开发于 2015 年,被评为机器学习/深度学习中最容易使用和部署的

① WANG Y. Survey on Deep Multi-modal Data Analytics: Collaboration, Rivalry, and Fusion[J]. ACM Transactions on Multimedia Computing, Communications, and Applications(TOMM), 2021, 17(1): 1-25.

② CHOUDHARY T, MISHRA V, GOSWAMI A, et al. A Comprehensive Survey on Model Compression and Acceleration[J]. Artificial Intelligence Review, 2020, 53(7): 5113-5155.

工具之一。TensorFlow 最初是由谷歌大脑团队创建的,服务于其研究和生产目标。由于它提供了大量的免费工具、库和社区资源,因此现在它被 Uber、Twitter 和 eBay 等公司广泛接受。

PaddlePaddle 是百度公司研发的平台,支持并行的分布式计算。它在 2016 年向专业社区开源,具有深度学习的先进功能、端到端的开发工具包,受到各行各业深度学习开发者的青睐,支持百度公司多项产品的深度学习算法。

2. 算法平台

NLPIR 大数据语义智能分析平台由北京理工大学 NLPIR 实验室历时 20 年开发。该平台针对大数据内容处理的需要,融合了网络精准采集、自然语言理解、文本挖掘和网络搜索技术的 13 项功能,提供客户端工具、云服务、二次开发接口。NLPIR 平台凭借 20 年技术沉淀与应用验证,赢得了全球 30 万家机构与 40 万个用户的一致认证与好评,是大数据时代语义智能分析的一大利器。NLPIR 平台服务的客户领域包括政府机构、科研院所、高校以及金融风控、传媒出版等各类企业。

LTP 平台是哈尔滨工业大学社会计算与信息检索研究中心历时 10 年研制的一整套开放中文自然语言处理系统。LTP 制定了基于 XML 的语言处理结果表示规则,并在此基础上提供了一整套自底向上的丰富、高效、高精度的中文自然语言处理模块,包括词法分析、句法分析、语义分析等中文处理核心技术,多次在国内外技术评测中获得优异成绩。

▶ 1.4 中文互联网自然语言处理面临的挑战

与通用新闻长文本自然语言相比,中文互联网自然语言存在信息对抗、多语言交互与社会演化等实际挑战,具体分析如下。

1.4.1 信息对抗

信息爆炸的时代也是信息过剩的时代,研究人员越来越感觉到被纷繁的信息所累,诈骗、传销、网络赌博、垃圾广告等无孔不入,因此对重点关注信息内容的监管很有必要。而现行技术手段只能进行关键词匹配,现有的审核机制也依赖大量的人力,且无法做到实时核查,存在技术积累不够、人力成本高、效率低、监管力度弱等问题。信息安全防范的重要性与紧迫性强烈呼唤信息过滤技术的新变革。

1.4.2 多语言交互

自然语言处理的方向需要国家战略宏观指导。特别是在中国,对少数民族语言的研究具有以下意义:

(1)民族文化传承。这些现行的和历史上的文字承载着中华民族几千年的文明,是国家和民族的财富和资源,是中文信息处理所必须重视的重要领域和内容。我国有 55 个少数民族,人口占全国人口的 8.4%。目前少数民族正在使用的语言有 72 种,已经消亡的古代语言更是数不胜数。

(2)国际市场竞争。民族语言信息处理是中国"一带一路"倡议的重要组成部分,对中国境内及周边国家的语言信息处理技术有重大影响。"一带一路"沿线国家的语言,如果算上该区域内的少数民族语言可能达到 200 种左右,而目前我国高校开办专业的相关语种仅 20 个,显然跟不上当前国家的需要。

(3)国家信息安全。民族语言信息处理(尤其是在藏文、蒙古文、维吾尔文、哈萨克文、朝鲜文方面)关系着我国在这一领域的话语权和主导权,关乎民生和国家利益。

少数民族语言信息处理同样包含基础理论研究、编码制定、大型语料库的建立、系统开发等工作。人工智能给该领域的研究和应用带来了解决方案,自然语言处理是人工智能的掌上明珠,是解决多语言问题的金钥匙。针对资源稀缺的小语种的机器翻译和对话系统,可以基于主动学习的方法增加更多的人工标注数据,以及采用无监督和半监督的方法利用未标注数据,或者采用多任务学习的方法使用其他自然语言处理任务甚至其他语言的信息。

1.4.3　社会演化

1. 话题演化

与传统的新闻媒介不同,现代社交网络更注重用户的参与性。网络中的信息来源多种多样,其中包括公众所关心的热点话题,当然也可能存在着有关公共安全、社会稳定的敏感话题。事件随着时间、文化等诸多因素的影响,其发展状态会产生相应的变化,这就是话题演化。话题演化反映了某个话题从产生、热度上升、热度下降一直到结束的过程,随着时间的推移,话题的强度和内容都会发生变化,即存在话题的迁移。

2. 语言演化

新词发现通过无监督的方式发掘新词,可以有效获取分析文本的领域特征。新词是任何语言在发展演化过程中都不可避免的,语言演化有两种形式:时序纵向演化与领域横向演化。时序纵向演化的一个具体例子是网络流行语,如最近流行的"躺平""yyds""凡尔赛"等,这些词充分反映了一个时间段内的社会文化现象,直接反映了社会舆情热点和趋势;领域横向演化指的是不同领域有其独特的专业术语,如人工智能领域的"终身学习"、CNN 等。此外,对于小语种而言,其常用词表往往难以找到。如果将新词发现算法应用于该领域,可以挖掘到相关的词库信息,以填补数据空白。目前,词嵌入通常通过在无标注语料上进行预训练得到。目前的大多数语言表示方法都会忽略新词(未登录词)。然而,语言中的新词也含有大量信息,丢弃它会降低模型性能。

第2章

面向自然语言处理的深度学习经典平台与算法

本章介绍学术界、工业界常用的深度学习平台和算法,从深度学习平台和经典算法两个方面展开,使读者对人工智能领域的平台和算法有初步了解。深度学习经典平台主要介绍 TensorFlow、PyTorch 和 PaddlePaddle 框架,深度学习经典算法面向计算机视觉和自然语言处理两大任务介绍 CNN、LSTM、RNN、GAN 等及其应用。[①]

▶ 2.1 深度学习经典平台

深度学习计算量大的特性决定了只能使用 GPU/TPU 等硬件,普通用户难以直接使用 CUDA 等操控 GPU,因此需要深度学习的框架帮助人们快速使用 GPU 等资源进行深度学习开发。使用深度学习平台,用户可利用硬件资源,简化计算图的搭建和偏导操作,高效运行深度学习算法,降低深度学习的入门难度。

深度学习平台发展状况如图 2-1 所示。在 2015 年之后各大主流框架开始出现,其中包括广为人知的 TensorFlow、PyTorch 以及百度的 PaddlePaddle。

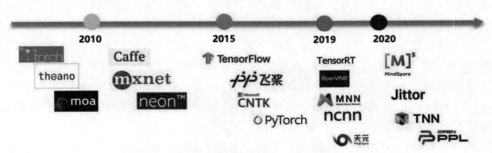

图 2-1　深度学习平台发展状况

2021 年深度学习开源框架在中国的用户份额如图 2-2 所示,TensorFlow、PyTorch、Caffe 和 PaddlePaddle 的用户份额超过 80%。此外,华为公司 2020 年发布的 MindSpore 也开始崭露头角。

2.1.1　TensorFlow

TensorFlow 是由谷歌公司开发的深度学习框架,是一个端到端的开源机器学习平台。

---

① 本章由王彦浩整理,部分内容由张晓松、李育霖、汤泽阳、张恒瑀、李静贡献。

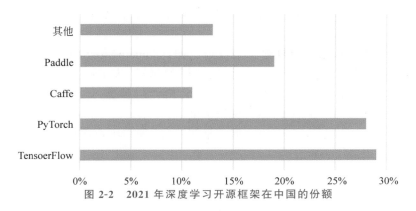

图 2-2　2021 年深度学习开源框架在中国的份额

TensorFlow 是根据它的原理命名的,Tensor 代表张量,Flow 表示流,所以 TensorFlow 是一个使用数据流图进行数值计算的深度学习框架,广泛应用于多个深度学习领域。

2015 年,谷歌公司发布了 TensorFlow 并对代码进行开源。2017 年,TensorFlow 1.0 的正式版发布。2019 年,TensorFlow 2.0 发布,相比于 TensorFlow 1.0,TensorFlow 2.0 更加简捷、清晰,扩展性更强。TensorFlow 也在不断地进行改进,新版本增加了对 Windows 环境的支持,拓展了 API 等。

作为应用最为广泛的深度学习框架之一,TensorFlow 在工业界和学术界都有广泛的应用。例如,LAIX 使用 TensorFlow 训练 AI 老师;Airbnb 用 TensorFlow 做图片分类,系统自动把房东上传的图片分类成客厅、厨房和卧室等。

1. TensorFlow 的特性

TensorFlow 是一个深度学习框架,支持 Linux 平台、Windows 平台和 macOS 平台,甚至支持手机移动设备等各种平台。TensorFlow 提供了非常丰富的与深度学习相关的 API。除此之外,TensorFlow 允许以计算图的方式建立计算网络,同时又可以很方便地对计算网络进行操作。用户可以在 TensorFlow 的基础上用 Python 编写自己的上层结构和库,如果 TensorFlow 没有提供用户需要的 API,用户也可以自己编写底层功能的 C++ 代码,通过自定义操作将新编写的功能添加到 TensorFlow 中。

和 TensorFlow 1.0 相比,TensorFlow 2.0 最为明显的区别是默认使用动态图机制。动态图机制也就是写完一句代码后按回车键,立刻就可以知道结果,方便了用户对程序的理解和调试,由于 TensorFlow 2.0 使用动态图机制,不需要在会话中执行数据流图,所以 TensorFlow 2.0 使用的是函数而不是会话。TensorFlow 1.0 的静态图机制也有一定的优势。举例来说,在同样的训练条件下,TensorFlow 2.0 在训练时 CPU 占用率为 32.3%;而 TensorFlow 1.0 在训练时的 CPU 占用率为 63%,更能发挥出硬件的优势。

2. TensorFlow 的主要概念

TensorFlow 作为应用最为广泛的深度学习框架之一有很多的特点。TensorFlow 具有可移植性,可以在 CPU、GPU 上运行,也可以在移动端、嵌入式端运行。TensorFlow 支持多种流行的语言,如 Python、Java 等。TensorFlow 使用 TensorBoard 对训练过程、模型、数据图等进行可视化。TensorFlow 具有高度的灵活性,如果能将计算表示为一个数据流图,那么就可以使用 TensorFlow。

在 TensorFlow 中最重要的概念就是数据流图。TensorFlow 中的每一个计算都代表着一个数据流图。图 2-3 是一个简单的数据流图的例子,表征的是 $x+y=result$ 这样一个操作。其中包括两种元素:一种是 x、y、result,称为数据单位;另一种是+,称为操作单位。

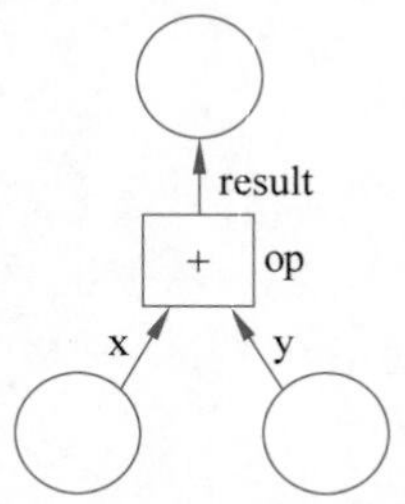

如图 2-3 所示,在 TensorFlow 中数据就是 Tensor,即多维数据数组,在数据流图中用箭线表示。

图 2-3 x+y=result 的数据流图

3. TensorFlow 的实用工具

TensorBoard 是 TensorFlow 的可视化工具,它可以通过 TensorFlow 程序运行过程中输出的日志文件可视化 TensorFlow 程序的运行状态。TensorBoard 和 TensorFlow 程序运行在不同的进程中,TensorBoard 会自动读取最新的 TensorFlow 日志文件,并呈现当前 TensorFlow 程序运行的最新状态。

TensorFlow Lite 可以帮助用户在移动端和嵌入式端使用 TensorFlow。在计算机上运行 TensorFlow,通过 TensorFlow Lite 可以在移动端使用 TensorFlow。具体原理是:首先在计算机上训练网络,然后使用转换器将模型转换成 TensorFlow Lite 格式,最后在手机上读取并运行模型。

2.1.2 PyTorch

2017 年 1 月,Facebook 人工智能研究院(FAIR)团队在 GitHub 上开源了 PyTorch,并迅速占领了 GitHub 热度榜榜首。作为一个 2017 年才发布、具有先进设计理念的框架,PyTorch 的历史可追溯到 2002 年就诞生于纽约大学的 Torch。Torch 使用了一种不是很大众的语言 Lua 作为接口。Lua 简洁高效,但由于使用它的人不多,很多人听说要掌握 Torch 必须新学一门语言就望而却步,尽管 Lua 是一门比 Python 还简单的语言。

考虑到 PyThon 在计算科学领域的领先地位以及其生态完整性和接口易用性,几乎任何框架都不可避免地要提供 Python 接口。在 2017 年,Torch 的幕后团队推出了 PyTorch。PyTorch 不是简单地封装 Torch 并提供 Python 接口,而是对 Tensor 之上的所有模块进行了重构,并新增了最先进的自动求导系统,不仅能够实现强大的 GPU 加速,同时还支持动态神经网络,这是很多主流深度学习框架(例如 TensorFlow 等)都不支持的。既可以把 PyTorch 看作加入了 GPU 支持的 NumPy,也可以把它看作一个拥有自动求导功能的强大的深度神经网络。除了 Facebook 外,PyTorch 已经被 Twitter、卡内基-梅隆大学和 Salesforce 等机构采用。PyTorch 已经成为当下最流行的动态图框架。

PyTorch 是当前难得的简洁、优雅且高效、快速的框架。在当前开源的框架中,没有哪个框架能够在灵活性、易用性、速度这 3 个方面有两个同时超过 PyTorch。

PyTorch 的设计追求最少的封装,尽量避免重复造轮子。不像 TensorFlow 中充斥着 session、graph、operation、name_scope、variable、tensor、layer 等各种全新的概念,PyTorch 的设计遵循如下 3 个由低到高的抽象层次:tensor→variable(autograd)→nn.Module,分别代表高维数组(张量)、自动求导(变量)和神经网络(层/模块),而且这 3 个抽象层次之间联系紧密,可以同时进行修改和操作。简洁的设计带来的另外一个好处就是代码易于理解。PyTorch 的源码只有 TensorFlow 的 1/10 左右,更低的抽象程度、更直观的设计使得 PyTorch 的源码十分易于阅读。PyTorch 的源码甚至比许多框架的文档更容易理解。

PyTorch 的灵活性不以速度为代价,在许多评测中,PyTorch 的速度表现胜过 TensorFlow 和 Keras 等框架。PyTorch 被开发人员称为"具有强大 GPU 加速功能的 Python 中的张量和动态神经网络",同样的算法,使用 PyTorch 实现往往比用其他框架实现更快。

PyTorch 是所有框架中面向对象设计最优雅的一个。PyTorch 的面向对象的接口设计来源于 Torch,而 Torch 的接口设计以灵活易用著称,Keras 作者最初就是受 Torch 的启发才开发了 Keras。PyTorch 继承了 Torch 的衣钵,尤其是 API 的设计和模块的接口都与 Torch 高度一致。PyTorch 的设计最符合人们的思维,让用户尽可能专注于实现自己的想法,即所思即所得,不需要考虑太多关于框架本身的束缚。

2.1.3　PaddlePaddle

PaddlePaddle(飞桨)是 2016 年 8 月百度公司研发的一款深度学习框架,其设计目的是"致力于让深度学习技术的创新和应用更简单"。它是一个工业级的深度学习框架,具有从开发到部署至具体推理产品整个流程的模块。用户只需将模型设计出来,经过 PaddlePaddle 自身的 PaddleSim 进行进一步优化后,便可以通过 PaddlePaddle 对应的模块在服务器、移动端和网页前端等位置进行部署。而且,模型既可以通过 PaddlePaddle 自行开发并训练而来,也可以通过 X2Paddle 工具从第三方框架产出的模型(如 TensorFlow 等)转化而来。以下是 PaddlePaddle 平台特征。

1. 高度封装

PaddlePaddle 为了让模型上手更容易,对自身的 API 进行了高度封装,同时也保留了基础 API 的使用。例如,PaddlePaddle 在模型训练与测试时会采用两种方式进行:其一是用 paddle.Model 下的 API,如 Model.fit 等,进行训练与测试;其二是使用底层的 API 对高层 API 进行拆解,执行自定义训练测试流程。这样,新手入门更容易,而有一定基础的人也可以更加灵活地使用该框架。

2. 简易的动静转换

PaddlePaddle 2.0 的 API 支持动态图到静态图转换,只需要在要转为静态图的函数前加一个函数装饰器@paddle.jit.to_static,即可让该函数进行动静转换。该函数在训练时也会将动态图转换为静态图,这减少了训练资源的消耗。

3. 官方模型库支持

PaddlePaddle 自推出以来,不断地推出大量官方模型库,既有视觉方面的经典网络 AlexNet 和 ResNet,也有 NLP 中常用的 BERT 和百度推出的 BERT 改进版 ERNIE。PaddlePaddle 在智能视觉、智能文本处理、智能推荐等领域都提供了官方模型,稍加修改即可使用。

4. 训练过程可视化

PaddlePaddle 拥有的可视化分析工具 VisualDL,可以帮助用户更清晰、直观地理解深度学习模型的结构和训练过程。

▶ 2.2 深度学习经典算法

深度学习要学习的是样本数据的内在规律和表示层次,这些学习过程中获得的信息对诸如文字、图像和声音等数据的解释有很大的帮助。它的最终目标是让机器能够像人一样具有分析学习能力,能够识别文字、图像和声音等数据。深度学习是一个复杂的机器学习算法,在语音和图像识别方面取得的效果远远超过以前的相关技术。

2.2.1 卷积神经网络

1. 卷积神经网络的起源

20 世纪 60 年代,Hubel 和 Wiesel 在研究猫的大脑皮层中用于局部敏感和方向选择的神经元时发现其独特的网络结构可以有效地降低反馈神经网络的复杂性,继而提出了卷积神经网络(Convolutional Neural Network,CNN)[1],它是一类包含卷积计算且具有深度结构的前馈神经网络(feedforward neural network),是深度学习的代表算法之一。现在,CNN 已经成为众多科学领域的研究热点之一,特别是在模式分类领域,由于它避免了对图像的复杂前期预处理,可以直接输入原始图像,因而得到了广泛应用。实质上,CNN 就是通过模仿视觉细胞的信息处理过程而构建的多层结构,称为 Hubel-Wiesel 结构。

2. 卷积神经网络的概述

卷积神经网络(图 2-4)和传统的神经网络(图 2-5)具有许多相似之处,它们都是模仿人类神经系统的结构,由具有可学习的权重和偏置常数的神经元组成。每一个神经元可以接收输入信号,经过运算后输出每一个分类的分数。但是,卷积神经网络的输入一般是图像,卷积网络通过一系列方法,成功地将数据量庞大的图像识别问题不断降维,最终使其能够被训练。卷积神经网络利用该特点,把神经元设计成具有 3 个维度:宽度(width)、高度(height)、深度(depth)。

1) 卷积

卷积神经网络在初始化阶段主要是初始化卷积层中各个卷积核的权重和偏置量。卷积层的输入来源包括输入的图像和卷积或池化操作后生成的特征图(feature map)。卷积操作主要是利用一个固定大小的卷积核,在输入的图像或特征图上按照一定的步长滑动,通过内积操作和非线性函数将特征图映射到下一层的特征图上。卷积层输出的特征图的数量是由人工定义的卷积核个数决定的,其输出的大小由卷积核大小、滑动的步长以及上

---

① KRIZHEVSKY A,SUTSKEVER I,HINTON G E. Imagenet Classification with Deep Convolutional Neural Networks[J]. Advances in Neural Information Processing Systems,2012,25:1097-1105.

一层输入的特征图大小共同决定。

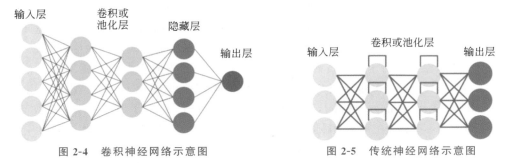

图 2-4　卷积神经网络示意图　　　　　图 2-5　传统神经网络示意图

2）池化

池化又称降采样,卷积神经网络在通过卷积获得特征之后,可以利用提取的特征训练相应的分类器。然而,若输入的图像尺寸较大,通过卷积操作获得的特征往往维度很高,因此在训练分类器过程中很容易出现过拟合现象。池化操作是对上一层特征图的一个降采样过程。通过对上一层特征图中相邻小区域的聚合统计,可以获得低维度的特征表示。通过池化,可以利用小尺寸的特征图描述大尺寸的特征图,有效改善分类器的性能,防止过拟合。常用的池化操作包括平均池化和最大值池化,分别指将每个聚合区域的平均值和最大值映射到下一层特征图上。

3）全连接

卷积神经网络中的全连接层同传统神经网络中的层相似,在全连接层中下一层神经元的输出同上一层所有神经元的输入都有关。通过全连接层可以使得网络的参数在训练样本上快速收敛。

4）非线性激活函数

人脑对客观世界的理解并不是线性的,而是一种复杂的非线性映像。因此,神经网络在设计中往往会通过非线性激活函数模拟人脑的非线性认知行为。常用的非线性激活函数主要包括 Sigmoid 和 ReLU。

2.2.2　循环神经网络

1. 循环神经网络研究发展历程

1982 年,John Hopfield 发明了一种单层反馈神经网络,称为 Hopfield 神经网络,用来解决组合优化问题。这是最早的循环神经网络(Recurrent Neural Network,RNN)的雏形。1986 年,Michael I. Jordan 定义了循环(recurrent)的概念,提出 Jordan 神经网络。1990 年,美国认知科学家 Jeffrey L. Elman 对 Jordan 神经网络进行了简化,并采用 BP（Back Propagation,反向传播）算法进行训练,便有了如今最简单的包含单个自连接节点的 RNN[①]模型。但此时 RNN 由于梯度消失(gradient vanishing)及梯度爆炸(gradient exploding)的问题,训练非常困难,应用非常受限。直到 1997 年,人工智能研究所主任 Jurgen

---

　　① SADEGHI S, RAMANATHAN K. A Hubel Wiesel Model of Early Concept Generalization Based on Local Correlation of Input Features[C]. The 2011 International Joint Conference on Neural Networks. IEEE, 2011：709-716.

Schmidhuber 提出长短时记忆(Long Short Term Memory,LSTM)①,LSTM 使用门控单元及记忆机制大大缓解了早期 RNN 训练的问题。同样在 1997 年,Mike Schuster 提出双向 RNN 模型(Bidirectional RNN)。这两种模型大大改进了早期 RNN 的结构,拓宽了 RNN 的应用范围,为后续序列建模的发展奠定了基础。此时 RNN 虽然在一些序列建模任务上取得了不错的效果,但由于计算资源消耗大,后续几年一直没有太大的进展。

2010 年,Tomas Mikolov 对 Bengio 提出的前馈神经网络语言模型(Feedforward Neural Network Language Model,NNLM)②进行了改进,提出了基于 RNN 的语言模型(RNN LM),并将其用在语音识别任务中,大幅提升了识别精度。在此基础上,Tomas Mikolov 于 2013 年提出了 Word2Vec,与 NNLM 及 RNNLM 不同,Word2Vec 的目标不再专注于建立语言模型,而是如何利用语言模型学习每个单词的语义化向量(distributed representation,分布式表示),其中 distributed representation 概念最早要来源于 Hinton 1986 年的工作。Word2Vec 引发了深度学习在自然语言处理领域的浪潮,除此之外还启发了知识表示、神经符号表示等新的领域。

另一方面,2014 年,Bengio 团队与 Google 公司几乎同时提出了 Seq2Seq 架构,将 RNN 用于机器翻译。没过多久,Bengio 团队又提出注意力(attention)机制,对 Seq2Seq 架构进行了改进。自此机器翻译全面进入神经机器翻译(Neural Machine Translation,NMT)的时代,NMT 不仅过程简单,而且效果远超统计机器翻译的效果。目前主流的机器翻译系统几乎都采用了神经机器翻译的技术。除此之外,注意力机制也被广泛用于基于深度学习的各种任务中。2017 年,Facebook 人工智能实验室提出基于卷积神经网络的 Seq2Seq 架构,将 RNN 替换为带有门控单元的 CNN,在提升效果的同时大幅加快了模型训练速度,此后不久,Google 公司提出 Transformer 架构,使用自注意力(Self-Attention)机制代替原有的 RNN 及 CNN,进一步降低了模型的复杂度。在词表示学习方面,Allen 人工智能研究所于 2018 年提出上下文相关的表示学习方法 ELMo,利用双向 LSTM 语言模型对不同语境下的单词学习不同的向量表示,在 6 个自然语言处理任务上取得了提升。OpenAI 团队在此基础上提出预训练语言模型 GPT③,把 LSTM 替换为 Transformer 训练语言模型,在应用到具体任务时,与之前学习词向量当作特征的方式不同,GPT 直接在预训练得到的语言模型最后一层接上 Softmax 作为任务输出层,然后再对模型进行微调,在多项任务上取得了更好的效果。不久之后,Google 公司提出 BERT④ 模型,将 GPT 中的单向语言模型拓展为双向语言模型——掩码语言模型(Masked Language Model,MLM),并在预训练中引入了句子预测(sentence prediction)任务。BERT 模型在 11 个自然语言处理任务中取得了极好的效果,是深度学习在自然语言处理领域又一个里程碑式的工作。

---

① GERS F A, SCHRAUDOLPH N N, SCHMIDHUBER J. Learning Precise Timing with LSTM Recurrent Networks[J]. Journal of Machine Learning Research, 2002, 3(Aug): 115-143.

② MIKOLOV T, KARAFIÁT M, BURGET L, et al. Recurrent Neural Network Based Language Model[C]. Interspeech. 2010, 2(3): 1045-1048.

③ RAFFEL C, SHAZEER N, ROBERTS A, et al. Exploring the Limits of Transfer Learning with a Unified Text-to-Text Transformer[J]. Journal of Machine Learning Research, 2020, 21: 1-67.

④ DEVLIN J, CHANG M W, LEE K, et al. BERT: Pre-training of Deep Bidirectional Transformers for Language Understanding. In: Proceedings of the 2019 Conference of the North American Chapter of the Association for Computational Linguistics: Human Language Technologies, Volume 1 (Long and Short Papers), 2019, 4171-4186.

2. 循环神经网络概述

循环神经网络是根据"人的认知是基于过往的经验和记忆"这一观点提出的。它不仅考虑前一时刻的输入,而且赋予了神经网络对前面的内容的"记忆"功能,即一个序列当前的输出与前面的输出也有关。具体的表现形式为网络会对前面的信息进行记忆并应用于当前输出的计算中,即隐含层之间的节点不再无连接,而是有连接的,并且隐含层的输入不仅包括输入层的输出,还包括上一时刻隐含层的输出。

首先看一个简单的循环神经网络,如图 2-6 所示,此神经网络由输入层、隐含层和输出层组成。其中,隐含层用两个箭线表示数据的循环更新,实现时间记忆功能。输入层接收输入,隐含层激活,最后从输出层输出。接下来搭建更深层的网络,其中有多个隐含层。在这里,输入层接收输入,第一个隐含层激活该输入,然后将这些激活的输入发送到下一个隐含层,并依次进行连续激活以得到输出。

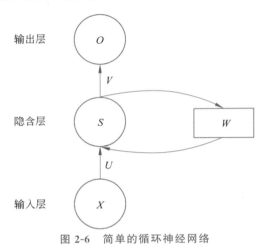

图 2-6　简单的循环神经网络

3. Seq2Seq

Seq2Seq 是序列到序列模型。其任务主要有两个特点:一是输入输出是不定长的;二是 输入输出元素之间是具有顺序关系的。这种情况一般在机器翻译的任务中出现,如果将一个中文句子翻译成英文,那么这个英文句子的长度有可能比中文句子短,也有可能比中文句子长。

Seq2Seq 模型由 Cho 等和 Sutskever 等分别提出。其基本思想是利用输入序列的全局信息推断出与之相对应的输出序列。该模型由编码器(encoder)和解码器(decoder)构成,其结构如图 2-7 所示。在 Cho 等人的工作中,编码器和解码器均采用 RNN,编码器将输入的一个可变长序列 X 编码为一个固定的语义向量。解码器从该向量中提取语义信息,输出另一个可变长序列 Y,序列中每个词项均采用词向量表示。

其中,编码器将序列编码成一个能够映射序列整体的大致特征的固定长度向量,这里称之为语义向量 c;解码器将由编码器得到的固定长度向量再还原成对应的序列数据,一般使用和编码器同样的结构。

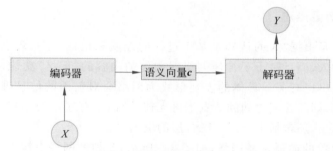

图 2-7　Seq2Seq 模型的结构

其中语义向量最简单的获取方式就是直接将最后一个输入的隐藏状态作为语义向量，也可以对最后一个隐状态做一个变化得到语义向量，还可以将输入序列的所有隐藏状态做一个变化得到语义向量。

Seq2Seq 模型的不足主要有两个：首先，它从编码到解码的准确率很大程度上依赖于一个固定长度的语义向量，输入序列到语义向量的压缩过程中存在信息丢失的问题，并且在稍微长一点的序列上，前面的输入信息很容易被后面的输入信息覆盖；其次，在解码的时候，每个时刻的输出在解码过程中用到的上下文向量都是相同的，没有做区分，也就是说预测结果中每一个词的时候所使用的预测向量都是相同的，这也会给解码带来问题。

4. 注意力机制

在传统的 Seq2Seq[①] 模型中，编码器需要将全部输入序列信息压缩进一个上下文向量中，但将全部输入序列信息压缩进这样一个定长向量有时是比较困难的。为使得 Seq2Seq 模型在编码时能获取更多的输入序列信息，Bengio 等提出了注意力模型。

注意力机制[②]是将模型的注意力放在当前翻译单词上的一种机制。例如翻译"I have a cat"，在翻译到"我"时要将注意力放在原句子的"I"上，翻译到"猫"时要将注意力放在原句子的"cat"上。使用了注意力机制后，解码器的输入就不是固定的上下文向量了，而是会根据当前翻译的信息计算当前的上下文向量。

在解码阶段，需要计算当前解码器输出隐藏状态与编码器的每一个隐藏状态的相关度。按照此相关度，对输入序列的每个隐藏状态进行加权求和，并将加权求和的向量与当前时刻解码器的隐藏状态融合，利用此向量预测最终位置的输出。

2.2.3　生成对抗网络

1. 生成对抗网络的概述

GAN[③] 的全称为 Generative Adversarial Network，意为生成对抗网络，它的基本思想

①　LI Z, CAI J, HE S, et al. Seq2Seq dependency parsing[C]. Proceedings of the 27th International Conference on Computational Linguistics. 2018: 3203-3214.

②　VASWANI A, SHAZEER N, PARMAR N, et al. Attention is All You Need[J]. Advances in Neural Information Processing Systems, 2017, 30: 5998-6008.

③　GOODFELLOW I, POUGET-ABADIE J, MIRZA M, et al. Generative Adversarial Nets[J]. Advances in Neural Information Processing Systems, 2014, 27: 2672-2680.

是对抗博弈。对于生成对抗网络,一个简单的理解是可以将其看作博弈的过程,将生成模型和判别模型看作博弈的双方。例如,在犯罪分子造假币和银行识别假币的过程中,生成模型相当于制造假币的一方,其目的是根据看到的钱币情况和银行的识别技术,尽量生成更加真实的、银行识别不出的假币;判别模型相当于识别假币的一方,其目的是尽可能识别出犯罪分子制造的假币。这样通过双方的较量和不断的改进,犯罪分子制造假币的能力和银行识别假币的能力都得到了提高,最终使得犯罪分子制造的假币连银行也识别不出来真假,也就是制造假币者成功蒙骗了识别假币者。

生成对抗网络本质上是一个生成模型,它由生成器(generator)和判别器(discriminator)组成。生成器负责生成图像,判别器负责判别这张图像是来自真实数据集的图像还是来自生成器生成的图像。通过判别器对生成图像打分,生成器可以更好地优化生成图像的质量,使生成器生成的图像越来越接近真实数据集中的图像。上面的博弈场景会一直继续下去,直到生成器和判别器都无法提升自己,这样生成模型就会成为一个比较完美的模型。

对于生成器,输入的是一个 n 维的向量,此向量可以是随机的,也可以是按照某种分布产生的,输出的是图片。生成器模型可以是最简单的全连接神经网络,也可以是反卷积神经网络等。对于判别器,输入的是图片,判别器通过对这张图片打分判断它是真实图片还是生成器生成的图片。因此,判别器实际上就是一个二分类模型,既可以是全连接神经网络,也可以是卷积神经网络。

生成对抗网络的训练是一个迭代的过程。首先初始化生成器和判别器。在每次的训练迭代中,先向生成器输入 m 个随机向量,产生 m 个图片(生成样本),再从真实数据集中采样 m 个真实图片(真实样本)。固定判别器,将带有正标签的真实图片和带有负标签的生成图片输入到判别器中,训练判别器,使判别器能够更准确地判断真实图片和生成图片。然后再固定判别器,训练生成器,使得生成器生成的样本的数据分布尽可能接近真实样本的数据分布,也相当于尽量使得判别器判断错误。就这样不断迭代训练,使得生成器的生成能力越来越强,其产生的图片的数据分布越来越接近真实图片的数据分布;同时,判别器判别一张图片是真实图片还是生成图片的能力也越来越强。

如图 2-8 所示,自 2014 年生成对抗网络提出以来,人们对它已经进行了广泛研究,并且提出了很多不同种类的生成对抗网络,如 BGAN、CGAN、DCGAN、WGAN、StyleGAN 等,它们被广泛应用于各种场景。

图 2-8 具有里程碑意义的生成对抗网络及其变种

2. 生成对抗网络的相关理论基础

生成对抗网络的目的就是为了让生成器学习真实样本的数据分布 P_g。假设输入噪声

的分布为 $P_z(z)$，通过生成器 G 将输入的随机噪声映射到样本数据空间，此过程可以表示为 $G(z;\theta_g)$。G 是一个可微函数，表示为一个参数为 θ_g 的多层感知器。还要定义一个拥有参数 θ_d 的多层感知机 $D(x;\theta_d)$，它输出一个单一的值，代表了 x 来自真实数据分布 P_g 而不是生成数据分布的概率。生成对抗网络的目标函数如式(2-1)所示：

$$\min_G \max_D V(D,G)=E_{x\sim P_{data}(x)}[\log_2 D(x)]+E_{z\sim P_z(z)}[\log_2(1-D(G(z)))] \quad (2-1)$$

在图 2-9(a)中可以看到，在处于初始状态的时候，生成器生成的数据分布和真实数据分布区别较大，并且判别器判别出样本的概率不是很稳定，因此要先训练判别器，以更好地分辨样本。通过多次训练判别器达到图 2-9(b)所示的样本状态，此时判别样本区分得非常显著和良好。然后再对生成器进行训练。训练生成器之后达到图 2-9(c)所示的样本状态，此时生成器生成的数据分布相比之前更逼近真实数据分布。经过多次反复训练迭代之后，最终希望能够达到图 2-9(d)所示的状态，生成样本的数据分布拟合于真实样本的数据分布，并且判别器分辨不出样本是生成的还是真实的(判别概率均为 0.5)。也就是说此时生成器就可以生成出非常真实的样本。

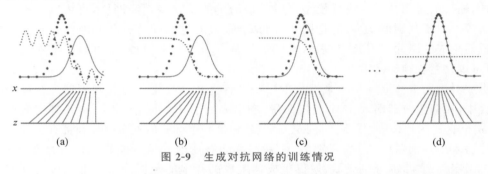

图 2-9　生成对抗网络的训练情况

在图 2-9 中，粗虚线表示真实样本的数据分布情况，细虚线表示判别器判别概率的分布情况，实线表示生成样本的数据分布情况。z 表示噪声，z 到 x 表示通过生成器之后的分布映射情况。

3. 生成对抗网络的应用实例

生成对抗网络在很多方面都有应用。如图像生成、图像风格迁移、图像翻译、图像视频修复及文本到图像的生成等。生成对抗网络最早用于图像的生成，例如人脸生成。图 2-10 就是利用生成对抗网络生成人脸的流程。近年来，生成对抗网络的研究者不断增多，随着对生成对抗网络的研究不断深入，图像生成的质量也越来越高，甚至计算机生成的人脸难以通过人工方式判别出它是生成的。图 2-11 是利用生成对抗网络生成的人脸。

从 32×32 分辨率(单位：像素)图像生成都困难的原始生成对抗网络到生成 2K 分辨率的真假难辨的高清图像的 proGAN，生成对抗网络发挥了自己独特的优势，并且逐渐渗透到多个领域。此外，生成对抗网络也非常适合进行图像风格转换，例如素描图像到实物的转换、灰度图像到彩色图像的转换等，如图 2-12 所示。

生成对抗网络不仅可以应用于图像处理，在自然语言处理领域也有一些应用，例如 BR-CSGAN 可以用于神经机器翻译，还有一些可以用于无监督的语音识别及文本摘要的生成对抗网络模型。

真实人脸

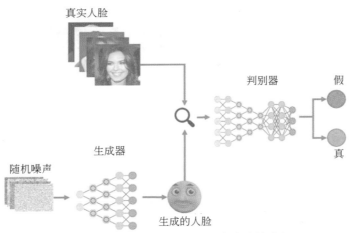

判别器　　假

生成器

随机噪声　　　　　　　　　生成的人脸　　　真

图 2-10　利用生成对抗网络生成人脸的流程

2014
GAN

2015
DCGAN

2016
BEGAN

2017
Pro GAN

图 2-11　利用生成对抗网络生成的人脸

图 2-12　利用生成对抗网络进行图像风格转换

第 3 章

面向自然语言处理的深度学习前沿进展

本章介绍传统深度学习遇到的瓶颈以及深度学习在自然语言处理领域的新进展,从面向数据、面向训练、面向应用 3 方面展开。面向数据方面将重点放在自监督学习、提示学习和半监督学习上,着重解决标注难的问题,实现数据自我监督;面向训练方面重点研究多任务学习、终身学习和范式迁移,旨在实现模型的多问题迁移甚至多领域迁移,解决开发神经网络成本高的问题;面向应用方面以模型压缩、模型安全和模型的可解释性入手,主要讲述模型的应用领域存在的问题和目前最新的解决办法。[①]

▶ 3.1 传统深度学习遇到的瓶颈

3.1.1 深度学习概述

21 世纪以来,随着高性能计算系统的发展,自然语言处理的发展也出现过两次重大的变化。表 3-1 给出了自然语言处理发展过程中的 4 种范式。

表 3-1 自然语言处理发展过程中的 4 种范式

范 式	工 程	任 务 关 系
全监督学习 (非神经网络结构)	特征 (例如词频、词性、句子长度)	CLS TAG LM GEN
全监督学习 (神经网络结构)	结构 (例如卷积网络、循环神经网络、自注意力机制)	CLS TAG LM GEN
预训练,微调	目标 (例如掩码语言建模、下句预测任务)	CLS TAG LM GEN
预训练,提示,预测	提示(例如完形填空、前缀)	CLS TAG LM GEN

---

① 本章由杨曼芝整理,部分内容由康铠、杨子研、雷沛钶、马弋洋贡献。

随着机器学习的兴起,自然语言处理迎来了第一次重大变化。这次变化又可以细分为3 个阶段:特征工程阶段、架构工程阶段和目标工程阶段。传统的机器学习方法即特征工程阶段,此时全监督学习盛行,标注语料作为监督的必要条件是很难获取的。此阶段的研究工作专注于人工提取特征,从而更好地诱导机器学习模型从有限的数据中进行学习。架构工程阶段同时也对应神经网络早期。神经网络的一大突出优势就是不需要人工设计特征,神经网络会自动进行特征提取。此阶段的研究工作则专注于设计更适合任务的神经网络结构,从而让模型的特征提取能力更强。在目标工程阶段中,预训练语言模型兴起。全监督学习始终受制于有限的学习语料,而预训练语言模型的无监督学习模式则可以不受限制地在丰富的无标注语料上进行学习。因此"预训练+微调"成为主流模式,而研究工作的重点则转变为给预训练和微调设计训练目标。

2021 年,自然语言处理的发展步入了全新阶段,当前正处于第二次重大变化之中,即提示学习的引入。"预训练+微调"的过程被"预训练+提示学习+预测"的过程所取代。在这个时期,不是通过目标工程使预训练语言模型适应下游任务,而是重新设计下游任务,使其看起来更像在文本提示的帮助下在原始语言模型训练中解决的那些任务。例如,在对社交媒体帖子进行情感分类时,对于"I missed the bus today.",可以继续提示"I missed the bus today. I felt so _____",并让语言模型用一个带有情感的词填补空白。也可以提示"English: I missed the bus today. French: _____",语言模型可以用法语翻译填空。通过这种方式,选择适当的提示,可以操纵模型行为,以便预训练语言模型本身可以用来预测期望的输出,有时甚至不需要任何额外的特定于任务的训练。这种方法的优点是,给定一组适当的提示,一个完全以无监督方式训练的语言模型可以用来解决大量的任务。然而,与大多数概念性的诱人前景一样,这里有一个陷阱——这种方法引入了提示工程的必要性,即找到最合适的提示使语言模型能够解决当前的任务。

3.1.2　传统深度学习遇到的问题

深度学习应用于自然语言处理虽然在当下各个评测任务中取得了最优的效果,但它不是通用的,经过数年的发展,它的瓶颈已经凸显,可以将相关问题归纳为数据、训练、应用 3方面。

1. 数据方面

传统深度学习在数据方面的问题如下:

(1) 少样本问题。如果拥有充足的数据标注,基于深度学习的神经网络可以在目标特征的提取上取得无可比拟的优势。当训练数据非常少时,神经网络中的参数则难以泛化,整个神经网络会出现过拟合的现象,因此少样本问题一直以来是深度学习研究中的重点和难点。但这个问题可以通过主动学习、半监督学习、无监督学习、自监督学习等方法得到一定程度的解决。

(2) 标注数据不足。深度学习能够实现的前提是大量经过标注的数据。虽然有一些方法可以减少对数据的依赖,例如迁移学习、少样本学习、无监督学习和弱监督学习,但是到目前为止,它们的性能还无法与监督学习相比。

(3) 噪声。在现有数据中,文本是非结构化程度最高的形式,里面有各种各样的噪声。

（4）数据结构多样，特别是大量存在的文本是非结构化数据，例如推文、帖子、聊天对话、新闻、博客文章等。该问题可以通过图神经网络（Graph Neural Network，GNN）、多模态等得到解决。

2. 训练方面

传统深度学习在训练方面的问题如下：

（1）多任务。自然语言处理包括词法分析、句法分析、语义分析等多种任务，存在标注难度及代价较高、标注一致性差等问题，使得大规模的标注数据往往不易获取。这些任务表面上看各不相同，但是它们之间同样存在紧密的内在联系，在一个任务上的良好表现对于其在相关任务上的泛化能力有很大的促进作用，因此可以很自然地将多任务学习应用于这些任务，以提升各个任务的分析精度。

（2）多模型。现有的自然语言处理任务通常是一个任务对应一个模型，但其中有许多可以通用的信息。一个通用模型完成所有任务是很多研究者长久以来的梦想，随着预训练语言模型的发展，这个梦想正在逐渐成为现实。

（3）多语言。语言多但可用的语料少，导致模型训练困难。全球有超过6000种语言，但常用语言的仅15种。

（4）缺乏常识。目前的机器文本生成模型可以写一篇能让许多人信服的文章，但它们基本上是在模仿在训练阶段所看到的情况，与人的表现存在较大差距。

（5）灾难性遗忘，即用新信息训练模型的时候会干扰先前学习的知识。这种现象通常会导致性能突然下降，或者最坏的情况下导致旧知识被新知识完全覆盖。对于用固定训练数据学习的深度神经网络模型，其随时间递增的信息无法得到充分利用这一点是深度模型的主要缺陷。

3. 应用方面

传统深度学习在应用方面的问题如下：

（1）模型规模巨大。基于大规模无标注语料的预训练语言模型把自然语言处理研究推向了一个新高度，并形成了"预训练＋微调"的新范式。然而，从拥有一亿多个参数的BERT，到参数个数逐步突破千亿级别的GPT-3模型，再到最近微软和英伟达联合推出的拥有超过5300亿个参数的目前世界最大的语言模型MT-NLG，随着语言模型的规模越来越大，不要说预训练一个全新的语言模型，即便是对现有大模型的微调，需要的计算资源也不是个人和一般机构可以承受的。这个问题可以通过提示学习寻求解决方案。

（2）领域问题。大多数深度学习技术需要满足训练集与测试集独立同分布的假设，但在实际应用中这个假设很难满足。当训练集和测试集的分布存在差异时（例如把金融领域的模型迁移到法律领域），模型将不能取得良好的预测结果。

（3）可解释性问题。很多现在的深度神经网络没有办法以一种从人类角度完全理解模型的决策。即使现在的模型使图形识别和语音识别的结果接近满分，然而人对这些预测始终抱有一丝戒备之心，这是因为不完全了解它的预测依据是什么，不知道它什么时候会出现错误。这也是现在几乎所有的模型都没法部署到一些对于性能要求较高的关键领域（例如运输、医疗、法律、财经等）的原因。

▶ 3.2 面向数据的深度学习前沿进展

基于监督学习的深度神经网络在过去十年中取得了巨大的成功。然而,监督学习严重依赖手工标签,容易受人为的攻击,这些缺陷促使人们寻找新的解决方案。

3.2.1 主动学习

众所周知,以监督学习为主的深度学习方法往往期望能够通过大量的标注数据优化海量的参数,从而使得模型学会如何提取高质量的特征。

然而,近年来,由于互联网技术的快速发展,使得我们处在一个信息洪流的时代,拥有海量的未标记数据。大量高质量的标注数据集的获取需要消耗大量的人力,在一些需要很高专业知识的领域,这是不被允许的,尤其是在语音识别、信息提取、医学图像等领域。例如,对 COVID-19 患者的肺部病变图像的标注以及描述工作就需要经验丰富的临床医生才能完成,显然要求他们完成大量医学图像标注工作是不可能的。因此,需要一种方法在模型达到性能要求的前提下尽可能地减少标注成本。主动学习(Active Learning,AL)正是这样一种方法,它试图通过标记最少量的样本使得模型的性能收益最大化。主动学习能够主动选择最有价值的未标注样本进行标注,从而以尽可能少的标注样本达到模型的目标性能要求。

主动学习从应用场景上来可以划分为成员查询合成(membership query synthesis)、基于流的选择性采样(stream-based selective sampling)和基于池的主动学习(pool-based active learning)。成员查询合成是指学习者可以请求查询输入空间中任何未标记样本的标签,包括学习者生成的样本。基于流的选择性采样和基于池的主动学习的区别主要在于:前者对数据流中的每个样本是否需要查询未标记样本的标签独立作出判断,而后者则可以基于对整个数据集的评估和排名选择最佳查询样本。

相比之下,基于池的主动学习的应用场景似乎在论文应用中更加常见,但很显然基于流的选择性采样的应用场景则更适合要求时效性的小型移动终端设备。图 3-1 展示了基于池的主动学习周期框架。在初始状态下,从未标注池 U 中随机挑选一个或多个样本并交给

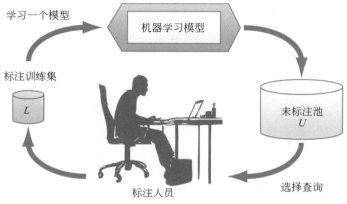

图 3-1　基于池的主动学习周期框架

标注人员查询标签,得到标注数据集 L,然后在 L 上以监督学习的方式训练模型。接着,利用新知识选择下一个要查询的样本,并将新查询的样本添加到 L 中并训练模型。重复此过程,直到标注预算被耗尽或者达到预先设定的终止条件为止。

自然语言处理一直以来都是一个非常具有挑战性的任务。自然语言处理旨在使计算机理解复杂的人类语言,帮助人类处理各种与自然语言相关的任务。数据标签不足也是自然语言处理任务所面临的一个关键性的挑战。下面介绍一些应用于自然语言处理领域的主动学习方法。

1. 情感分析

情感分析是自然语言处理中的一个典型任务,旨在使得计算机理解一段自然语言描述,并对其中的情感倾向信息进行提取和分析。Shalini 等人[①]使用来自受灾地区的相关推文提取信息,以便进行地震期间基础设施损坏情况的识别,将基于 RNN 和 GRU 的模型与主动学习相结合,使用基于主动学习的方法预训练语言模型,以检索来自不同地区的关于基础设施损坏情况的推文,从而显著减少手动标注的工作量。

2. 问答摘要

问答系统、自动摘要也是自然语言处理中常见的处理任务。主动学习已经在这些领域取得了令人印象深刻的结果。然而,这些应用的性能仍然依赖于海量的标记数据集,主动学习有望为这个挑战带来新的希望。Asghar 等人[②]使用在线的主动学习策略结合深度学习模型,通过与真实用户进行交互,在每一轮对话中以一种增量的方式从用户的反馈中进行学习,以实现开放式对话。自动摘要旨在从大文本中提取最重要的信息。Hanbay 等人[③]为识别大型脑电波图(EEG)报告中的概念和关系提出了一种新颖的主动学习策略神经网络(ALPNN),可以帮助人类从大量的 EEG 报告中提取可用的临床知识。

3. 其他领域

在知识图谱方面,用于知识图谱模式扩展的主动学习框架可以为知识图谱模式生成新的语义类型,而无须依赖一组目标模式和人类用户的观察。在语音和音频领域的标签注释成本也相对较高。Maldonado 等人[④]发现在从少量演讲者收集而来的数千个录音所构成的语料库上训练的模型无法推广到新的领域。因此研究了利用主动学习在标注资源有限的情况下训练深度神经网络进行语音情感识别任务的实用方案。

① PRIYA S, SINGH S, DANDAPAT S K, et al. Identifying Infrastructure Damage During Earthquake Using Deep Active Learning[C]. Proceedings of the 2019 IEEE/ACM International Conference on Advances in Social Networks Analysis and Mining. 2019:551-552.

② ASGHAR N, POUPART P, JIANG X, et al. Deep Active Learning for Dialogue Generation[J]. The Association for Computational Linguistics, 2017. DOI:10.48550/arXiv.1612.03929.

③ HANBAY K. Deep Neural Network based Approach for ECG Classification Using Hybrid Differential Features and Active Learning[J]. IET Signal Processing, 2019, 13(2):165-175.

④ MALDONADO R, HARABAGIU S M. Active Deep Learning for the Identification of Concepts and Relations in Electroencephalography Reports[J]. Journal of Biomedical Informatics, 2019, 98:103265. DOI:10.1016/j.jbi.2019.103265.

3.2.2　自监督学习

监督学习正面临着瓶颈。它严重依赖昂贵的手动标注,并遭受泛化错误、虚假关联和对抗性攻击。因而人们期望神经网络用更少的标签、更少的样本和更少的试验获得更多的东西。

作为一种替代方法,自监督学习在表示学习方面具有极高的数据效率和很好的泛化能力,因而得到了研究人员的广泛关注,许多先进的模型(尤其是在自然语言处理领域)都在遵循这种范式。自监督表示学习利用输入数据本身作为监督,并使几乎所有类型的下游任务受益。在 AAAI 2020 的邀请演讲中,图灵奖得主 Yann LeCun 将自监督学习描述为"从任何观察到的或未隐藏的输入部分预测任何未观察到的或隐藏的输入部分(或特性)"。

归纳出自监督学习需要具有以下两个特点:一是使用"半自动"过程从数据本身获取标签;二是通过局部数据预测来自其他部分的数据。

自监督学习由于没有人工标注的标签,因此可以被认为是无监督学习的一种。然而无监督学习主要用于检测特定的数据模式(如聚类、社区发现或异常检测)。而自监督学习的目的是恢复,带有一定的监督学习的意味。

自监督学习取得成功最关键一点是找到了一种利用在大数据时代可用大量未标注数据的方法,使学习算法可以摆脱人类的监督,回归到数据的自我监督,已经应用在很多领域中。在自然语言处理领域,未标注数据中也含有大量信息,尤其是数据固有的共生关系。例如,在不完整的句子"I like ＿＿＿＿＿ apples"中,训练好的语言模型考虑到"apples"和"eating"的共线关系,会通过 Cloze Test[①] 预测空白处为"eating"。

1. 词嵌入中的自监督学习

在自然语言处理中,在单词嵌入的自监督学习方面,CBOW 和 Skip-Gram[②] 是开创性的工作。CBOW 的目的是基于上下文标记预测输入标记,而 Skip-Gram 旨在基于输入标记预测上下文标记。FastText[③] 采用 CBOW 结构,而 Word2Vec 和 GloVe 同时使用两种结构。2013 年以来对词嵌入表示的研究使得词嵌入无须随机初始化,而是已经在语料库中学到了知识,开启了自然语言处理的新时代。

2. 预训练中的自监督学习

生成型自监督学习在预训练语言模型中广泛使用,部分预训练任务如表 3-2 所示。自回归语言模型的代表是 GPT 和 GPT-2[④],它们使用 Transformer 的解码器架构[⑤]作为语言

①　TAYLOR W L. "Cloze procedure": A New Tool for Measuring Readability[J]. Journalism Quarterly, 1953, 30 (4): 415-433.

②　MIKOLOV T, SUTSKEVER I, CHEN K, et al. Distributed Representations of Words and Phrases and Their Compositionality[J]. Advances in Neural Information Processing Systems, 2013, 26: 3111-3119.

③　BOJANOWSKI P, GRAVE E, JOULIN A, et al. Enriching Word Vectors with Subword Information[J]. Transactions of the Association for Computational Linguistics, 2017, 5: 135-146.

④　RADFORD A, WU J, CHILD R, et al. Language Models Are Unsupervised Multitask Learners[J]. OpenAI blog, 2019, 1(8): 9.

⑤　VASWANI A, SHAZEER N, PARMAR N, et al. Attention is All You Need[J]. Advances in Neural Information Processing Systems, 2017, 30: 5998-6008.

模型。以掩码语言模型(Mask Language Model,MLM)为代表的去噪自动编码器使模型对噪声的引入具有鲁棒性。它从输入中随机掩码一些标记,然后根据它们的上下文信息对其进行预测。BERT[①]是这一领域最具代表性的产品,在训练过程中引入[MASK]屏蔽一些标记。SpanBERT[②]选择掩码连续的随机跨度(span),ERNIE 通过掩码实体或短语学习实体级和短语级知识,ERNIE[③]进一步将知识图谱中的知识整合到语言模型中。置换语言模型(Permutation Language Model,PLM)[④]是结合了自回归模型和自编码模型优点的典型模型。XLNet 通过最大化分解顺序的所有排列的可能性实现双向上下文的学习。

表 3-2　部分预训练任务

操　作	元　素	原　文　本	噪　声　文　本	
掩码	一个标记 两个标记 一个实体	Jane will move to New York. Jane will move to New York. Jane will move to New York.	Jane will [Z] to New York. Jane will [Z][Z] New York. Jane will move to[Z].	
替换	一个标记 两个标记 一个实体	Jane will move to New York. Jane will move to New York. Jane will move to New York.	Jane will move [X] New York. Jane will move [X] [Y]York. Jane will move to [X].	
删除	一个标记 两个标记	Jane ~~will~~ move to New York. Jane ~~will move~~ to New York.	Jane move to New York. Jane to New York.	
重排 旋转 拼接	标记 无 两种语言	Jane will move to New York. Jane will move to New York. Jane will move to New York.	New York. Jane will move to to New York. Jane will move Jane will move to New York. [/s]简将搬到纽约。	

在预训练语言模型中也采用了对比型自监督学习,如下一句预测(Next Sentence Prediction,NSP)。它要求模型区分下一句和随机抽样的句子。然而,后来的一些实验证明NSP 对绩效的帮助很小。因此 RoBERTa 中移除了 NSP 损失。ALBERT 提出了语句顺序预测(Sentence Order Prediction,SOP)任务。

生成-对比型自监督学习的开创性工作是 ELECTRA[⑤]。它提出了替换标记检测(Replace Token Detection,RTD),并利用 GAN 的结构对语言模型进行预训练,要求预测哪些单词被替换了。

① KENTON J D M W C, TOUTANOVA L K. BERT: Pre-training of Deep Bidirectional Transformers for Language Understanding[J]. Universal Language Model Fine-tuning for Text Classification, 2018. DOI: 10.48550/arXiv. 1810.04805.

② JOSHI M, CHEN D, LIU Y, et al. Spanbert: Improving Pre-training by Representing and Predicting Spans[J]. Transactions of the Association for Computational Linguistics, 2020, 8: 64-77.

③ ZHANG Z, HAN X, LIU Z, et al. ERNIE: Enhanced Language Representation with Informative Entities[C]. Proceedings of the 57th Annual Meeting of the Association for Computational Linguistics. 2019: 1441-1451.

④ YANG Z, DAI Z, YANG Y, et al. XLNet: Generalized Autoregressive Pretraining for Language Understanding [J]. Advances in Neural Information Processing Systems, 2019. DOI: 10.48550/arXiv.1906.08237.

⑤ CLARK K, LUONG M T, LE Q V, et al. ELECTRA: Pre-training Text Encoders as Discriminators Rather than Generators[J]. ELECTRA, 2016, 85- 90.

3. 其他自然语言处理领域的自监督学习

Wang 等人①采用对比学习技术,利用无监督语料库进行预训练,让模型更好地理解事件知识与事件结构。作者利用 AMR 解析信号作为预训练的无监督信号(AMR 标注是机器自动进行的),结果表明 AMR 并没有局限于事件类型以及事件模式(schema),从而解决了泛化性不强的缺点。虽然 AMR 标注本身是存在噪声的,但是根据作者的后续实验,发现 AMR 的噪声对实验结果的影响是很小的。

3.2.3　提示学习

传统的监督学习训练模型接收输入并预测输出,而提示学习通过直接模拟文本出现概率进行预测。

为了使用这些模型执行预测任务,用模板将原始的文本 x 修改为具有一些未填充槽的文本提示(Prompt),然后使用语言模型以概率的方式填充未填充的信息,以获得答案(Answer),从中可以导出最终的输出 y,具体解释见表 3-3。

表 3-3　提示学习中的术语

名称	符号	示　　例	描　　述
输入	x	I love this movie.	One or multiple texts
输出	y	++(very positive)	Output label or text
提示函数	$f_{prompt}(x)$	[X]Overall,it was a[Z]movie.	A function that converts the input into a specific form by inserting the input x and adding a slot[Z] where answer z may be filled later.
提示	x'	I love this movie. Overall, it was a[Z] movie.	A text where[X] is instantiated by input x but answer slot[Z]is not.
提示候选	$f_{fill}(x',z)$	I love this movie. Overall, it was a bad movie.	A prompt where slot[Z]is filled with any answer.
答案提示	$f_{fill}(x',z^*)$	I love this movie. Overall, it was a good movie.	A prompt where slot[Z]is filled with a true answer.
答案	z	"good","fantastic","boring"	A token,phrase,or sentence that fills [Z]

此框架允许(预训练)模型在大量无标注语料(或其他任务的有监督语料)上提前学习。然后通过定义一个新的提示,模型能够完成少样本和零样本任务,快速适应新的领域。

提示学习可以分为若干步骤。必要的步骤如下:

(1)选择一个预训练语言模型。

(2)通过提示工程设计或训练一个模板。

---

① WANG Z, WANG X, HAN X, et al. CLEVE: Contrastive Pre-training for Event Extraction[C]. Proceedings of the 59th Annual Meeting of the Association for Computational Linguistics and the 11th International Joint Conference on Natural Language Processing(Volume 1: Long Papers),2021: 6283-6297.

(3) 通过答案工程将最终标签映射到一系列模型容易理解的标记上。

可选的步骤如下：

(1) 提示学习模型的集成。

(2) 对提示/预训练语言模型的参数进行更新。

与"预训练＋精调＋预测"模型不同的是,提示学习可以被认为是通过范式(任务)迁移把下游任务迁移到语言模型任务中。而"预训练＋精调＋预测"范式通过设计一个小网络(目标工程),将预训练语言模型任务迁移到目标下游任务上。

3.2.2 节介绍了自监督学习及其各种预训练语言模型所用的自监督学习方式。事实上,预训练语言模型提示学习的能力很大一部分取决于预训练过程中的自监督学习。与此同时,提示学习选择预训练语言模型时还需要考虑模型的类型。在 4 种预训练语言模型中,通常认为从左到右的语言模型适合提示学习生成类任务,MLM 适合进行理解类任务,同时具有编码器和解码器的预训练语言模型则适合进行翻译和摘要。如果把事件抽取任务也视为一种摘要,可能更适合后两种预训练语言模型。

提示工程是创建一个提示的过程,它能使下游任务获得高性能。在以前的工作中,这涉及提示模板的制作,通常是人工为每个模型和任务搜索最佳模板。常见任务的模板见表 3-4。除了必须首先考虑提示形状(完型或前缀)外,还需要决定采用手动还是自动的方式创建所需提示。

表 3-4　常见任务的模板

Type	Task	Input([x])	Template	Answer([Z])
Text CLS	Sentiment	I love this movie.	[X] The movie is [Z].	great fantastic …
	Topics	He prompted the LM.	[X] The text is about [Z].	sports science …
	Intention	What is taxi fare to Denver?	[X] The question is about [Z].	quantity city …
Text-span CLS	Aspect Sentiment	Poor service but good food.	[X] What about service? [Z].	Bad Terrible …
Text-pair CLS	NLI	[X1]: An old man with … [X2]: A man walks …	[X1]? [Z].[X2]	Yes No. …
Tagging	NER	[X1]: Mike went to Pars. [X2]: Paris	[X1][X2] is a [Z] entity	organization location …
Text Generation	Summarization	Las Vegas police …	[X] TL;DR:[Z]	The victim … A woman … …
	Translation	Je vous aime.	French:[X]English:[Z]	I love you. I fancy you. …

提示工程为提示学习中的预训练语言模型设计适当的输入,而答案工程的目的是寻找一个答案空间和原始输出的映射,从而产生一个有效的预测模型。与提示学习相同,答案工程也需要确定答案形状(标记、片段或句子)并选择答案设计方法(手动或自动)。

3.2.4　图神经网络

自然语言的表示方式反映了对自然语言的特殊看法,并对处理和理解自然语言的方式有根本性的影响。如图 3-2 所示,早期的自然语言处理研究中,自然语言通常是以词袋或者词向量的方式表示的。文本序列被认为是一个由标记组成的袋子,如 BoW(词袋模型)和TF-IDF(词频-逆文档频率)。随着词嵌入技术的成功,句子通常被表示为一个由标记组成的序列,一些流行的深度学习技术,如 RNN 和 CNN,被广泛用于文本序列建模。后面又有研究工作将文本类比为图像,编码成矩阵表示;近年来又出现了预训练语言模型。但是,这些已有的研究并没有充分利用文本中存在的语义结构信息。而图是一种通用的、强大的表示形式,例如常见的句法分析树、语义解析图等。基于图的自然语言表示能够捕捉文本元素之间更加丰富的语义结构信息,图结构的数据可以编码实体标记之间复杂的成对关系,以学习更多信息量的表示。而图神经网络(GNN,Graph Neural Network)就是一个通用的基于图的学习框架,它可以为图中的每个节点学习嵌入,并将节点嵌入聚集起来产生图的嵌入。

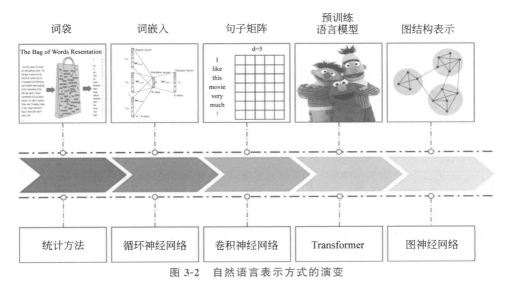

图 3-2　自然语言表示方式的演变

用于自然语言处理任务的 GNN 研究主要分为 3 方面:图的构建、图表示学习和基于图的编码器-解码器模型,如图 3-3 所示。

1. 图的构建

图在自然语言处理中是无处不在的。虽然将文本视为序列数据可能是最明显的,但在自然语言处理领域,将文本表示为各种图的做法由来已久。常见的文本或知识的图表示包括依赖图、成分图、AMR 图、IE 图、词汇网络和知识图谱。此外,还可以构建一个包含多个层次元素的文本图,如文档、段落、句子和单词。图的构建方法主要有两种:静态图构建与

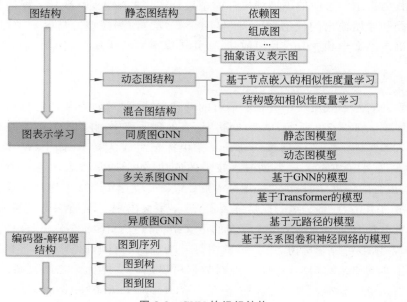

图 3-3　GNN 的组织结构

动态图构建。

　　静态图构建方法的目的是在预处理期间构建图结构,通常是利用现有的关系解析工具(如依存分析)或手动定义的规则。从概念上讲,静态图包含了隐藏在原始文本序列中的不同领域/外部知识,它用丰富的结构化信息丰富了原始文本的内容。静态图构建主要有依赖图构建、成分图构建、知识图谱构建、相似图构建等。

　　尽管静态图的构建具有将数据的先验知识编码到图结构中的优势,但它有几个局限性:

　　(1) 为了构建一个性能合理的图的拓扑结构,需要大量的人力和领域知识。

　　(2) 人工构建的图结构容易出错(例如有噪声或不完整)。

　　(3) 由于图的构建阶段和图的表示学习阶段是不相干的,在图构建阶段引入的错误不能被纠正,可能会累积到后面的阶段,这可能导致性能下降。

　　为了应对上述挑战,最近关于自然语言处理的 GNN 的尝试开始探索动态图的构建,而不需要借助人工或领域专业知识。大多数动态图构建方法旨在动态学习图结构(即加权邻接矩阵),图构建模块可以与后续的图表示学习模块共同优化,以端到端的方式面向下游任务。动态图构建主要有基于节点嵌入的相似度度量学习、结构感知的相似度学习等。

2. 图的表示学习

　　图表示学习的目标是找到一种方法,通过机器学习模型将图的结构和属性信息纳入低维嵌入。从原始文本数据构建的图可能是同质图,也可能是异质图。

　　大多数图神经网络,如 GCN、GAT 和 GraphSage,都是为同质图设计的,然而,这并不能很好地适配许多自然语言处理任务。例如,给定一个自然语言文本,构建的依赖图是包含多种关系的任意图,传统的 GNN 方法无法直接利用。因此,应首先将任意图转换为同质图,包括静态图和动态图,然后再考虑双向编码的图神经网络。

现实中的大多数图有多种节点和边的类型,如知识图谱、AMR 图,它们被称为异质图。除了将异质图转化为关系图外,有时还需要充分利用节点和边的类别信息。

3. 基于 GNN 的编码器-解码器模型

编码器-解码器架构是自然语言处理领域使用最广泛的机器学习框架之一,如 Seq2Seq 模型。鉴于 GNN 在建模图结构数据方面的巨大优势,最近,许多研究人员开发了基于 GNN 的编码器-解码器框架,包括 Graph-to-Sequence(Graph2Seq)、Graph-to-Tree 和 Graph-to-Graph 模型。

Graph-to-Seguence 模型通常采用一个基于 GNN 的编码器和一个基于 RNN/Transformer 的解码器。与 Seq2Seq 范式相比,Graph-to-Seguence 范式更善于捕捉输入文本丰富的结构信息,可以应用于任意的图结构数据。

与 Graph-to-Seguence 模型考虑输入端的结构信息相比,许多自然语言处理任务还包含以复杂结构(如树)表示的输出,在输出端也有丰富的结构信息。对于句法解析、语义解析、math word 问题,考虑输出的结构信息是一个自然的选择。为此,一些 Graph-to-Tree 模型被提出来,在输入和输出端都加入了结构信息,使编码-解码过程中的信息流更加完整。

Graph-to-Graph 模型通常用于解决图的转换问题,是图的编码器-解码器模型。图的编码器生成图中每个节点的潜在表示,或通过 GNN 为整个图生成一个图级别的表示。然后,图的解码器根据来自编码器的节点级或图级别的表示生成并输出目标图。

目前,不论是在学术界还是工业界,都有大量使用 GNN 的典型自然语言处理应用,包括自然语言生成、机器阅读理解、问题回答、对话系统、文本分类、文本匹配、话题建模、情感分类、知识图谱、信息提取、语义和句法解析、推理和语义角色标注等。

Fu 等人[①]提出了一种利用图卷积网络(Graph Convolutional Network,GCN)联合学习命名实体和关系的端到端关系抽取模型 GraphRel。与之前的基线(baseline)相比,这种方法通过关系加权 GCN 考虑命名实体和关系间的交互,从而能够更好地抽取关系,是关系抽取的最先进的方法。

Kim 等人[②]介绍了一种解决教科书问答(Textbook Question Answer,TQA)任务的新算法,从文本和图像中建立上下文图。他们还提出了一种基于图卷积网络的 f-GCN 模块,对于 TQA 问题是非常有效的。

3.2.5　多模态学习

多模态学习指机器从文本、图像、语音、视频等多个领域获取信息,实现信息转换和融合,从而提升模型性能的技术,是一个典型的多学科交叉领域。人们生活在一个多领域相互交融的环境中,听到的声音、看到的实物、闻到的味道等都是各领域的模态形式。为了使

---

① FU T J,LI P H,MA W Y. GraphRel:Modeling Text as Relational Graphs for Joint Entity and Relation Extraction[C]. Proceedings of the 57th Annual Meeting of the Association for Computational Linguistics. 2019:1409-1418.

② KIM D,KIM S,KWAK N. Textbook Question Answering with Multi-modal Context Graph Understanding and Self-supervised Open-set Comprehension[C]. Proceedings of the 57th Annual Meeting of the Association for Computational Linguistics. 2019:3568-3584.

深度学习算法更加全面和高效地了解周围的世界,需要给机器赋予学习和融合这些多领域信号的能力。

为此,研究者开始关注如何将来自多领域的数据进行融合,以实现多种异质信息的互补。例如,对语音识别的研究表明,视觉模态提供了嘴的唇部运动和发音的信息,包括张开和关闭,从而有助于提高语音识别性能。因此,利用多种模式提供的综合语义对深度学习非常有价值。

多模态学习主要包括五大研究方向,也是研究者目前所面临的挑战,即表示(representation)、转换(translation)、对齐(alignment)、融合(fusion)和协同学习(co-learning)。

1. 表示

第一个且最重要的困难是如何表示和结合多种模态的数据,以利用它们的互补性和冗余性。表示指对各模态信息进行统一的表示,一般是实值向量。有两种表示方法:联合表示与协同表示,如图 3-4 所示。

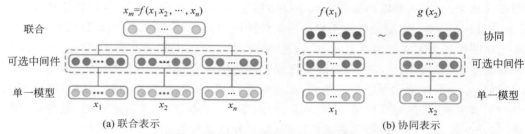

图 3-4　联合表示和协同表示的结构

联合表示将各个模态的数据源映射到同一个空间中表示,例如输入语音和图片,以得出识别结果;而协同表示分别将各个模态映射到独立的空间中表示,但是这些空间之间有约束关系。

2. 转换

转换指将一种模态的信息映射为另一种模态的信息。例如,给出一幅图像,希望得到一个描述该图像的句子;或者给出一段文字描述,生成一幅与之相匹配的图像。转换使用的模型主要有基于例子的模型和生成式模型两种。

基于例子的模型在多个模态之间建立字典,形成对应关系;生成式模型通过训练让模型产生映射能力。

3. 对齐

模态对齐是多模态融合的关键技术之一,是指从两个或多个模态中查找实例子组件之间的对应关系。例如,给出一个图像和一个标题,希望找到图像中的区域与标题单词或短语的对应关系。

多模态对齐方法分为显式对齐和隐式对齐两种类型。显式对齐关注模态之间子组件的对齐问题,而隐式对齐则是在深度学习模型训练期间对数据进行潜在的对齐。

4. 融合

多模态融合指从多个模态信息中整合信息以完成分类或回归任务。融合的价值如下：

（1）在观察同一个现象时引入多个模态，可能带来更鲁棒的预测。

（2）接触多个模态的信息，可以捕捉到互补的信息（complementary information），尤其是这些信息在单模态下并不"可见"时。

（3）一个多模态系统在缺失某个模态时依旧能工作。

融合主要分为两大类：无模型方法和基于模型的方法。无模型方法是指不依赖于某个特定的机器学习算法，分为特征融合、决策融合和混合融合；基于模型的方法是指显式地在构造中完成融合。

5. 协同学习

协同学习通过数据源丰富的模态辅助数据源稀少的模态进行学习。

数据形式主要有平行数据（相同数据集，实例之间一一对应）、非平行数据（不同数据集，实例不重叠，但一般概念或类别重叠）和混合数据（实例或概念由第三种数据集连接）3 种。

目前，多模态学习已应用在各个领域，例如在医疗问答、假新闻识别方面等，它们都结合了多模态的信息而不是单一信息训练模型，均优于现有的方法。

Vu 等人[①]提出了一种新颖的视觉问答方法，该方法允许通过书面问题查询图像。对各种医学和自然图像数据集的实验表明，通过以新颖的方式融合图像和问题特征，该方法与现有的其他方法相比，实现了相同或更高的精度。

Qi 等人[②]提出了一种新颖的多域视觉神经网络（Multi-View Neural Network，MVNN）框架，以融合频率域和像素域的视觉信息，可以用于检测假新闻。他们设计了一个基于 CNN 的网络，以自动捕获频率域中假新闻图像的复杂模式，并利用多分支 CNN-RNN 模型从像素域中的不同语义级别提取视觉特征，利用注意力机制动态融合频率域和像素域的特征表示。在现实世界数据集上进行的广泛实验表明，MVNN 的性能优于现有方法。

Deng 等人[③]提出了一种具有多模态残差的深度密集融合网络，以整合包括语言、声学语音和视觉图像在内的多模态信息，用于情感分析。其性能优于目前 11 个最先进的基线。

▶ 3.3　面向训练的深度学习前沿进展

3.3.1　多任务学习

传统的机器学习模型往往只关注一个任务，而多任务学习（Multi-Task Learning，

①　VU M H，LÖFSTEDT T，NYHOLM T，et al. A Question-centric Model for Visual Question Answering in Medical Imaging[J]. IEEE Transactions on Medical Imaging，2020，39(9)：2856-2868.

②　QI P，CAO J，YANG T，et al. Exploiting Multi-domain Visual Information for Fake News Detection[C]. 2019 IEEE International Conference on Data Mining (ICDM). 2019：518-527.

③　DENG H，KANG P，YANG Z，et al. Dense Fusion Network with Multimodal Residual for Sentiment Classification[C]. 2021 IEEE International Conference on Multimedia and Expo (ICME)，2021：1-6.

MTL)会对多个任务进行同时训练。多任务学习模型中可以同时利用多个任务中包含的信息,因此相比于单任务模型,多任务学习往往可以得到更好的效果。多任务学习在自然语言处理中也得到了广泛的应用,下面将对基于深度学习的多任务学习算法在自然语言处理中的应用方式进行简要的梳理与介绍。

多任务学习方法通常分为硬参数共享(hard parameters sharing)和软参数共享(soft parameters sharing)两种。

硬参数共享通常作为多任务学习的基线系统。无论最后有多少个任务,它的基本结构都是一样的:底层参数统一共享,顶层参数各个模型相互独立,如图 3-5 所示。由于对大部分参数进行了共享,模型的过拟合概率会降低。共享的参数越多,过拟合概率越小;共享的参数越少,越趋近于多个单任务学习分别进行。

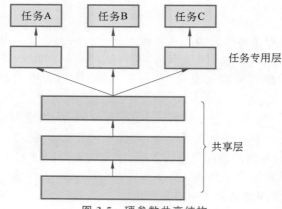

图 3-5　硬参数共享结构

当下的研究重点是软参数共享。它的基本结构是:底层共享一部分参数,还有独特的一部分参数不共享,顶层有自己的参数,如图 3-6 所示。底层共享的、不共享的参数融合到一起送到顶层,预测多个不同目标,最后一起进行统一优化。

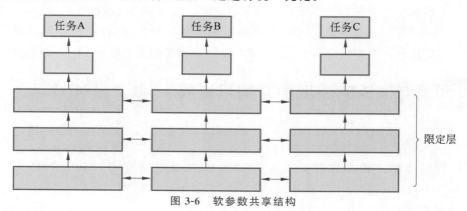

图 3-6　软参数共享结构

多任务学习改进的方向如下:

(1) 模型结构设计,即决定哪些参数共享,哪些参数不共享。有两种方式:一种是对共享层进行区分,也就是想办法给每个任务一个独特的共享层融合方式;另一种是对不同任务、不同共享层级的融合方式进行设计。

（2）目标损失设计和优化改进。不同任务的数据分布、重要性也都不一样，多种任务的损失直接相加并不一定适合目标任务。

（3）设计更合理的辅助任务。自然语言处理中的一个常用手段是将语言模型作为辅助任务。

3.3.2　终身学习

终身学习也叫作持续学习或增量学习。人类有终身不断获取、调整和转移知识的能力。虽然人在一生中确实倾向于逐渐忘记以前学习过的知识，但只有在极少的情况下，对新知识的学习会灾难性地影响已经学到的知识，这样的学习能力被称为终身学习的能力。具体来讲，终身学习的能力就是能够不断地处理现实世界中连续的信息流，在吸收新知识的同时保留甚至整合、优化旧知识的能力[①]。

在机器学习领域，终身学习致力于解决模型训练的一个普遍缺陷：灾难性遗忘（catastrophic forgetting），也就是说，一般的机器学习模型（尤其是基于反向传播的深度学习方法）在新任务上训练时，在旧任务上的表现通常会显著下降。

造成灾难性遗忘的一个主要原因是传统模型假设数据分布是固定或平稳的，训练样本是独立同分布的，所以模型可以一遍又一遍地看到所有任务相同的数据。但是，当数据变为连续的数据流时，训练数据的分布就是非平稳的，模型从非平稳的数据分布中持续不断地获取知识时，新知识会干扰旧知识，从而导致模型性能的快速下降，甚至完全覆盖或遗忘以前学习到的旧知识。

为了克服灾难性遗忘，希望模型一方面必须表现出从新数据中整合新知识和提炼已有知识的能力（可塑性），另一方面又必须防止新输入对已有知识的显著干扰（稳定性）。这两个互相冲突的需求构成了稳定性-可塑性困境（stability-plasticity dilemma）。

解决灾难性遗忘最简单的方案就是使用所有已知的数据重新训练网络参数，以适应数据分布随时间的变化。尽管重新训练模型的确完全解决了灾难性遗忘问题，但这种方法效率非常低，极大地阻碍了模型实时地学习新数据。而终身学习的主要目标就是在计算和存储资源有限的条件下，在稳定性-可塑性困境中寻找效用最大的平衡点。

终身学习目前还没有一个特别清晰的定义，因此比较容易与在线学习、迁移学习和多任务学习等概念混淆，尤其要注意终身学习和在线学习的区别。在线学习通常要求每个样本只能使用一次，且数据全都来自同一个任务；而终身学习是多任务的，它允许在进入下一个任务之前多次处理当前任务的数据。一般来说，终身学习有如下几个特点：

（1）学习新知识的同时能够保留以前学习到的大部分知识，也就是模型在旧任务和新任务上均能表现良好。

（2）计算能力与内存应该随着类别数的增加而保持固定或者缓慢增长。最理想的情况是，一旦完成某一任务的学习，该任务的观测样本便被全部丢弃。

（3）模型可以从新任务和新数据中持续学习新知识，当新任务在不同时间出现时，模型

---

① PARISI G I, KEMKER R, PART J L, et al. Continual Lifelong Learning with Neural Networks: A Review[J]. Neural Networks, 2019, 113: 54-71.

都是可训练的。

3.3.3 范式迁移

在科学和哲学中,范式通常指解决一个领域中问题的一类概念或思维方式。在自然语言处理中,定义范式为解决一类自然语言处理任务所使用的机器学习框架,此框架由输入、输出和模型的结构共同定义。例如,对于命名实体识别任务,通常采用 SeqLab 范式:输入为一段文本,输出为文本中每个单词的标签,模型采用序列标注架构。

随着预训练语言模型的发展,使用一个模型完成所有自然语言处理任务的梦想正在接近实现。以超大规模预训练语言模型为基础部署一个通用模型的方法有以下优点:

(1)不再需要大量标注数据。由于通用模型一般采用了预训练和多任务训练,对标注数据的需求减小了很多。

(2)泛化能力强。相较于训练一个任务特定模型,直接将目标任务转化为通用范式,可以直接将模型应用于未见过的任务。

(3)便捷部署。通用模型的推理作为商用黑箱 API,只需改变输入和输出即可满足用户需求。

一类自然语言处理任务通常有一个或多个较为常用的范式,一个范式也可以解决一个或多个自然语言处理任务,一个范式可以实例化为多个深度学习模型。范式迁移就是使用一类任务的范式解决另一类任务,例如使用机器阅读理解(Machine Reading Comprehension,MRC)范式解决命名实体识别任务。下面对 MRC 范式进行详细的介绍。

所谓的机器阅读理解就是给定一篇文章以及基于文章的一个问题,让机器在阅读文章后对问题进行回答[①]。MRC 的常见任务有 4 个:完形填空、多项选择、片段抽取和自由作答,如图 3-7 所示。这 4 个任务构建的难易程度逐渐加深,对自然语言理解的要求越来越高,答案的灵活程度越来越高,实际的应用场景也越来越广泛。

在 2016 年以前,机器阅读理解主要是统计学习的方法。在 SQuAD 数据集发布之后,出现了一些基于注意力机制的匹配模型,如 match-LSTM 和 BiDAF 等。2018 年之后出现了各种预训练语言模型,如 BERT 和 ALBERT 等。机器阅读理解数据集的发展极大地促进了机器阅读理解能力的发展,其中 SQuAD 是斯坦福大学推出的一个关于机器阅读理解的数据集,在 2018 年,斯坦福大学自然语言理解团队又推出了该数据集的 2.0 版本,在新版本的数据集中加入了部分没有答案的问题。

MRC 方式在未来有 4 种可能的发展趋势:

(1)基于外部知识的 MRC。在人类阅读理解过程中,当有些问题不能根据给定文本进行回答时,人们会利用常识或积累的背景知识进行回答,而在机器阅读理解任务中却没有很好地利用外部知识。其挑战是相关外部知识的检索和外部知识的融合。

(2)带有不能回答的问题的 MRC。机器阅读理解任务有一个潜在的假设,即在给定文章中一定存在正确答案,但这与实际应用不符,有些问题机器可能无法进行准确的回答。这就要求机器判断仅根据给定文章能否回答问题。如果不能,将其标记为不能回答,并停

---

① LIU S, ZHANG X, ZHANG S, et al. Neural Machine Reading Comprehension:Methods and Trends[J]. Applied Sciences,2019,9(18):3698.

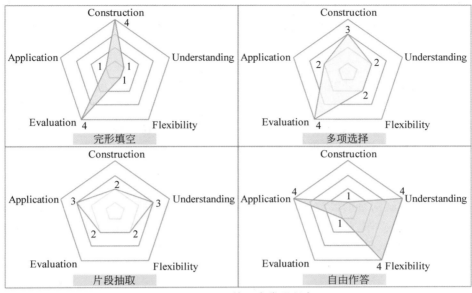

图 3-7　MRC 的 4 个常见任务

止作答;反之,则给出答案。其挑战是对于不能回答的问题的判别和干扰答案的识别。

（3）多条文档 MRC。在机器阅读理解任务中,题目都是根据相应的文章进行设计的。而人们在进行问答时,通常先提出一个问题,再利用相关的可用资源获取回答问题所需的线索。不再仅仅给定一篇文章,而是要求机器根据多篇文章对问题进行回答。其挑战如下：①相关文档的检索;②噪声文档的干扰;③检索得到的文档中没有答案;④可能存在多个答案;⑤需要对多条线索进行聚合。

（4）对话式阅读理解。当给定一篇文章时,提问者先提出一个问题,回答者给出答案,提问者再在回答的基础上提出另一个相关的问题,多轮问答对话可以看作上述过程迭代进行多次。其挑战是对话历史信息的利用以及指代消解。

▶ 3.4　面向应用的深度学习前沿进展

3.4.1　模型压缩

模型压缩也称为知识蒸馏。随着深度学习的不断发展,深度学习的训练规模在不断扩大,模型的量级也在逐渐增大,这使得较大的深度学习模型难以在低资源设备上进行部署。因此需要一种方法将模型的量级缩小,同时让量级缩小的模型能够完成其本应完成的任务,尽可能保持原有模型的识别效果,这就是模型压缩的概念。

模型压缩的方法可以分为 5 种：低秩分解、剪枝、量化、权重共享和知识蒸馏。

1. 低秩分解

将深度学习的神经网络权值矩阵看作一个满秩矩阵,利用多个低秩矩阵表示原来的权值矩阵的分解方法可以达到简化神经网络的目的,即低秩分解。原来稠密的权值矩阵可以用多个低秩的矩阵的组合表示,而低秩矩阵又能够分解为多个小规模矩阵的乘积,这使得神经网络的规模减小。对于一个二维矩阵的低秩分解,奇异值分解是较为可行的简便分解方法。

2. 剪枝

一个神经网络模型由许多浮点型的神经元互相连接组成,每一层的神经元通过权重向下传递信息。但是在一层神经元中,有些权重非常小的节点对模型加载信息的影响较小,因此可以对这些权重较小的神经元进行删减。这种删减工作在降低模型规模的同时又能保持原有的模型精度,这种方法被称为剪枝。

3. 量化

一般情况下神经网络的参数采用 32 位浮点数表示,但是实际上并不需要保留如此高的精度,可以通过量化操作,利用 0～255 表示原来的 32 位浮点数,通过牺牲一定的精度对模型进行量化,从而降低模型的规模。量化方法大致可以分为二值量化和三值量化。

4. 权重共享

在构建神经网络的过程中,有部分信息在全局中多次出现并且重复使用。如果对这些信息进行聚类,挖掘出共享的权重系数,并利用类别的方式让它们共享权重,最终就能够实现模型的压缩,这种压缩方法被称作权重共享。

5. 知识蒸馏

在模型的输出过程中,通常需要使用 Softmax 函数进行分类,因此研究者提出了一种借助软目标(soft-target)对模型进行简化的方法,即知识蒸馏。其中的软目标指的是将温度参数 T 引入 Softmax 函数中生成的分类结果,将未引入 T 的 Softmax 生成的结果称作硬目标(hard-target)。相比于硬目标,软目标的结果曲线更加平滑。

知识蒸馏的步骤如下:

(1) 利用正常的标签(即硬目标)训练一个大模型,即 NET-Teacher。

(2) 在转移数据集(transfer set)上利用之前训练好的 NET-Teacher 训练生成对应的软目标。

(3) 训练小规模模型 NET-Student,同时拟合软目标和硬目标,额外增加一个损失函数与软目标对应,并通过 Lambda 函数调节两个函数的比重。

(4) 去掉软目标,仅保留硬目标,形成最终版小模型,即完成了知识蒸馏过程。

3.4.2 可解释学习

当前深度学习在许多判断、预测等任务上取得了最好的效果,但始终存在一个问题:很多现在的深度神经网络无法以一种从人类角度完全理解模型的决策,即机器学习可解释性。可解释学习模型旨在对机器学习产生的结论做出人类可理解的解释,为用户提供机器得出该结论的证据链。机器学习模型经过大量训练,模型本身即意味着知识,这些知识以海量参数的形式隐藏在模型中;而可解释学习模型可以将知识显式地表示为人可理解的方式,解决模型可解释问题,有利于用户更加放心地将模型应用和部署在真实场景上。依据生成的解释的模式,可以将可解释学习模型分为基于规则的可解释学习模型、基于隐语义的可解释学习模型、基于属性的可解释学习模型、基于实例的可解释学习模型。

（1）基于规则的可解释学习模型是基于规则构成的模型,记录演绎过程,可以作为模型输出的解释。

（2）基于隐语义的可解释学习模型从深度神经网络的隐含层神经元的权重中分析出可以支撑模型输出的解释。

（3）基于属性的可解释学习模型需要利用计算显著性得分的方法找出输入中与模型输出相关性最强的属性,以此获得对模型输出的解释。

（4）基于实例的可解释学习模型在已有的数据库中找出与模型输出相近的多个实例,为模型输出提供实例支撑,以此作为解释。

这里给出一些通用的方法。建模前,选用可解释性模型,如决策树模型、线性回归模型、逻辑回归模型、广义线性回归模型、广义加性模型、贝叶斯实例模型等;建模后,使用可解释性方法,这主要是针对具有黑箱性质的深度学习模型而言的,主要有隐层分析方法、模拟/代理模型方法、敏感性分析方法。

以 BERT 为例,通过可视化方法可以生成一些解释,如图 3-8 所示。BERT 模型较为复杂,难以直接理解它学习的权重的含义。深度学习模型的可解释性通常不强,但可以通过一些可视化工具对其进行理解。Tensor2Tensor 提供了出色的工具用于对注意力进行可视化。

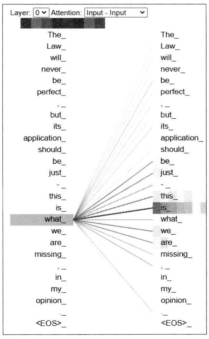

图 3-8　模型的可视化展示

3.4.3　对抗与算法安全

随着深度学习领域的不断发展,神经网络在音视频识别、自然语言处理和博弈论等领域得到了广泛应用。因此确保深度学习的算法具有可靠的安全性和鲁棒性至关重要。然而,深度学习模型存在着易受对抗样本攻击的安全隐患。攻击者可以向良性数据中添加特定的扰动,生成对抗样本。这种具有轻微扰动的对抗样本不会对人类的判断产生影响,却会使深度学习模型产生错误结果。同时,对抗攻击在自动驾驶等场景中的成功实施更加表明了对抗攻击在现实世界中的可行性。因此有关对抗攻击和对抗防御技术的研究受到了越来越多人的关注。

神经网络能够被干扰具有两个原因:一是神经网络中包含语义信息的部分不是单一的节点,而是包含在整个网络中;二是神经网络从输入到输出的映射大多是不连续的。通过实验可以证明,图片通过一定的修改操作后可以欺骗神经网络,从而输出错误的结果。

对神经网络的攻击可以分为两种类型,即白盒攻击和黑盒攻击。白盒攻击是指攻击者已知神经网络的底层结构时所发出的攻击,因此白盒攻击的攻击者必须了解神经网络的结构,根据神经网络的结构找到最容易攻击的部分,从而发动攻击。白盒攻击大多是企业为保障神经网络的安全性所进行的试探性攻击。而在攻击者对于底层网络的结构完全不了解时,其发动的攻击为黑盒攻击。黑盒攻击首先将训练样本传递至网络,通过网络获得输出,构建对应的推断网络,然后针对推断网络开发对抗性样本,最终利用这些样本对原始模型进行对抗性攻击。这种攻击方式无须对神经网络的结构进行了解,仅需要开发对应的推断网络进行对抗性攻击,因此对神经网络的攻击大多数为黑盒攻击。

目前神经网络防御对抗攻击的方法包括以下 3 种:

(1) 修改训练样本。通过添加更多的对抗样本到训练集中可以有效避免一部分攻击。但当扩大样本集的时候,分类边界有可能也随之扩大。

(2) 修改训练网络。这类方法会对训练网络作出一定调整,其中有一种方式是在最后一层使用更具有非线性的激活函数,但这种方式又会导致训练效率和效果下降。修改训练网络的方法分为完全抵抗和仅检测两种方式。完全抵抗其实就是让模型能将对抗样本识别为正确的分类;而仅检测是为了发现这种攻击样本,从而拒绝服务。

(3) 附加网络。这种方法是在不改变原有模型的情况下使用额外的辅助网络,这样可以使原有网络保持不变,其中最有效的一种方式是生成式对抗网络——GAN。GAN 中含有两个重要部分,分别为生成器和判别器,用于生成新数据和判断数据是否为真。同样,这种方法也分为完全抵抗和仅检测两种方式。

第 4 章

预训练语言模型

预训练语言模型是自然语言处理的一部分,一直是一个热门的研究领域。本章首先整体介绍预训练语言模型的概念和发展历程;然后详细介绍常见的自编码模型和自回归模型 BERT、GPT-3,基于 LSTM 的 ELMo 以及 ERNIE 等预训练语言模型的结构、特点和优势,以及预训练语言模型的使用;最后对预训练语言模型的发展趋势、前景做出展望和分析。[①]

▶ 4.1 预训练语言模型概述

常见的自然语言处理任务有中文分词、词云画像、词性分析、自动摘要、关系挖掘、情感分析和知识图谱等,在现实生活中的应用有聊天机器人、机器翻译、语音识别等。自然语言处理任务的难点在于如何让机器听懂用户的话,这便是预训练语言模型需要完成的任务。

4.1.1 预训练语言模型定义

预训练语言模型是迁移学习的一种应用,一般使用自监督学习的方法,利用大规模的数据学习输入句子的每一个成员的上下文相关的语义表征,不但隐式地学习到了通用的语法语义知识,还将开放领域学习到的知识迁移到下游任务,以改善低资源任务处理能力的不足,对低资源语言处理任务非常有利。预训练语言模型在几乎所有自然语言处理任务中都取得了目前最佳的成果。

迁移学习是机器学习的一种方法,就是把一个任务开发的模型作为初始点,重新使用在另一个任务中。对于自然语言处理任务,由于词都是一样的,因此就比较适合使用迁移学习方法,从而节省时间和算力资源。这就是预训练语言模型的来源。

预训练语言模型的使用带来了许多好处。它可以在大规模语料中训练得到一种通用的语言表示,可以提供一个更好的模型初始化,加速目标任务的收敛,并且可以避免在小数据集上出现过拟合的情况。

4.1.2 预训练语言模型的发展历程

近几年,预训练语言模型的出现在自然语言处理领域起到里程碑的作用,自然语言处理任务不需要从零开始训练模型了,直接在预训练语言模型上进行微调就可以取得很好的效果。预训练语言模型的发展可以划分为两代。

---

① 本章由张晓松整理,部分内容由常欣煜、徐子懋、愈言江、王子轩、王雪飞、赵华耀贡献。

1. 第一代预训练语言模型

第一代预训练语言模型学习词表,即与上下文无关的、静态的词向量。第一代预训练语言模型的做法是把词表中的每一个词映射到一个查找表中,训练过程就是得到查找表的过程。得到查找表后,把每个词的独热(one-hot)向量乘以查找表就得到此词的词向量了。

第一代预训练语言模型有两个明显的缺陷。一是无法处理一词多义等自然语言固有的现象,因为它没有把词与词的上下文联系起来。例如,在"I hurt my back, while I backed my car"这句话中,前一个 back 是名词,表达"后背"的意思;后一个 back 是动词,表达"倒车"的意思。所以这两个词向量是不一样的,应该考虑上下文以确定某个词在一个句子中表达什么意思。二是超出词表(Out of Vocabulary,OOV)问题,如果有些词没有在训练数据中出现过,那么通过查找表中也无法得到它的词向量。为了解决 OOV 问题,可以把词进一步分割,变成字符等形式,这样就可以一定程度上解决 OOV 问题。

第一代预训练语言模型相对于第二代预训练语言模型还是比较浅的。两个经典结构是 CBOW 和 Skip-Gram[①],最典型的实现就是 Word2Vec。还有一个经典结构是 Glove[②],它也被广泛用于获取词向量。

同时期还有不少工作研究句向量、段向量乃至篇章向量(如 skip-thought 向量、paragraph 向量、Context2Vec 等)。将这些工作也归类为第一代预训练语言模型的原因是它们也把输入映射为固定维度的向量表示。

2. 第二代预训练语言模型

第二代预训练语言模型学习与上下文相关的、动态的词向量。第二代预训练语言模型的重要代表是 ELMo、OpenAI GPT 和 BERT。得益于更强的算力、深度模型的发展、自然语言处理预训练任务的设计、大规模训练语料的利用和各种训练技巧的出现,第二代预训练语言模型蓬勃发展,越来越强大。

▶ 4.2 常见预训练语言模型介绍

本节介绍自编码模型和自回归模型中的重要代表的 BERT 模型和 GPT 模型,然后介绍基于 LSTM 的 ELMo 模型,最后分别介绍清华 ERNIE 模型和百度 ERNIE 模型。

4.2.1 BERT

BERT[③] 的全称是基于 Transformer 的双向编码器表示模型(Bidirectional Encoder Representations from Transformers)。BERT 作为一个预训练语言模型由多个 Transformer 的

---

① MIKOLOV T, SUTSKEVER I, CHEN K, et al. Distributed Representations of Words and Phrases And Their Compositionality[J]. Advances in Neural Information Processing Systems, 2013: 3111-3119.

② PENNINGTON J, SOCHER R, MANNING C D. Glove: Global Vectors for Word Representation [C]. Proceedings of the 2014 Conference on Empirical Methods in Natural Language Processing (EMNLP), 2014: 1532-1543.

③ KENTON J D M W C, TOUTANOVA L K. BERT: Pre-training of Deep Bidirectional Transformers for Language Understanding[C]. Proceedings of NAACL-HLT. 2019: 4171-4186.

encoder 层堆叠而成。受益于 Transformer 中自注意力机制带来的强大的表示能力,BERT 模型可以从大量预训练语料库中学习到丰富的语言信息。并且在预训练后对其进行微调可以进一步提升其在特定子任务上的精确率。下面详细介绍 BERT 的模型架构、预训练方法以及微调过程。

1. BERT 的模型结构

BERT 不同于常用的语言模型,例如循环神经网络和卷积神经网络,该模型从 Transformer 中获得灵感,利用自注意力机制学习句子中的长距离依赖,使得模型能够获得准确的句子表示。不仅如此,BERT 利用多个 encoder 层(共 12 层)进一步提升模型能力。BERT 将文本处理成多个标记,再用一个[CLS]标记作为句首标记送入神经网络。神经网络利用多个 encoder 层处理每一个标记,最终获得每个字的表示。图 4-1 展示了 BERT 的原理。

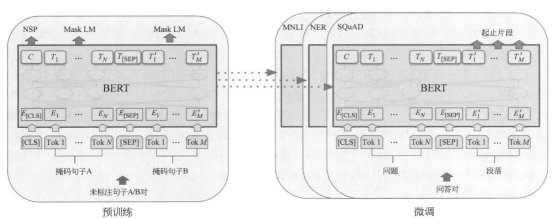

图 4-1 BERT 的原理

2. BERT 的预训练方法

为了让 BERT 学习到丰富的、大规模的语言表达能力,研究人员利用大量的语言数据对模型进行预训练。通过自监督的方式从大规模数据中获得与具体任务无关的预训练语言模型。作为一种迁移学习的应用,BERT 从海量的文本中学习输入句子的每一个成员的上下文表示,隐式地学到了通用的语法和语义知识。通过学到的语法和语义知识,BERT 可以将从开放领域中学到的知识迁移到下游任务,以提升下游任务的准确性。即使不在下游任务中进行微调,BERT 也几乎在所有自然语言处理任务中取得了最佳的性能。而预训练 BERT 的可拓展性也是其优势之一,预训练 BERT 只要稍微改变其结构就能适应绝大部分下游任务,证明了其强大的泛化性和可拓展性。然而,值得注意的一点是预训练一个 BERT 需要消耗大量的计算资源(16 个 TPU 训练 4 天),因此,如何提升预训练语言模型的训练效率至今仍是一个开放性问题。

3. BERT 的微调

在得到一个预训练语言模型后,BERT 可以针对具体任务微调神经网络。不同于采用自监督式训练的 BERT 预训练,在微调 BERT 时通常会用一种监督式训练方法。BERT 可以覆盖很多的下游任务,例如文本分类、文本匹配、序列标记、结构检测、机器翻译以及文本表示等。有 4 种典型的下游任务微调方式,包括文本情感分析、词性标注、自然语言推断以及句子嵌入。

4.2.2　GPT-3

GPT 系列作为在 BERT 之后出现的预训练语言模型,其主要的创新点在于弥补了 BERT 无法处理序列到序列的问题,为了弥补 BERT 无法完成生成式任务的不足,GPT 系列意在开发一个生成式预训练语言模型。基于 Transformer 的 decoder 层,GPT-3 将 decoder 层进行堆叠,其中 decoder 层的核心是自注意力层。GPT-3 的前向传播方式类似于循环神经网络,模型在当前时刻只接收一个字作为输入并且输出下一字的预测值。

GPT-3 也采用了"预训练＋微调"的二段式训练方法。在预训练阶段,GPT-3 采用了一种预测下一个字的训练方式。将当前的字作为输入,模型根据当前的隐藏状态和输入给出下一个字的预测。相比于 BERT,GPT-3 的模型参数量更大,预训练数据更多,并且消耗更多的计算资源。

由于 GPT-3 模型的参数量过于庞大,微调 GPT-3 模型同样需要消耗大量的计算资源。而 GPT-3 出色的能力也使得它本身的性能就已经足以胜任一部分自然语言处理任务。未经微调的 GPT-3 在一部分下游任务上已经取得了令人惊讶的效果,尤其在一些不需要太强文本逻辑性的任务中。不仅如此,GPT-3 强大的性能使得其可以直接在少量样本中进行学习并输出正确的结果。在 GPT-3 定义的少量样本学习中,在给定的样本中描述少量的任务模式,即可让 GPT-3 学习到任务信息并给出正确的结果。

4.2.3　ELMo

ELMo 的全称是 Embeddings from Language Model,提出该模型的论文成为 2018 年 NAACL 上的最佳论文。对比传统形式的词向量 Word2Vec,ELMo 是一种动态模型。在以往的词向量表示中,词被表现为一种静态的形式,无论在任何上下文中都使用同一个向量表现。这种情况下很难表示一词多义的现象。而 ELMo 则可以通过上下文动态生成词向量,从理论上看是更好的模型,从实测效果看在很多任务上也都达到了当时的 SOTA 成绩。ELMo 无疑也是一种是基于特征的语言模型,用预训练好的语言模型生成更好的特征。如图 4-2 所示,ELMo 使用的是一个双向的 LSTM 语言模型,由一个前向语言模型和一个后向语言模型构成,目标函数就是这两个方向的语言模型的最大似然。

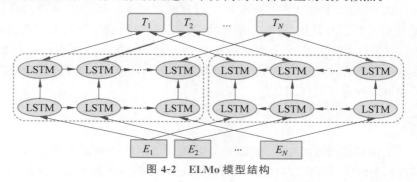

图 4-2　ELMo 模型结构

ELMo 具有两个优势。第一,ELMo 假设词向量不是固定的,所以在一词多意方面 ELMo 的效果一定比 Word2Vec 要好。第二,ELMo 是基于整个语料库学习的,而后再通过语言模型生成的词向量就相当于基于整个语料库学习到的词向量,能够更加准确地代表一个词的意思。

ELMo 的缺点主要体现在两个方面。第一,在特征抽取器选择方面,ELMo 使用了 LSTM 而不是 Transformer,很多研究已经证明 Transformer 提取特征的能力远远强于 LSTM。第二,ELMo 采取双向拼接这种融合特征的能力可能比 BERT 一体化的融合特征方式弱。但是,这只是一种推断而来的怀疑,目前并没有具体实验证明这一点。

4.2.4 ERNIE

清华 ERNIE 全称为 Enhanced Language Representation with Informative Entities。清华 ERNIE 提出了将知识显性地加入 BERT 中。清华 ERNIE 的模型通过更改模型结构,将知识和语言的语义信息融合,增强了语义的表示,在知识驱动的任务中取得了显著的成功。模型主要由两种 Encoder 组成,分别是 T-Encoder 以及 K-Encoder。其中,T-Encoder 主要用于输入文本,提取的是词法以及语义的信息,共 N 层;而 K-Encoder 主要进行的是知识实体(entity)的嵌入以及知识融合,共 M 层。

百度 ERNIE 全称为 Enhanced Representation through Knowledge Integration,是百度公司提出的语义表示模型,同样基于 Transformer Encoder。相较于 BERT,其预训练过程利用了更丰富的语义知识和更多的语义任务,在多个自然语言处理任务上取得了比 BERT 等模型更好的效果。百度 ERNIE 1.0 通过建模海量数据中的词、实体及实体关系,学习真实世界的语义知识。相较于 BERT 学习原始语言信号,百度 ERNIE 1.0 可以直接对先验语义知识单元进行建模,增强了模型语义表示能力。因为百度 ERNIE 1.0 对实体级知识进行学习,使得它在语言推断任务上的效果更胜一筹。百度 ERNIE 1.0 在中文任务上全面超过了 BERT 中文模型,包括分类、语义相似度、命名实体识别、问答匹配等任务,平均有 1～2 个百分点的提升。

百度 ERNIE 2.0 提出了持续预训练。通过持续预训练,模型能够持续地学习各类任务,从而使得模型的效果进一步提升。百度公司称持续预训练的过程包含两个步骤:首先,需要不断构建无监督的预训练任务,具有大的语料库/先验知识。其次,通过多任务学习逐步更新 ERNIE 模型。百度 ERNIE 2.0 是可持续学习语义理解框架,支持增量引入词汇、语法、语义 3 个层次的自定义预训练任务,能够全面捕捉训练语料中的词法、语法、语义等潜在信息。百度 ERNIE 2.0 的预训练包括三大类学习任务:词法层任务,学会对句子中的词汇进行预测;语法层任务,学会重建多个句子结构并重新排序;语义层任务,学会判断句子之间的逻辑关系,例如因果关系、转折关系、并列关系等。

通过这些新增的语义任务,百度 ERNIE 2.0 语义理解预训练语言模型从训练数据中获取了词法、句法、语义等多个维度的自然语言信息,极大地增强了通用语义表示能力。百度 ERNIE 2.0 模型在英文任务上几乎全面优于 BERT 和 XLNet,在 7 个 GLUE 任务上取得了最好的结果;百度 ERNIE 2.0 模型在所有 9 个中文自然语言处理任务上全面优于 BERT。

▶ 4.3 预训练语言模型的使用

4.3.1 迁移学习

迁移学习通常是将知识从一个领域迁移到另一个领域。在自然语言处理领域中有许多迁移学习方式,如领域自适应、跨语言学习、多任务学习。将预训练语言模型应用到下游任务是一个序列迁移的任务,即这些任务需要按顺序从中学习并且目标任务带有标签信息。

1. 选择合适的预训练任务、模型结构和语料

不同的预训练任务对于不同的下游任务在效果上会有不同。例如,NSP 任务使得预训练语言模型能够更好地学习到两个句子间的联系,因此对于下游的问答任务和自然语言理解任务会有更好的效果。预训练语言模型结构对于下游任务也是非常重要的。例如,BERT 可以在下游许多自然语言理解任务上有较好的效果,但是无法用于自然语言生成。下游任务的数据分布和预训练语言模型的数据分布应该接近,在应用时需要选择领域相关或者特定语言的预训练语言模型。

2. 选择合适的层

研究发现,基于 Transformer 的预训练语言模型(如 BERT)表示经典自然语言处理的流程:前几层学习到了句法信息,更高层则学习到了高层级的语义信息。根据不同的具体任务选择预训练语言模型的不同层进行表示,例如,只选择静态嵌入层,也可选择最顶层表示输入到目标任务中,还可以使用更灵活的方式选择最佳层表示。

4.3.2 微调

一般有两种方式对模型进行迁移:特征提取(模型参数固定)和微调(模型参数参与微调)。采用特征提取的方式时,需要将预训练语言模型视为特征抽取器,同时还需要暴露模型中间层,但这种方式需要针对目标任务设计复杂的网络结构,因此针对目标任务进行微调就成为通用的方法。图 4-3[①] 为 BERT 在不同下游任务上进行微调的方法。

目前常见的微调方法包含标准微调、两阶段微调、多任务微调、采取额外的适配器以及逐层冻结。

1. 标准微调

标准微调是指将最上层的输出直接作为下游任务的输入,同时更新目标任务的参数和预训练语言模型的参数。

---

① KENTON J D M W C, TOUTANOVA L K. BERT: Pre-training of Deep Bidirectional Transformers for Language Understanding[C]. Proceedings of NAACL-HLT. 2019: 4171-4186.

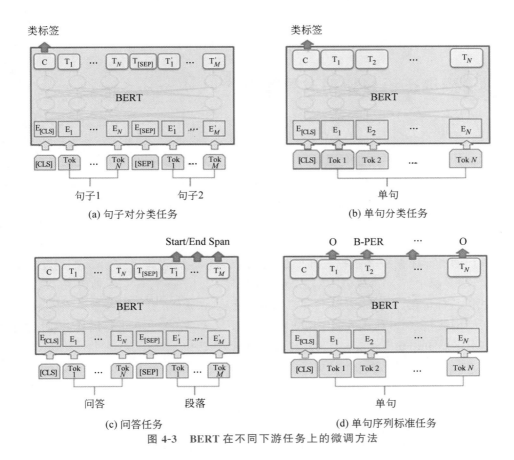

图 4-3 BERT 在不同下游任务上的微调方法

2. 两阶段微调

在两阶段微调中,第一阶段是使用中间任务或者语料对预训练语言模型进行微调或增量训练,第二阶段再使用第一阶段的模型对目标任务进行微调。有研究表明,在目标任务相关的语料上增量预训练能够取得比 BERT 微调更好的效果。

3. 多任务微调

有研究者在多任务学习的框架下对 BERT 进行微调,结果表明多任务学习和预训练语言模型能够起到互补的作用。

4. 采取额外的适配器

微调的缺点在于每个下游任务都需要训练自身的模型参数。更好的方法是将自适应的模块引入到预训练语言模型中,同时保持原始的参数固定。有研究者引入 PAL 模块到 BERT 模型中,在 GLUE 的多个任务上能够使参数量减少到原来的 1/7。

5. 逐层冻结

除了同时对所有层参数进行微调外,从最上层逐步解冻预训练语言模型也是很有效的方法。有研究者提出了逐层解冻的方法,首先微调任务相关层的参数,其次对预训练语言模型的隐层参数进行微调,最后再对嵌入层进行微调。

▶ 4.4 预训练语言模型发展趋势

4.4.1 多语种

大多数预训练语言模型都是只针对单一的语种。多语种的思想是:尽管来自世界各地的人们使用不同的语言,然而他们可以表达相同的意思。也就是说,语义与符号系统独立,可以用一个模型表征多种语言模型。

mBERT(multilingual BERT,多语言 BERT)使用维基百科上 104 种语言构成的语料和共享的词表,通过 MLM 任务进行预训练。每个训练样本是单语种的文章,没有针对跨语言特殊设计的目标任务或者数据。即便如此,mBERT 在许多跨语言的任务上表现很好。Conneau 等人[①]提出了 XLM 模型,XLM 使用 CC-100 数据库,包含 100 种语言,XLM 使用 BPE 算法进行标记化(tokenization),并且词典大小比 mBERT 更大。模型训练使用了 3 种不同的目标函数,在单语种语料上使用非监督的 CLM 和 MLM。在平行语料上使用的目标称为 TLM(Translation Language Modeling,转换语言建模)。

4.4.2 多模态

预训练语言模型始于文本领域,但是目前预训练语言模型在其他领域的应用引起了人们越来越大的兴趣。多模态预训练,也称跨模态预训练,研究联合使用多个模态(如视觉、文本、声音等)的无标注数据进行模型预训练,旨在提升各种多模态下游任务(如跨模态检索)的性能。多模态预训练语言模型的难点在于将非文本信息融合到 BERT 等预训练语言模型中。例如,在图像-文本中,研究者希望模型能把文本中的"狗"和图像里的"狗"联系起来;在视频-文本中,研究者希望模型能把文本中的"物体/动作"和视频中的"物体/动作"对应起来。例如,将视觉信息任务融入预训练语言模型的多模态模型与 BERT 等设计思路一样,可以通过掩蔽文本预测、掩蔽物体预测和视频-文本对齐预训练等方法实现。视频文本对齐指的是:给出一个图文关系对,让模型判断文本是不是对图像的描述。

预训练语言模型在自然语言处理取得的巨大成功也启发了研究者关注多模态领域的预训练语言模型。许多多模态的 PTM 设计用来编码视觉和语言特征,并在大量的多模态数据集上进行预训练。典型的任务有基于视觉的 MLM、带掩码机制的视觉特征建模和视觉文本匹配等,相应的预训练语言模型有 VideoBERT、VisualBERT 和 ViLBERT。

4.4.3 增大模型

当前预训练语言模型的上界并未达到,许多现有模型通过增加更多的训练步数和数据可以进一步提升效果。此外,构建通用的预训练语言模型通常需要更复杂的网络架构、大

---

① CONNEAU A,LAMPLE G. Cross-lingual Language Model Pretraining[C]. Proceedings of the 33rd International Conference on Neural Information Processing Systems. 2019:7059-7069.

量的语料以及更有挑战性的预训练任务,训练成本也更高,同时还面临着更复杂的分布式训练和混合精度等训练方法。

在仅仅扩大预训练语言模型规模的情况下,模型就可以取得更好的效果。近年来,预训练语言模型的参数规模从百万级进一步推进到十亿级,甚至万亿级。图 4-4 展示了 2018—2021 年预训练语言模型参数和数据规模的变化情况。

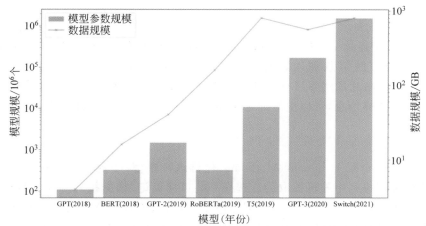

图 4-4　2018—2021 年预训练语言模型参数和数据规模的变化情况

4.4.4　替换预训练任务

预训练任务往往需要具有一定的挑战性,也需要使用大量的训练数据。预训练任务一般可以概括为 3 类:监督学习、无监督学习和子监督学习。下面介绍主要的预训练任务:

1. LM

LM(Language Model,语言模型)是最经典的自然语言处理建模方式,如 XLNet 中的自回归 LM、GPT 中使用的单向 LM。单向 LM 存在明显缺点:对每个标记的表征,仅仅使用标记左边的上下文及其本身进行编码。后来出现了双向编码的 BiLM 以解决这一问题。

2. MLM

MLM(Masked Language Model,掩码语言模型)任务由 Taylor 第一次提出,就由 BERT 应用到预训练任务中。MLM 就像完形填空,会将输入语句中的一些标记替换为 [MASK]。预训练任务的目标是同时使用左右的上下文预测被[MASK]替换的标记。其中的特征编码器采用的是 Transformer 的 Encoder 部分。

3. Seq2Seq MLM

Seq2Seq 将 MLM 应用到编码器-解码器结构中。将预处理之后的文本送到编码器中进行特征编码,然后解码器以自回归的方式生成被[MASK]替换的标记。此方法对使用 Seq2Seq 样式的下游任务(例如问答、摘要、机器翻译等)有益。采用此方法的预训练语言模型有 MASS、T5 等。

4. Translation Language Modeling（TLM）

当应用到翻译这种平行语料任务时，希望依然可以使用预训练语言模型。例如，XLM模型将双语句子对的原句子和目标句子级联起来，进行 MLM 操作。这样，当预测原句子中被掩蔽的标记时，可以关联到目标句子中的内容。

5. SBO

Span-BERT 对连续字符（文本片段）进行掩蔽替换，而不是 MLM 中的单个字符，这样可以将强相关的词组信息加入训练。Span-BERT 进一步提出新目标函数 SBO（Span Boundary Objective，片段边界目标），它仅使用片段左右边界上的标记预测片段内的信息，这样就引入了词边界信息，可以更好地学习连续字符与其边界之间的关系。

6. PLM

在 PLM（Permuted Language Modeling，轮排语言模型）中，排列顺序是从输入文本中的所有可能的标记排列中随机抽取的。选择一些目标标记，依据排列顺序中目标标记前的字符和输入文本原本顺序的自然位置，训练模型（引入双流自注意力机制。在实际应用中，由于收敛速度较慢，仅选择排列序列中的最后几个标记作为目标标记）。目前在 XLNet 中使用。

7. RTD

在 RTD（Replaced Token Detection，替换标记检测）中，ELECTRA 模型利用一个生成器（generator）G 网络和一个鉴别器（discriminator）D 网络，采用两步策略进行训练：

第一步，仅对 G 网络进行 MLM 任务训练。

第二步，用 G 网络的权重初始化 D 网络，然后将 G 网络冻结，D 网络判断 G 网络的输出中每个标记是否被替换过，下游任务采用 D 网络微调。这里用 G 网络生成的反例相比随机生成的反例能大大提高任务难度。

8. NSP

NSP（Next Sentence Prediction，下一句预测）任务的目标是判断输入的两个句子是否是连续的，以此学习两个句子之间的关系，从而使双句子形式的下游任务受益，例如问答和自然语言推断任务。构造数据集时，第二个句子有 50% 的概率是第一个句子的下一句，有 50% 的概率是随机的句子。

4.4.5 结合外部知识

预训练语言模型可以从大规模的通用语料中学习通用的语言表示，但往往缺乏领域相关的外部知识。将外部知识引入预训练语言模型中已经被证明是有效的。常见的外部知识包括语言、语义、常识、事实和领域知识。

外部知识可以在预训练阶段参与模型训练。早期的工作主要集中于将知识图谱嵌入和词向量一同学习。从 BERT 开始，研究者设计了一些辅助的预训练任务，用来引入外部知识到预训练语言模型中。LIBERT 通过额外的语言约束任务引入外部知识。也有研究者将每个词的情感特性加入到 MLM 任务中,得到标签敏感的(label-aware)MLM,在多个情感分类任务上取得了最优效果。清华 ERNIE 将实体文本中的实体和实体对应的预训练的嵌入加入到模型中以增强文本的表示。与之类似,KnowBERT 通过端到端的方式将 BERT 和一个实体链接模型同时进行训练,从而引入实体表示信息。这些工作通过实体的嵌入间接地引入知识图谱信息。此外,K-BERT 显式地从知识图谱中将实体对应的三元组信息加入到句子中。还有研究判断实体是否被替换任务引入预训练语言模型中,从而使得模型更加注重事实知识的学习。然而,大多数模型在引入多种外部知识时,模型更新可能会导致对于知识的灾难性遗忘,有研究者提出了 K-Adapter 模型,通过训练不同的适应器引入不同的外部知识。除此之外,也可以不通过重新训练的方式引入外部知识。K-BERT 也支持在微调阶段引入外部知识。

4.4.6 预训练语言模型压缩

Transformer 是自然语言处理中许多先进的预训练语言模型(例如 BERT、GPT)的主干架构。在实践中,Transformer 已经被证明是一个强大的模型,但是它效率低下,需要消耗大量计算资源。目前,研究者已经提出了一系列针对 Transformer 架构的解决方案,包括并行训练和模型压缩等。其中,模型压缩方法主要包括模型剪枝、权重量化、参数共享和知识蒸馏。

(1)模型剪枝。移除部分不重要的参数或结构。

(2)权重量化。使用更少的位表示参数。

(3)参数共享。模型中的相同模块可以共享参数。在 ALBERT 中,使用跨层的参数共享和嵌入矩阵分解以减少模型参数量。

(4)知识蒸馏。通过训练一个小的学生模型,从原始的教师模型的中间表示中进行学习;这里的教师模型通常可以是一个或多个集成的模型。

▶ 4.5 应用与分析

GPT-3 含有 1750 亿个参数,使用了 570GB 的数据进行训练,但大多数语料是英文的,并且 GPT-3 的参数没有公布。出于方便使用和语料尽可能是中文的这两个考虑,我们采用一个原理类似于 GPT-3 的中文预训练语言模型,清华大学团队提出的——清源 CPM(Chinese Pretrained language Model,中文预训练语言模型)测试预训练语言模型的效果。

4.5.1 模型介绍

清源 CPM 包含 26 亿个参数,使用 100GB 中文训练数据,它可以对接下游任务,包括对话、文章生成、完形填空和语言理解。随着参数规模的增大,CPM 在一些数据集上表现更好,这说明大模型在语言生成和理解上更有效。此外,它在分词语料库的基础上构建了一种新的子词词汇以适应中文语料库,并将批处理量增加到 3072 个,以获得更稳定的模型训练,且在小样本甚至零样本推断中仍然表现出较好的性能。清源 CPM 的模型架构与 GPT-3 的架构类似,也是从左到右的 Transformer Encoder。由于中文的独特性,清源 CPM 在以下两点有所改进：首先，BERT-Chinese（2019）中的字符级词汇结构不适用于中文，所以清源 CPM 使用新的子词词汇表，包括字符和常见词汇；其次，由于中文的分布比英文更离散，该模型训练时采用了比 GPT-3 的 100 万个标记更大的批处理量，标记数量达到 300 万个。

4.5.2 模型使用

由于预训练语言模型总体都比较庞大，难以训练，所以我们下载已经训练好的清源 CPM 模型进行测试和观察。该模型可以采用官方的推理工具 BMInf 直接完成推断任务。用户也可以自己下载模型，定制使用方式。在清源 CPM 的论文中可以看到几个案例，例如图 4-5 中对首都、烹饪工艺和学科的推断以及图 4-6 中的对话推断。从中可以看出，CPM-Large 的 Few-shot 和 Supervised 两种模型是表现最好的，对话比较流畅自然，会顺着接话，也会反向考虑。

Relation: 首都(Capital)	
Prompt:	美国 首都 华盛顿 America Capital Washington 中国 首都 北京 China Capital Beijing 日本 首都 Japan Capital
CPM:	东京 Toyko
Relation: 主要工艺(Main Process)	
Prompt:	酱焖辣椒 主要工艺 焖 (Sauce Braised Chili) (Main Process)Stew 当归鸭肉煲 主要工艺 煲 (Duck with Angelica) (Main Process)Boil 韭菜煎蛋饼 主要工艺 (Leek Omelette) (Main Process)
CPM:	煎 Fried
Relation: 学科(Subject)	
Prompt:	恒星级黑洞 学科 宇宙论 (Stellar Black Hole) Subject Cosmology 品类需求强度 学科 品牌经济学 (Category Demand Intensity) Subject Economics 大地构造学 学科 (Tectonic Geology) Subject
CPM:	地质学 Geology

图 4-5 对首都、烹饪工艺和学科的推断

Post:	现在高中数学竞赛这么凶残了！ How crazy the math competition of high school is!
CDial-GPT: (Few-shot)	你还真信！ Do you really believe it?
CDial-GPT: (Supervised)	数学让我们学会了很多，好好学，明天回家。 Math lets us learn a lot,Study hard and go home, tomorrow.
CPM-Large: (Few-shot)	现在都是微积分，大学的东西比高中简单多了，还有什么呢？ Now it's all calculus,The things in college art much simpler than those of high school, What else?
CPM-Large: (Supervised)	这是要逼死我吗?每道题都不会做啊。 Is this going to kill me? I can't answer any question.
Post:	每天嘻嘻哈哈地笑着，只有自己才知道活得有多累。 I laugh every day, but only I know how tired I am.
CDial-GPT: (Few-shot)	我也是。 Me too.
CDial-GPT: (Supervised)	只有自己才知道活得有多累。 Only I know how tired I am.
CPM-Large: (Few-shot)	当想要哭泣的时候，就去那些熟悉的地方吧。 When you want to cry, to to those familiar places.
CPM-Large: (Supervised)	真的不知道生活怎么会这么累。 I really don't know how my life could be so tiring.

图 4-6 对话推断

第 2 篇　信息处理篇

第 5 章

网络爬虫技术

本章首先介绍网络爬虫的发展历程、爬取的一般流程、网络爬虫的 4 种主要类型和特点以及实现爬取过程需要用到的 Python 库函数和框架,然后介绍网络爬虫的前沿技术和网站反爬虫技术的最新进展,最后通过爬取智联招聘网站上北京市的相关岗位信息分析几种不同岗位的薪资情况、工作经验要求及学历要求。①

▶ 5.1 概述

5.1.1 网络爬虫的概念内涵

网络爬虫(web crawler),通常简称为爬虫,是搜索引擎的重要组成部分。随着信息技术的飞速进步,网络爬虫作为搜索引擎的一个组成部分一直是研究的热点,它的发展会直接决定搜索引擎的未来。目前,网络爬虫的研究包括 Web 搜索策略特点的研究和网络分析算法两个方向。其中,Web 爬虫网络搜索主题是一个研究方向,根据一些网络分析算法,过滤不相关的链接,连接到合格的网页,并放置在一个队列中,由网络爬虫抓取。

如果把互联网比喻成一张蜘蛛网,那么网络爬虫就是在这张蜘蛛网上爬来爬去的蜘蛛。网络爬虫通过网页的链接地址寻找网页,从网站某个页面(通常是首页)开始,读取网页的内容,找到网页中的其他链接地址,然后通过这些链接地址寻找下一个网页,这样一直循环下去,直到把此网站所有的网页都抓取完为止。如果把整个互联网当成一个网站,那么网络爬虫就可以用上述原理把互联网上所有的网页都抓取下来。

5.1.2 网络爬虫的技术发展

1989 年,万维网诞生。从技术上讲,万维网和因特网有所不同,前者是指信息空间,后者是指由数台计算机连接起来的物理网络。万维网有以下 3 个主要的技术创新:

(1) 统一资源定位器(Uniform Resource Locator,URL),用户通过它访问网站。

(2) 内嵌的超链接,用于在网页之间导航。例如,在产品详情页中可以找到产品规格和许多其他信息,例如"购买此产品的顾客也购买了某某商品",这些信息都是以超链接的形式提供的。

(3) 网页不仅包含文本,还包含图像、音频、视频和软件组件。

---

① 本章由李育霖整理,部分内容由吴志伟、单则安、陈曦、倪俊峰、刘杰龙、陈思益贡献。

1990 年，第一个网络浏览器诞生，它也是由万维网的发明者 Tim Berners-Lee 发明的。

1991 年，第一个网页服务器和第一个 HTTP 协议（以 http://开头）的网页出现，网页的数量以平缓的速度增长。到 1994 年，HTTP 服务器的数量超过 200 台。

1993 年 6 月，第一个网页机器人——万维网漫游器诞生，虽然它的功能和今天的网页机器人一样，但它只用来测量网页的大小。1993 年 12 月，首个基于网络爬虫的网络搜索引擎——JumpStation 诞生。由于网络上的网站并不多，网络搜索引擎过去常常由网站管理员收集和编辑链接。JumpStation 带来了新的飞跃，它是第一个依靠网络机器人的网络搜索引擎。从那时起，人们开始使用这些程序化的网络爬虫程序收集和组织因特网。从 Infoseek、AltaVista 和 Excite 到如今的必应和谷歌，搜索引擎机器人的核心依然保持不变：找到一个网页，下载（获取）它，抓取网页上显示的所有信息，然后将其添加到网络搜索引擎的数据库中。由于网页是为人类用户设计的，因此，即使开发了网页机器人，计算机工程师和科学家仍然很难进行网络数据抓取，更不用说普通人了。因此，人们一直致力于使网络爬虫变得更加容易使用。

2000 年，网页 API 和 API 爬虫被发明出来。API 表示 Application Program Interface，即应用程序编程接口。它是一个接口，通过提供搭建好的模块，使开发程序更加便捷。2000 年，Salesforce 和 eBay 推出了自己的 API，程序员可以用它访问并下载一些公开数据。从那时起，许多网站都提供网页 API 让人们可以访问它们的公共数据库。用户发送一组 HTTP 请求，然后接收 JSON 或 XML 的回馈。网页 API 通过收集网站提供的数据，为程序员提供了一种更友好的网络爬虫运行方式。

不是所有的网站都提供 API。即使它们提供了，它们也不一定会提供用户想要的所有数据。因此，程序员仍需开发能够完善网络爬虫的方法。2004 年，Beautiful Soup 发布。它是一个为 Python 设计的库。在计算机编程中，库是脚本模块的集合，就像常用的算法一样，它允许程序员直接使用，从而简化了编程过程。通过简单的命令，Beautiful Soup 可以理解网站的结构，并帮助用户从 HTML 容器中解析内容。它被认为是用于网络爬虫的最复杂和最先进的库，也是当今常见和流行的方法之一。

2006 年，Kapow 软件公司发布了 Kapow 网页集成平台 6.0 版本，这是一种可视化的网络爬虫软件，它允许用户轻松简单地选择网页内容，并将这些数据构造成可用的 Excel 文件或数据库。最终，可视化的网络数据抓取软件可以让大量非程序员用户自己运行网络爬虫。从那时起，网络抓取开始成为主流。现在，对于非程序员用户来说，他们可以找到 80 多个提供可视化过程的数据采集软件。

5.1.3　网络爬虫的爬取过程

网络爬虫的爬取过程如图 5-1 所示，主要分为以下 5 步：

（1）分析目标网站。明晰目标网站结构，查清关键数据位置。

（2）发送请求。使用 HTTP 库或浏览器模拟工具向目标网站发送请求。

（3）获取响应。如果得到了一个响应，说明目标网站处于正常状态。

（4）解析响应内容。解析 HTML 数据和 JSON 数据，从而获得关键数据信息或者下一个待爬取的 URL 地址。

（5）保存数据。

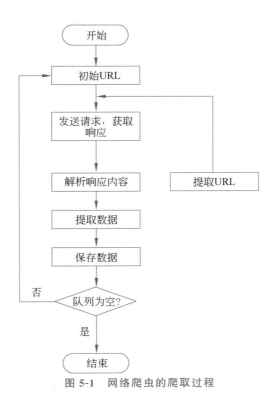

图 5-1 网络爬虫的爬取过程

▶ 5.2 网络爬虫分类

5.2.1 通用网络爬虫

通用网络爬虫又称全网爬虫。其爬行对象从一些种子 URL 扩充到整个 Web,主要为门户站点搜索引擎和大型 Web 服务提供商采集数据。由于商业原因,它们的技术细节很少公布。这类网络爬虫的爬行范围和网页数量巨大,对于爬行速度和存储空间要求较高,对于爬行网页的顺序要求较低。同时,由于待刷新的网页太多,这类网络爬虫通常采用并行工作方式,但需要较长时间才能刷新一次网页。通用网络爬虫虽然存在一定缺陷,但是它可以为搜索引擎搜索广泛的主题,有较强的应用价值。

通用网络爬虫对于网页爬取有两种策略:

(1)广度优先策略。按照网页内容目录层次深浅的顺序爬行网页,处于较浅目录层次的网页首先被爬行。当同一层次中的网页爬行完毕后,网络爬虫再深入下一层继续爬行。这种策略的优势在于能够有效控制网页的爬行深度,避免遇到一个无穷深层分支时无法结束爬行的问题,并且实现方便,可以存储大量中间节点,以便后续的信息提取。但这种策略需要较长时间才能爬行到目录层次较深的网页。

(2)深度优先策略。按照深度由浅到深的顺序,依次访问下一级网页链接,直到不能再深入为止。网络爬虫在完成一个爬行分支后返回到上一链接节点进一步搜索其他链接。当所有链接遍历完毕后,爬行任务结束。这种策略非常适合垂直搜索或站内搜索。但由于爬取顺序的原因,这种策略爬行网页内容层次较多的网站时会造成资源的巨大浪费。

5.2.2 深层网络爬虫

网页按存在方式可以分为表层网页和深层网页。表层网页是指传统搜索引擎可以直接发现的网页,是以超链接可以到达的静态网页为主构成的网页。深层网页是那些大部分内容不能通过静态链接获取,隐藏在搜索表单后,只有用户提交一些关键词才能获取的网页。

深层网络爬虫的爬取步骤如下:

(1)自动查找深层网页入口点。爬取深层网页需要填写搜索表单(这些表单构成深层网页的入口点),并访问这些搜索表单背后的信息。入口点即网站中包含允许访问深层网页的搜索表单。

(2)Form建模。由于搜索表单是为人机交互设计的,因此对深层网页的访问需要用一个自动化过程模拟这种交互。与搜索表单交互的任何代理都需要完成两个任务:表单建模和查询选择。表单建模涉及理解搜索表单,以便能够识别与每个字段相关的语义、每个字段中预期值的类型和值以及字段之间的关系。查询选择涉及生成适当类型和域的值的组合,以填充每个字段。这两个任务都可以使用非监督或半监督技术实现自动化。

(3)学习爬行路径。深层网页爬虫的工作并不局限于填写表单和返回结果页面。在某些情况下,它们需要进一步深入Web,在导航站点中找到与使用网络爬虫的用户或进程相关的网页子集。根据爬取这些网页子集的目的,可以将这些网络爬虫分为普通网络爬虫、聚焦网络爬虫和热点网络爬虫。

5.2.3 聚焦网络爬虫

1. 聚焦网络爬虫的系统结构

通用爬虫只能提供粗略的信息。聚焦网络爬虫主题明确且能够精准地获取有效信息。聚焦网络爬虫在存储网页URL时需要判断该URL与主题的相关性,尽可能地筛选出与主题相关的网页。聚焦网络爬虫的工作包括网页获取、网页过滤、网页存储和网页分析。

(1)网页获取。模拟客户端发送HTTP请求,获取服务器端的响应后下载网页,完成聚焦网络爬虫系统的爬取工作。

(2)网页过滤。筛选与主题有关的URL,抓取与主题相关的网页,确保聚焦网络爬虫系统的准确率。

(3)网页存储。将网页解析模块解析出来的数据以文件或数据库的形式存储起来。

(4)网页分析。包括两部分,第一部分是主题相关度判断,第二部分是主题相关度预测。

2. 聚焦网络爬虫相似度判别算法

聚焦网络爬虫相似度判别算法分为两类,分别是向量空间模型算法以及语义相似度算法。向量空间模型算法将文本处理转换为向量空间中的向量运算,将每一篇文档表示为向量空间中的某一向量,通过计算向量在向量空间中的接近程度衡量文档之间的相似度。语义相似度算法是以词频和文档频率这两个量为基础的算法,使得计算机能够从语义角度判断文档的相似度。

3. 聚焦网络爬虫搜索策略

聚焦网络爬虫的搜索策略分为两类,分别是静态搜索策略和动态搜索策略。

静态搜索策略依照确定的规则进行搜索,不会因为网页结构、文本信息的改变而改变,主要包括广度优先搜索、深度优先搜索和最佳优先搜索。

动态搜索策略以高效、快速完成爬取任务为第一宗旨,实时调整搜索路线。动态搜索策略会实时根据 URL 的主题相关度进行调整,主要包括基于文本内容的 Fish-Seach、Shark-Search 以及基于链接分析的 PageRank、HITS、HillTop。

下面以 Fish-Search 为例,其算法描述如下:

首先将与主题相关的种子链接放入待爬 URL 队列中。若当前网页与主题相关,将该网页的前 $a \times width$ 个链接放入待爬 URL 队列顶部,以增加爬行的宽度,其中参数 a 和 $width$ 都是给定的初始值;若当前页面与主题无关,将该网页的前 $width$ 个链接放入待爬 URL 队列中部,即与主题相关的链接的后面;若是其他情况,将该网页的子链接放入待爬 URL 队列的尾部,当有充足的时间时才对这些链接进行爬取。对于主题相关性的描述,可以定义一个变量 potential_score,当网页与主题相关时,potential_score 设为 1;当网页与主题无关时,potential_score 设为 0.5;其他情况 potential_score 设为 0。最后按 potential_score 的值对待爬 URL 队列中的 URL 进行排序。

4. 聚焦网络爬虫研究方向

聚焦网络爬虫目前有基于网页内容和基于链接分析两种类型。

目前,基于网页内容的聚焦网络爬虫计算文本相似度的方法大致分为两类:一是基于字词统计模型,如向量空间模型;二是基于语义理解模型。研究人员希望使用语义相关性使网络爬虫可以获得更精确的结果。在整个文本相似度判别过程中,首先确定网络爬虫的主题,再根据网页内容、结构信息计算网页主题相关度和抓取 URL 的相关度,依据网页主题相关度确定要抓取的链接和抓取的优先级。此类网络爬虫通常能获得较高的准确率。

互联网中数十亿个网页通过万维网上的链接关联起来,研究人员试图通过有效的方式获取链接上下文的含义,从而对链接上下文进行解析和提取,或者基于网页内容对传统链接选择算法加以改进,使网络爬虫采集的准确度提升。该类算法通过分析网页链接判断网页的重要性,强调了页面链接的权威性对用户需求的意义,同时通过将网页正文、链接锚文本以及锚文本上下文的网页内容分析和链接分析结合解决了"主题漂移"问题,提高了主题爬取的准确性。

5. 聚焦网络爬虫的应用

为了弥补通用搜索引擎的不足,实现对特定主题信息的检索,出现了垂直搜索引擎,它检出的结果更准确,挖掘信息的层次更深,无效信息更少,更能适应垂直领域的服务。垂直搜索引擎是面向特定领域、为特定用户服务的一种搜索引擎,是对专业领域信息的深层次挖掘,它将信息经过过滤、筛选、梳理后集成在一起,为用户提供了面向专业知识的检索。

垂直搜索引擎与全文搜索引擎在工作原理上类似,区别在于抓取模块中的爬虫程序与主题词库不同。

5.2.4 增量式网络爬虫

1. 增量式网络爬虫的爬取步骤

增量式网络爬虫的爬取过程如图 5-2 所示,具体可分成以下 3 步:

(1) 在发送请求之前判断此 URL 是否曾爬取过(适合不断有新网页的网站)。

(2) 在解析内容后判断这部分内容是否曾爬取过(适合网页内容定时更新的网站)。

(3) 写入存储介质时判断内容是否已存在于介质中(最大限度达到去重的目的)。

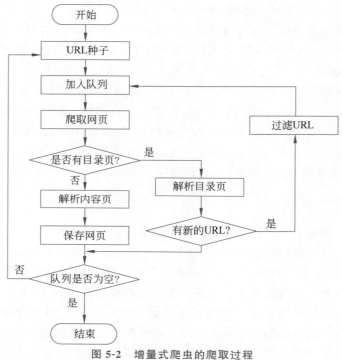

图 5-2 增量式爬虫的爬取过程

2. 增量式网络爬虫去重方法

增量式网络爬虫去重有两种方法:

(1) 将爬取过程中产生的 URL 存储在 Redis 的 set 中。当下次进行爬取时,首先判断即将发起的请求所对应的 URL 是否已经存在于 URL 的 set 中,如果存在则不发送请求,否则发送请求。

(2) 对爬取到的网页内容指定唯一标识(数据指纹),然后将该唯一标识存储在 Redis 的 set 中。当下次爬取到网页数据的时候,在进行持久化存储之前,先判断该数据的唯一标识在 Redis 的 set 中是否存在,从而决定是否对其进行持久化存储。

基于 Redis 的 Bloomfilter 去重方法既发挥了 Bloomfilter 的海量去重能力,又发挥了

Redis 的可持久化能力。Bloomfilter 是一个很长的二进制向量和一系列随机映射哈希函数。通常辨别某个元素是否在集合中的常用方法是将该元素和集合中的元素逐一进行对比。Bloomfilter 能够在较短时间内检查某一元素是否在集合中。

▶ 5.3 网络爬虫库与框架

常用的网络爬虫库按照爬取环节可分为 3 类：网页爬取库、网页分析库和数据存储库。常用的网络爬虫框架主要有 3 个：Scrapy 框架、PySpider 框架和 feapder 框架。

5.3.1　网络爬虫库

1. 网页爬取库

在网页爬取环节，主要是为了实现 HTTP 请求，读取 URL 地址中指定的网络资源并保存到本地，常用的网页爬取库包括 urllib、requests、selenium、pyppeteer 和 aiohttp 等。selenium 最初是一个自动化测试工具，在网络爬虫中使用它主要是为了解决 requests 无法执行 JavaScript 代码，而所需的信息往往就藏在 JavaScript 代码中的问题。selenium 本质上是通过驱动浏览器，完全模拟浏览器的操作，例如跳转、输入、点击、下拉等，进而获取网页渲染之后的结果。pyppeteer 使用了 Python 异步协程库 asyncio，可整合 Scrapy 进行分布式爬取。pyppeteer 虽然支持的浏览器比较单一，但在安装配置的便利性和运行效率方面都远胜 selenium。urllib 和 requests 都是阻塞式 HTTP 请求库，即当发送一个请求后，程序会一直等待服务器响应，直到服务器响应后，程序才会进行下一步处理；而 aiohttp 能够实现异步 Web 请求，大大提高了网页爬取的效率。下面主要介绍 urllib 和 requests。

1）urllib

urllib 是 Python 内置的 HTTP 请求库，它包含如下 4 个模块：

（1）request。HTTP 请求模块，可以用来模拟发送请求。只需要给库方法传入 URL 以及相应的参数，就可以模拟在浏览器地址栏输入网址然后按 Enter 键的操作。

（2）error。异常处理模块，当出现请求错误时可以捕获这些异常，然后进行重试或其他操作，以保证程序不会意外中止。

（3）parse。工具模块，提供了许多 URL 处理方法，例如拆分、解析、合并等。

（4）robotparser。网站识别模块，主要用来识别网站的 robots.txt 文件，然后判断哪些网站可以爬取。

2）requests

requests 是 Python 的第三方库，它是对 urllib 的进一步封装，因此在使用上显得更加便捷，在实际应用中使用最多的也是 requests。其功能特性主要有 p-Alive 和连接池、国际化域名和 URL、带持久 Cookie 的会话、浏览器式的 SSL 认证、自动内容解码、基本/摘要式身份认证、键/值对 Cookie、自动解压、Unicode 响应体、HTTP/HTTPS 代理支持、文件分块上传、流下载、连接超时、分块请求、支持.netrc。

2. 网页分析库

网页分析环节是爬虫的关键步骤，需要从 XML 或 HTML 中定位并提取需要的信息。

常用的网页分析库包括 lxml、Beautiful Soup、re 和 PyQuery。PyQuery 是 JQuery 的 Python 实现,能够以类似于 JQuery 的语法解析 HTML 文档,并且易用性和解析速度都很好。下面主要介绍 lxml 和 Beautiful Soup。

1) lxml

lxml 是 XML 和 HTML 的解析器,其主要功能是解析和提取 XML 和 HTML 中的数据。lxml 和正则表达式类似,还可以利用 XPath 语法定位特定的元素及节点信息。而且它与人们熟知的 ElementTree API 兼容。

XPath 全称为 XML Path Language,即 XML 路径语言,最初用来搜寻 XML 文档,但同样适用于 HTML 文档的搜索,所以在网络爬虫中完全可以使用 XPath 进行相应的信息抽取。

2) Beautiful Soup

Beautiful Soup 可以将复杂的 HTML 或 XML 文档转换成一个复杂的树状结构(文档树),树上每个节点都是一个 Python 对象。所有对象可以归纳为 4 种类型:Tag、NavigableString、Beautiful Soup 和 Comment。

(1) Tag:HTML 文档中的标签。可以利用 soup 加标签名获取这些标签的内容,这些对象的类型是 Bs4、Element.Tag。

(2) NavigableString:标签中的内容。

(3) Beautiful Soup:表示的是一个文档的全部内容,多数情况下可以把它当作 Tag 对象,它支持遍历文档树和搜索文档树中描述的大部分方法。

(4) Comment:文档的注释。Comment 对象是一个特殊类型的 NavigableString 对象。

3. 数据存储库

数据存储库环节是存储已经提取出来的信息的数据库,例如 MySQL、MongoDB 及 Redis 等。它可以对数据进行持久化存储。常用的数据存储库有 PyMysql、PyMongo 及 Redis 等。

5.3.2 网络爬虫框架

1. Scrapy 框架

Scrapy 框架是一个快速、高层次的屏幕抓取和 Web 抓取框架,用于抓取 Web 网站并从网页中提取结构化数据。Scrapy 吸引人之处在于它是一个框架,用户可以根据需要方便地对它进行修改。它也提供了多种类型的网络爬虫(如 BaseSpider、Sitemap 等)的基类。Scrapy 框架的架构如图 5-3 所示。

(1) Scrapy 引擎(Scrapy engine):是 Scrapy 框架的核心,用来处理整个系统的数据流和触发事务。

(2) 调度器(scheduler):接收 Scrapy 引擎发送的请求并将其加入队列中,在 Scrapy 引擎需要再次发送该请求的时候将其提供给 Scrapy 引擎。

(3) 下载器(downloader):是所有组件中负载最大的,用于高速下载网络上的资源。

(4) 网络爬虫:该模块帮助用户定制自己的网络爬虫(通过正则表达式等语法),以便

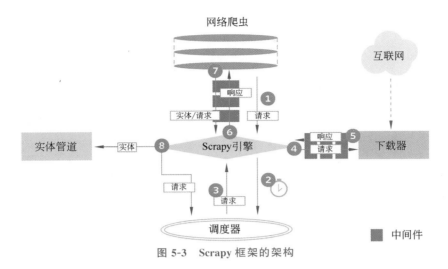

图 5-3　Scrapy 框架的架构

从特定的网页中提取用户需要的信息。

（5）实体管道（item pipeline）：用于处理网络爬虫提取的实体。主要功能是持久化实体、验证实体的有效性以及清除不需要的信息。

2. PySpider 框架

PySpider 框架是一个带有强大的 WebUI、脚本编辑器、任务监控器、项目管理器以及结果处理器的框架。它支持多种数据库后端、多种消息队列和 JavaScript 渲染页面采集功能。

与 Scrapy 相比，PySpider 有以下特点：

（1）提供了 WebUI，网络爬虫的编写和调试都在 WebUI 中进行。

（2）内置了 PyQuery 作为选择器。

（3）支持 PhantomJS 进行 JavaScript 渲染页面的采集。

3. feapder 框架

feapder 是一款上手简单、功能强大的 Python 爬虫框架，使用方式类似于 Scrapy，方便由 Scrapy 框架切换过来。feapder 框架内置 3 种网络爬虫：

（1）AirSpider。是轻量级爬虫，学习成本低。面对一些数据量较少、无须断点续爬、无须分布式采集的需求，可采用此网络爬虫。

（2）Spider。是一款基于 Redis 的分布式网络爬虫，适用于海量数据采集，支持断点续爬、报警、数据自动入库等功能。

（3）BatchSpider。是一款分布式批次网络爬虫，对于需要周期性采集的数据，优先考虑使用此网络爬虫。

feapder 支持断点续爬、数据防丢失、监控报警、浏览器渲染下载、数据自动入库（MySQL 或 MongoDB），还可通过编写管道对接其他存储库。feapder 框架结构如图 5-4所示。

feapder 框架的模块如下：

（1）spider：爬虫，是框架调度核心。

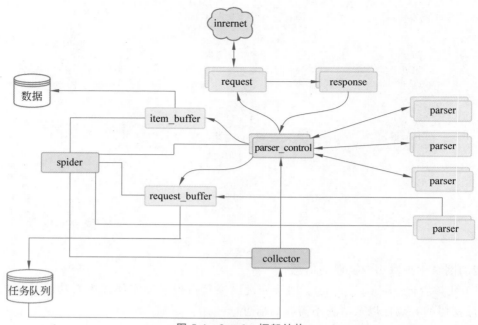

图 5-4　feapder 框架结构

（2）parser_control：解析控制器，负责调度 parser 模块。

（3）collector：任务收集器，负责从任务队中批量取出任务放入内存，以减少网络爬虫对任务队列数据库的访问频率及并发量。

（4）parser：数据解析器。

（5）start_request：初始任务下发函数。

（6）item_buffer：数据缓冲队列，用于将数据批量存储到数据库中。

（7）request_buffer：请求任务缓冲队列，用于将请求任务批量存储到任务队列中。

（8）request：数据下载器，封装了请求，用于从互联网上下载数据。

（9）response：请求响应模块，封装了响应，支持 XPath、CSS、re 等解析方式，自动处理中文乱码。

feapder 框架的流程如下：

（1）spider 调度 start_request 产生初始任务。

（2）start_request 下发任务到 request_buffer 中。

（3）spider 调度 request_buffer 将任务批量存储到任务队列中。

（4）spider 调度 collector 从任务队列中批量获取任务放入内存。

（5）spider 调度 parser_control 从 collector 的内存队列中获取任务。

（6）parser_control 调度 request 请求数据。

（7）request 请求并下载数据。

（8）request 将下载后的数据发送给 response，进一步封装，将封装好的响应返回给 parser_control（图 5-4 中为多个 parser_control，表示多线程）。

（9）parser_control 调度对应的 parser，解析返回的响应（图 5-4 中的多个 parser 表示不同的网站解析器）。

（10）parser_control 将 parser 解析得到的数据（实体）及新产生的请求分发给 item_buffer 与 request_buffer。

（11）spider 调度 item_buffer 与 request_buffer 将数据批量入库。

▶ 5.4 网络爬虫技术前沿

5.4.1　网络爬虫技术的最新进展

网络爬虫作为新兴的自动化数据收集技术，在大数据时代得到飞速发展，与各个行业紧密结合，给人们带来了极大便利。与此同时，网络爬虫的飞速发展也带来了一些问题，网络爬虫使用者良莠不齐，并且互联网缺少法律法规对此加以约束，致使恶意网络爬虫严重危害了网络安全。

接下来介绍 3 个网络爬虫与实际技术相结合的例子。

第一个是基于 Gecko 浏览器内核的谷歌翻译爬虫，此方法模拟浏览器加载网页，完成用户输入，触发执行脚本，最终获得目标数据。应用上述方法，设计并实现面向谷歌翻译的专用爬虫，能够采用"多次少取"的方式解决大规模语料的自动翻译问题。

第二个是将网络爬虫用于网络舆情预测，采用网络爬虫技术从百度指数获取某一热门事件的数据，并对这些数据进行预处理，进而建立网络舆情的 Logistic 微分方程模型，结合已有数据，采用智能算法确定微分方程解中的 3 个关键参数，最后应用于网络舆情预测。

第三个是利用网络爬虫开展政务信息公开审计。按照传统模式，按 5% 的比例进行政务信息抽查审计，无法实现全覆盖，且需要频繁地人工访问网站、核对数据，效果不好。而以分布式云计算平台为核心，以自定义方式灵活应对不同格式的网页数据源，就可以解决政务信息公开审计难题。

5.4.2　反爬的前沿技术

虽然网络爬虫技术带来了极大的便利，但是如使用不当或者恶意使用，也可能对正常运行的服务器造成伤害，所以需要反爬技术。

1. 用户代理控制

用户代理（user-agent）中可以携带一串用于表示用户设备信息的字符串，包括浏览器、操作系统、CPU 等。可以在服务器上设置用户代理白名单，只有符合条件的用户代理才能访问服务器。这种技术的缺点是很容易被网络爬虫程序伪造头部信息，进而被破解。

2. 会话限制

会话（session）是用户请求服务器响应的凭证，网络爬虫往往通过携带正常用户会话信息的方式模拟正常用户请求服务器响应。因此，同样可以根据短时间内访问量的大小判断是否有网络爬虫程序，将疑似网络爬虫程序的用户会话加入黑名单。

3. 蜘蛛陷阱

蜘蛛陷阱通过引导网络爬虫程序陷入无限循环的陷阱，消耗网络爬虫程序的资源，导致其崩溃而无法继续爬取数据。此方法的缺点就是会新增许多浪费资源的文件和目录,而且会造成搜索引擎的爬虫程序也无法爬取信息,进而导致网站在搜索引擎上的排名靠后。

4. IP 地址限制

可以在服务器上设置一个阈值,将短时间内访问量大的 IP 地址加入黑名单,禁止其访问,以达到反爬的目的。

5. 验证码

在用户登录或访问某些重要信息时可以使用验证码阻挡网络爬虫程序。验证码分为图片验证码、短信验证码、数值计算验证码、滑动验证码、图案标记验证码等。

6. 数据加密

前端在请求服务器之前,对请求参数、用户代理、Cookie 等进行加密,用加密后的数据请求服务器,这样网络爬虫程序不知道设置的加密规则,就无法进行模拟请求操作。但是,这种技术的加密算法是写在 JavaScript 代码里的,很容易被用户找到并且破解。

7. 对 Cookie 进行限制

用户向访问网站发送请求时,数据中会包含特定的 Cookie 数据,网站将会通过对 Cookie 值的验证判断该操作来自网络爬虫脚本还是真实的用户。当"用户"第二次及第三次打开网页访问无 Cookie 数据时,则说明该操作来自网络爬虫脚本。

网络爬虫这种自动化技术的确为互联网带来了许多好处,但是滥用网络爬虫技术也会有很多坏处。"水能载舟亦能覆舟",因此,要在法律法规和社会良好行为规范下正确使用网络爬虫技术,才能最大化地发挥其优势,避免造成对互联网环境的危害。

▶ 5.5 应用与分析

智联招聘网站是求职者找工作常用的平台之一,本示例通过网络爬虫技术对智联招聘网站上北京市几种岗位信息进行爬取并进行简单的可视化分析。首先以自然语言处理、计算机视觉、C++工程师、后端工程师、前端工程师、大数据这几个词为岗位名称分别爬取职位名称、薪资、工作地点、工作经验要求、学历要求、职位描述等信息,然后分析各个职位的平均薪资情况、工作经验要求及学历要求。

1. 数据爬取

基于 Python 的 requests 库及 selenium 实现数据爬取,使用 lxml 库进行 HTML 代码解析以获取需要的数据,并转成 JSON 格式进行保存,同时引入多线程以加快爬取速度。为避免爬取重复的数据,使用布隆过滤器(Bloom filter)进行数据的过滤。

登录智联招聘网站,输入要查询的岗位名称,如"自然语言处理",进行搜索,得到列表页搜索结果,然后分析 HTML 代码,可以通过 XPath 规则提取每一条职位信息的详情页 URL 链接。智联招聘网站职位信息列表页如图 5-5 所示。

图 5-5 智联招聘网站职位信息列表页

详情页包含的信息有职位名称、薪资、工作地点、工作经验要求、学历要求、职位描述及任职要求等信息。本爬取所有字段的信息，最终"自然语言处理"岗位采集了 277 条信息，"计算机视觉"岗位采集了 254 条信息，"后端工程师"岗位采集了 336 条信息，"前端工程师"岗位采集了 922 条信息，"大数据"岗位采集了 675 条信息。智联招聘网站岗位信息数据采集结果格式如图 5-6 所示。

```json
{
    "title": "自然语言处理",
    "salary": "1.5万-2.5万",
    "place": "北京-海淀区",
    "experience": "1-3年",
    "education": "本科",
    "description": [
        "岗位职责：",
        "1、负责适用于医疗/金融大数据的NLP建模工作；",
        "2、追踪最新的NLP算法。",
        "岗位要求：",
        "1、计算机、数学、统计、通信等相关专业本科及以上学历。",
        "2、熟悉NLP的常用算法，掌握tensorflow或pytorch的使用。",
        "3、熟练掌握Python及计算机科学常规算法。",
        "4、能熟练阅读专业外文文献。",
        "5、喜欢学习，乐于协作，勇于挑战。"
    ],
    "description_skill": [
        "Python",
        "语音算法",
        "知识图谱",
        "文本分类",
        "篇章分析",
        "OpenNLP",
        "stanfordNLP"
    ]
}
```

图 5-6 智联招聘网站岗位信息数据结果格式

2. 数据分析

爬取了自然语言处理、计算机视觉、C++工程师、后端工程师、前端工程师、大数据这几个岗位的招聘数据后,就可以从各个方面进行简单的数据分析,例如岗位的平均薪资、各岗位招聘数量、各岗位对学历和工作经验的要求等。

对平均薪资的分析,使用最低工资(月薪)计算,并绘制成柱状图进行可视化,如图5-7所示。可以发现,计算机视觉和自然语言处理岗位薪资较高,平均薪资均超过20k。同时分析不同岗位对工作经验的要求并进行可视化,如图5-8所示。可以发现,几乎所有岗位都对

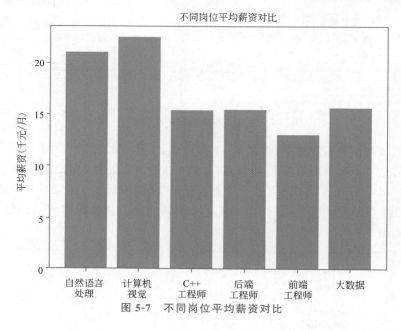

图 5-7　不同岗位平均薪资对比

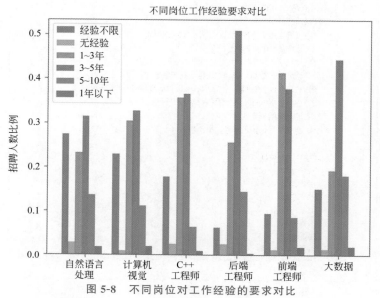

图 5-8　不同岗位对工作经验的要求对比

工作经验为 3~5 年的人比较认可，1 年以下工作经验及无经验占比最少；计算机视觉、自然语言处理及大数据岗位经验不限的招聘人数比例较高。对不同岗位学历要求进行分析并可视化，如图 5-9 所示。可以发现，各个岗位要求至少本科学历的比例最高；自然语言处理和计算机视觉硕士以上学历的比例较高，大数据、后端工程师和前端工程师岗位相对于自然语言处理和计算机视觉岗位对学历要求低一些。

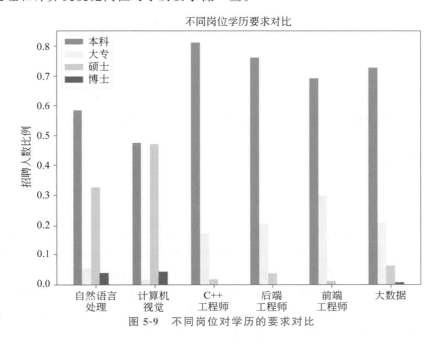

图 5-9 不同岗位对学历的要求对比

第6章

多格式文档解析与管理

本章主要讲述多格式文档解析与管理,给出文档格式和文档标准的概念,介绍了多格式文档解析与管理的相关原理,最后提供常用 Office 文档解析的应用示例。[①]

▶ 6.1　概述

6.1.1　文档格式

文档格式指的是计算机为了存储信息而使用的对信息的特殊编码方式,用于识别内部存储的资料。常见的文档包括 PNG、GIF 等图片,MP4、FLV 等视频,Word、PowerPoint、Excel、PDF 等办公文档。其中 Office 办公文档在日常生活中被广泛使用,因此本章主要介绍 Office 办公文档的解析与管理。对于不同的文档类型,计算机将根据文档的后缀名调用不同的解析器解析文档的信息。如果将一个 MP4 视频文档的后缀强行改成 pdf,那么计算机将调用 PDF 解析器解析该文档,进而导致文档解析失败。

文档管理指文档、电子表格、图形和影像扫描文档的查阅、存储、分类和检索。每个文档具有一个类似于索引卡的记录,其中包括作者、文档描述、建立日期和使用的应用程序类型之类的信息。传统的文档管理主要管理存档的资料,这些资料被搜索重用的频率不高。但在现代的企业场景下管理的主要是过程性文档,文档生成和修改频率高,对成稿时间要求也较高,用户要求能够随时随地看到最新版本的信息,同时能从海量文档中搜索到需要的信息。

6.1.2　文档标准的发展历程

21 世纪初,多数办公软件采用封闭的文档格式,无法通过合法途径获得文档格式的完整、准确的描述信息。封闭文档格式的办公软件使其他办公软件对其的兼容十分困难,逐渐成为阻碍用户信息交流的桎梏。采用封闭的文档格式,文档拥有者甚至政府部门都无法对文档具有真正的拥有权,因此他们可能在未来的某个时候丧失存取、修改和保存这些文档的能力,存在着许多安全隐患。

传统的基于二进制的封闭格式的文档在多年以后可能面临的问题是由于办公软件的升级或者原先的办公软件公司的倒闭导致以前的文档无法再使用,显然这意味着用户将面临可怕的数据丢失风险。对于文件的安全性有很高要求的各国政府机构对此更是忧心忡

---

① 本章由张俊辉整理,部分内容由邱磊、李少飞、陈家辉、介来拉石、肖克、卫青贡献。

仲,越来越多的国家政府机构意识到采用开放格式存放电子版国家政策文件的紧迫性。

为改变办公软件相互封闭、文档格式互不兼容的糟糕情况,由 SUN、IBM 等 36 个成员创建的 ODF(Open Document Format,开放文档格式)联盟,在全球推广 ODF 文档格式,使之成为办公文档的标准。2006 年 5 月 ODF 被确立为国际标准。2002 年,红旗中文贰千、金山、永中等企业及中国科学院软件研究所推出中文文档标准 UOF(Unified Office document Format,标文通),兼容 ODF。UOF 于 2007 年 5 月被我国确立为国家标准。与此同时微软公司在 Office 文档格式的基础上开发了新的文档标准 OOXML(Office Open XML,Office 开放 XML),其中包含大量微软公司私有标准和技术,其文档长达 6000 页,只有微软公司的产品能实现全部功能[①]。

▶ 6.2 多格式文档解析

6.2.1 Word 文档解析

1. OpenXML 简介

OpenXML 是微软在 Office 2007 中提出的一种新的文档格式,在 Office 2007 及以后的版本中的 Word、Excel、PowerPoint 默认均采用 OpenXML 格式。在 OpenXML 格式下,原有的 dox、xls 和 ppt 格式分别转变为 docx、xlsx 和 pptx 格式,这些文件的本质是一个压缩文件,里面包含了一系列 XML 文件。采用通常的压缩软件可以对其进行解压,OpenXML 格式相比于原格式,文档占用的空间更小。下面将以 Word 的 docx 格式文档为例,说明其结构、解析方法以及文档解析的应用场景。

2. Word 文档结构

将 docx 格式的 Word 文档解压后可以得到一系列相关的文件,进一步分析,一个 docx 格式的 Word 文档的背后是由许多不同的 XML 文件所组成,每个 XML 文件存储相应的信息,核心的 XML 文件包括 app.xml、core.xml、.rels.xml 等。

部分 XML 文件的说明如表 6-1 所示。docProps 目录用于记录属性信息,其中 app.xml 存储应用程序的特定属性,core.xml 存储文档格式的通用文件属性。Word 目录下的_rels 子目录存储父目录所有 XML 文件信息和索引 id,Word 目录下的 XML 文件存储 Word 文档的各方面信息。

表 6-1 部分 XML 文件说明

文 件 名	说 明
app.xml	应用程序特定属性
core.xml	文档格式的通用文件属性

---

① 李宁,吴新松,方春燕. ODF 和 OOXML 办公文档格式国际标准化及对我国的启示[J]. 信息技术与标准化,2011(5): 31-35.

续表

文 件 名	说 明
.rels.xml	存储父目录所有 XML 文件的信息和索引 id
document.xml	文档中所有文字的内容和属性
fontTable.xml	文档使用的字体信息
setting.xml	文档总体设置信息
style.xml	文档整体样式信息

3. Word 文档解析

Word 文档解析可以分为两种方式,第一种是调用他人写好的 API 直接解析 docx 格式的 Word 文件,这些 API 一般封装在函数库中,例如 Java 的 POI 组件的 xwpf 和 Python 的 python-docx 库;第二种是通过解析 XML 文件获取 Word 文档信息,根据前文所述 docx 格式的 Word 文件是由一系列 XML 文件组成,因此可以使用 DOM、SAX、JDOM 和 DOM4J 方法解析 XML 文件,以达到对 Word 文档解析的目的。

相比之下,使用 API 直接解析 Word 文档的方式更加简洁,但通过解析 XML 文件获取 Word 文档信息的方式应用更为广泛。如图 6-1 所示,XML 文件在结构上可以看成一棵树,通过遍历树节点可以获取 XML 文件的相关信息,进而到达解析 Word 文档的目的。

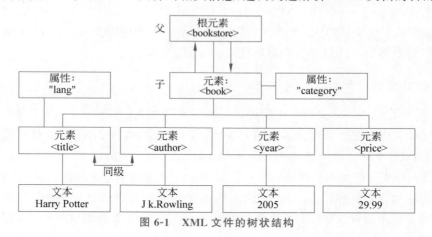

图 6-1　XML 文件的树状结构

4. 应用场景

Word 文档解析除了能够获取简单的文本信息外,还具备两个更高级的应用。一是 Word 脱敏技术[①],通过解析 XML 文件,采用 BMHS 和 Word2Vec 关键词匹配算法等技术对敏感词进行处理。二是恶意文档检测。攻击者把恶意代码、图片等嵌入 XML 文件后将其封装成 docx 格式的 Word 文档发送给用户,用户一旦打开此文档就会遭受恶意攻击。可

---

① 廖怨婷. Word 文档解析及脱敏技术研究[D]. 西安:西安交通大学,2018.

以利用 XML 解析结合机器学习、深度学习等相关技术对文档进行检测,拦截恶意攻击。

6.2.2 PDF 文档解析

1. PDF 文档概述

PDF(Portable Document Format,可携带文档格式)在 1993 年由美国排版与图像处理软件公司 Adobe 首次提出,该格式允许在任何操作系统中进行文档归档和交换[①]。PDF 实际上是一种由人类可读的标识符组成的文本格式,但它也包含二进制数据,例如图像、嵌入式文件或加密数据。PDF 文档起初主要用于电子印刷行业,但现在已流行于社会各界。PDF 文档凭借着跨平台性、显示信息和文档信息的独立性以及优秀的安全性等良好的特性,在科研、企业和政府部门的日常办公等场景中得到广泛使用。

PDF 文档的基本元素是对象(object)。PDF 对象可以分为两种,分别是直接对象(direct pbject)和间接对象(indirect object)。PDF 是由 PostScript 发展而来的,因此它的数据信息类型和普通编程语言的数据类型相似。PDF 的基本对象类型[②]如表 6-2 所示。

表 6-2 PDF 的基本对象类型

PDF 的对象类型	描　　述	示　　例
数组	有序的列表	[1 2 3 4 5]
布尔值	逻辑真/假值	false
数值	有两种数值对象:整数和实数	1.2
名称对象	一个原子符号,被字符序列唯一定义	/Type
字符串	字符串	(abc)或<Aabb>
空对象	由关键字 null 表示	null
字典对象	由许多对象组成的表,用一对双尖括号括起	<< /Type /Catalog /Page 30 R /Outline 20 R >>
流对象	通常表示压缩后的数据流	13 0 obj <</Type /Xobject>> stream 030004040404040 endstream

---

① SCHMITT F,GASSEN J,GERHARDS-PADILLA E. PDF Scrutinizer:Detecting JavaScript-based Attacks in PDF Documents. Tenth Annual International Conference on Privacy,Security and Trust,2012:104-111.

② 刘现营. 面向医疗知识的 PDF 文本内容提取系统设计与实现[D]. 哈尔滨:哈尔滨工业大学,2018.

2. PDF 文档结构

PDF 文档结构常以/Catalog 标签为根节点,根据引用对象号指向子对象节点,以此层层递进,直到没有引用对象号,即到达叶子节点为止[①]。PDF 各对象之间通过引用关系相互联系,因此其逻辑结构较文档的原始内容更为复杂,但同时也表达了大量的文档语义,例如是否存在某些对象以及对象间的引用关系等。这些语义信息对于综合判断文档的行为具有重要的作用。

PDF 文档结构主要包括文档头、文档体、交叉引用表和文档尾 4 部分。文档头通常出现在 PDF 文档的第一行,标识 PDF 文档的版本号。文档体是 PDF 文档的主体部分,主要包括组成 PDF 文档的各种对象。交叉引用表包含 PDF 文档中间接对象的信息,存储了间接访问对象地址的索引表。文档尾给出了交叉引用表的地址和某些特殊对象(如 Catalog)的地址。

3. PDF 文档解析

解析 PDF 文档的过程也是再现 PDF 文档结构的过程。对 PDF 文档内容的访问从目录对象开始,再进一步访问页面对应的内容流对象。每个对象都有数字标号作为引用值,对象之间通过引用联系起来,这样,有关联的对象就可以被相应的对象引用。PDF 文档解析按照文档结构及其规则,逐层访问和处理每一个页面对象。如果某些 PDF 文档是加密的,那么需要运用第三方软件进行解密,然后再对 PDF 文档进行解析。如图 6-2 所示,PDF 文档解析的具体过程如下:

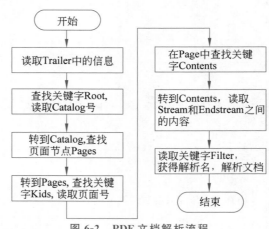

图 6-2　PDF 文档解析流程

(1) 从 Trailer 中找到关键字 Root,Root 指向 Catalog(字典),Catalog 是一个 PDF 文档的总入口,它包含 Page tree、Outline hierarchy 等。

(2) 从 Catalog 中找到关键字 Pages,Pages 是 PDF 文档所有页面的总入口,即 Page Tree Root。

---

① 俞远哲,王金双,邹霞. 基于文档图结构的恶意 PDF 文档检测方法[J]. 信息安全技术与网络安全,2021,40(11):16-23.

（3）从 Pages 中找到 Kids 和 Count 关键字，Kids 中包含 Page（页面）节点，Count 列出该文档的总页数。到这里就已经知道 PDF 文档有多少页了。

（4）从 Page 中获取 MediaBox、Contents、Resources 等信息，MediaBox 包含页面宽、高信息，Contents 包含页面内容，Resources 包含页面所需的资源信息。

（5）从 Contents 指向的内容流中获取页面内容。

4. 应用场景

PDF 文档解析除了能够获取简单的文本信息外，还具备更高级的应用。在图谱报告方面，利用 PDF 文档解析技术，能够将各类图谱报告转化为自定义的数据，实现对实验室资源的有效整合，并为图谱报告的数据挖掘及人工智能应用创造条件[1]。在学术论文领域，利用 PDF 文档解析技术能很好地提取 PDF 文档的结构信息，进而对学术资源进行自动化抽取与处理，有利于 PDF 文档在学术论文领域中的进一步利用，对当前学术论文资源知识挖掘研究具有重要意义[2]。此外，利用 PDF 文档解析技术，结合脱敏处理技术，能够对网络在线的 PDF 文件进行识别和脱敏处理，具有一定的应用价值[3]。

▶ 6.3 多格式文档管理

6.3.1 在线文档管理

1. 协同编辑

随着互联网分布式技术的飞速发展，越来越多的工作需要分布在不同地理位置上的用户共同协作完成，各个领域的协作系统也不断地被开发出来以支持科研以及企业团队完成协同工作。作为协同领域的典型代表，协同编辑一直是 CSCW（Computer Supported Cooperative Work，计算机支持的协同工作）领域的首要研究方向之一。协同编辑为人们提供了快捷、高效的合作模式，保障了团队成员间畅通地进行文档协作编辑，在高校及企业团队内部的信息交流、协同办公、Wiki 写作等方面都有很重要的意义。

目前，协同编辑主要分为异步协同编辑和同步协同编辑两种方式。

异步协同编辑允许多人在时间上分离地对同一个文档进行编辑，并通过加锁、版本控制工具（如 Git、SVN）等机制保证文档数据是一致的，但这种方式在用户感知、并发度以及冲突解决等方面都有较大缺陷。如果用户在编辑过程中不提交本地更新版本，其他用户就不能知晓该用户的编辑结果。此时，如果其他用户提交改动，就很有可能发生冲突。为避免这一问题，就要先手动检查文档冲突内容，再进行修改合并，这增加了协同流程的复杂性以及延时性。

同步协同编辑是让协作用户实时感知其他成员的编辑操作，既增加了用户并发度，又

① 刘羽，王辉，王贺.图谱报告 PDF 文件解析原理、示例与应用展望[J].电脑知识与技术，2021,17(34)：134-140.DOI：10.14004/j.cnki.ckt.2021.3616.
② 周忆莲.学术论文 PDF 结构解析技术的研究[D].长沙：湖南大学，2020.DOI：10.27135/d.cnki.ghudu.2020.003225.
③ 朱玲玉.PDF 文档解析与内容脱敏技术研究[D].成都：西南交通大学，2018.

提高了协同编辑效率,达到所见即所得的效果。由于协同编辑的实时感知特性,必然会导致各用户间数据一致性的问题。因此,协同编辑的研究要点主要集中在如何维护数据一致性模型上。

2. 数据一致性模型

协同编辑中的数据一致性模型包括因果关系一致性(Causality)、数据收敛一致性(Convergence)以及操作意图一致性(Intention),因此简称 CCI 模型。目前大多数协同编辑算法虽然能保证前两个一致性,但效率较低,对于操作意图一致性的维护也缺乏灵活性。

1)因果关系一致性

对于任意两个操作 A 和 B,如果存在 A→B,那么在所有节点上其执行顺序应该也是 A 先于 B。而如果由于网络延迟等问题导致两个操作到达的顺序与其因果关系顺序相反,就产生了因果关系不一致的问题。

2)数据收敛一致性

在协同编辑中,各节点执行了顺序相同的操作且都不进行编辑时,所有节点的共享文档的副本数据是一致的;当操作在各节点上的执行顺序不同时,就可能导致各节点结果不一致,就产生了数据不收敛的问题。

3)操作意图一致性

Sun 等人从执行效果定义操作意图的一致性,即对于任意一个操作,其在协同编辑系统中的任意节点执行之后的效果应该与其希望达到的效果一致。Li 等人又指出执行效果的定义较为模糊,并提出了 CA 模型,他们认为,只要每个操作在执行状态时不违背已经建立的操作效果关系,就能保持操作意图一致性。

所有并发控制算法的设计目的都是维护协同编辑系统的数据一致性模型,即通过并发控制流程以及转换函数的设计维护各节点的因果关系、数据收敛以及操作意图的一致性。

3. 并发控制算法

传统的并发控制算法主要采用串行化、令牌传递和加锁 3 种方式。串行化在各节点按照相同的顺序执行操作,通常通过两种方式实现并发控制:一种是悲观延迟操作,直到其前面的操作全部执行完毕再执行;另一种是乐观执行操作,通过撤销/重做(undo/redo)机制排除此操作的提前执行对结果的影响。串行化方式不能保证各节点的因果关系一致性和操作意图一致性。令牌传递和加锁方式实际上都是控制系统在任意时刻只能有一个正在编辑文档的用户,以保证数据一致性,但这种方式限制了用户的操作,没有体现实时协作编辑系统多并发的优点。

下面介绍两种常用的并发控制算法。

1)dOPT 算法

dOPT 算法由 Ellis 和 Gibbs 提出,是最早出现的基于 OT(Operational Transformation,操作转换)的并发控制算法,引入了状态向量以解决因果关系一致性的问题。其基本思想是将并发操作进行并发转换后按顺序执行各个节点的操作。

2)adOPTed 算法

adOPTed 算法是 Ressel 等人在 CSCW 大会上提出的,算法的创新之处在于引入了 L

变换函数以及多维交互图存储操作的所有可能形式。adOPTed 算法的多维交互图如图 6-3
所示。

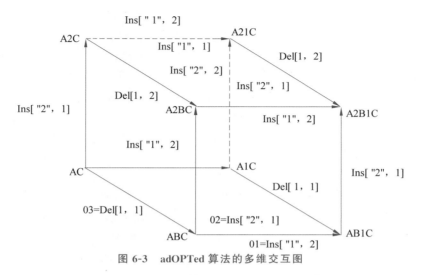

图 6-3　adOPTed 算法的多维交互图

在多维交互图中,顶点代表文档的当前状态,有向边的转换性质定义为 TP1 和 TP2。
TP1 表示简单并发关系,TP2 表示偏并发关系。满足性质 TP1 和 TP2 是实现数据收敛的
充分必要条件。adOPTed 算法将所有操作的生成以及中间形式用线性日志存储,也保证了
用户操作意图一致性与因果关系一致性。但该算法的实现较为复杂,会导致转换所需的时
间较长,降低系统响应速度。

6.3.2　区块链文档管理

1. 区块链

区块链是一种在不受信任的对等方之间共享数据的新技术[①]。自 2008 年比特币问世
以来,区块链逐渐进入公众视野,成为国内外热点话题。2014 年之前,区块链的相关研究仅
限于理论,主要集中在区块链原理、区块链结构、区块链相关技术等方面。2015—2017 年,
关于如何将区块链应用到行业中已经出现了一些建议。2018 年以来,在理论研究取得新进
展的同时,区块链也开始应用于一些行业。

区块链在业界尚未形成公认的定义。从狭义上讲,区块链是一种特殊的数据结构,它
使用链式结构将所有数据块按顺序链接起来。在此过程中,利用密码学技术提供防篡改、
防伪功能的是一种去中心化的公共账本。一般来说,区块链是一种结合密码学、共识机制
和智能合约的新型去中心化计算范式。密码学的一些加密算法用于验证和存储数据,共识
机制用于实现区块的形成和数据更新,智能合约用于编程和操作数据。

① KAN L,WEI Y,MUHAMMAD A H,et al. A Multiple Blockchains Architecture on Inter-Blockchain
Communication[C]. International Conference on Software Quality,Reliability and Security Companion,IEEE,2018:
139-145.

2. 文档区块链

目前,国内外各界从标准规范、系统架构、流程体系、技术模型等多个途径,全面探讨解决文件档案管理可信问题的具体方法,其中较为突出的便是近几年备受关注的区块链技术。2017 年,英国国家档案馆牵头开展 ARCHANGEL 项目,通过分布式账本技术确保数字档案长期保存中的可持续性、可访问性和真实性[①]。2019 年,美国国家档案与文件署发布《区块链白皮书》,用来指导如何将区块链应用于文件档案管理。与此同时,国内对于区块链技术的重视也在与日俱增。例如,中国石油化工集团有限公司将档案系统与区块链平台进行集成,广州互联网法院的"网通法链"实现了数字存证及电子卷宗管理[②]。

目前文档区块链系统多面向单一业务,服务于单一主体,未能充分体现区块链的分布式与多方参与的优势。随着区块链技术的深入应用,未来的文档区块链系统必然会与更多的系统发生交互以及数据交换。例如,国家电网公司就会向其所参与的"天平链"提供交易证据的验证服务。鉴于当前跨链技术还不成熟,各区块链还是价值孤岛,不同类型的区块链系统由于编程语言、数据字典、智能合约等不一致,实现数据价值互通仍然较为困难。因此,未来需要进一步探索跨链融合的技术,实现更为灵活与高效的跨链业务和数据交互。区块链在文档科学管理中的有效融合方向上还需要人们再进一步深入研究和全面思考。

▶ 6.4 应用与分析

本节采用基于 Python 的相关模块解析不同格式的文档,对多种不同类型的文档进行去格式以及归一化处理,为后续灵活的文档管理工作准备条件。

6.4.1 多格式文档读取算法

1. Word 文档读取

python-docx 是 Python 用于创建和更新 docx 格式 Word 文档的专用库,它支持对 Word 文档的内容、字体样式、段落样式以及页眉/页脚等要素的编辑,还可以插入表格、图片等新内容,从而可以更好地支持读取文档主要内容、格式等有用信息。如果需要,也可以用该模块创建一个新的 Word 文档,按照用户想要的字体格式进行写入更新。但值得注意的是,该模块只支持读取 Office 2007 及更高版本 Word 文档的 docx 格式,因为 docx 格式采用了 OpenXML 的新格式,该模块本质上就是对 OpenXML 格式诸要素的便捷编辑接口。所以这里选择先用 win32com 库直接调用 Word 程序,将要读取的 doc 格式的文档先转存为 docx 格式,再使用 python-docx 进行解析。

python-docx 库中 document 对象表示一个 Word 文档,paragraph 对象用于读取段落,run 对象用于将段落划分成一个个的节段。图 6-4 为该库中 Word 文档基本内容的组织

① COLLOMOSSE J, BUI T, BROWN A, et al. ARCHANGEL: Trusted Archives of Digital Public Documents [C/OL]. 2018[2023-07-05]. DOI: 10.1145/3209280.3229120.

② 金羊网. 广州互联网法院"网通法链"智慧信用生态系统上线[EB/OL]. (2019-03-30). https://news.ycwb.com/2019-03/30/content_30229720.htm.

结构。

图 6-4   python-docx 库中 Word 文档基本内容的组织结构

进一步可以用 sections 对象查看章节信息,包括页眉/页脚、页边距、页面方向等。进入具体的章节中,可以使用 paragraph 对象查看其中具体段落的缩进方式、对齐方式等,在这一层,就可以直接使用 paragraph.text 方法获取该段落中的文字了。这里对于段落的文字内容读取也是通过对其中更小的 run 对象进行的,所以,如果有必要,也可以对更细粒度的 run 对象进行操作,以获取相应节段的文字、字体、样式等更加具体的信息。另外,该库也支持使用 tables 对象对文档中的表格进行操作,支持使用 add_picture 方法添加图片。

2. PDF 文档读取

目前有很多 Python 拓展包可以进行 PDF 文档的读取和解析,包括 PyPDF2、pdfplumber、Camelot、pdfminer 等。PyPDF2 提供了提取、拆分、合并、加密和解密等方法,但对中文并不是很友好,读取中文可能会出错。pdfplumber 包含了多种处理 PDF 格式信息的库,可以很好地解析 PDF 文档的文本和表格。Camelot 主要用于提取 PDF 文档中的表格信息,但它有功能上的局限性,如使用 stream 时无法自动检测到表格等问题。pdfminer 更加专注于获取和分析 PDF 文档中的文本数据,允许提取文本的确切位置、字体、行数等信息,提供了更丰富的文本内容读写功能,适用于对文档的整体内容进行分析处理。pdfminer3k 是 pdfminer 的 Python3 版本。下面主要使用 pdfminer3k 完成 PDF 文档读取模块的相关功能。

在使用 pdfminer3k 模块过程中,需要先使用 PDFParser 模块为待读取的文件创建一个 PDF 文档分析器,再使用 PDFDocument 模块通过该分析器建立一个虚拟 PDF 文档,以便后续的文档对象操作。可以使用 PDFResourceManager 模块建立一个对象资源管理器以管理解析出的各项内容,可以使用 PDFPageAggregator 和 PDFPageInterpreter 模块分别创建 PDF 文档的页面聚合对象和解释器对象,其中页面聚合对象中的 LTPage 对象即包含了用户能看到的大部分文档内容,对于水平文本框这类包含主要文本信息的对象,可以直接使用 get_text() 方法很方便地获取其中的文字。至此,PDF 文档的格式便被层层展开,便于其中信息的提取及归一化存储。图 6-5 为 pdfminer3k 各模块之间的关系及数据流向。

3. PPT 文档读取

python-pptx 与 python-docx 类似,是 Python 专用于读取并解析 PPT 文档(pptx 格式)

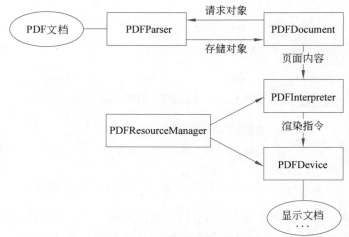

图 6-5   pdfminer3k 各模块之间的关系及数据流向

的库,同样具有丰富的文档要素解析函数,支持对幻灯片、文本框、文字段落和其中的形状结构的读取。同样,对于 Office 2007 之前的版本也需要使用 win32com 库进行转存,更改为 pptx 格式,以实现更便捷灵活的文档解析。

　　python-pptx 库中 Presentation 对象表示一个 PPT 文档,slides 对象表示其中的一张幻灯片,shape 对象即为其中的形状对象,如果 shape 为文本框,则其中还应该包括 paragraph(段落)对象,和 run 节段对象。图 6-6 为该库中 PPT 文档基本内容的组织结构。

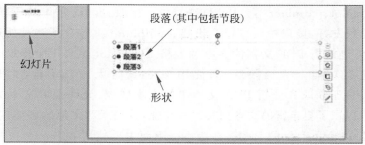

图 6-6   python-pptx 库中 PPT 文档基本内容的组织结构

　　通过 slides 对象可以获取 PPT 文档中每张幻灯片的内容,再使用 shape、paragraph 等对象中的相关方法即可提取出其中的主要内容,整体功能组织风格与 python-docx 类似。

6.4.2　多格式文档解析实例

1. 整体框架

　　本例对多种不同格式文档的核心内容统一进行提取,并转换为便于读取的纯文本文件。使用 6.2 节中提到的格式解析技术,先检测文档格式,再调用相关函数提取文档中的主要内容,进一步使用简单的词频统计和关键词提取等自然语言处理技术对文档内容进行打标,同时结合文档自身的原文件名称、路径、修改时间、原格式等信息,按统一格式写入纯文本文件,完成归一化处理。多格式文档解析实例整体框架如图 6-7 所示。

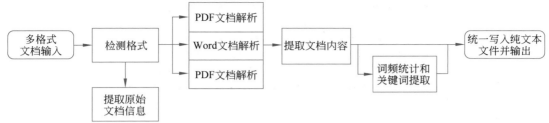

图 6-7　多格式文档解析实例整体框架

2. 主要程序

主要程序有以下 3 个。

（1）Word 文档解析。利用 Python 的 docx 库和 win32com 库解析 Word 文档。代码如下：

```python
from docx import Document
import win32com.client as win32
def reSaveToDocx(doc_path):
    """
    将 doc 文件另存为 docx 文件
    :param doc_path: doc 文件路径
    """
    word = win32.gencache.EnsureDispatch('Word.Application')
    doc = word.Documents.Open(doc_path)
    doc.SaveAs(doc_path + 'x', 12)
    doc.Close()
    word.Quit()
    return doc_path + 'x'
def readDocx(file_path):
    """
    读取 docx 文件
    :param file_path: docx 文件路径
    :return: header, content, footer
    """
    if file_path.endswith(".doc"):
        file_path = reSaveToDocx(file_path)
    docx_file = Document(file_path)
    head_pars = docx_file.sections[0].header.paragraphs
    header = ''
    for par in head_pars:
        header += par.text
    foot_pars = docx_file.sections[0].footer.paragraphs
    footer = ''
    for par in foot_pars:
        footer += par.text
    content = ''
    for i in range(len(docx_file.paragraphs)):
        content += str(i+1) + '\t' + docx_file.paragraphs[i].text + '\n'
    return header, content, footer
```

（2）PDF 文档解析。使用 pdfminer 解析 PDF 文档。代码如下：

```python
from pdfminer.pdfparser import PDFParser
from pdfminer.pdfdocument import PDFDocument
from pdfminer.pdfpage import PDFPage, PDFTextExtractionNotAllowed
from pdfminer.pdfinterp import PDFResourceManager, PDFPageInterpreter
from pdfminer.converter import PDFPageAggregator
from pdfminer.layout import LAParams
import StringIO
class PDFUtils():
    def __init__(self) -> None:
        pass
    def pdf2txt(self, path):
        """
        将 pdf 文件转换为 txt 文件

        Args:
            path: pdf 文件路径
        Returns:
            content: 文件内容
        """
        output = StringIO.StringIO()
        with open(path, "rb") as f:
            parser = PDFParser(f)
            doc = PDFDocument(parser)
            if not doc.is_extractable():
                raise PDFTextExtractionNotAllowed
            pdfrm = PDFResourceManager()
            laParams = LAParams()
            device = PDFPageAggregator(pdfrm, laparams=laParams)
            interpreter = PDFPageInterpreter(pdfrm, device)
            for page in PDFPage.create_pages(doc):
                interpreter.process_page(page)
                layout = device.get_result()
                for x in layout:
                    if hasattr(x, "get_text"):
                        content = x.get_text()
                        output.write(content)
        content = output.getvalue()
        output.close()
        return content
```

（3）PPT 文档解析。利用 pptx 库和 win32com 库解析 PPT 文档。代码如下：

```python
from pptx import Document
import win32com.client as win32
def reSaveToPptx(ppt_path):
    """
    将 ppt 文件转换为 pptx 文件
    :param ppt_path: ppt 文件路径
```

```
    :return: pptx 文件路径
    """
    word = win32.Dispatch('PowerPoint.Application')
    doc = word.Documents.Open(ppt_path)
    doc.SaveAs(ppt_path.replace('.ppt', '.pptx'))
    doc.Close()
    word.Quit()
    return ppt_path.replace('.ppt', '.pptx')
def readPptx(file_path):
    """
    读取 pptx 文件中的文本内容
    :param file_path: pptx 文件路径
    :return: pptx 文件中的文本内容
    """
    if file_path.endswith('.ppt'):
        file_path = reSaveToPptx(file_path)
    num_slide, num_text = 0, 0
    pptx_file = Document(file_path)
    content = ''
    for slide in pptx_file.slides:
        num_slide += 1
        num_slide_shape = 0
        for shape in slide.shapes:
            if shape.has_text_frame:
                num_slide_shape += 1
                for paragraph in shape.text_frame.paragraphs:
                    num_text += 1
                    content += str(num_slide) + '-' + str(num_slide_shape) + '\t' +\
                        str(num_text) + '\t' + paragraph.text + '\n'
```

3. 实现结果

Word 文档解析结果如图 6-8 所示。

图 6-8　Word 文档解析结果

PDF 文档解析结果如图 6-9 所示。

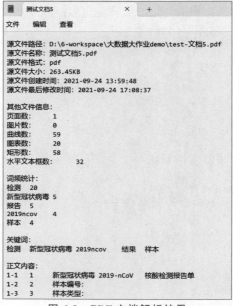

图 6-9　PDF 文档解析结果

PPT 文档解析结果如图 6-10 所示。

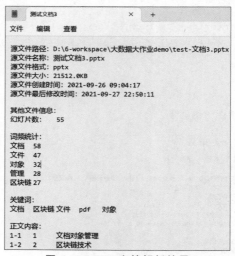

图 6-10　PPT 文档解析结果

　　现存的海量数据大多以文档的形式存在,例如 PDF 文档、Word 格式的论文、PPT 格式的讲稿、网页格式的各类网站等。但目前人们并没有充分地对这些数据进行挖掘处理与利用。利用多格式文档的解析与管理技术,能够将海量的文档数据通过提取、分析和统一管理,转化为更容易利用的知识库。多格式文档解析是所有知识挖掘任务的第一步,是对海量知识数据管理的第一道工序,也是比较容易被忽略的工作。特别是对于目前存在海量电子文档管理需求的图书馆和电子刊物数据库,文档解析技术的研究和应用将越来越重要。

第7章

语音文字识别

语音识别以语音为研究对象,实现人与机器的自然语言交互,是模式识别的一个分支,涉及生理学、心理学、语言学、计算机科学以及信号处理等诸多领域。从技术进展和产业发展来看,语音识别虽然还不能解决无限制场景、无限制人群的通用识别问题,但是已经能够在各个真实场景中普遍应用并且得到大规模验证。本章主要介绍语音文字识别的经典算法和最新进展,并给出语音识别实例分析。[①]

▶ 7.1 概述

语音识别(speech recognition)的目标是把语音转换成文字,因此语音识别系统也叫作STT(Speech to Text,语音转文字)系统。语音识别是实现人机自然语言交互非常重要的第一个步骤,把语音转换成文字之后就由自然语言理解系统进行语义的计算。

语音识别的任务可以根据如下4个维度分类:

(1) 根据词汇量(vocabulary)大小,分为小词汇量(small vocabulary)和大词汇量(large vocabulary)的语音识别。

(2) 根据说话人(speaker),分为说话人相关(speaker dependent)和说话人无关(Speaker independent)的语音识别。

(3) 根据声学(acoustic)环境,分为录音室和不同程度的噪音环境的语音识别。

(4) 根据说话方式(style),分为连续(continously)说话还是一个词一个词(isolated words)地说话的语音识别,也可以分为计划(plan)好的还是自发(spontaneous)的语音识别,例如"呃,这个东西,不,那个是啥?"。

这些维度的组合就决定了不同任务的难度,例如,最早的语音识别系统只能识别孤立词(词之间有停顿,因此很容易切分),而且词汇量很小(例如只能识别0~9的数字)。而现在的语音识别系统能够完成在噪声环境中识别大词汇量的任务,而且说话方式是连续的,它可以处理不同说话人的差异,甚至可以处理非标准的发音(例如带口音的普通话)。

7.1.1 发展历程

1952年,贝尔实验室首次实现 Audrey 英文数字识别系统[②],可以识别单个数字0~9

---

① 本章由马弋洋整理,部分内容由王虔翔、王凯、梁晨、和昕、钱鹏屿贡献。

② BREMS D J. Automatic Speech Recognition(ASR)Processing Using Confidencemeasures[J]. Journal of the Acoustical Society of America,1995,102(1):25-32.

的发音,并且对熟人的准确度高达 90% 以上,此时的语音文字识别可对孤立词进行有效的识别。20 世纪 70 年代,卡内基梅隆大学研出出 Harpy 语音识别系统,该系统能够识别 1011 个单词,从而使得此前的孤立词识别得到大幅度扩展。20 世纪 80 年代,出现了隐马尔可夫模型(Hidden Markov Model,HMM)、n-gram 语言模型等现在依然使用的重要技术,语音文字识别进入了连续词识别阶段。此后,又出现了区分性的模型训练方法 MCE 和 MMI 以及模型自适应方法 MAP 和 MLLR,使得连续词识别的词汇量进一步得到提升。2006 年,辛顿提出深度置信网络(Deep Belief Network,DBN)①。2009 年,辛顿和学生穆罕默德将深度神经网络应用于语音识别,在小词汇量连续语音识别任务 TIMIT 上获得成功,深度学习模型从此应用于语音文字识别领域。近些年来,以 CTC、Seq2Seq 为代表的经典端到端语音文字识别模型持续发展。语音文字识别的发展历程如图 7-1 所示。

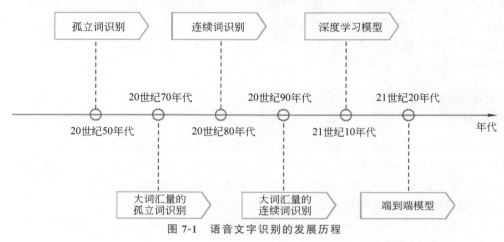

图 7-1 语音文字识别的发展历程

7.1.2 基本原理

声音是一种波。语音文字识别的第一步就是将声音录入,得到相应的声音波形图。为了对声音波形图进行分析,需要首先对声音分帧,也就是把声音切成等长的小段,每小段称为一帧。图 7-2 是"嗨,大家好"的声音波形图的分帧结果。

值得注意的是,这里的分帧不是直接切开,帧之间有一定的重合。分帧之后,需要将小段的波形进行变换以使得计算机可以处理,这一过程称为声学特征提取。声学特征提取一般有两种方式,分别是 MFCC(Mel Frequency Cepstral Coefficient,梅尔频率倒谱系数)特征提取和深度学习特征提取。二者在分帧之后分别还需要进行离散傅里叶变换并取平方、进行梅尔滤波、取对数并计算倒谱系数等操作,然后进行傅里叶变换,利用神经网络识别字符,最后得到映射图。声学特征提取完毕之后,声音就成为一个 M 行 N 列的矩阵,称之为观察序列,其中 M 为特征维数,N 为总帧数。将之前得到的分帧后的声音波形图再进行声音特征的提取,得到的 MFCC 特征图如图 7-3 所示。

接下来,就是将矩阵变成对应的文本。具体操作可以概括为:将帧识别为状态,将状态

---

① HINTON G E, OSINDERO S, TEH Y W. A Fast Learning Algorithm for Deep Belief Nets[J]. Neural Computation, 2006, 18(7): 1527-1554.

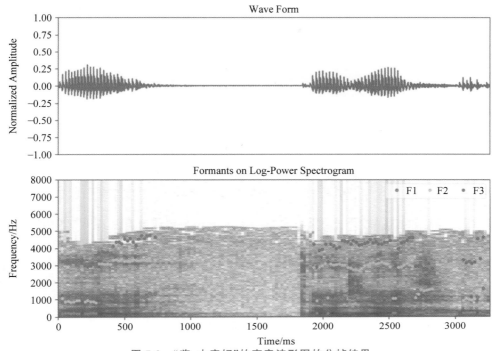

图 7-2　"嗨，大家好"的声音波形图的分帧结果

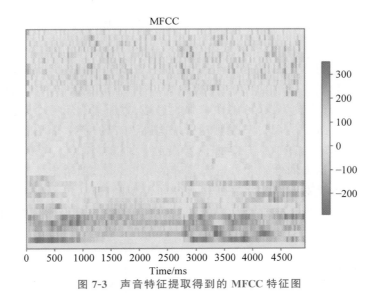

图 7-3　声音特征提取得到的 MFCC 特征图

组合为音素,将音素组合为单词。其中,音素(phone)是语音中的最小的单位,依据音节里的发音动作分析,一个动作构成一个音素。汉语里一般直接用汉语拼音的声母和韵母构成音素集,英语里常见的音素集是卡内基梅隆大学的一套由 39 个音素构成的音素集。

　　为将帧与状态对应,需要计算该帧在各个状态下的概率。语音文字识别整体结构如图 7-4 所示。

　　概率最大的状态就是该帧所属的状态,此概率为每个帧和每个状态对应的概率,也叫

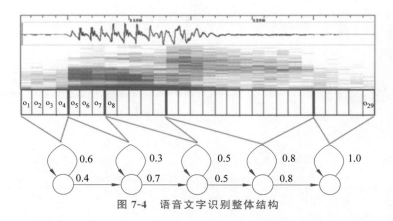

图 7-4　语音文字识别整体结构

作观察概率。除观察概率之外,识别过程还需要每个状态转移到自身或转移到下一个状态的概率,称为转移概率。观察概率和转移概率的读取和计算均来源于声学模型,具体内容在 7.2.2 节介绍。而为了匹配语音对应的文字,还需要从语言模型中获取根据语言统计规律得到的概率。这 3 个概率经组合计算得到最终的累积概率,整个语音识别过程也就完成了。上述过程用数学公式表示如下:

$$W^* = \arg\max_w P(W \mid Y)$$
$$= \arg\max_w \frac{P(Y \mid W)P(W)}{P(Y)}$$
$$\approx \arg\max_w P(Y \mid W)P(W) \qquad (7\text{-}1)$$

式(7-1)中 W 表示文字序列,Y 表示语音输入,arg max 表示对函数求参数(集合)。式(7-1)表示语音识别的目标是在给定语音输入的情况下找到可能性最大的文字序列。根据贝叶斯公式,可以得到式(7-1)中的第二个表达式,其中分母表示出现这段语音的概率,它与求解的文字序列没有参数关系,可以在求解时忽略,进而得到第三个表达式。在第三个表达中,$P(Y|W)$ 表示给定一个文字序列时出现这段语音的概率,即语音识别中的声学模型;$P(W)$ 表示出现此文字序列的概率,即语音识别中的语言模型。声学模型是对声学、语音学、环境变量以及说话人的性别和口音等差异的知识表示,即给定文字之后发出这段语音的概率;而语言模型是对一个文字序列构成的知识表示,即判定一个文字序列出现的概率。声学模型一般得到语音特征到音素的映射,语言模型一般得到词与词、词与句子的映射。

▶ 7.2　经典算法

7.2.1　经典语言模型

当通过声学模型确定了声音对应的发音音素之后,语言模型就要考虑这样一段发音音素对应的最大概率的文字是什么。以 7.1.2 节的"嗨,大家好"语音为例,"hai"音提取声音特征之后,一般对应的就是"嗨"字,而不是"害""还""海",因为在语言模型中,单个"hai"对应"嗨"字的概率最大。更复杂的同音字问题也要通过语言模型进行处理。

1. *n*-gram 语言模型

一段语音在处理到声音特征或音素阶段时,它在语言模型中将被转化为一个序列。用数学描述为:T 由词序列 $A_1, A_2, \cdots, A_n$ 组成,而应使得文字概率 $P(T)$ 最大,$P(T)$ 为

$$P(T) = P(A_1 A_2 \cdots A_n) = P(A_1) P(A_2 \mid A_1) \cdots P(A_n \mid A_1, A_2, \cdots, A_{n-1}) \quad (7\text{-}2)$$

很明显,这样的计算是十分烦琐的。为简化语言模型的计算,引入马尔可夫假设:在一整串事件中,一个事件的出现概率只与其前 m 个事件有关。当 $m = 2$ 时,就可以得到 2-gram 语言模型。在该语言模型下,$P(T)$ 被简化为

$$P(T) = P(A_1 A_2 \cdots A_n) = P(A_1) P(A_2 \mid A_1) P(A_3 \mid A_2) \cdots P(A_n \mid A_{n-1}) \quad (7\text{-}3)$$

2. RNN 语言模型

另一类语言模型是利用循环神经网络(RNN)构建的[1]。语言模型的任务是对一个序列进行预测,而 RNN 是天然用来解决序列问题的模型,且在 RNN 模型中,理论上之前所有的单词都会影响对当前单词的预测。在具体实现上,就是将音素信息输入,将最可能的文字序列输出。在把词依次输入循环神经网络的过程中,每输入一个词,循环神经网络就输出截至目前下一个最可能的词。

7.2.2　经典声学模型

声学模型可以理解为对语音的建模,它能够把语音输入转换成声学表示的输出,更准确地说是给出语音属于某个声学符号的概率。声学模型整体上更为复杂,下面对传统模型、基于深度学习的模型和端到端模型分别进行说明。

1. 传统模型

传统的声学模型一般基于 GMM(Gaussian Mixture Model,高斯混合模型)和 HMM(隐马尔可夫模型)[2]。图 7-5 是 GMM-HMM 声学模型的整体处理流程。

GMM 是将多个正态分布(高斯分布)的数据进行混合的一种概率模型。在语音识别中,可以通过高斯混合模型将先前得到的声音特征进一步转化为声音的状态。在实际的 GMM 训练中,通常采用 EM(Expectation-Maximization,最大期望)算法进行迭代优化,以求得 GMM 中的加权系数及各个高斯函数的均值与方差等参数。GMM 作为一种基于傅里叶频谱语音特征的统计模型,在传统语音识别系统中发挥了重要的作用。其劣势在于不能考虑语音顺序信息,高斯混合分布也难以拟合非线性或近似非线性的数据特征。所以,当把状态概念引入声学模型后,就有了一种新的声学模型——HMM。

HMM 也是统计模型,它用来描述一个含有隐含未知参数的马尔可夫过程。马尔可夫过程就是当前状态只与前一个或前几个状态有关,与再往前的状态无关的过程。之前得到

① GRAVES A, MOHAMED A, HINTON G. Speech Recognition with Deep Recurrent Neural Networks[C]. 2013 IEEE International Conference on Acoustics, Speech and Signal Processing. IEEE, 2013.

② XUAN G, ZHANG W, CHAI P. EM Algorithms of Gaussian Mixture Model and Hidden Markov Model[C]. Proceedings 2001 International Conference on Image Processing(Cat. No. 01CH37205). IEEE, 2001.

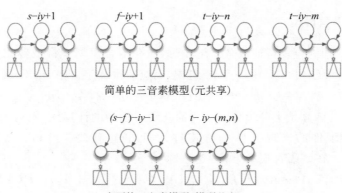

简单的三音素模型(元共享)

全面的三音素模型(模型共享)

图 7-5　GMM-HMM 声学模型的整体处理流程

的状态需要通过 HMM 判定是否保留或跳转。当一个马尔可夫过程含有隐含未知参数时，这样的模型就称为隐马尔可夫模型。HMM 的核心概念是状态，状态本身是一个离散随机变量，马尔可夫链的每一个状态上都增加了不确定性或者统计分布，使得 HMM 成为一种双随机过程。HMM 的主要内容包括参数特征、仿真方法、参数的极大似然估计、EM 估计算法以及维特比(Viterbi)状态解码算法等细节知识。在 HMM 中，利用维特比算法寻找有向无环图中的最短路径。声音特征再处理得到的状态会构成一个庞大的状态网络，而利用维特比算法就可以方便地找到状态网络中的最短路径，也就是最终的文字序列。

2. 基于深度学习的模型

2006 年，辛顿提出深度置信网络(DBN)，促使了深度神经网络(DNN)研究的复苏[①]。2009 年，辛顿将 DNN 应用于语音的声学建模，在 TIMIT 上获得了当时最好的结果。2011 年底，微软研究院的俞栋等人又把 DNN 技术应用在大词汇量连续语音识别任务上，大大降低了语音识别错误率。从此语音识别进入 DNN-HMM 时代。

DNN-HMM 主要是用 DNN 模型代替原来的 GMM 模型，对每一个状态进行建模。简单来说，DNN 就是给出输入的一串特征所对应的状态概率。其带来的好处是不再需要对语音数据分布进行假设，将相邻的语音帧拼接又包含了语音的时序结构信息，使得模型对于状态的分类概率有了明显提升。同时，DNN 还具有强大的环境学习能力，使模型对噪声和口音的鲁棒性得到有效提升。DNN 模型的结构如图 7-6 所示。该模型中包括 1 个输入层、3 个隐含层和 1 个 Softmax 层。

另一种基于深度学习的语言模型是长短时记忆(LSTM)[②]，其结构如图 7-7 所示。由于语音信号是连续的，不仅各个音素、音节以及词之间没有明显的边界，各个发音单位还会受到上下文的影响。虽然拼帧可以增加上下文信息，但对于语音来说还是不够。RNN 可以记住更多的历史信息，从而有利于对语音信号的上下文信息进行建模，但简单的 RNN 存在

① SELTZER M L，YU D，WANG Y. An Investigation of Deep Neural Networks for Noise Robust Speech Recognition[C]. 2013 IEEE International Conference on Acoustics，Speech and Signal Processing. IEEE，2013.

② SØNDERBY S K，SØNDERBY C K，NIELSEN H，et al. Convolutional LSTM Networks for Subcellular Localization of Proteins[C]. International Conference on Algorithms for Computational Biology. Cham：Springer，2015.

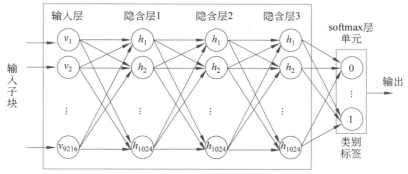

图 7-6　DNN 模型的结构

梯度爆炸和梯度消散问题,无法直接应用于语音信号建模。能够解决这些问题的就是 LSTM。LSTM 通过输入门、输出门和遗忘门可以更好地控制信息的流动和传递,具有长短时记忆能力。虽然 LSTM 的计算复杂度比 DNN 有所增加,但其整体性能比 DNN 有 20% 左右的稳定提升。

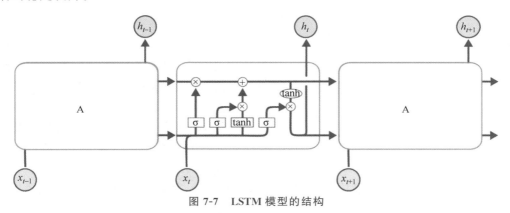

图 7-7　LSTM 模型的结构

在 LSTM 基础上进一步改进,不仅考虑语音信号的历史信息对当前帧的影响,还要考虑未来信息对当前帧的影响,以此构建 BiLSTM(Bi-Long Short-Term Memory,双向长短时记忆)[①],其结构如图 7-8 所示。BLSTM 中沿时间轴存在正向和反向两个信息传递过程,这样就可以更充分地考虑上下文对于当前语音帧的影响,能够极大提高语音状态分类的准确率。BLSTM 考虑未来信息的代价时需要进行句子级更新,模型训练的收敛速度比较慢。

3. 端到端模型

端到端技术的突破使得语音文字识别不再需要 HMM 描述音素内部状态的变化,而是将语音识别的所有模块统一成神经网络模型,使整个流程更简单、高效和准确。

语音识别的端到端方法主要是代价函数发生了变化,但神经网络的模型结构并没有太大变化。总体来说,端到端技术解决了输入序列的长度远大于输出序列长度的问题。端到

---

① GRAVES A,JAITLY N,MOHAMED A. Hybrid Speech Recognition with Deep Bidirectional LSTM[C]. 2013 IEEE Workshop on Automatic Speech Recognition and Understanding. IEEE,2013.

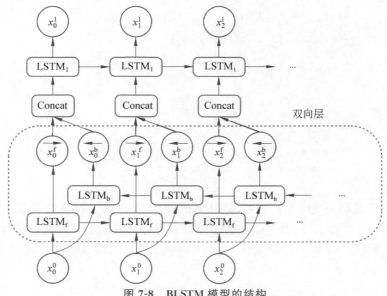

图 7-8　BLSTM 模型的结构

端技术主要分成两类：一类是 CTC（Connectionist Temporal Classification，联接主义时间分类）方法[①]，另一类是 Seq2Seq 方法[②]。在传统语音识别 DNN-HMM 架构里的声学模型中，每一帧输入都对应一个标签类别，标签需要反复迭代以确保对齐更准确。采用 CTC 作为损失函数的声学模型序列时，不需要预先进行数据对齐操作，只需要一个输入序列和一个输出序列就可以进行训练。CTC 关心的是预测输出序列是否和真实的序列相近，而不关心预测输出序列中每个结果在时间点上是否和输入序列正好对齐。CTC 建模单元是音素或者字，因此它引入了空白（blank）的概念。对于一段语音，CTC 最后输出的是尖峰的序列，尖峰的位置对应建模单元的标签，其他位置都是空白。

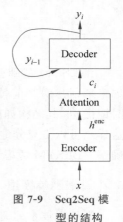

图 7-9　Seq2Seq 模型的结构

　　Seq2Seq 方法原来主要应用于机器翻译领域。2017 年，Google 公司将其应用于语音识别领域，取得了非常好的效果，将词错误率降低至 5.6%。如图 7-9 所示，Seq2Seq 模型由 3 个模块组成。Encoder（编码器）模块，它和标准的声学模型相似，输入的是语音信号的时频特征，经过一系列神经网络，映射成高级特征 h^{enc}，然后传递给 Attention（注意力）模块。Attention 模块使用 h^{enc} 特征学习输入 x 和预测子单元之间的对齐方式，子单元可以是一个音素或一个字。最后，Attention 模块的输出传递给 Decoder（解码器）模块，生成一系列假设词的概率分布，类似于传统的语言模型。

---

①　CHIU C C, SAINATH T N, WU Y, et al. State-of-the-art Speech Recognition with Sequence-to-Sequence models[C].2018 IEEE International Conference on Acoustics, Speech and Signal Processing (ICASSP). IEEE, 2018.

②　GRAVES A, FERNÁNDEZ S, GOMEZ F, et al. Connectionist Temporal Classification：Labelling Unsegmented Sequence Data with Recurrent Neural Networks[C]. Proceedings of the 23rd International Conference on Machine Learning. 2006.

▶ 7.3 最新进展

实际上,市面上的语音识别产品在很多真实应用场景下,尤其是远场、中文夹杂英文、旁边有人说话等情况下,效果远远达不到期望值。因此语音识别领域目前还有很多待研究的问题。

1. 鲁棒性问题

现在的语音识别系统鲁棒性都不太高,并且依赖于通过增加数据(包括合成的模拟数据)提高鲁棒性。在安静的环境或者与训练集较为匹配的场景,大部分厂商都可以做到CER(Character Error Rate,字错误率)小于 5%;但在远场、低信噪比、域外(out-domain)、口音严重等情况下,准确率严重降低。这一点对于基于深度学习的系统来说尤为明显,数据没有覆盖的情况就做不好是这类方法的一个局限性。在语音识别研究的历史上,很早就有人意识到了这一问题,并开发出了很多自适应算法,试图根据场景和环境的变化实现自适应。目前来说,自适应算法起到了一定的作用,但是还不能完全解决鲁棒性问题。

2. 完全端到端方法问题

ICASSP 上一些相关文章里面提到,当使用大量训练数据时,可以在语音搜索任务的某一测试集上达到和混合模型一样的效果。但在没有出现过尾端搜索词的真实场景下,效果还有差距,这表明这些模型记忆能力很强,但是举一反三的能力还比较欠缺。这是很可观的进展,因此之前的端到端系统和混合模型之间差距很大,现在此差距在缩小,甚至在某一场景下端到端模型可以做到超越,这都是比较大的进展。不过端到端系统是否能替代混合模型仍然是未知数。

目前的端到端系统基本上基于两个框架,一个是 CTC 框架,另一个是基于注意力机制的 Seq2Seq 框架。谷歌公司的论文用的是基于注意力的框架,实际应用较少。CTC 模型用得较多。腾讯公司的产品中既有 CTC 模型,也有混合模型,性能没有太大区别。

CTC 的好处是可以采用更大的建模单元;坏处是存在随机延迟的问题,即结果产生的时间不是预先可知的。随机延迟的后果是断句困难,导致延迟提升。因此,开发交互的系统,例如语音助手类系统,大部分仍然在使用混合系统。而对实时性没有要求的产品,例如 YouTube 的字幕生成器,因为可以离线,所以有延时也没有关系。

3. 鸡尾酒会问题

当前语音识别技术已经可以以较高精度识别一个人所讲的话,但是当说话的人数为两人或者多人时,语音识别率就会极大地降低,这一难题被称为鸡尾酒会问题。解决鸡尾酒会问题的一个方法是置换不变性训练(permutation invariant training)。此外还有其他重要的方法被提出,例如 MERL 的深度聚类(deep clustering)方法和哥伦比亚大学的深度吸引子网络(deep attractor network)。

4. 低资源语音识别问题

目前商业的语音识别系统需要上万甚至几万小时的标注音频,而标注成本大致为 400～

600 元/小时，也就是说一万小时的标注音频需要 500 万元左右。因此，解决了低资源语音识别算法建模问题，就能很大程度上降低语音识别算法落地成本。

5. 个性化语音识别问题

根据用户行为习惯进行模型自适应，有针对性地提高个体识别效果。当然，这需要一个前提条件——用户的数据和隐私得到有效的保护。

7.3.1　DFCNN 模型

目前，主流语音识别框架由 3 部分组成：声学模型、语言模型和解码器，有些框架也包括前端处理和后处理。由于中文语音识别的复杂性，国内在声学模型的研究上进展更快一些，主流方向是更深、更复杂的神经网络技术融合端到端技术。2018 年，王海坤等人[①]提出深度全序列卷积神经网络（Deep Fully Convolutional Neural Network，DFCNN），DFCNN 使用大量的卷积层直接对整句语音信号进行建模，主要借鉴了图像识别的网络配置，每个卷积层使用小卷积核，并在多个卷积层之后再加上池化层，通过累积非常多的卷积层-池化层对，从而可以看到更多的历史信息。

为了解决基于 RNN 模型存在需要耗费大量时间和需要大量数据才能进行正确训练的问题，朱学超等人[②]结合了残差网络（Residual Network，ResNet）和一维 GCNN（Graph Convolutional Neural Network，图卷积神经网络）的优点：首先，ResNet 和 GCNN 的核心均是卷积操作，可以实现并行计算，加快模型训练速度；其次，通过 ResNet 可以提取高层抽象特征，使模型具有一定的鲁棒性，通过堆叠 GCNN 可以捕获有效的上下文信息，提高模型的识别率。同时他们还对 ResNet 进行了优化，并在此基础上加入前馈神经网络层（Feedforward Neural Network，FNN），提出了门控卷积前馈神经网络（Gated Convolutional Feedforward Network，GCFN）。基于此，构建了联合 CTC 的 ResNet-GCFN 端到端声学模型，并在 Aishell-1 中文数据集上验证了该模型具有较好的识别率和鲁棒性。

柏财通等人[③]在 2021 年首次将蒸馏后联邦学习技术应用于鲁棒性语音识别模型训练。在平衡性能与通信消耗的基础上，对下放的全局模型参数以及全局平均 Logits 与本地模型参数进行本地蒸馏，进一步克服非独立同分布数据的分布问题。提出个性化本地蒸馏的改进蒸馏后联邦学习算法，以解决蒸馏后联邦学习技术应用在鲁棒性语音识别中遇到的数据非独立同分布以及模型缺乏个性化的问题。将训练出的具有较高鲁棒性的语音识别模型应用在军事装备控制任务中，准确率可达到 92%，可完成装备控制任务。

由于传统语言模型 n-gram 存在的忽略词条语义相似性、参数过大等问题，胡章芳等人[④]提出了一种新型的语音识别系统，以中文音节（拼音）作为中间字符，以深度前馈序列记

①　王海坤，潘嘉，刘聪. 语音识别技术的研究进展与展望[J]. 电信科学，2018，34(2)：1-11.

②　HE K, ZHANG X, REN S, et al. Deep Residual Learning for Image Recognition[C]. 2016 IEEE Conference on Computer Vision and Pattern Recognition (CVPR)，IEEE，2016.

③　柏财通，崔翛龙，李爱. 基于蒸馏后联邦学习的鲁棒性语音识别技术[J]. 计算机工程，2022(10)：48-53.

④　胡章芳，塞芳，唐珊珊，等. DFSMN-t：结合强语言模型 Transformer 的中文语音识别[J]. 计算机工程与应用，2022，58(9)：187-194.

忆神经网络(Deep Feedforward Sequential Memory Network,DFSMN)作为声学模型,执行语音转中文音节任务,进而将拼音转汉字理解成翻译任务,引入 Transformer 作为语言模型;同时提出一种减小 Transformer 计算复杂度的简易方法,在计算注意力权值时引入 Hadamard 矩阵进行滤波,对低于阈值的参数进行丢弃,使得模型解码速度更快。在 Aishell-1、Thchs30 等数据集上的实验表明,相较于 DFSMN 结合 3-gram 模型,基于 DFSMN 和改进 Transformer 的语音识别系统在最优模型上的字符错误率下降了 3.2%,达到了 11.8% 的字符错误率;相较于 BLSTM 模型语音识别系统,其字符错误率相对下降了 7.1%。

7.3.2　混合网络 Conformer

2020 年,Gulati 等人[①]在 INTERSPEECH 上提出了混合网络 Conformer,结合了 CNN 和 Transformer,识别效果显著增强,得到了广泛使用。自从 Transformer 被提出以来,在自然语言处理领域大放异彩。同时,卷积也在视觉领域起到重要作用。而这两种模型的特性是有差别的:对于 Transformer,级联的自注意力机制可以捕捉到长距离的特征信息,但是又会弱化局部特征信息;而 CNN 的卷积操作非常擅长捕捉局部特征信息,但是对于捕捉图像中的全局特征信息就非常困难。如图 7-10 所示。

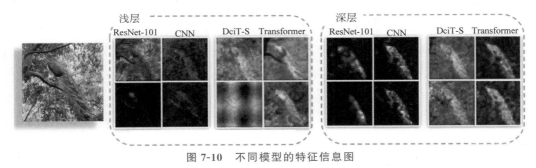

图 7-10　不同模型的特征信息图

Transformer 的问题就在于会模糊前景和背景的局部特征信息,例如图 7-10 中的孔雀(foreground)与树叶(background)的边缘信息已经丢失了。同样,CNN 所获取的全局特征信息也是很少的,例如,无论是网络的浅层还是深层,孔雀的轮廓都没有完整地显示出来。

Conformer 的产生就是为了解决这种问题:CNN 分支基于 ResNet,Transformer 分支基于 ViT。联合卷积分支的局部特征信息和 Transformer 分支的全局特征信息可以获取更好的特征表示。Conformer 模型结构如图 7-11 所示。

Conformer 块(block)的计算公式如下,其中 FFN 为前馈模块,MHSA 为多头自注意模块,Conv 为 2×2 的卷积模块。其实这很像一个三明治结构,因为前后都是前馈模块,这是受 MacaronNet 启发得到的,即使用两个 FFN,每个 FFN 都贡献一半的值。

$$\widetilde{x}_i = x_i + \frac{1}{2}\text{FFN}(x_i)$$

$$x'_i = \widetilde{x}_i + \text{MHSA}(\widetilde{x}_i)$$

① GULATI A,QIN J,CHIU C C,et al. Conformer:Convolution-augmented Transformer for Speech Recognition [J]. 2020. DOI:10.48550/arXiv.2005.08100.

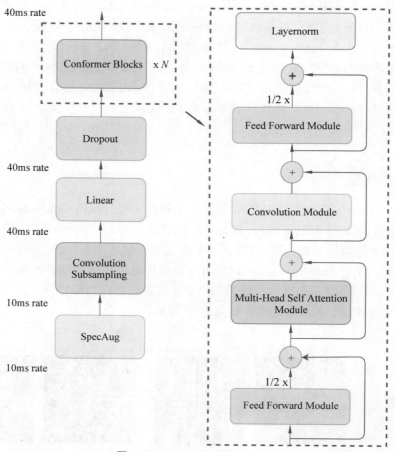

图 7-11   Conformer 模型结构

$$x''_i = x'_i + \mathrm{Conv}(x'_i)$$

$$y_i = \mathrm{Layernorm}\left(x''_i + \frac{1}{2}\mathrm{FFN}(x''_i)\right) \tag{7-4}$$

▶ 7.4 应用与分析

1. 数据集介绍

本样例程序使用的数据来自 THCHS-30 数据集。

2. 模型介绍

模型采用 MASR(Magical Automatic Speech Recognition),该模型简单实用,其内部结构为层叠的 CNN。不同于其他网络模型,MASR 使用的是门控卷积神经网络,网络结构类似于 Facebook 公司在 2016 年提出的 Wav2Letter,只使用卷积神经网络实现语音识别。但是 MASR 使用的激活函数不是 ReLU 或者 HardTanh,而是 GLU(Gated Linear Unit,门控线性单元),因此称作门控卷积网络。实验结果显示,使用 GLU 的收敛速度比

HardTanh 快。

经过训练,模型最终的词错率在 0.06751 左右。

3. 代码样例

```
self.conv = ConvStack(feat_size = feat_size, conv_out_channels=cnn_size)
self.rnn = RNNStack(i_size=self.conv.output_dim, h_size=rnn_size, num_rnn_
layers = num_rnn_layers)
self.output = nn.Linear(self.rnn.output_dim, vocab_size)
```

4. 模型效果

输入语音(wav 格式)文件,经过识别程序对其进行 MFCC 特征值提取,然后送入模型,输出时经过 CTC 解码器对其解码。最终得到识别结果,并计算从输入语音文件到输出结果所需时间和 CTC 解码的得分。模型输出结果样例如图 7-12 所示。

消耗时间: 70ms, 识别结果: 这几年不但我用书给女儿压岁也劝说亲朋不要给女儿压岁钱而改送压岁书, 得分: 94

图 7-12　模型输出结果样例

第 8 章

图像语义表示与字符识别

图像语义表示是计算机系统解释图像,实现类似人类视觉系统理解外部世界的一门学科。图像语义表示讨论的问题是为了完成某一任务需要从图像中获取哪些信息,以及如何利用这些信息获得必要的解释。图像理解的研究涉及和包含研究获取图像的方法、装置和具体的应用实现。字符识别技术是指对纸上的印刷及打印文字字符进行识别,将识别结果以文本方式存储在计算机中[①]。

▶ 8.1 图像字幕

8.1.1 问题背景

图像字幕(image caption)是用自然语言描述图像,采用视觉理解系统和语言模型生成有意义的句法和正确的视觉内容的任务。神经科学研究在过去几年中才确定了人类视觉和语言生成之间的联系。同样,在人工智能领域,设计能够处理图像和生成语言的架构也是一个非常新的问题。这些研究工作的目标是找到最有效的流程处理输入图像,表示其内容,并通过在视觉和文本元素之间产生联系,将其转化为一连串的文字,同时保持语言的流畅性。在标准情况下,图像字幕是一个从图像到序列的问题,其输入是像素。这些像素被编码为一个或多个特征向量,称为视觉编码,然后利用语言模型产生一个根据给定词汇解码的词或子词的序列[②]。

传统的图像字幕方法有两种:一是基于模板的图像描述方法,基于视觉依存表检测物图像中的物体、动作、场景等元素,然后使用固定的句子模板生成文字;二是基于检索的图像描述方法,从网络中搜集大量图像并标注标题、描述等构建数据库,通过计算待描述图像与网络数据库图像的全局相似度,找到最相似的匹配图像。

8.1.2 技术分析

当前的视觉编码方法可以分为四大类:基于全局 CNN 特征的非注意力方法,基于网格或区域嵌入的附加注意力方法,基于图的视觉编码方法,基于 Transformer 范式的自注意力方法。

---

① 本章由张恒瑀整理,部分内容由郅睿、窦义童、杨睿、沈国童、李钊斌、申志宇、王刚贡献。

② KULKARNI A, GIRISH S, et al. BabyTalk: Understanding and Generating Simple Image Descriptions[C]. IEEE Conference on Computer Vision and Pattern Recognition IEEE Computer Society, 2011: 1601-1608.

1. 基于全局 CNN 特征的非注意力方法

全局 CNN 特征就是将整幅图像直接输入到 CNN 网络中。在最简单的方法中,使用 CNN 的最后一层的激活函数提取高级和固定大小的特征表示,然后将其作为语言模型的条件元素。这类方法优点在于其表示的简单性和紧凑性,包括从整个输入中提取和浓缩信息并考虑图像的所有上下文的能力。但是其缺点也显而易见,这类方法导致信息过度压缩,所有对象和区域都融合在一个向量中,使得字幕模型难以产生特定且有细节的描述。

2. 基于网格或区域嵌入的附加注意力方法

1)附加注意力方法

附加注意力方法直观上可以看作加权平均法。注意力机制最初用来对两个元素序列(即循环编码器和解码器的隐藏状态之间的关系)建模,后来发现它还可以用于将一组视觉表示与语言模型的隐藏状态联系起来。基于网格或区域嵌入的附加注意力方法样例如图 8-1 所示。

下面给出这类方法的形式化定义。给定两组向量:输入向量 $\langle x_1, x_2, \cdots, x_n \rangle$ 和隐藏序列向量 $\langle h_1, h_2, \cdots, h_m \rangle$,则 h_i 和 x_j 之间的附加注意力得分计算公式如下:

$$f_{att}(h_i, x_j) = W_3^{\mathrm{T}} \tanh(W_1 h_i + W_2 x_j) \qquad (8-1)$$

2)参与卷积激活

Xu 等人[1]首次提出了对卷积层空间输出网格使用附加注意力的方法,允许模型通过为每个生成的单词选择特征子集而选择性地关注网格的某些元素。具体过程为:模型首先提取 VGG 网络最后一个卷积层的激活值,然后使用附加注意力计算每个网格元素的权重,注意力机制对提取的特征图进行加强与抑制,解释为该元素对生成下一个单词的相对重要性,作为后续进入 LSTM 模型的输入数据。

3)回顾网络

Yang 等人[2]提出的回顾网络(review network)的主要思想为:注意力机制每次只关注局部因素,没有考虑全局因素对预测的影响,因此他们将特征图(feature map)作为图像的全局信息,然后通过 LSTM 单元获得一个比特征图更能表示图像全局信息的一个更紧凑、更抽象的思维向量(thought vector)。

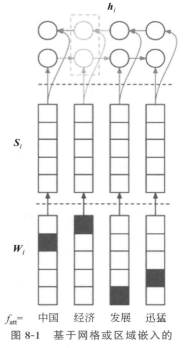

图 8-1　基于网格或区域嵌入的附加注意力方法样例

---

① XU K, BA J, KIROS R, et al. Show, Attend and Tell: Neural Image Caption Generation with Visual Attention [C]. International Conference on Machine Learning. PMLR, 2015: 2048-2057.

② YANG Z, YUAN Y, WU Y, et al. Review Networks for Caption Generation [J]. Advances in Neural Information Processing Systems, 2016. DOI: 10.48550/arXiv.1605.07912.

4）利用人类的注意力特性

注意力一般分为两种。一种是自上而下（top-down）的有意识的注意力,称为聚焦式注意力。聚焦式注意力是指有预定目的、依赖任务的、主动有意识地聚焦于某一对象的注意力。另一种是自下而上（bottom-top）的无意识的注意力,称为基于显著性（saliency-based）的注意力,也可以说是基于刺激的注意力。因此,可以整合显著性信息（即人类在场景中更关注什么）指导字幕生成。该想法首先由 Sugano 和 Bulling 提出,他们利用人眼注视的信息进行图像描述。

3. 基于图的视觉编码方法

为了进一步对图像区域之间的关系进行编码,一些研究人员考虑用图对图像区域建模,通过引入语义和空间连接丰富图像的表示。图编码提供了一种利用检测目标之间关系的机制,允许相邻节点间交换信息,从而完成局部交换。它能够无缝集成外部语义信息,而且手动构建的图结构能够限制视觉特征的交互。

1）语义关系图和空间关系图

语义关系图和空间关系图使用图卷积网络（GCN）整合目标之间的语义和空间关系。利用在 Visual Genome 上预训练的分类器获得语义关系图,该分类器预测目标对之间的动作或交互。空间关系图是通过目标对边界框之间的几何度量（即交并比、相对距离和角度）推断而来的。

2）层次树

Yao 等人[1]首先把图像表示为树状层次结构,其中,根节点代表图像整体,中间节点表示图像区域和它们包含的子区域,叶节点则表示区域内的分割对象。然后将图像树送入 TreeLSTM 以获得图像编码。

4. 基于 Transformer 的自注意力方法

自注意力机制使用基于区域、图像块（patch）或图像文本早期融合的方法,可以看作连接了所有元素而构建的完整的图表示。自注意力机制最早在 2017 年由 Vaswani 提出,由此提出的 Transformer 在自然语言处理领域占据主导地位,近年来也广泛应用到计算机视觉中。它是一种特殊的注意力机制,一个集合内的每个元素都与其他所有元素相连,并通过残差的连接计算出该集合内元素的一个新的表示。

1）早期自注意力模型

最初应用在图像字幕的自注意力模型是 Yang 等人[2]提出的方法,使用一个自注意力模型对目标检测器生成的特征之间的关系编码。之后 Li 等人[3]提出了一个 Transformer 模型,它包含一个编码区域特征视觉编码器和一个语义编码器以获取来自外部标记器的信

① YAO T, PAN Y, LI Y, et al. Hierarchy Parsing for Image Captioning[C]. 2019 IEEE/CVF International Conference on Computer Vision (ICCV), IEEE, 2019.

② YANG X, ZHANG H, CAI J. Learning to Collocate Neural Modules for Image Captioning[J]. International Journal of Computer Vision, 2022. DOI: 10.48550/arXiv.2210.01338.

③ LI G, ZHU L, LIU P, et al. Entangled Transformer for Image Captioning[C]. 2019 IEEE/CVF International Conference on Computer Vision (ICCV), IEEE, 2019.

息,这两个编码器都是基于自注意力和 FFN 层。解码器通过控制视觉和语义信息传播的门机制融合两个编码器的输出。双向编码器将原始输入映射为高度抽象的表示,然后解码器同时合并多模态信息以逐字生成字幕。

2) 自注意力模型的变体

以下是一些自注意力模型的变体。

(1) 几何感知的编码(geometry-aware encoding)。Herdade 等人[①]引入了一种修改版本的自注意力,它考虑了区域之间的空间关系。特别是在对象之间计算额外的几何权重,并用于调整自注意力权重。他们基于输入对象之间的相对几何关系提出了一种标准化的几何感知版本的自注意力。

(2) 注意力上的注意力(attention on attention)。Huang 等人[②]提出了注意力算子的扩展,其中最终的注意力信息由上下文引导的门加权。具体来说,将自注意力的输出与查询连接起来,然后将信息向量和门向量相乘得到最终信息。在他们设计的视觉编码器中采用这种机制改进视觉特征。

(3) 记忆增强注意力(memory-augmented attention)。Cornia 等人[③]提出了一种新的基于 Transformer 的结构,其中每个编码器层的自注意力计算都用一组记忆向量(memory vector)增强。它用额外的槽(slot)扩充键值对集合,这些槽在训练期间被学习,可以利用先验知识对多级别的视觉表示编码。

3) 视觉 Transformer

除了像上述方法那样将对象区域作为注意力机制的输入序列,Transformer 结构还可以直接应用在图像块上,从而减少或直接舍弃卷积运算。从这一角度,Liu 等人[④]设计了第一个无卷积的图像字幕架构。它使用预训练的 ViT 作为编码器,然后使用标准的 Transformer 解码器生成字幕。

语言模型主要用来预测一个给定单词序列在句子中出现的概率,是许多自然语言处理任务的一个关键组成部分,赋予了计算机在一个随机过程中理解和处理语言问题的能力。

通常情况下,对于一个包含 n 个单词的序列,图像字幕的语言模型会为该序列分配一个概率,如式(8-2)所示:

$$P(y_1, y_2, \cdots, y_n \mid X) = \prod P(y_i \mid y_1, y_2, \cdots, y_{i-1}, X) \tag{8-2}$$

其中,X 代表语言模型上具有特定条件的视觉编码。这意味着在预测给定词语的下一个单词时整个语言模型是自回归的,也就是说,在预测每一个单词时都以已知单词为条件,在此基础上预测下一个单词。同时在图像字幕中也会通过输出一个序列结束的标记来终止图像字幕的生成。

---

① HERDADE S, KAPPELER A, BOAKYE K, et al. Image Captioning: Transforming Objects into Words[J]. Advances in Neural Information Processing Systems, 2019. DOI: 10.48550/arXiv.1906.05963.

② HUANG L, WANG W, CHEN J, et al. Attention on Attention for Image Captioning[C]. Proceedings of the IEEE/CVF International Conference on Computer Vision, IEEE, 2019: 4634-4643.

③ CORNIA M, STEFANINI M, BARALDI L, et al. Meshed-Memory Transformer for Image Captioning[C]. 2020 IEEE/CVF Conference on Computer Vision and Pattern Recognition (CVPR), IEEE, 2020.

④ LIU W, CHEN S, GUO L, et al. CPTR: Full Transformer Network for Image Captioning[J]. 2021. DOI: 10.48550/arXiv.2101.10804.

8.1.3 建模方法

当前应用于图像字幕的主要语言模型建模方法分成 4 类：基于 LSTM 的方法、卷积方法、基于 Transformer 的方法和类 BERT 方法。

1. 基于 LSTM 的方法

LSTM 是 RNN 的变体，通常被用于语言模型建模中。

1）单层 LSTM

单层 LSTM 最早用于图像字幕中是由 Vinyals 等人[1]在 2015 年提出的。该方法将视觉编码作为 LSTM 的初始隐藏状态，然后生成图像字幕。在每一个时间步中通过将隐藏状态投影到与词汇相同大小的向量上，然后将 Softmax 作为激活函数预测单词，每一步的输出就是单词表中所有单词的概率。在训练过程中，输入是作为基准真相（ground-truth）的句子，也就是词嵌入。在推理过程中，输入是前面已经产生的单词。

在此基础上，Xu 等人[2]提出了一种新的注意力机制，不再使用统一的语义特征，而是使用动态和时变的图像表示代替静态的全局向量，同时还加强了文本和图像的内容对齐。在提取到图像的位置特征之后，利用注意力机制使解码器具有在特征中选择的能力，早期的隐藏状态会指导视觉特征的注意力计算出一个上下文向量，然后将其放入 MLP 中预测输出的单词。

Liu 等人[3]使用视觉哨兵捕获空间图像特征。在每个时间步，视觉哨兵根据以前的隐藏状态计算和生成单词。然后，该模型生成一个上下文向量，作为图像特征和视觉哨兵的组合，其重要性由一个可学习的门通过加权体现。

Chen 等人[4]提出利用第二个 LSTM 重构基于当前状态的先前隐藏状态规范语言模型的动态转换方法。Ge 等人[5]提出通过使用带有辅助模块的双向 LSTM 更好地捕获上下文信息。双向 LSTM 在一个方向上的辅助模块近似于 LSTM 在另一个方向上的隐藏状态。最后，一种跨模态注意力机制将网格视觉特征与双向 LSTM 中的两句话相结合，得到最终的图像字幕。

Wang 等人[6]提出将图像字幕生成过程分解为两个阶段，这两个阶段都采用单层 LSTM。Gu 等人[7]设计了一个从粗到细的多阶段框架，使用 LSTM 解码器序列，每个解码

① VINYALS O, TOSHEV A, BENGIO S, et al. Show and Tell: A Neural Image Caption Generator[J]. IEEE, 2015. DOI: 10.1109/CVPR.2015.7298935.

② XU K, BA J, KIROS R, et al. Show, Attend and Tell: Neural Image Caption Generation with Visual Attention[C]. International Conference on Machine Learning. PMLR, 2015: 2048-2057.

③ LU J, XIONG C, PARIKH D, et al. Knowing When to Look: Adaptive Attention via A Visual Sentinel for Image Captioning[J]. IEEE, 2017.

④ CHEN X, MA L, JIANG W, et al. Regularizing RNNs for Caption Generation by Reconstructing The Past with The Present[J]. IEEE.

⑤ GE H, YAN Z, ZHANG K, et al. Exploring Overall Contextual Information for Image Captioning in Human-like Cognitive Style[J]. Dalian University of Technology; Mila. McGill University.

⑥ WANG Y, LIN Z, SHEN X, et al. Skeleton Key: Image Captioning by Skeleton-Attribute Decomposition[J]. IEEE, 2017.

⑦ GU J, CAI J, GANG W, et al. Stack-Captioning: Coarse-to-Fine Learning for Image Captioning[J]. 2017.

器都对前一个解码器的输出进行操作,以产生越来越精细的图像字幕。

2) 双层 LSTM

LSTM 可以被扩展到双层甚至多层结构以增强捕获高阶关系的能力。

对于双层 LSTM,可以专门化这两层以执行视觉注意和实际的语言建模。第一层 LSTM 作为一个自上而下的视觉注意模型,它可以获取以前生成的单词、以前的隐藏状态和平均池化图像特征;然后将当前的隐藏状态用于计算附加注意力机制的图像区域上的概率分布。将得到的图像特征放入第二层 LSTM 中,与第一层 LSTM 的隐藏状态相结合,从而生成词汇的概率分布。

双层 LSTM 和内部的注意力机制代表了在基于 Transformer 架构的方法出现之前最好的语言模型建模方法,因此有很多双层 LSTM 的变体被提出,以提高此方法的表现能力。

(1) 将文字放入图像区域,整合一个指针网络以调节基于内容的注意力机制。在生成过程中,指针网络预测图像字幕中的槽,然后填充图像区域类。这种方法利用对象检测器作为特征区域提取器和语言模型的视觉单词提示器。

(2) 引入两个重构模块。第一个重构模块计算所有过去预测单词的隐藏状态与当前单词之间的相关性,从而对更长的依赖关系建模,并提高历史相关性。第二个重构模块通过单词共同位置信息(例如主题通常出现在开头,但是预测的时候出现在中间)达到改进句子的句法结构的效果。

(3) 使用两个模块,回顾模块在计算下一个向量时考虑前面参与的向量,预测模块同时对两个新单词进行预测。

(4) 采用自适应注意力机制。其中,解码器可以对每个生成的单词执行任意数量的注意力操作,由第二层 LSTM 上的置信网络确定输出结果。

(5) 引入一种用文本检索系统建模的召回机制,它为模型的每个图像提供了有用的单词。从召回的单词中获得辅助单词分布,并用作语义指南。

3) 自注意力的 LSTM 增强

在基于 LSTM 的语言模型中使用自注意力操作代替附加注意力,可以用注意力操作符增强 LSTM,在视觉自注意力的基础上计算另一步的注意力。Cornia 等人[1]引入了 X-线性注意力块(block),通过二阶交互增强了自注意力,改进了视觉编码和语言模型。

2. 卷积方法

Aneja 等人[2]使用 CNN 作为语言模型,将向量和词嵌入相结合并输入到 CNN 中。训练过程中会并行地对所有词进行操作并且在推理中按顺序进行操作。卷积是向右覆盖的,以防止语言模型使用后面的单词标记的信息。尽管并行训练具有一定的优势,但是由于其性能局限和 Transformer 的出现,在语言模型中进行卷积操作的方法并未得到广泛应用。

3. 基于 Transformer 的方法

在处理图像区域时,图像字幕可以被转化成一个集合序列问题,所以 Transformer 也可

---

① CORNIA M, STEFANINI M, BARALDI L, et al. Meshed-Memory Transformer for Image Captioning[C]. 2020 IEEE/CVF Conference on Computer Vision and Pattern Recognition (CVPR), IEEE, 2020.

② ANEJA J, DESHPANDE A, SCHWING A. Convolutional Image Captioning[J]. 2017.

以用于图像字幕生成。标准的 Transformer 解码器执行隐藏注意力操作,并将其应用到单词上,然后执行交叉自注意力操作,其中单词作为提问,最后一个编码器层的输出作为键和值,然后接入前馈神经网络。在训练过程中将遮罩机制用于已知的单词,其目的是约束单向生成过程。最初将 Transformer 用于图像字幕时并未对其结构进行很大的修改。后来,为了提高语言模型和视觉特征编码的能力,产生了很多基于 Transformer 方法的变体。

Li 等人[①]提出了一种交叉注意力操作符的门控机制,该机制通过结合和调制来自外部标记器的图像区域表示和语义属性控制视觉和语义信息的流动。

Ji 等人[②]集成了一个上下文门控机制以调节全局图像表示对每个生成的单词的影响,通过多头注意力机制进行建模。

Cornia 等人[③]考虑了所有的编码层,而不是只对最后一个编码层执行交叉注意力操作。

4. 类 BERT 方法

使用类 BERT(BERT-like)架构将文本和视觉特征在早期就融合到一起作为图像字幕的语言模型。这种方法的优点是可以利用从大规模文本语料库中预训练学习到的参数初始化处理文本层的参数。

Zhou 等人[④]建立了一个统一的模型,将视觉和文本都融合到一个类 BERT 架构中,用来解决图像字幕问题。模型由一个共享的多层编码和解码 Transformer 组成,在一个大型的图像字幕语料库上进行预训练,然后通过向右遮蔽标记序列对图像字幕进行微调以模拟单向生成过程。

Li 等人[⑤]提出了以图像中检测到的对象标记作为锚点,更好地学习视觉编码和语言模型联合表示中的对齐的方法。他们提出的模型将输入图像-文本对表示为单词标记-对象标记-区域三重特征,其中对象标记是对象检测器提取的文本类。

8.1.4 应用与分析

1. 模型结构

StyleNet 是一个新颖的框架,用于为具有不同风格的图像和视频生成有吸引力的字幕。StyleNet 中使用了一种名为 FactoredLSTM 的新型模型组件,它能够自动提取单语种文本语料库中的样式因子。

① LI G, ZHU L, LIU P, et al. Entangled Transformer for Image Captioning[C]. 2019 IEEE/CVF International Conference on Computer Vision (ICCV), IEEE, 2019.

② JI J, LUO Y, SUN X, et al. Improving Image Captioning by Leveraging Intra- and Inter-layer Global Representation in Transformer Network[J]. 2020.

③ CORNIA M, STEFANINI M, BARALDI L, et al. Meshed-Memory Transformer for Image Captioning[C]. 2020 IEEE/CVF Conference on Computer Vision and Pattern Recognition (CVPR), IEEE, 2020.

④ ZHOU L, PALANGI H, ZHANG L, et al. Unified Vision-Language Pre-Training for Image Captioning and VQA[J]. 2019.

⑤ LI X, YIN X, LI C, et al. Oscar: Object-Semantics Aligned Pre-training for Vision-Language Tasks[J]. 2020.

2. 代码展示

CNN 编码器的模型构建代码如下：

```python
class EncoderCNN(nn.Module):
    def __init__(self, emb_dim):
        super(EncoderCNN, self).__init__()
        resnet = models.resnet152(pretrained=True)
        modules = list(resnet.children())[:-1]
        self.resnet = nn.Sequential(*modules)
        self.A = nn.Linear(resnet.fc.in_features, emb_dim)
    def forward(self, images)
        features = self.resnet(images)
        features = Variable(features.data)
        features = features.view(features.size(0), -1)
        features = self.A(features)
        return features
```

FactoredLSTM 框架的部分代码如下：

```python
def forward(self, captions, features=None, mode="factual"):
    batch_size = captions.size(0)
    embedded = self.B(captions)   #[batch, max_len, emb_dim]
    if mode == "factual":
        if features is None:
            sys.stderr.write("features is None!")
        embedded = torch.cat((features.unsqueeze(1), embedded), 1)
    #initialize hidden state
    h_t = Variable(torch.Tensor(batch_size, self.hidden_dim))
    c_t = Variable(torch.Tensor(batch_size, self.hidden_dim))
    nn.init.uniform(h_t)
    nn.init.uniform(c_t)
    if torch.cuda.is_available():
        h_t = h_t.cuda()
        c_t = c_t.cuda()
    all_outputs = []
    #iterate
    for ix in range(embedded.size(1) - 1):
        emb = embedded[:, ix, :]
        outputs, h_t, c_t = self.forward_step(emb, h_t, c_t, mode=mode)
        all_outputs.append(outputs)
    all_outputs = torch.stack(all_outputs, 1)
    return all_outputs
```

▶ 8.2 OCR 及领域优化

8.2.1 问题背景

据研究，人类认识和了解世界的信息中有 91% 来自视觉。同样，计算机视觉是计算机认知世界的基础,也是人工智能研究的热点,而文字识别是计算机视觉的重要组成部分。日常生活中文字是无处不在的,可以说,离开了文字,人们在衣食住行各方面都会很不方便。而如何快速地从各种图片中提取文字信息也是人们迫切需要的技术。光学字符识别(Optical Character Recognition,OCR)是指对包含文字的图像进行分析、识别和处理,获取文字及版面信息的过程,即对图像中的文字进行识别并以文本的形式返回结果。OCR 识别文字的原理是:计算机对图像中的文字进行预处理、分割和坐标定位,通过检测明暗、放大图像确定其形状特征,最终通过黑白点阵的图像与文本字符编码进行匹配,根据匹配度将图像中的文字转换成文本[①]。OCR 的基本步骤如图 8-2 所示。

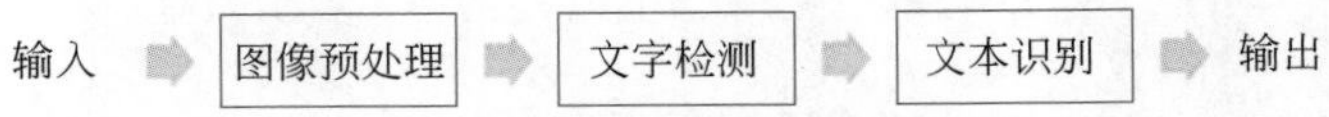

输入 ➡ 图像预处理 ➡ 文字检测 ➡ 文本识别 ➡ 输出

图 8-2　OCR 的基本步骤

在图 8-2 中,图像预处理通常是针对图像的成像问题进行修正。常见的预处理过程包括几何变换(透视、扭曲、旋转等)、畸变校正、去除模糊、图像增强和光线校正等。文字检测和文本识别是影响识别准确率的技术瓶颈,也是 OCR 技术的重点。文字检测即检测文字的位置、范围和布局,通常也包括版面分析和文字行检测等。文字检测主要解决的问题是确定文字的位置和范围。文本识别是在文字检测的基础上对文字的内容进行识别,将图像中的文字转化为文本信息。文字识别主要解决的问题是确定每个文字是什么。

8.2.2　技术分析

1. 图像预处理

这里主要介绍二值化、去噪以及倾斜角检测和校正。

1) 二值化

二值化就是通过将像素点的灰度值设为 0 或 1,将灰度值图像信号转化成只有黑(1)和白(0)的二值图像信号。在传统方法和现在的流行方法中,高质量的二值化图像都可以显著提升 OCR 的效果,不仅减少了数据维度,而且排除了噪声以凸显有效区域。二值化前后的图像对比如图 8-3 所示。

输入图像　　　　　　　　　　输出图像

(a) 二值化前　　　　　　　　　　(b) 二值化后

图 8-3　二值化前后的图像对比

---

① 陈曼龙. 机器视觉螺纹测量的误差分析[J]. 激光技术,2014,38(1):109-113.

2）去噪

图像噪声是指存在于图像数据中的不必要的或多余的干扰信息[①]。图像噪声产生于图像的采集、量化或传输过程,对图像的后续处理、分析均会产生极大的影响。

传统去噪(或降噪)方法是利用图像先验和噪声模型对噪声进行估计,例如,NLM 和 BM3D 利用图像局部相似性和噪声独立性估计噪声,小波去噪方法利用图像在变换域上的稀疏性估计噪声,NBNet[②] 通过图像自适应投影进行降噪。投影可以较好地保留图像的结构信息,也是一种捕获全局相关性的方式。投影可以训练一种将信息与噪声分离的网络。具体做法是:从输入图像生成一系列图像基底向量,然后在这些基底向量构成的子空间中重建去噪图像。NBNet 整体上是 UNet 形式的网络,其中关键的是子空间注意力模块 SSA。NBNet 包括两个主要的步骤,即基底向量生成和子空间投影。NBNet 的创新在于子空间投影。

3）倾斜角检测和校正

图像在扫描过程中很容易出现介质旋转和位移的情况。常见的倾斜角检测和校正方法有霍夫(Hough)变换、拉东(Radon)变换以及基于 PCA 的方法。

其中最常用的方法是霍夫变换,霍夫变换一般分为 3 个步骤:①检测出图像中的所有直线;②计算出每条直线的倾斜角,求它们的平均值;③根据倾斜角旋转图片,将其校正。霍夫变换首先对图片进行膨胀处理,将断续的文字连成一条直线,便于直线检测。计算出直线的角度后就可以利用旋转算法将倾斜图片校正到正确方向。倾斜角检测和校正的示例如图 8-4 所示。

(a) 校正前　　　　　　　　　　　　　(b) 校正后

图 8-4　倾斜角检测和校正的示例

2. 文本检测

1）传统文本检测方法

传统文本检测方法一般采用手工特征提取的方式,例如 SWT、MSER 等算法,然后采用模板匹配或模型训练的方法对检测到的文本进行识别;而现在的文本检测主要采用深度

① 毋子荣,常志涛. 减速器噪声产生原因及治理[J]. 商情,2013(23):193.
② CHENG S, WANG Y, HUANG H, et al. NBNet: Noise Basis Learning for Image Denoising with Subspace Projection[J]. 2020.

学习方法,使用卷积神经网络代替手工特征提取方法①。下面以 SWT 算法为例简要介绍传统文本检测方法。

SWT(Stroke Width Transform,笔画宽度变换)算法的步骤如下:首先进行笔画宽度变换,输出 SWT 图像;然后通过 SWT 图像得到多个连通域;接着利用自定义的规则过滤一些连通域,得到候选连通域;最后将连通域合并,得到文本。SWT 算法的具体过程示例如图 8-5 所示。

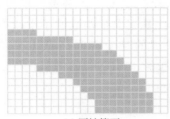

(a) 原始笔画　　　　(b) 寻找笔画宽度的起止点　　　　(c) 计算笔画宽度

图 8-5　SWT 算法的具体过程示例

2)基于候选框的文本检测方法

基于候选框的文本检测方法的思想是:根据设置的锚(anchor)产生一系列文本候选框,再对其进行一系列调整、筛选,最终通过非极大值抑制(Non-Maximum Suppression,NMS)得到文本边界。

基于 CTPN(Connectionist Text Proposal Network,连接主义文本候选框网络)的文本检测在 Faster RCNN 的基础上进行了改进,是目前应用最广的文本检测模型之一②。其要点如下:

(1)采用垂直锚回归机制检测小尺度的文本候选框。

(2)采用垂直锚的方法解决文本长度变化不定的问题。只预测文本在垂直方向上的位置,不预测其在水平方向上的位置。确定水平位置时,只需要检测一个一个小的固定宽度的文本段,将它们对应的高度预测准确,最后再将它们连接在一起,就得到了文本行。

(3)采用 RNN 对检测到的小尺度文本进行连接,得到文本行。

(4)采用 CNN+RNN 端到端的训练方式,支持多尺度和多语言,无须进行后处理。

3. 文本识别

1)传统文本识别方法

传统文本识别方法采用模板匹配的方式进行分类。但是对于文字行,只能通过识别出每一个字符确定其内容。因此可以对文字行进行字符切分,以得到单个文字。

过分割-动态规划是最常见的切分方法。首先对候选字符进行过分割,使其足够破碎,然后通过动态规划合并碎片。

另一种方法是通过滑动窗口对每一个可能的字符进行匹配,由于单个字符可能会由于

---

①　史梦洁.文本聚类算法综述[J].现代计算机,2014(2):3-6.

②　ZHI T, HUANG W, TONG H, et al. Detecting Text in Natural Image with Connectionist Text Proposal Network[M]. Cham:Springer, 2016.

切分位置的原因产生多个识别结果,例如"如"字在切分不当时会被切分成"女口",因此需要对候选字符进行分割,使其足够破碎,然后通过动态规划合并碎片,得到最优组合,这一过程需要人工设计损失函数。这种方法的准确率依赖于滑动窗口的尺寸,滑动窗口尺寸过大会造成信息丢失,而过小则会使算力需求大幅增加。

2) CNN+RNN+CTC 方法

与语音识别问题类似,OCR 任务可建模为时序依赖的词汇或者识别问题。一些学者尝试把 CTC 损失函数借鉴到 OCR 识别中,CRNN 就是其中有代表性的算法。

以 CNN 特征作为输入,利用双向 LSTM 进行序列处理,使得文字识别的效率大幅提升,同时提升了模型的泛化能力。该方法先由分类方法得到特征图,然后通过 CTC 对结果进行翻译,得到输出结果,该方法是目前使用最广泛的一种文本识别框架,但是需要用户自己构建字词库(包含常用字、各类字符等)。

利用 CTC 训练 RNN 的算法在语音识别短语领域显著超过传统语音识别算法[1]。

该方法把 CNN 在图像特征工程上的潜力与 LSTM 在序列化识别上的潜力进行结合,既提取了鲁棒特征,又通过序列化识别避免了传统算法中难度极高的单字符切分与单字符识别,同时序列化识别也可以嵌入时序依赖(隐含利用语料)。

3) CNN+RNN+注意力方法

基于注意力模型的卷积循环神经网络主要由 3 部分组成:卷积神经网络、循环神经网络和注意力模型。卷积神经网络从图像中提取特征,注意力模型计算注意力权重,二者结合解码后得到字符集的概率分布,选择概率最高的字符作为识别结果。

该识别框架为编码器-解码器结构,底层由 CNN 结构提取原始图像及其增强的特征图。

卷积神经网络首先自动从输入的图像中提取特征,其次注意力模型根据循环神经网络神经元的隐藏状态及上一时刻的输出计算出注意力权重,最后将卷积神经网络输出的特征图与注意力权重结合,输入循环神经网络进行编解码,得到整个字符集的概率分布,最后直接选择概率最高的字符作为识别结果。

4. OCR 领域优化

1) 文本检测优化

在实际的应用中,图像来源和图像质量错综复杂,来源方面有屏幕截图、拍照和手写等,文字可能存在模糊、断裂、折叠等情况。目前有如下处理手段:增强对比度,加入模糊算子手段处理图片模糊问题,预处理解决倾斜、噪声等问题。

目前 PP-OCR 模型中主要使用以下办法进行优化:

(1) 超轻量骨干网络选择。影响检测器模型大小的一个主要因素是骨干网络结构的选择。超轻量文本检测器应该选用超轻量的骨干网络。

(2) 头部轻量化。DB 文本检测的头部是融合了多个分辨率的特征图,可以提升对不同尺度目标的检测效果。

(3) 余弦学习率。采用余弦学习率替代分段学习率,在整个过程中学习率都比较大,因

① GRAVES A. Connectionist Temporal Classification[J]. Springer Berlin Heidelberg,2012.

此收敛比较慢,但是最终收敛效果更好。图 8-6 展示了不同学习率的方法对比。

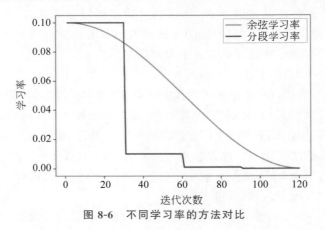

图 8-6 不同学习率的方法对比

(4)预热学习率。很多研究表明,在训练刚开始时,使用太大的学习率会导致学习过程中数值不稳定。建议刚开始使用较小的学习率,逐步增加到初始学习率,这样有助于效果提升。

(5)SE 模块的移除。MobileNetV3 结构中有多个 SE 模块。对于文本检测任务,图像中往往有多个文本目标和嘈杂的背景信息,输入分辨率一般都很大,例如 640×640,通过 SE 挖掘特征之间的信息比较困难,同时又增加了计算量。将 SE 模块移除,模型大小有所减小,计算时间缩减,同时对 hmean 影响微小,因此将 SE 模块移除是一种不错的优化方法。

(6)FPGM 模型裁剪器方法。采用 FPGM 模型裁剪器去进一步减小模型大小。

2)文本识别优化

文本识别方面的优化主要有以下策略:

(1)数据增强。也叫数据扩增,指在不实质性地增加数据的情况下,让有限的数据产生等价于更多数据的价值。

(2)增大特征图分辨率。在 PP-OCR 中,为了保留更多的水平方向和垂直方向图像的信息,将 stride 变换都从(2,2)改为(1,1),整个网络的特征图的分辨率都变大。结果表明,增大特征图的分辨率,识别准确率有一定提升。

(3)正则化参数。正则化一般是为了防止过拟合。将正则化参数添加到损失函数中,使整个网络权重值倾向于变小,从而提升模型的泛化能力。

(4)预训练大模型。在图像分类、目标检测和图像分割中,使用 ImageNet 1000 训练的图像分类预训练语言模型有助于模型快速收敛和效果提升。

(5)PACT 量化。该方法可以减少模型中的冗余,缩减模型大小,缩短识别时间,从而提升模型效果。

8.2.3 应用与分析

针对现有场景文字识别模型中空间变换网格存在的不足,本节提出一种基于线性约束矫正网格的场景文字识别方法。该方法的新颖之处在于:为空间变换网格的矫正信息增加线性约束,使其输出的形状符合多项式曲线;同时,共享空间变换网格提取的初级特征,从而实现场景文字识别。

1. 模型结构

为了更好地识别不规则场景文字,本方法将严重变形的文本图像矫正为水平文本图像。模型结构如图 8-7 所示,矫正时,通过卷积网络提取特征,预测出位置信息,作为空间变换网格的参数。经过转换,得到一个矫正控制点网格,形状为 $M \times N$,预测输出的位置点都分布在由多项式确定的曲线上,这一转换过程保证了空间变换网格的格点之间过渡得更加平滑。矫正后的图像由卷积网络提取出特征,此处的卷积操作可以和矫正中的卷积操作相同,使用的是同一个残差网络。

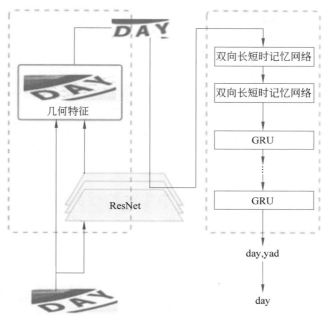

图 8-7 模型结构

序列编码器由两层双向 LSTM 组成,将特征提取获取的特征编码成中间状态,该状态包含了上下文信息。序列解码器则包含词嵌入和注意力机制。在解码的每一个时间步,用该序列编码网络得到的含有上下文信息的中间表征与门控循环单元前一步隐藏状态组合起来计算注意力权重,并利用权重对门控循环单元的当前输出进行加权求和,预测当前解码时间步的字符类别。解码过程使用束搜索,每一步保留前 K 个最有可能的结果。最终的预测输出为整体概率最大的一个结果。

2. 效果展示

线性约束的矫正模型在公共数据集上进行了训练和广泛的评估。图 8-8 显示了 CUTE 数据集评估结果示例。左侧是输入图像,右侧是经过校正的图像。图 8-9 是 4 个案例,最右列给出了识别结果和正确的文本。图 8-10 是一些示例,用于演示本方法与 Aster 模型的对比,其中,左侧是输入图像,中间是 Aster 模型预测的结果,右侧是本方法的输出。

图 8-8　CUTE 数据集评估结果示例

图 8-9　4 个案例

图 8-10　本方法与 Aster 模型的对比

第 9 章

中文分词与词性标注

本章介绍中文分词与词性标注的基础知识以及常用的分词与词性标注算法。首先说明当前中文分词与词性标注存在的困难,然后介绍目前的一些中文分词与词性标注算法,最后给出中文分词示例。[①]

▶ 9.1 中文分词概述

当代科技革命的主要特征是以计算机为支持手段进行信息处理。随着计算机的广泛应用,计算机已由过去的数据处理、信息处理发展到现在的知识处理和对语言文字的信息处理。语言文字是人类最重要的交流工具,是信息的主要载体,人们对语言文字处理要求的深度和广度越来越高。在我国,将计算机应用于事务处理、办公自动化、印刷排版、情报检索、机器翻译、人机对话等方面都离不开中文,这些方面的信息都是以中文作为载体的,因而语言文字的信息处理成为我国信息化建设的瓶颈。

中文信息处理技术是重要的计算机应用技术,它已渗透到计算机应用的各个领域,如计算机网络、数据库技术、软件工程等。国务院制定的《国家中长期科学和技术发展规划纲要》中明确指出,中文信息处理技术是高新技术发展的重点。我国软件产业发展的重点是中文信息处理软件,中文信息处理的发展已经得到国家的重视。因此,解决中文信息处理的技术问题成为我国信息化进程中的"必决之役、必胜之战"。

据统计,在信息领域中80%以上的信息是以语言文字为载体的。这些信息的自动输入和输出、文本的校勘和分类、信息的提取和检索以及语言翻译等语言工程都是国民经济和国防信息化建设的重要基础。中文信息处理涵盖了字词、短语、句子、篇章等多层面的信息加工处理任务。中文自动分词是中文信息处理的一项重要的基础性工作,许多中文信息处理项目中都涉及分词问题,如机器翻译、中文文献、自动文摘、自动分类、中文文献库全文检索等。

由于中文文本是按句子连写的,词间无间隙,因而在中文文本处理中首先遇到的问题是词的切分问题。将按句子连写转换成按词连写,词的正确切分是进行中文文本处理的必要条件。在 20 世纪 80 年代中期,自动分词技术就已受到重视,并陆续有各种分词模型和软件出现。近年来,随着国民经济信息化的不断发展以及 Internet 的普及应用,在中文信息处理的广泛应用中,迫切要求实现汉语词典和语料库等中文信息的共享和复用,对自动分词

---

① 本章由高玉箫整理,部分内容由张华平、商建云、刘兆友贡献。

技术的要求也越来越高。在信息产业需求的强大动力推动下,自动分词已经引起多方面的关注,成为中文信息处理的一个前沿课题。

中文分词技术发展到今天,大体上可以分为以下几类:基于词典的分词方法(又称为机械分词方法)、基于统计的分词方法、词典与统计相结合的分词方法。基于词典的分词方法的优点是分词的速度比较快,效率比较高,分词的过程可以转化为与词典中的词语进行匹配的过程。基于词典的分词方法相对容易实现,但其缺点也是显而易见的。首先,这种方法受制于词典的质量,特别是词典的容量、广度会直接对分词的结果造成影响,如果一个词语没有在分词系统使用的词典中出现,那么此词语将肯定不能被切分出来或者被误切为其他词语,例如"打击乐",如果词典中不包含"打击乐",就很有可能被切分为"打击/乐",失去了它应该表达的含义;其次,这种方法不能对歧义问题进行有效处理。基于统计的分词方法具有较好的歧义辨析能力;其不足之处在于需要大量的语料库作为输入来训练相关的模型,而且有可能切分出在语料库中出现的频率高但实际上不是词语的汉字字符串,例如,"吃了一个苹果""思考了一会儿"中"了一"出现的频率较高,基于统计的分词方法很有可能将其识别出来,误认为是一个词语。词典与统计相结合的方法便可以很有效地将两者结合起来,利用基于词典的分词方法效率高及基于统计的分词方法歧义辨析能力强的特点,取长补短,可达到比较好的分词效果。

▶ 9.2 中文分词的困难

随着中文信息处理研究的深入,中文分词越来越受到重视。在自然语言处理中,词作为最小的能够独立运用的语言成分,相互之间没有明显的区分标记,很难进行文本分析。因此,在对中文进行自然语言处理时,通常是将汉语文本中的字符串进行切分,划分为合理的词语序列,在此基础上进行分析。目前,中文分词已经作为中文信息处理的首要环节被广泛应用于多个方面,如中文文本处理、信息提取和文本挖掘等。中文分词涉及许多问题,主要包括核心词表问题、词的变形问题、词缀问题、歧义字段问题和未登录词问题。

1. 核心词表问题

许多分词算法都需要一个核心词表,核心词表中的词都需要切分出来,然而现在对于哪些词应该收录进核心词表没有统一标准。

2. 词的变形问题

汉语的许多动词和形容词可以产生变形结构。例如,有一些叠词,像"缠绵"和"潇洒"可以变形为"缠缠绵绵"和"潇潇洒洒";还有一些离合词,如"吃饭"和"玩游戏"可以变形为"吃一顿饭"和"玩几局游戏"。对于这些变形结构的切分缺少可操作而又合理的规范。

3. 词缀问题

在现代汉语中有些词单独使用是没有意义的,如"者",通常用来指代人或物,但一般不单独使用,如"记者""始作俑者""第三者"等。这些词语不能用于切分,当类似"者"的词作为一句话的后缀时,其复杂的结构与词的定义相互矛盾,如"开发中国第一个操作系统软件者"。

汉语自动分词规范必须支持各种不同目标的应用,因为不同应用对于词的要求是不同的。例如,在检索系统中,通常检索规则更加倾向于分词单位小型化,对于"开发中国第一个操作系统软件者",要求不管检索"软件"还是"开发"都能检索出来。在键盘输入系统中,不管是输入拼音"zhege"还是"zege"都能得到"这个"词语,目的是提高用户的输入速度和用户体验。

中文分词技术面临的主要问题分为以下 3 方面:汉语中的"词"的概念的界定,未登录词的识别,歧义切分字段的处理。

4. 歧义字段问题

中文分词过程中经常出现具有多种切分可能的字段,称为歧义字段。歧义字段可分为交集型歧义字段和覆盖型歧义字段两类,其中覆盖型歧义字段又称为包孕型歧义字段、多义型歧义字段和组合型歧义字段。对人来说,一般是通过上下文理解,但是计算机很难正确判断该如何切分。例如,对"组合成机器"来说,"组合""合成"都是词,到底是切分成"组合/成"还是切分成"组/合成"就是一个问题。

1)交集型歧义字段

假设 A、B、C 分别代表由一个或多个字组成的字串,如果在 ABC 字段中 A、AB、BC、C 分别都是分词词表中的词,该字段既可以切分为 A/BC,也可以切分为 AB/C,则称 ABC 为交集型歧义字段。例如,在字串"组合成"中,它可产生"组合/成"和"组/合成"两种切分结果,因此属于交集型歧义字段。据统计,交集型歧义字段占全部歧义字段的 85%～90%,如表 9-1 所示。所以交集型歧义字段是中文分词系统需要重点加以解决的问题。

表 9-1　交集型歧义字段分析结果

链长	交集型歧义字段的词数	所占比例/%	交集型歧义字段的字段数	所占比例/%
1	47 402	60.27	12 686	53.05
2	28 790	36.89	10 131	42.36
3	1217	1.56	743	3.11
4	608	0.78	324	1.35
5	29	0.04	22	0.09
6	19	0.02	5	0.02
7	2	0.00	2	0.01
8	1	0.00	1	0.01
总计	78 068	100	23 914	100

2)覆盖型歧义字段

假设 A、B 分别代表由一个或多个字组成的字串,对于字串 AB 来说,如果 AB 是一个词,AB 其中的字串 A 或 B 也是一个词,则称 AB 为覆盖型歧义字段。例如,在字串"马上"中,"马上"是一个词,而"马"和"上"在某些上下文中又单独成词(如"他/从/马/上/下来")。虽然覆盖型歧义字段在文本中出现的机会并不多,但是潜在的覆盖型歧义字段却不容忽视。

歧义的消除一般需要提供更多的语法和语义信息,有时要结合上下文语境理解。例如,对于"学生会组织义演活动"来说,是切分成"学生/会/组织/义演/活动",还是"学生会/组织/义演/活动",仅靠一句是无法判断的,必须结合更多的上下文才能理解。

5. 未登录词问题

未登录词指的是在词典中没有收录的词,包括各种命名实体(如数词、人名、地名、机构名、译名、时间、货币)和网络新词等,另外,一些缩略词(如科协)和术语(如骨头坏死)也属于未登录词的范围。有些命名实体(如数词、时间等)有比较强的规律性,相对容易识别;有些人名、地名、机构名等也有一些自己的常用词和规律,采用一些规则和统计信息也能识别。而诸如"整整齐齐""亮晶晶"等数量众多、构成有规律、能用简单的正则表达式表示出来的叠词不算未登录词。因为数字型合成词的构成方式呈现出规律性,很容易识别出来,很多学者也不将其纳入未登录词的范围。随着社会的发展,各种新词层出不穷,很多新词的形成在语法和语义上完全没有规律,而且很多未登录词和常用词混在一起也会形成歧义,如"[王辉[国]家]里有点急事""发烧[是[非]典]的典型症状之一"等。

如果一个句子中的未登录词不能被识别出来,只能将未登录词划分为一个一个的汉字,这样就会丧失未登录词所传递的信息,从而致使分词出现问题。中文词语的数目可以说数不胜数、难以穷尽,几乎不可能会有一个词典可以涵盖所有的中文词语。

关于未登录词的分类多种多样,学术界比较认可的分类方法是将未登录词分为以下 5 个类别:

(1) 缩略词(abbreviation),如"科协""非典"。

(2) 专有名词(proper name),主要包括人名、地名、机构名,如"张三""北京""微软"。

(3) 派生词(derived word),由通用词语加上词缀构成,如"机械化""高效性"。

(4) 复合词(compound),由两个或两个以上的核心词语组成,由动词或名词等组合而成,如"校园文化""数据挖掘"等。

(5) 数字类复合词(numeric type compound),即组成成分中含有数字,包括时间、日期、电话号码、地址、数字等,如"2014 年""一百万"。

从词性角度划分,未登录词又分为 14 个小类别。其中,名词比例最大,占 65.54%;动词次之,占 32.9%;形容词最少,仅占 1.55%。未登录词识别是汉语识别分词的一项重要工作,是制约分词性能提高的瓶颈之一。

产生未登录词的原因主要有两个:

(1) 机器可读词典中词目的选择和词目的数量。

(2) 机器可读词典与待处理文本中的词汇的匹配关系,包括机器可读词典对待处理文本中词汇的覆盖率。覆盖率指待处理文本的词汇在机器可读词典中所占的比例。如果待处理文本中含有 m 个不重复出现的词,其中有 n 个词在机器可读词典中出现,则机器可读词典对待处理文本词汇的覆盖率为 n/m。

目前,主要有基于分解与动态规划策略的汉语未登录词识别和基于语料学习的未登录词检测等方法。

从 1983 年第一个实用分词系统 CDWS(英文全称为 The Modern Printed Chinese Distinguishing Word System,意为现代打印中文分词系统)的诞生到现在,国内外的研究者在中文分词方面进行了广泛的研究,提出了很多有效的算法,下面对基于机械匹配的中文分词算法进行介绍。

▶ 9.3　基于机械匹配的中文分词算法

机械匹配法是自动分词中最基础的算法,其基本思想如下:

(1) 事先建立一个词库,其中包含所有可能出现的词。

(2) 对给定的待分词的汉字串 S,按照某种确定的原则切取 S 的子串。若该子串与词库中的某词条相匹配,则该子串是词;否则,该子串不是词,重新切取 S 的子串进行匹配。

(3) 继续分割剩余的部分,直到剩余部分为空。

其中,根据切取子串的不同原则,可以将机械匹配法分为 3 类:一是按切取子串的方向分为正向匹配法和逆向匹配法;二是按每次匹配时优先考虑长词还是短词分为最大匹配法和最小匹配法;三是按匹配不成功时重新切取的策略分为增字法和减字法。机械匹配法的一种优化即所谓的 N-最短路径法。下面将对上述方法进行说明。为便于理解,这里用"欢迎新老师生来学校"为例说明算法。

9.3.1　词典匹配法

1. 正向最大匹配法

正向最大匹配(Forward Maximum Matching,FMM)法根据经验设定切词的最大长度 maxlen(中文词语多为 2 字词、3 字词、4 字词,少数为 5 字短语,如"坐山观虎斗",因此,maxlen 设为 4 或 5 较合适)。每次扫描的时候寻找从当前位置开始的最大长度的词和词典中的词匹配;如果没有找到,就缩短长度继续寻找,直到找到或者剩余的子串成为单字。正向最大匹配法的流程图如图 9-1 所示。

以"欢迎新老师生来学校"为例,设 maxlen＝5。先从句子中取出前 5 个字"欢迎新老师",把这 5 个字与词典中的词匹配,发现词典中没有该词,就缩短取字个数,取前两个字"欢迎",发现词典中有该词,就把该词从句子中切下来,对剩余 7 个字"新老师生来学校"再次进行正向最大匹配,将其切分成"新""老师""生""来""学校"。整个句子切分为"欢迎/新/老师/生/来/学校"。

2. 逆向最大匹配法

逆向最大匹配(Reverse directional Maximum Matching,RMM)法和正向最大匹配法不同的是,切分汉字时,逆向最大匹配法不是按照从左到右的顺序依次抽取子串,而是从句子末尾开始抽取。逆向最大匹配法的流程图如图 9-2 所示。

仍以"欢迎新老师生来学校"为例,设 maxlen＝5,取出"欢迎新老师生来学校"的后 5 个字"师生来学校",发现词典中没有与之匹配的词,就缩短取字个数;当缩短到两个字"学校"时,发现词典中有与之匹配的词,就将其切割下来;对剩余的"欢迎新老师生来"继续进行分

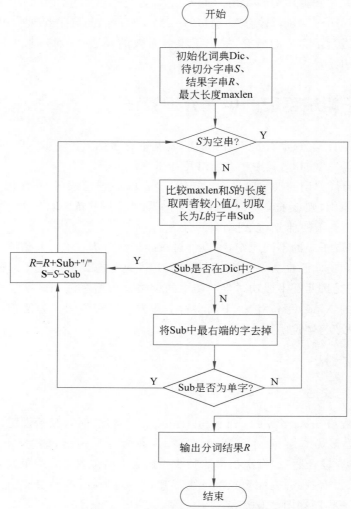

图 9-1　正向最大匹配法的流程图

词,直至切分完毕。整个句子的切分结果为"欢/迎新/老/师生/来/学校"。

这两种分词方法的基本原理相同,正向最大匹配法和逆向最大匹配法基本上只有方向的区别,上面的例子正向最大匹配法的切分结果为"欢迎/新/老师/生/来/学校",逆向最大匹配法的切分结果为"欢/迎新/老/师生/来/学校"。一般来说,逆向最大匹配法的切分准确率略高于正向最大匹配法。由于人们习惯上都是正向理解句子,所以逆向最大匹配法的错误率稍小。据网上的统计数据表明,单纯使用正向最大匹配法的错误率为 1/169,单纯使用逆向最大匹配法的错误率为 1/245。但这种精度还远远不能满足实际的需要。实际使用的分词系统都是把机械分词作为一种初步切分手段,还需通过利用各种其他的语言信息进一步提高切分的准确率。

3. 双向扫描匹配法

双向扫描匹配法是将正向最大匹配法得到的分词结果和逆向最大匹配法得到的结果

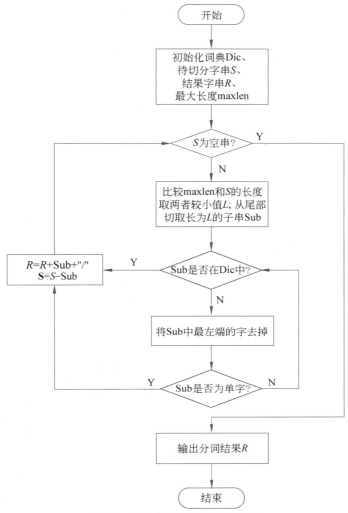

图 9-2　逆向最大匹配法的流程图

进行比较,从而决定正确的分词方法。M. S. Sun 和 K. T. Benjamin 的研究表明,中文信息中 90％ 左右的句子采用正向最大匹配法和逆向最大匹配法的结合完全重合且正确;只有大概 9％ 的句子两种切分方法得到的结果不一样,但其中必有一个是正确的(歧义检测成功);只有不到 1.0％ 的句子,或者正向最大匹配法和逆向最大匹配法的切分虽重合却都是错的,或者正向最大匹配法和逆向最大匹配法切分不同但两个都不对(歧义检测失败)。这正是双向扫描匹配法在实用中文信息处理系统中得以广泛使用的原因所在。

　　这种方法的侧重点是检错和纠错。其基本原理是:分别用正向最大匹配法和逆向最大匹配法进行正向和逆向扫描和初步切分,并将用正向最大匹配法初步切分的结果与用逆向最大匹配法初步切分的结果进行比较。如果两个结果一致,则判定切分正确;如果两个结果不一致,则判定为疑点,采用人工干预的方式,或者统计频度的算法,或者结合上下文相关信息选取一种切分方法。双向扫描匹配法的流程图如图 9-3 所示。

　　虽然双向扫描匹配法将正向最大匹配法和逆向最大匹配法结合起来提高了分词的准

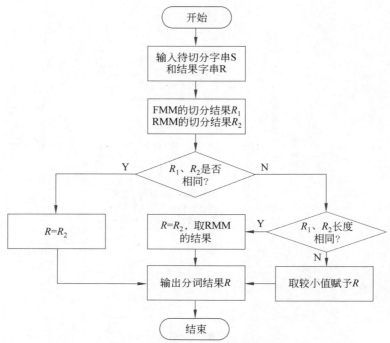

图 9-3 双向扫描匹配法的流程图

确率,降低了错误率,但也付出了一定的代价:一是执行效率上的代价,执行双向扫描匹配法时需要同时调用正向和逆向两种匹配算法,增加了执行的时间;二是这两种不同的匹配算法可能需要不同的词典结构,这样,执行双向匹配时就要加载两个不同的词典,从而加大了内存空间的使用,同时在时间上也是一种耗费。总而言之,双向扫描匹配法在提高分词准确率的同时也付出了时间和空间上的代价。

机械匹配法简洁,易于实现。例如,最大匹配法体现了长词优先的原则,在实际工程中应用最为广泛。机械匹配法实现比较简单,但其局限也很明显:效率和准确性受到词典容量的约束;机械匹配法采用简单、机械的分词策略,不涉及语法和语义知识,所以无法有效地克服歧义切分的困难,切分精度不高。虽然专家们采用了不少方法来改善机械匹配法的性能,但从整体效果看,单纯采用机械匹配法进行分词难以满足中文信息处理中对中文分词的要求。在机械匹配分词的基础上,利用各种语言信息进行歧义校正,是突破机械匹配法局限性的一种重要手段。

9.3.2 N-最短路径法

N-最短路径法是对最短路径法的一种改进。它的基本思想是:基于现有的词典,将每个句子分解为一个带权有向无环图。每个字代表图中的一个节点;边代表可能的分词,边的起点为词的第一个字,终点为词尾的下一个字;这里使用词的频率表示边的权值,最终的结果即在上述带权有向无环图中寻找 N 条权值之和最大的路径。

建立如下模型:设字串 $S=c_1,c_2,\cdots,c_n$,其中 $c_i(i=1,2,\cdots,n)$ 为单个的字,S 长度为 n,$n>1$。建立有向无环图 G,节点数为 $n+1$,节点编号依次为 $V_0,V_1,V_2,\cdots,V_n$。

通过以下两个步骤建立 G 所有可能的词边。

步骤 1：在相邻节点 V_k 和 V_{k+1} 之间建立有向边 $<V_k,V_{k+1}>$，边对应的词默认为 c_k（$k=1,2,\cdots,n$）。

步骤 2：若 $a=c_i,c_{i+1},\cdots,c_j$（$0<i\leqslant j$）是一个词，则在节点 V_{i-1} 和 V_j 之间建立有向边 $<V_{i-1},V_j>$，对应的词为 a。

假定词与词之间是相互独立的，这里引入词 a_i 的出现概率 $P(a_i)$，得到一个基于 N-最短路径法的一元统计模型。根据大数定理，在样本数据量很大时，样本的频率接近其概率值，所有 $P(a_i)$ 的极大似然估计值等于词频，则有

$$P(a_i)=\frac{k_i}{\sum_{j=0}^{m}k_j} \tag{9-1}$$

其中 k_i 为 a_i 在训练样本中出现的次数。

最终的边长公式为

$$L_a=\ln\left(\sum_{j=0}^{m}k_j+m\right)-\ln(k_i+1) \tag{9-2}$$

由式（9-2）知，a_i 的词频越高，边长越短。由此，字符串 S 和它所包含的词与有向无环图 G 的边一一对应，如图 9-4 所示。

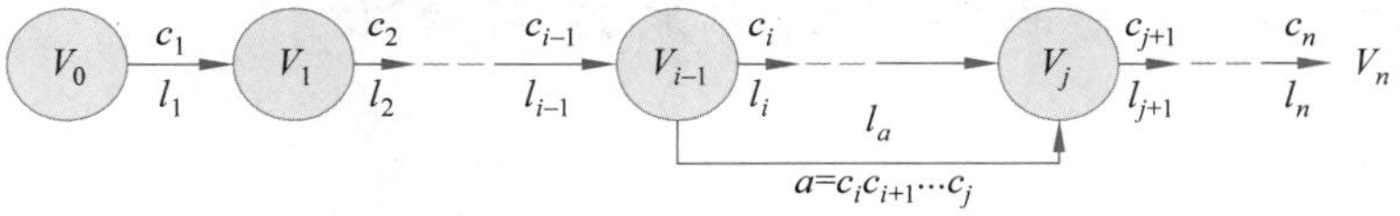

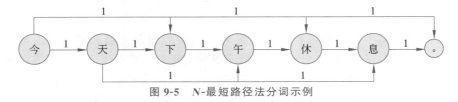

图 9-4 有向无环图

最后使用 Dijkstra 算法计算最短路径，得到最终的结果。Dijkstra 算法的特点是以起点为中心向外层扩展到终点以查找最短路径。

以"今天下午休息。"这句话为例，如图 9-5 所示，为方便计算，这里假设所有边的长度均为 1。

图 9-5 N-最短路径法分词示例

在图 9-5 中，每两个相邻的字之间有一条路径，"今天""天下""下午""午休""休息"都可以组成词并假设它们都是词典中存在的词，则每个词增加一条路径，箭头指向词尾的下一个字，根据 Dijkstra 算法计算路径长度。"今天下午休息。"这句话的所有可能的分词结果和对应的路径长度如表 9-2 所示，这句话的分词结果有 11 种，假设取 $N=5$，即选取路径最短的前 5 条结果，则粗分结果的序号为 4、5、6、10 和 11。将粗分结果根据词典进行停用词过滤。

表 9-2　分词结果和对应的路径长度

序　号	分 词 结 果	路 径 长 度
1	今/天/下/午/休/息/	6
2	今天/下/午/休/息/	5
3	今/天下/午/休/息/	5
4	今天/下午/休/息/	4
5	今天/下午/休息/	3
6	今/天下/午休/息/	4
7	今/天/下午/休/息/	5
8	今/天/下/午休/息/	5
9	今/天/下/午/休息/	5
10	今/天/下午/休息/	4
11	今天/下/午/休息/	4

▶ 9.4　基于统计语言模型的中文分词算法

基于词典的分词方法的优点很明显：首先，可以确保使用基于词典的分词方法所切分出来的中文字串百分之百是"词语"，因为切分出来的字串全是和词典匹配得到的；其次，进行中文分词时只需要一个中文词典，不需要额外的语料集，不需要建立额外的语言模型，没有非常复杂的计算，计算量较小，因而分词的效率较高。然而基于词典的分词方法是一种机械的分词方法，因为基于词典的分词方法只是单纯地在词典中进行中文字串的匹配工作。某个字串在词典中匹配到了，便认为它是一个词语；否则便认为它不是一个词语，根本没有考虑词语之间的关系，也没有进行语法方面的考量，这也是基于词典的分词方法很容易出现歧义的根本原因。

本节要介绍的基于统计语言模型的分词方法的优势便在于歧义的处理。基于统计语言模型的分词方法和基于词典的分词方法最明显的区别是：基于统计的分词方法摒弃了词典，它在进行分词时不需要词典作为输入，它需要的输入是各种各样的语言模型，而语言模型的训练需要的是中文语料集。所谓中文语料集，一般是包含大规模（一般最低为 10 万数量级）的中文句子的文档。基于统计语言模型的中文分词大体分为 3 步：首先加载大规模中文语料集，然后训练相应的语言模型，最后进行中文分词。

9.4.1　N 元语言模型

在 N 元语言模型中，对于一个中文字串 S，可以将其看成一个连续的序列，既可以是单字序列，也可以是词序列，对于 S 有一种切分方式为 $w_1, w_2, \cdots, w_n$，N 元语言模型计算的就是字串被切分为 $w_1, w_2, \cdots, w_n$ 的概率，此时其出现的概率记为 $P(S)$，其计算公式为

$$P(S) = P(w_1, w_2, \cdots, w_n)$$

(9-3)

对于句子中的每个词 w_i，元语言模型假定 w_i 出现的概率与前 $i-1$ 个词有关，并且概率值使用条件概率公式计算，于是有

$$P(w_i) = \frac{P(w_1, w_2 \cdots w_i)}{P(w_1, w_2 \cdots w_{i-1})} = P(w_i \mid w_1, w_2, \cdots, w_{i-1}) \tag{9-4}$$

更进一步，可以将式(9-3)演变为如下形式：

$$\begin{aligned} P(S) &= P(w_1, w_2, \cdots, w_n) \\ &= P(w_1) P(w_2 \mid w_1) P(w_3 \mid w_1 w_2) \cdots P(w_n \mid w_1 \cdots w_{n-1}) \\ &= P(w_i) \prod_{i=2}^{n} P(w_1 w_2 \cdots w_i) \end{aligned} \tag{9-5}$$

在式(9-5)中，句子 S 产生的概率是由产生第一个词 w_1 的概率乘以以下概率：在第一个词 w_1 产生的条件下产生第二个词 w_2 的概率，在给定前两个词 $w_1 w_2$ 的条件下产生第三个词 w_3 的概率……在给定前 $n-1$ 个词的条件下产生第 n 个词 w_n 的概率。由此可知，每一个词 w_i 出现的概率是由该词前面的 $i-1$ 个词决定的，这是 N 元语言模型的核心思想，即用已知的条件预测未知的结果。但是在实际应用中这样做有两个弊端：一是要进行计算的句子很可能会很长，包含的词很多，这时如果假设 n 个词的出现和前 $n-1$ 个词都有关系，在计算位置靠后的词的概率时计算量会很大；二是在一般情况下第 n 个词的出现只和相邻的几个词的关联比较大，如果将前 $n-1$ 个词都算进去，会导致很多干扰数据的产生，从而导致计算结果偏离实际的情况。因此，在实际使用中会根据资源的限制等条件选择参数 N，一般情况下 N 为 1、2、3，对应的模型称为一元(unigram)、二元(bigram)以及三元(trigram)语言模型。

9.4.2　互信息模型

给定一个包含数十万个中文句子的大规模语料集，要完成中文分词的任务，第一个任务便是怎么在语料集中找到词。互信息模型提供了一个思路，那便是根据语料集中字与字之间的紧密程度判断其组合是否为词。如果两个字总是紧挨着出现，那么这两个字在很大程度上就可以被判定为一个中文词；如果两个字没有相邻出现过或者只是相邻出现了一次或者几次，却分别单独出现了多次，那么便可以得出这两个字之间的紧密程度并不是那么高的结论，从而可以判定这两个字不能组成一个词。

信息论中自信息量的公式是

$$I(x) = -\log_2 P(x) \tag{9-6}$$

概率本身是对事件发生的确定性的度量，而信息是对事件的不确定性的度量，因此，某件事情发生的概率越小，信息量越大。当两个事件相互独立时，它们的联合事件的信息量就等于各自信息量的和，用公式表示为

$$I(x, y) = I(x) + I(y) \tag{9-7}$$

信息论中互信息量的公式是

$$互信息量 = \log_2 \frac{后验概率}{先验概率} \tag{9-8}$$

与分词系统相结合时，互信息量用来表示两个字之间的紧密程度，其公式为

$$\mathrm{MI}(x, y) = \log_2 \frac{p(x, y)}{p(x) p(y)} = \log_2 \frac{p(x \mid y)}{p(x)} \tag{9-9}$$

其中，x、y 代表被研究的对象，$p(x,y)$ 表示的是 xy 同时出现的概率，$p(x)$ 是汉字 x 出现的概率，$p(y)$ 是汉字 y 出现的概率。假设它们在语料集中出现的次数为 $n(x,y)$、$n(x)$ 和 $n(y)$，语料集中的词频总数为 n，这里采用样本频率代替概率，即

$$p(x,y) = \frac{n(x,y)}{n} \qquad\qquad (9\text{-}10)$$

$$p(x) = \frac{n(x)}{n} \qquad\qquad (9\text{-}11)$$

$$p(y) = \frac{n(y)}{n} \qquad\qquad (9\text{-}12)$$

互信息量描述的是两个字之间的紧密程度。当把阈值设为 1 时，若 $\mathrm{MI}(x,y) > 1$，根据式(9-9)有

$$\log_2 \frac{p(x \mid y)}{p(x)} > 1 \qquad\qquad (9\text{-}13)$$

进而推导出 $p(x,y) > p(x)p(y)$。$\mathrm{MI}(x,y)$ 与 $p(x,y)$ 之间是正相关的，MI 值越大，表示两个字之间的结合越紧密，如"尴尬""葡萄"等词；反之，两个字断开的可能性越大。当 MI 的值大于某个阈值时，就认为 x、y 是基本上成词的；若 $\mathrm{MI}(x,y) \approx 0$，则认为 x、y 之间的关系很弱，基本上是不相关的；若 $\mathrm{MI}(x,y) < 0$，就认为 x、y 是没有关系的，也就是两个字不会成词。

下面是基于互信息模型的一个应用实例。对一段文本，首先取开头的每个字作为分词对象，通过计算字串 m 中的相邻字段之间的紧密程度判断 m 是否成词，在这里将 m 作为一个中文语句中最长的词的字数，紧密程度的判断通过对语料集中的词频进行统计得到。对于 m，若存在任意两个相邻字之间的互信息量都大于阈值 1，就认为 m 成词，并将其加入语料集；反之则丢弃尾部的字，判断 $m-1$ 个字是否成词。当 m 递减到 2 时，判断剩余两个字之间的互信息量是否大于阈值 2。当 MI 大于阈值 2 时，将这个两字词加入语料集，否则将这两个字分别作为一字词加入语料集。如此反复，直到处理完整个字串为止。在整个实现过程中，两个阈值的选择是整个模型是否有效的关键。

9.4.3 最大熵模型

熵是对一个随机事件的平均不确定性的衡量。9.4.2 节中提到了自信息量，其实熵就是自信息量的期望。熵的计算公式为

$$H(x) = -\sum_{x \in \varepsilon} p(x) \log_2 p(x) \qquad\qquad (9\text{-}14)$$

最大熵模型的作用是在已知条件下选择一个合适的分布以预测可能出现的事件。其最主要的思想是：在只掌握关于未知分布的部分知识时，应选取符合这些知识但熵值最大的概率分布。$H(x)$ 在实验结束前是实验结果不确定性的度量，在实验完成后是从实验中获取的信息量。$H(x)$ 越大，表明不确定性越大，实验结束后从中得到的信息量越大。

最大熵原理的通俗表述就是不要把鸡蛋放在同一个篮子里，也就是说，鸡蛋分布越平均，危险性就越小。最大熵原理就是容纳所有的不确定性，把一个事件的风险降到最低，即在知道有限知识的情况下，预测未知事件时不做偏移的假设。

从概率论的角度，最大熵模型的目标是：将已知事件作为约束条件，求得可以使熵最大

化的概率分布。也就是说,其目标是构造一个能生成训练样本分布 $p(x,y)$ 的统计模型,建立特征方程。该特征必须能比较完整地表达训练样本中的数据的特性。例如,在中文分词任务中,可以引入以下特征函数:

$$f(x,y) = \begin{cases} 1, & x \text{ 与 } y \text{ 满足某种条件时} \\ 0, & \text{条件不满足时} \end{cases} \tag{9-15}$$

指定 $\tilde{p}$ 是对经验分布 $\tilde{p}(x,y)$ 以及特征函数 $f(x,y)$ 的期望,称为经验期望,其公式如下:

$$\tilde{p}(f) = \sum_{x,y} \tilde{p}(x,y) f(x,y) \tag{9-16}$$

$p(f)$ 是指模型确立的概率分布 $p(x,y)$ 的数学期望,称为模型期望,其公式如下:

$$p(f) = \sum_{x,y} p(x,y) f(x,y) = \sum_{x,y} \tilde{p}(x) p(y \mid x) f(x,y) \tag{9-17}$$

其中,$p(x)$ 是随机变量 x 在训练样本中的经验分布,即在样本中出现的概率。约束是由模型得到的特征函数的数学期望,等于由训练样本得到的特征函数的经验数学期望,要求

$$\tilde{p}(f) = p(f) \tag{9-18}$$

根据式(9-16)至式(9-18),可以得到式(9-19):

$$\sum_{x,y} \tilde{p}(x) p(y \mid x) f(x,y) = \sum_{x,y} \tilde{p}(x,y) p(x,y) \tag{9-19}$$

式(9-19)就是模型中的约束条件。实际应用过程中可能有多个约束条件,在求模型的解时,需要引入拉格朗日函数 $\Lambda(p,\lambda)$:

$$\Lambda(p,\lambda) = H(p) + \sum_{i=1}^{m} \lambda_i (p(f_i) - \tilde{p}(f_i)) \tag{9-20}$$

式(9-20)中,$H(p)$ 就是要求的模型的最大熵。

假设拉格朗日函数 $\Lambda(p,\lambda)$ 中的变量 λ 固定,可以求出无约束的拉格朗日函数 $\Lambda(p,\lambda)$ 为最大值时的 p。将 λ 固定时的拉格朗日函数 $\Lambda(p,\lambda)$ 的最大值记为 $\psi(\lambda)$,将 $\Lambda(p,\lambda)$ 为最大值时的 p 记为 p_λ,即有

$$p_\lambda = \arg \max_{p \in P} \Lambda(p,\lambda) \tag{9-21}$$

$$\psi(\lambda) \equiv \Lambda(p,\lambda) \tag{9-22}$$

$\psi(\lambda)$ 是对偶函数,即 $\lambda^* = \arg \max_{i \in \{1,2,\cdots,m\}} \psi(\lambda_i)$ 与 $p^* = \arg \max_{p \in C} H(P)$ 是对偶函数,称 $p^* = \arg \max_{p \in C} H(P)$ 是原问题,$\lambda^* = \arg \max_{i \in \{1,2,\cdots,m\}} \psi(\lambda_i)$ 是对偶问题。可以通过求对偶问题的解获得初始问题的解,因此可以通过求解 $\lambda^* = \arg \max_{i \in \{1,2,\cdots,m\}} \psi(\lambda_i)$ 获得解。

▶ 9.5　NLPIR-ICTCLAS:基于层次隐马尔可夫模型的中文分词算法

本节给出基于层次隐马尔可夫模型的浅层词法分析,旨在将分词、切分排歧、未登录词识别词性标注等分析任务融合到一个相对统一的理论模型中。在切分排歧方面,模型使用歧义排除的 N-最短路径策略;在未登录词识别方面,本节提出的方法采取两层隐马尔可夫模型(Hidden Markov Model,HMM)识别出普通的人名、地名和嵌套了人名、地名的复杂地名和机构名,计算出未登录词的概率,将未登录词的计算结果加入到二元切分词图中,运用

基于类的隐马尔可夫模型切分方法实现未登录词和普通词的统一竞争和筛选。在此理论框架的基础上,研发出实现汉语词法分析系统的 NLPIR-ICTCLAS。对中文分词中的歧义和未登录词处理,本节也给出其他的检测与处理方法。

基于层次隐马尔可夫模型(Hierarchical Hidden Markov Model,HHMM)的浅层词法分析的具体做法如下:

(1) 在预处理阶段,采取 N-最短路径粗分方法,快速得到能覆盖歧义的 N 个最佳粗分结果。

(2) 在粗分结果上,采用底层隐马尔可夫模型识别出普通无嵌套的人名、地名,并依次采取高层隐马尔可夫模型识别出嵌套了人名、地名的复杂地名和机构名。

(3) 将识别出的未登录词以科学方法计算出来的概率加入到基于类的切分隐马尔可夫模型中,未登录词与歧义均不作为特例,与普通词一起参与各种候选结果的竞争。

(4) 在全局最优的分词结果上进行词性的隐马尔可夫标注。

该方法已经应用于中国科学院计算技术研究所汉语词法分析系统 NLPIR-ICTCLAS 中,取得了较好的分词和标注效果。NLPIR-ICTCLAS 在 973 专家组机器翻译第二阶段的评测和 SIGHAN 举办的第一届中文分词大赛中均取得了不俗的成绩,是目前最好的汉语词法分析系统之一。

9.5.1 层次隐马尔可夫模型

隐马尔可夫模型是经典的描述随机过程的统计方法,在自然语言处理中得到了广泛的应用。相对于复杂的自然语言现象来说,传统的 HMM 仍然略显简单,为此,本节对 HMM 进行扩展和泛化并提出层次隐马尔可夫模型。这里将 HHMM 形式化为六元组:

$$M = <\Omega_X, \Omega_O, \boldsymbol{A}, \boldsymbol{B}, \Pi, D> \tag{9-23}$$

其中,Ω_X 为有限状态集合,Ω_O 为观测结果有限集,$\boldsymbol{A}$ 为状态转移矩阵,$\boldsymbol{B}$ 为状态到观测值的概率矩阵,Π 为初始状态分布,D 为 M 的深度。

HHMM 与 HMM 的主要区别如下:

(1) Ω_X 中状态的表示为 $q^d = (d \in \{1, 2, \cdots, D-1\})$,其中,$i$ 表示的是该状态在当前层 HMM 状态中的编号,d 是在该状态在 M 中的层次深度,所有的状态形成了一个深度为 $D-1$ 的树状结构,其中根的深度为 1,最深的叶子深度为 D。$d < D$ 的状态称为内部状态。

(2) 每一个内部状态 $q^d = (d \in \{1, 2, \cdots, D-1\})$ 均存在子状态,子状态数记为 $|q^d|$,所有子状态构成一个隐马尔可夫链,$d+1$ 层的状态输出可视为该层 HMM 的状态序列,该层 HMM 的状态序列的转移矩阵为 $\boldsymbol{A}(q^d) = (a_{ij}(q^d))$,其中 $a_{ij}(q^d) = P(q_j^{d+1} | q_i^{d+1}, q^d)$。同时,各个状态的初始分布为 $\Pi(q^d) = \pi^d P(q_j^{d+1} | q_i^{d+1}, q^d)$,其物理意义可以理解为第 d 层 HMM 的某一内部状态 q^d 到第 $d+1$ 层 HMM 层的激活概率。

(3) 在各层 HMM 中,只有第 D 层才有真正能观测到的终结符,即状态到观测的输出概率矩阵为 $\boldsymbol{B}(q^D) = (b_k(q^D))$,其中 $b_k(q^D) = P(o_k | q^D)$。o_k 为观测值,属于一个有限终结符集合。

因此,HHMM 的参数集合可以表示为

$$\begin{aligned} \lambda &= \{\lambda(q^d)\}_{d \in \{1, 2, \cdots, D\}} \\ &= \{\{\boldsymbol{A}(q^d)\}_{d \in \{1, \cdots, D-1\}}, \{\Pi(q^d)\}_{d \in \{1, \cdots, D-1\}}, \{\boldsymbol{B}(q^D)\}\} \end{aligned} \tag{9-24}$$

显见,HHMM 在 $D=1$ 时就会退化成简单的 HMM。

针对汉语浅层语言分析各个层面的处理对象及问题特点,这里引入 HHMM 的统一模型,给出基于 HHMM 的中文词法分析框架。该模型包含原子切分、简单未登录词识别、嵌套未登录词识别、基于类的隐马尔可夫分词、词类的隐马尔可夫标注共 5 个层面的隐马尔可夫模型,如图 9-6 所示。

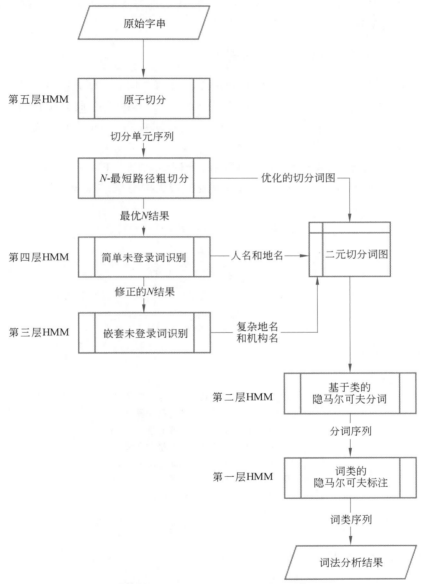

图 9-6　基于 HHMM 的汉语词法分析框架

其主要部分的功能如下。

(1) N-最短路径粗切分。可快速产生 N 个最好的粗切分结果,粗切分结果集能覆盖尽可能多的歧义。在整个词法分析框架中,二元切分词图是关键的中间数据结构,它将未登录词识别、排歧、分词等过程有机地融合起来。

（2）原子切分。这是词法分析的预处理过程，其任务是将原始字符串切分为分词原子序列。分词原子指的是分词的最小处理单元，分词原子包括单个汉字、标点以及由单字节字符和数字等组成的非汉字串。例如，"2002.9，NLPIR-ICTCLAS 的自由源码开始发布"对应的分词原子序列为"2002.9/，/NLPIR/-/ICTCLAS/的/自/由/源/码/开/始/发/布/"。在这层 HMM 中，终结符是书面语中所有的字符，状态集合为分词原子，模型的训练和求解都比较简单，不再赘述。

9.5.2 基于类的隐马尔可夫分词算法

基于类的隐马尔可夫分词算法处于 HHMM 的第二层，也就是它要在所有的未登录词识别完成后进行。首先，可以把所有的词分为 9 类。其中核心词典中已有的每个词对应的类就是该词本身。假定核心词典 Dict 中收入的词数为 $|\text{Dict}|$，则定义的词类总数为 $|\text{Dict}|+6$。

给定一个分词原子序列 S，S 的某个可能的分词结果记为 $W=(w_1,w_2,\cdots,w_n)$，W 对应的类别序列记为 $C=(c_1,c_2,\cdots,c_n)$，同时取概率最大的分词结果 $W^\#$ 作为最终的分词结果，则

$$W^\# = \arg\max_W P(W) \tag{9-25}$$

利用贝叶斯公式展开：

$$W^\# = \arg\max_W P(W\mid C)P(C) \tag{9-26}$$

将图 9-7 中的词类看作状态，词语作为观测值，利用一阶 HMM 展开得

$$W^\# = \arg\max_W \prod_{i=1}^n P(\omega_i\mid c_i)P(c_i\mid c_{i-1}) \tag{9-27}$$

其中 c_0 为句子的开始标记 BEG。

$$c_i=\begin{cases} w_i & \text{if } w_i\text{在核心词典收录} \\ \text{PER} & \text{if } w_i\text{是人名 and } w_i\text{是未登录词} \\ \text{LOC} & \text{if } w_i\text{是地名 and } w_i\text{是未登录词} \\ \text{ORG} & \text{if } w_i\text{是机构名 and } w_i\text{是未登录词} \\ \text{NUM} & \text{if } w_i\text{是数词 and } w_i\text{是未登录词} \\ \text{TIME} & \text{if } w_i\text{是时间词 and } w_i\text{是未登录词} \\ \text{BEG} & \text{if } w_i\text{是句子的开始标记} \\ \text{END} & \text{if } w_i\text{是句子的结束标记} \\ \text{OTHER} & \text{其他} \end{cases}$$

图 9-7 词的分类

为计算方便，常使用负对数进行运算，则有

$$W^\# = \arg\max_W \sum_{i=1}^n \left[-\ln P(\omega_i\mid c_i)-\ln P(c_i\mid c_{i-1})\right] \tag{9-28}$$

根据图 9-7 中类 c_i 的定义，如果 ω_i 在核心词典收录，可得 $c_i=\omega_i$，故 $p(c_i\mid\omega_i)=1$。NUM 和 TIME 两类词的构成符合正则文法，NLPIR-ICTCLAS 可以采用确定性的有限状态自动机进行识别，基本上不存在歧义组合的问题，将之视为确定性的词类，和标点符号一样处理，不作为未登录词对待，将相应的 $p(\omega_i\mid c_i)$ 概率值作为一个常数，从而将问题进一步

简化。因此，在分词过程中，只需要考虑未登录词的 $p(\omega_i|c_i)$。在实际问题应用基于类的分词 HMM 时，切分歧义能否在这一模型中进行融合并排除是一个难题；另外一个关键问题还在于如何确定未登录词 ω_i，识别其类别 c_i 并计算出可信的 $p'(\omega_i|c_i)$。

9.5.3 N-最短路径的切分排歧策略

从构成形态上划分，歧义一般分为交叉歧义和组合歧义。"结合/成/分子/时"是个典型的交叉歧义字段，"这/个/人/手/上/有/痣"中的"人/手"构成了一个组合歧义字段。从排歧的角度看，歧义可以分为全局歧义和局部歧义。全局歧义指的是必须结合当前句子的上下文才能准确排除的歧义。例如，"乒乓球拍卖完了"，在缺乏语境的情况下，可以合理地切分为"乒乓球/拍卖/完/了"和"乒乓球拍/卖/完/了"。与此相反，局部歧义完全可以在句子内部进行排除。根据对大规模语料的统计发现，局部歧义占绝大多数，全局歧义几乎可以忽略不计。

这里采取的是 N-最短路径的切分排歧策略。其基本思想是：在初始阶段保留切分概率 $P(W)$ 最大的 N 个结果，作为分词结果的候选集合；在经过未登录词识别、词性标注等词法分析之后，再通过最终的评价函数计算出真正的最优结果。实际上，N-最短路径方法是最少切分方法和全切分方法的泛化和综合，一方面避免了最少切分方法大量舍弃正确结果的问题，另一方面又解决了全切分方法搜索空间过大、运行效率低的弊端。该方法通过保留少量大概率的粗分结果，可以最大限度地保留歧义字段和未登录词。常用的切分方法往往过于武断，过早地在初始阶段做出是否切分的判断，只保留一个算法认为最优的结果，而这一结果往往会因为存在歧义或未登录词而出错，这时后期补救措施往往费时费力，效果也不会很好。

表 9-3 给出了 8-最短路径方法与 4 个常用切分方法在切分结果包容歧义方面的对比。

表 9-3　8-最短路径方法与常用切分方法在切分结果包容歧义方面的对比

方　　法	切分最大数	切分平均数	正确切分覆盖率/%
8-最短路径	8	5.82	99.92
最大匹配	1	1	85.46
最少切分	1	1	91.80
最大概率	1	1	93.50
全切分	＞3 424 507	＞391.79	100.00

说明：
(1) 切分最大数指的是单个句子可能的最大切分结果数。
(2) 切分平均数指的是单个句子平均的切分结果数。
(3) 正确切分覆盖率＝正确切分被覆盖的句子数/句子总数。
(4) 测试语料集大小为 200 万个汉字。

同时对最终选择出的唯一切分标注结果进行了开放歧义测试，测试集合是北京大学计算语言所收集的 120 对常见组合歧义和 99 对常见交叉歧义。最终组合歧义和交叉歧义排除的成功率分别为 80.00% 和 92.93%。

▶ 9.6 基于双向循环神经网络与条件随机场的词法分析

9.6.1 概述

分词和词性标注是中文语言处理的重要技术,广泛应用于词法分析、语义理解、机器翻译、信息检索等领域。在词法分析中,需要确定一个句子中的每个字在其所属词中的位置,相应地,一般会将分词问题转化为一个对每个字的序列标注问题。标注有 $\{B, M, E, S\}$,这 4 个字母分别表示 Begin、Middle、End、Single。传统的词法分析技术有基于词典的最大匹配分词(其缺点是严重依赖词典,无法很好地处理分词歧义和未登录词)、全切分路径选择(其思想是将所有可能的切分表示为一个有向无环图,每一个可能的切分词语作为图中的一个节点)、基于字序列标注方法(对句子中的每个字进行标记)、基于隐马尔可夫网络的方法和基于条件随机场的方法等多种类型。传统方法有可能存在一些局限性,例如,最大正向匹配等算法完全基于词典进行分词,没有考虑文本的语义信息,在语义消歧、新词识别等任务上的性能并不好。有研究者提出了基于隐马尔可夫网络的分词模型,有效地解决了新词识别等问题。随着条件随机场(Conditional Random Field,CRF 算法)的广泛应用,该算法在词法分析等领域的应用也有一些进展。随着 GPU 等计算机硬件的发展,基于大规模神经网络的计算技术得到发展和应用。深度神经网络方法一般不需要人工构造特征,它在许多应用上取得了比传统的机器学习方法更大的性能提升。另外,经典 RNN 算法的一些变体(例如 LSTM 和 GRU)可以有效捕捉到比传统 RNN 算法更长时域内的信息。由于单向的 RNN 只能捕捉到序列中的单向依赖关系,所以,本节提出一种基于双向循环神经网络学习整个文本序列正反两个方向的前后依赖关系的词法分析算法。由于 GRU 合并了 LSTM 中的门,训练速度更快,待处理参数更少,所以采用 GRU 进行序列特征学习,用学习到的特征代替原先手工构造的特征,并使用 CRF 进行最终的序列标注。

9.6.2 基于双向循环神经网络的序列标注

首先,把训练集中的每个字通过字典 V 转换为对应编号,然后初始化字的嵌入矩阵 $E \in \mathbf{R}^{|V| \times D_E}$,其中 $|V|$ 代表字典的总字数,D_E 代表字向量长度。E 的每一行代表它对应的汉字字向量。使用这种方式,首先把数据集中的每个字与其相邻的几个字转换为对应的字向量。为了叙述方便,后面将与某个字相邻的几个字的范围称为局部窗口。然后将局部窗口内所有的字向量进行拼接,将拼接完成的向量送入 RNN 中,得到当前字的向量化表示。最后使用该字的向量化表示,结合 CRF 算法,确定当前字符序列的最终标记。

为了方便矩阵运算,把训练集中的整篇文章按句进行切分。考虑到处理中文的实际情况,可以设定句子的最大长度为某个经验阈值,训练集中超过该阈值长度的句子被舍弃,对于长度小于该阈值的句子,可使用占位符将其补齐。在本节的实验中,该阈值可取 30。这样,一个句子就被转换为一个实数矩阵,矩阵的一个维度大小为局部窗口宽度。

首先,将一个句子通过嵌入转换为一个向量序列,然后将其作为循环神经网络的输入。同时,为了更好地捕捉序列中各个字之间的依赖关系,使用了双向堆叠循环神经网络进行序列特征学习,循环神经网络模型对每一步输出一个特征向量,这些特征向量将被送入一个全连接网络,以便更进一步地进行特征提取。这里使用 GRU 作为循环神经网络的循环单元。然后,计算并输出各个标注的 Softmax 概率向量。在序列标注中,当前位置的标注结果在很大程度上可能与前后位置上的信息有关。在当前位置加入局部窗口的数据信息,将有利于提高序列标注水平。

设一个句子 s 有 n 个字,$|s|=n$。使用 $s^t (1 \leqslant t \leqslant n)$ 表示句子 s 中的第 t 个位置上的字。使用 $s^{(t:t+w)}$ 表示从第 t 个位置开始到第 $t+w$ 个位置这个范围内的所有字(w 表示局部窗口宽度),其形式化表示如下:

$$s^{(t:t+w)} = \{ s^t, s^{t+1}, \cdots, s^{t+w-1}, s^{t+w} \} \tag{9-29}$$

将 $s^{(t:t+w)}$ 作为第 t 个时刻双向循环神经网络的输入,使用两个方向的循环神经网络分别处理这个字向量序列,然后将这两个方向的循环神经网络的输出进行拼接,相关操作的形式化表示如下:

$$\overrightarrow{h_t} = \overrightarrow{\mathrm{GRU}} \left(s^{(t:t+w)}, \overrightarrow{h_{t-1}} \right) \tag{9-30}$$

$$\overleftarrow{h_t} = \overleftarrow{\mathrm{GRU}} \left(s^{(t:t+w)}, \overleftarrow{h_{t-1}} \right) \tag{9-31}$$

$$\overleftrightarrow{h_t} = \left[\overrightarrow{h_t}, \overleftarrow{h_t} \right] \tag{9-32}$$

可见,融合当前字的左右两个方向的循环神经网络的输出对当前位置上的字进行标注考虑到了周围的字对当前位置上的字的影响。其形式化表示如下,其中 W 和 b 都是全连接层的参数,输出是各个标注类别的概率向量。

$$v^t = \mathrm{Softmax}(W \cdot \overleftrightarrow{h_t} + b) \tag{9-33}$$

最终,取概率最大的位置对应的标注作为当前序列信息的标注。

在模型的损失函数方面,针对预测的输出值与真实标注之间的差异计算交叉熵,然后使用 Adam(Adaptive moment,自适应时刻)方法最小化交叉损失函数。Adam 是一种利用不同参数自适应不同学习速率的方法。Adam 与 Adadelta 和 RMSprop 的区别在于计算历史梯度衰减方式不同,它不使用历史平方衰减,其方式类似动量,这样的方式使得模型在优化过程中不容易陷入鞍点,也可以更快地使得模型收敛。

9.6.3　融合条件随机场的深度神经网络模型

在概率向量上求最终标注结果时,若仅仅使用贪婪策略,就很难考虑上一个输出对下一个输出的制约因素,其缺点是显而易见的。在相关工作中也使用 HMM 或者 CRF 算法计算和利用词汇间的这种固有制约关系。将 Bi-GRU 网络输出替代传统的基于 CRF 分词手工构造的特征,并在 Bi-LGRU 之后使用 CRF 进行最终的标注输出。这种方法考虑了字与字之间的制约关系,可减少一部分不合常理的输出。其形式化表示如下:

$$\mathrm{tag} = \mathrm{CRF}(v_i^t), i = 0, 1, 2, 3 \tag{9-34}$$

由于使用了 CRF 层,在最终计算当前批(batch)损失时,不再只是将单个时刻的预测输出与真实标记之间的差值作为计算损失计算的依据,而是将整个句子的预测标注进行联合打分。针对这个问题,整体优化目标是使输入为 X 时输出为正确的标注序列 Y 的可能性最大,这个可能性表示为

$$P(Y \mid X) = \frac{\Omega(Y \mid X)}{\sum\limits_{Y' \in Q^n} \Omega(Y' \mid X)} \tag{9-35}$$

其中,$\Omega(Y \mid X)$代表在输入为 X 时输出 Y 的标注序列的可能性(概率),n 为序列长度,Q_n 表示所有可能的预测序列,Y'表示其中一个可能的预测序列。

打分函数 Ω 考虑相邻两个字之间的影响,Ω 的定义如式(9-36)和式(9-37)所示:

$$\Omega(Y \mid X) = \sum_{t=2}^{n} \omega(X, t, y_{t-1}, y_t) \tag{9-36}$$

$$\omega(X, t, y_{t-1}, y_t) = \exp(s(X, t)_{y_t} + A_{y_{t-1}, y_t}) \tag{9-37}$$

其中,A_{y_{t-1}, y_t} 表示从 y_{t-1} 标注转移到 y_t 标注的转移概率矩阵;ω 表示在考虑前一个时刻输出和原始输入的情况下做出当前决策的概率;X 表示输入字符序列;y_{t-1} 和 y_t 表示上一时刻和当前时刻的预测输出;$s(X, t)$为一个 $|Q|$ 长的概率向量,表示在 t 时刻输出各个标签的概率,其定义如下:

$$s(X, t) = W_s h_t + b_s \tag{9-38}$$

其中,W_s 为权重矩阵,h_t 为双向 RNN 网络输出的隐藏状态,b_s 为偏置项,$s(X, t)_{y_t}$ 表示 y_t 的输出概率,即 $s(X, t)_{y_t} \in [0, 1]$。

▶ 9.7 应用与分析

9.7.1 NLPIR-ICTCLAS 应用演示

大数据语义智能分析平台 NLPIR 是由张华平团队研发的基于 HMM 模型的免费中文分词标注软件,具备准确率高、速度快、可适应性强等优势。NLPIR 针对大数据内容处理的需要,融合了网络精准采集、自然语言理解、文本挖掘和网络搜索技术等 13 项功能,提供了客户端工具、云服务和二次开发接口。图 9-8 是使用 NLPIR-ICTCLAS 进行中文分词标注的示例。

图 9-8　NLPIR-ICTCLAS 分词示例

9.7.2 LTP

LTP(Language Technology Platform,语言技术平台)是哈尔滨工业大学社会计算与信息检索研究中心历时 10 年研制的一整套开放的中文自然语言处理系统。LTP 制定了基于 XML 的语言处理结果表示规则,并在此基础上提供了一整套自底向上的丰富、高效、高精度的中文自然语言处理模块、应用程序接口、可视化工具以及能够以网络服务的形式使用的语言技术云。LTP 界面如图 9-9 所示。

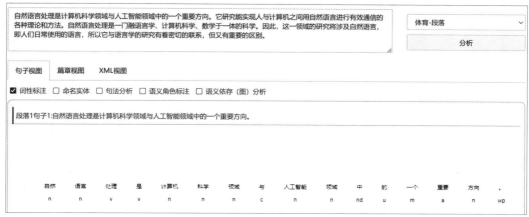

图 9-9 LTP 界面①

9.7.3 结巴分词

结巴(jieba)分词是一款非常流行的中文开源分词包,具有高性能、高准确率、高可扩展性等特点。它支持 3 种分词模式:精准模式、全模式和搜索引擎模式,目前主要支持 Python。

9.7.4 PKUSeg

PKUSeg 是北京大学语言计算与机器学习研究组开发的中文分词工具包,其简单易用,支持细分领域分词,有效提升了分词准确度,具有多领域分词、分词准确率高、支持用户自训练模型和词性标注等特点。

---

① http://ltp.ai/demo.html。

第 3 篇　语义分析篇

第 10 章

情 感 分 析

随着信息技术和移动互联网的快速发展,快速、准确地挖掘用户对于事件、产品的情感倾向是把握社会舆论、调整产品策略和了解用户偏好等方面的重要手段,情感分析在这其中扮演着十分重要的角色。尤其是近年来随着多模态情感分析和情感对话等的发展,情感分析的实际应用前景又得到了进一步突破。本章系统介绍情感分析及其方法,主要包括基于情感词典的情感分析方法、基于机器学习的情感分析方法和基于深度学习的情感分析方法,最后给出情感分析的应用示例。[①]

▶ 10.1 情感分析概述

随着网络社交媒体的快速发展,在微博、知乎和 Facebook 等平台出现了大量的用户评论信息。这些信息大多包含用户的主观情感色彩或情感倾向,如喜怒哀乐或肯定、否定等。近年来,随着电子商务的迅速发展,网上的用户评论信息更是进一步增多。大量用户评论信息的背后隐含着很多有用信息,通过对这些用户评论信息进行分析就可以提取评论信息中包含的用户情感信息,从而就能据此了解用户针对某一事件或某一产品的看法,为相应的分析任务提供借鉴。例如,人们在进行消费前,可以在网上搜索针对该产品的相关评论,从而对产品进行更多的了解;厂商也可以通过搜索相关评论了解消费者对于产品的看法,从而对产品的质量或数量做出调整。由于网络用户不断增加,用户评论信息迅速膨胀,仅依靠人工进行分析和处理是无法应对这些海量的用户评论信息的,迫切需要一种自动化的分析方法对海量的用户评论信息进行分析,因此情感分析就应运而生并得以快速发展。

文本情感分析又称意见挖掘,是指通过计算技术对文本的主客观性、观点、情绪、情感极性的挖掘和分析,对文本的情感倾向做出分类判断。随着计算机和网络技术的发展,人们开始研究如何让计算机能理解和运用人类社会的自然语言,这一研究取得了丰硕的成果,这些成果为文本情感分析奠定了基础。文本情感分析是自然语言理解领域的重要研究分支,涉及统计学、语言学、心理学、人工智能等领域的理论与方法。

情感分析可以为需要了解用户情感的智能系统提供帮助,应用十分广泛。例如,可以利用基于情感分析的技术实现民情调查、舆情分析,这与传统的问卷式调查相比具有更高的准确率和效率,成本也大大降低。在企业决策上,通过对平台反馈的结果和市场相关信

息进行分析,可以得到有效的辅助决策信息,帮助企业做出更好的决策。在消费领域,情感分析一方面可以帮助消费者形成对产品的全面评价;另一方面也可帮助企业了解产品的市场评价,做出有针对性的优化调整。在应用导向研究中,可以基于社交网络中用户的言论进行情感分析,从而预测大众意愿。

10.1.1 研究任务

文本情感分析的核心任务是从文本中挖掘用户观点,分析、判断其情感倾向。情感分析可以被看作一个分类任务,通常有两种处理策略:一种策略是直接对文本进行中义、褒义和贬义分类,即一次三分类;另一种策略是先对文本进行主客观分类,即确定文本是否包含情感色彩,然后针对包含情感色彩的主观性文本再进行二分类,即分类结果为褒义或贬义。一般称这种策略为二次二分类策略。

按照文本的粒度,文本情感分析可以划分为针对文本中的词、句子、篇章3个级别的识别与分析。

词的情感分析是文本情感分析的基础,它既是判定文本情感的基础,又是句子和篇章情感分析的前提。基于词的情感分析研究主要包括情感词抽取、情感词判定、语料库与情感词典等。

句子的情感分析是文本情感分析的核心。一方面,它综合了情感词的分析结果,给出全句的情感分析的完整结果;另一方面,句子可以视为短篇章,句子的情感分析的结果在很大程度上决定了篇章的情感分析结果。

篇章的情感分析是最具有不确定性的,因为需要综合本文各个粒度下的情感分析结果,结合上下文和领域知识库做出判断。

10.1.2 研究热点

表10-1是SST-2数据集上的模型性能排行(2021年)。SST-2数据集是一个二分类的情感分析基准(benchmark)数据集,其中的数据都分为正向和负向两类。

表 10-1 SST-2 数据集上的模型性能排行(2021 年)

排名	模 型	准确率/%	提出模型的论文	年份
1	SMART-RoBERTa Large	97.5	SMART: Robust and Efficient Fine-Tuning for Pre-trained Natural Language Models through Principled Regularization Optimization	2019
2	T5-3B	97.4	Exploring the Limits of Transfer Learning with a Unified Text-to-Text Transformer	2019
3	MUPPET Roberta Large	97.4	Muppet: Massive Multi-task Representations with Pre-Finetuning	2021
4	ALBERT	97.1	ALBERT: A Lite BERT for Self-supervised Learning of Language Representations	2019
5	T5-11B	97.1	Exploring the Limits of Transfer Learning with a Unified Text-to-Text Transformer	2019

排名	模 型	准确率/%	提出模型的论文	年份
6	StructBERTRoBERTa ensemble	97.1	StructBERT：Incorporating Language Structures into Pre-training for Deep Language Understanding	2019
7	XLNet	97.0	XLNet：Generalized Autoregressive Pretraining for Language Understanding	2019

从表 10-1 中可以看到,除了排名第三的模型以外,其他 6 个模型均为预训练 Transformer 模型,6∶1 的上榜比例充分说明了预训练 Transformer 模型的性能。但是, 从这里也能看到一些问题:从时间线上看,2019 年提出的模型,在两年之后的 2021 年依 然可以占据榜首,这就说明目前传统的句子级情感分析的性能暂时进入瓶颈期,接下来 短时间内继续提升性能已经变得相当困难。因此,人们将目光从句子级情感分析转移, 开始研究基于多模态的情感分析、属性级情感分析、跨领域的情感分析以及对话情绪分 析等。

▶ 10.2 经典方法

情感分析是国内外自然语言处理的一大研究热点,其成果对数据挖掘、信息检索、舆 情分析等领域都有促进作用。现有的情感分析技术主要分为基于情感词典的方法、基于 机器学习的方法和基于深度学习的方法。目前基于深度学习的方法得到的结果无论是 准确率还是精确程度都比较高,但是相应地,该方法需要大量的标注数据和硬件计算 资源。

10.2.1 基于情感词典的情感分析方法

基于情感词典的情感分析方法首先对待分类文本进行分词,然后根据已有的文本词 典,查阅分词结果中每一单词对应的情感极性,得到每一单词的分类结果,最后通过计算得 到整体的情感分类结果。从其处理过程不难了解,基于情感词典的情感分析方法主要包括 两方面工作:一是情感词典的构建;二是基于情感词典的文本情感计算。

情感分析最早的方法就是基于情感词典的方法。早期的情感词典都是通过人工构建 得到的,而且情感词典比较简单,所含情感词较少,只有一些通用的词,如"棒""开心""漂 亮"等。洪巍等人[1]指出,在使用基于规则的方法进行分析时,由于计算方法基本相同,大部 分研究者将精力集中在情感词典的构建上。机器学习方法的核心是获取文本特征。刘开 元[2]提到,机器学习的分类器主要包括 KNN、最大熵、SVM 等。曹海涛[3]基于这几种机器学 习方法,在 SVM 上使用了 PAD 情感语义特征,发现实验效果优于其他特征。随着深度学 习的兴起,许多研究者开始利用神经网络进行情感分类,由于 LSTM 可以保存时序信息,Li

---

[1] 洪巍,李敏.文本情感分析方法研究综述[J].计算机工程与科学,2019,41(4):750-757.
[2] 刘开元.基于词典与机器学习的中文微博情感分析[J].电子技术与软件工程,2016(22):73.
[3] 曹海涛.基于 PAD 模型的中文微博情感分析研究[D].大连:大连理工大学,2013.

等人①提出了在情感分析上使用 LSTM 提取文本情感特征的方法。Hassan 等人②在深度学习方法中使用 LSTM 代替池化层,减少了局部细节信息的丢失。总的来说,这些方法都以句子为单位进行分析,通过提取句子的特征,使用神经网络进行分类,或者按照句法、句型规则对句子进行评分,其关注的特征比较单一,而且没有将情感分析要素放到同一个体系中,从而影响了情感分析的准确率。

传统的情感词典构建方法从形式上主要分为 3 种:通过人工标注、利用公开的词典资源和利用统计学对数据集进行计算。本书将情感词典的构建方法分为以下 4 种:基于候选情感词语义的方法、利用统计学知识的方法、基于图的方法和基于深度学习模型的方法。

基于语义的方法首先选取一些种子情感词,然后利用同义和反义词对情感词进行扩展。例如,通过使用他人公开的情感词典,从中选取一些词作为种子词,然后通过关联词的类型和关联词前后的种子词判断相关的情感词。

10.2.2　基于机器学习的情感分析方法

基于情感词典的情感分析方法虽然在一些领域取得了不错的效果,但是由于如今信息扩展迅速,大量新词不断出现,需要对词典频繁地进行扩充和更新。此外,情感词典的构建通常是针对某一领域、时间段和语言环境的,同一词汇在不同领域、时间段和语言环境下可能表达不同的情绪。例如,"呵呵"原本表示心情的愉悦,现在常用于表示无语。因此,基于情感词典的情感分析方法对这些新词、变形词的扩充和更新有时不能达到理想效果,对于跨领域的情感分析也常常达不到好的效果。同时,情感词典中的情感词是有限的,因而对于短文本进行分析效果较好,而对于长文本而言就略显不足。鉴于基于情感词典的情感分析方法的种种不足,基于机器学习的情感分析方法就显得尤为必要。

卷积神经网络(CNN)目前已经成为一种常用的机器学习模型而被许多学者使用。杨锐等人③研究了基于卷积神经网络的文本分类方法。Zhang 等人④的研究表明,对于文本分类,基于字符的深度卷积神经网络表现良好。卷积神经网络模型被应用于许多任务中。卷积神经网络可以在文本中提取局部 N-gram 特征,但有可能无法捕捉到长距离依赖性,而长短时记忆(LSTM)网络则可以通过对文本进行顺序建模解决这一问题。卷积神经网络和循环神经网络(RNN)通常与基于序列或树状结构的模型结合。实验表明,卷积神经网络是一种可以避免神经网络高计算量问题的替代方法,但与其他方法相比,它需要更多的训练时间。

由于循环神经网络能够在相对灵活的计算中捕获信息,在供应链管理中得到了广泛的应用。与卷积神经网络相比,循环神经网络有两个重要的特点。首先,卷积神经网络在每一层都有不同的参数,但循环神经网络在每一层都是相同的参数。在循环神经网络中,一

① LI D, QIAN J. Text Sentiment Analysis based on Long Short-Term Memory[C]. First IEEE International Conference on Computer Communication and the Internet (ICCCI), IEEE, 2016: 471-475.
② HASSAN A, MAHMOOD A. Deep Learning Approach for Sentiment Analysis of Short Texts[C]. 3rd International Conference on Control, Automation and Robotics (ICCAR), IEEE, 2017: 705-710.
③ 杨锐,陈伟,何涛,等. 融合主题信息的卷积神经网络文本分类方法研究(J). 现代情报,2020,40(4): 42-49.
④ ZHANG X, ZHAO J, YANG L. Character-level Convolutional Networks for Text Classification[J]. Advances in Neural Information Processing Systems, 2015, 1(9): 649-657.

个阶段的输出依赖于前一个阶段的输出,需要占用很大内存空间。因此,循环神经网络在处理顺序信息方面比卷积神经网络更有优势。另外,循环神经网络还有一些其他的扩展,如双向循环神经网络[①]。循环神经网络包含一个前向层和一个后向层,以便从前面和后面的令牌中学习信息。循环神经网络处理文档级情感分类问题时,先建立句子表示,然后将其聚合成文档表示,从而获得层次表示。此外,长短时记忆网络与循环神经网络结合产生了双向长短时记忆网络(BLSTM),可以访问所有输入方向上的上下文及更多的信息。Miao 等人[②]提出了一种基于 BLSTM 和 WaveNet(波网)的语音转换方法,以提高语音质量。因此,BLSTM 也可以考虑句子间和句子内的联系。

递归神经网络(Recursive Neural Network,RNN)是循环神经网络的一种推广,它在有向无环网络上递归地应用相同的权值集,但输入段是树状结构。卷积神经网络模型是由语言驱动的,因为它们探索了树状结构,并尝试学习复杂的组合语义。而递归神经网络的树状结构包括选区树和依赖树。在选区树中,叶节点表示单词,内部节点表示短语,根节点表示整个句子。在依赖树中,每个节点都可以表示一个单词,该单词与其他具有依赖连接的节点相连接。在递归神经网络中,每个节点的向量表示是从它的所有子节点使用一个权重矩阵计算出来的。Ren 等人[③]提出了由两个虚拟单向递归神经网络组成一种新的混合参数递归神经网络的算法。

支持向量机(SVM)作为能够有效分析数据的监督学习模型,是一种基于统计学习理论的新型机器学习方法,用于与机器学习算法相关的回归分析和分类的应用,近年来在机器学习领域凭借其优秀的学习性能逐渐成为研究热点。支持向量机可以对一些常用的情感表达进行分类。评估是根据测量的准确度、精密度和召回率设置的。一种改进的情绪分析方法与先进的预处理被证明可以提供更好的结果。Cai 等人[④]提出了一个三层情感词典,它可以将情感词与对应的实体和方面联系在一起,减少情感词的多重含义。该模型从情绪动态特征的描述和计算出发,更全面地预测了描述情绪演化的过程特征。在未来,可以使用混合其他模型的分类技术以提高准确度。

基于变换器的双向编码器表征技术(Bidirectional Encoder Representation from Transformer,BERT)是一种基于神经网络的自然语言预处理技术。BERT 模型可以通过输入层和输出层进行适当的微调,以在各种文本分析任务中创建模型。BERT 的核心是 Transformer 技术,它非常适用于基于编码-解码模型和注意力机制的自然语言处理任务。相较于支持向量机模型,BERT 可以在数据量较大时有更加出色的表现,处理性能会显著提升。例如,2020—2022 年新冠疫情演变为全球性流行疾病。公共卫生问题不仅与公众预防感染有关,还与经历疫情的公众心理状况有关。因此,分析产生负面情绪的社交媒体数

① 范昊,李鹏飞. 基于 Fast Text 字向量与双向 GRU 循环神经网络的短文本情感分析研究——以微博评论文本为例[J]. 情报科学,2021,39(4):15-22.

② MIAO X,ZHANG X,SUN M,et al. A BLSTM and WaveNet-based Voice Conversion Method with Waveform Collapse Suppression by Post-processing[J]. IEEE Access,2019,7:54321-54329.

③ REN H Q,WANG W Q,QU X W,et al. A New Hybrid Parameter Recurrent Neural Network for Online Handwritten Chinese Character Recognition[J]. Pattern Recognition Letters,2019,128(6):400-406.

④ CAI Y,YANG K,HUANG D P,et al. A Hybrid Model for Opinion Mining based on Domain Sentiment Dictionary[J]. International Journal of Machine Learning and Cybernetics,2019,10(8):2131-2142.

据有助于了解公众在新冠疫情期间的经历,并为预防其他疾病提供借鉴。Wang 等人[①]分析了新冠疫情期间公众情绪随时间的演变及微博中与负面情绪相关的主题。实验表明,BERT 具备更优异的特征提取能力,可以提升情感分类的性能和稳定性,加快收敛的速度。可以利用 BERT 对相同文本的 3 种语言进行情感分析,李妍慧等人[②]为处理多语种文本的情感分析问题提供了有效的解决方案。

10.2.3　基于深度学习的情感分析方法

深度学习方法最早由 Collobert 等人[③]在 2011 年应用到自然语言处理领域,用于解决词性标注等问题。此后 Grefenstette 等人[④]提出了一种宽卷积模型,并选择用 k-max 池化代替传统 CNN 的最大池化以保留更多的特征。CNN 常被用来捕获局部特征。RNN 由于自身存在反馈环结构,可以保留记忆信息,在时间序列模型中得到了很好的应用。但是RNN 自身存在一定的缺陷,其对短文本的处理效果好;当文本长度增加时,RNN 会出现梯度消失和梯度爆炸的情况。长短时记忆网络和门控循环单元(GRU)在传统 RNN 的基础上引入了门机制,较好地解决了 RNN 的问题。Socher 等人[⑤]通过构建 Tree-LSTM 获取了更多的文本特征,为了提升模型对历史信息的处理能力,在 LSTM 的基础上额外引入了外部记忆单元,但是由于增加了大量的参数,模型准确度提升不大。Chen 等人[⑥]使用具有注意力机制的双向长短时记忆网络获得了较好的分类效果。Wang 等人[⑦]通过对 LSTM 建模,利用隐藏层和注意力机制建立了 AE-LSTM 和 ATAE-LSTM 神经网络模型,最后得到方面级(aspect-level)情感分类。但是 LSTM 也存在缺点,虽然它能获得文本的上下文语义信息,但是缺少对文本局部信息的获取。

为了能同时利用 RNN 和 CNN 的优势,研究者开始将这两类模型合并进行文本情感分析。Wang 等人[⑧]通过融合单层 RNN 和单层 CNN 构建了一个融合模型,并在短文本数据

①　WANG T,LU K,CHOW K P,et al. COVID-19 Sensing:Negative Sentiment Analysis on Social Media in China via BERT Model[J]. IEEE Access,2020,8:138162-138169.

②　李妍慧,郑超美,王炜立,等. 一种混合语种文本的多维度多情感分析方法(J). 计算机工程,2020,46(12):113-119.

③　COLLOBERT R,WESTON J,BOTTOU L,et al. Natural Language Processing(almost)from Scratch[J]. Journal of Machine Learning Research,2011,12:2493-2537.

④　GREFENSTETTE E,BLUNSOM F. A Convolutional Neural Network for Modelling Sentences. In ACL,2014.

⑤　SOCHER R,PERELYGIN A,WU J,et al. Recursive Deep Models for Semantic Compositionality over a Sentiment Treebank[C]. Proceedings of the 2013 Conference on Empirical Methods in Natural Language Processing. 2013:1631-1642.

⑥　CHEN P,SUN Z,BING L,et al. Recurrent Attention Network on Memory for Aspect Sentiment Analysis[C]. Proceedings of the 2017 Conference on Empirical Methods in Natural Language Processing. 2017:452-461.

⑦　WANG Y,HUANG M,ZHU X,et al. Attention-based LSTM for Aspect-level Sentiment Classification[C]. Proceedings of the 2016 Conference on Empirical Methods in Natural Language Processing. 2016:606-615.

⑧　WANG X,JIANG W,LUO Z. Combination of Convolutional and Recurrent Neural Network for Sentiment Analysis of Short Texts[C]. Proceedings of COLING 2016,the 26th International Conference on Computational Linguistics:Technical papers. 2016:2428-2437.

集上做了实验,结果证明融合模型要比单个模型的效果好。Yoon 等人[①]提出了结合词典的多通道 CNN_BiLSTM 模型,首先将文本和词典同时输入到多通道 CNN 中获取文本特征,然后将文本特征结合之后输入到 BiLSTM 中进行分类。Vo 等人[②]提出了并行的多通道 CNN 和 LSTM 模型,对文本进行词嵌入之后同时输入到多通道 CNN 和 LSTM 中,然后将这两个模型输出的文本特征进行合并,最后输入到全连接神经网络中进行分类。实验表明,该模型在越南语上的情感分类效果要好于单个模型。

10.2.4　先进模型

表 10-2 是情感分析任务在 10 个数据集上的 SOTA 方法。从中可以看到,这 10 个数据集上的 SOTA 方法基本上都采用了 Transformer 模型及其改进版,这就可以彰显由大量数据训练而成的大规模或者超大规模预训练语言模型在具体的情感分析任务上有极佳的表现。

表 10-2　情感分析任务在 10 个数据集上的 SOTA 方法

序号	数 据 集	最 优 模 型
1	SST-2 Binary Classification	SMART-RoBERTa Large
2	IMDb	XLNet
3	SST-5 Fine-Grained Classification	RoBERTa-large＋Self-Explaining
4	Yelp Binary Classification	XLNet
5	MR	VLAWE
6	Yelp Fine-Grained Classification	XLNet
7	User and Product Information	MA-BERT
8	Amazon Review Polarity	BERT large
9	Amazon Review Full	BERT large
10	CR	RoBERTa＋DualCL

▶ 10.3 应用与分析

NLPIR 情感分析的情感分类丰富,不仅包括正、负两面,还包括好、乐、惊、怒、恶、哀和惧等具体情感属性。NLPIR 还提供关于特定人物的情感分析,并能计算正负面的具体得分,图 10-1 为 NLPIR 情感分析结果示例。NLPIR 情感分析提供两种模式:全文的情感判

① YOON J, KIM H. Multi-channel Lexicon Integrated CNN-BiLSTM Models for Sentiment Analysis[C]. Proceedings of the 29th Conference on Computational Linguistics and Speech Processing(ROCLING 2017),2017:244-253.

② VO Q H, NGUYEN H T, LE B, et al. Multi-channel LSTM-CNN Model for Vietnamese Sentiment Analysis[C]. 9th International Conference on Knowledge and Systems Engineering(KSE),IEEE,2017:24-29.

别与指定对象的情感判别。NLPIR 情感分析主要采用两种技术：

（1）情感词的自动识别与权重自动计算。利用共现关系，采用 Bootstrapping 的策略，反复迭代，生成新的情感词及权重。

（2）情感判别的深度神经网络。基于深度神经网络对情感词进行扩展计算，综合为最终的结果。

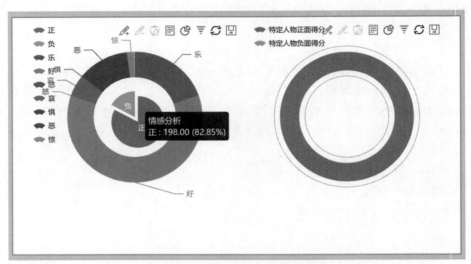

图 10-1　NLPIR 情感分析结果示例

除此之外，张宝华等人[①]还根据自然语言本身的结构属性和在情感分析工作中的常用特征构建了情感分析层次体系，如图 10-2 所示。这个情感分析层次体系可以将情感分析时使用的特征归纳到同一个体系中，实现各个特征之间的转换，同时为情感分析工作提供更多的特征。

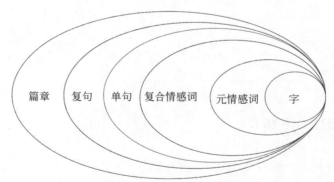

图 10-2　情感分析层次体系

从情感单元的构字和情感单元的语境两方面都可以得到情感单元的权重，但是这两种方法都只偏重一个方面，而情感单元的真实情感权重与情感语义单元的构字和情感语义单元的都有关系，只有将这两种方法结合才能得到准确的情感权重，对于一个情感单元 W_s，

① 张宝华,李奕林,张华平,等. 基于层次结构的情感单元表示方法[J].化工进展,2021.

设 $W_S = L_0 L_1 \cdots L_N$，W_S 的上层是 C_S，则其情感权重计算公式如下：

$$\text{weight}(W_S) = \lambda F(\text{score}(C_S)) + (1 - \lambda)(P(W_S^* \mid L_0 L_1 \cdots L_n))$$

其中 $0 < \lambda < 1$，F 为计算函数。$\text{score}(C_S)$ 是 W_S 构成的复合情感词的 C_S 的权重，由其所在单句的情感值推导得到。$P(W_S^* \mid L_0 L_1 \cdots L_n)$ 表示根据已知情感词典和当前情感单元的构字计算情感单元权重的方法。

因为无论是基于构字的方法还是基于语境的方法得到的词典质量与个数均取决于选取的情感词典，而且这两种方法都会产生新的情感词，如果将这些新情感词加入原情感词典，则会产生另外的情感词，所以该方法是一个不断迭代的过程。

该方法的具体实现步骤如下：

（1）初始化情感词典 D_S，根据情感词的褒贬设置权重为 1 和 -1。

（2）对数据集 C 进行新词发现，然后进行分词，按照词性选取名词、动词、形容词以及副词作为候选情感词 W_S^*。

（3）对于候选情感词中的形容词，分别计算其组成字的情感倾向概率 $P(L_i \mid W_S^*)$。

（4）对于候选情感词中的形容词，计算其情感倾向和权重，得到新的情感词典 D_L。

（5）将 C 的句子按照关联词和标点符号切分为简单句 S_S，然后根据简单句中的复合情感词 C_S 计算单句情感值。

（6）对情感得分为 0 的情感单句做以下推导：如果句子为首句，则根据句子和下一句的关系推测该句的情感值；如果句子为中间句，则首先确定该简单句与上一句还是下一句相关，再根据关系推测该句的情感值；如果句子为尾句，根据句间关系推测其情感值。

（7）对于候选情感词，找到所有包含该词的情感单句，计算其情感权重，得到新的情感词典 D_C。

（8）对 D_L 设置置信度和出现频次的阈值，根据阈值挑选出情感词。

（9）将 D_L 与 D_C 融合得到 D_N，如果两者出现矛盾，以 D_C 为准。

（10）将 D_N 作为新的情感词典，重复（4）～（10），直到情感词典中的词的情感极性不再发生变化且权重变化在很小的范围内为止。

该方法选取的基线主要有以下 5 个：

（1）基于构字的方法。

（2）基于语境的方法。

（3）点互信息方法。

（4）基于词向量（Word2Vec）的方法。

（5）本节提出的结合构字和语境的情感语义单元表示方法，简称层次体系。

分别使用这 5 种方法在京东评论数据集上进行实验，构建相应的情感词典。由于不同的情感词典构建方法得到的情感词个数不同，所以在对比结果时，分别选择 3 个情感词典中正面和负面情感词的 TOP10、TOP100 和 TOP200 对比了准确率，实验结果如表 10-3 至表 10-6 所示。

表 10-3　fruit 情感词典中正面和负面情感词的 TOP10、TOP100 和 TOP200 的准确率

方法	TOP10		TOP100		TOP200	
	正面	负面	正面	负面	正面	负面
构字	1	1	0.98	0.94	0.97	0.93
语境	0.9	1	0.98	1	0.98	0.95
点互信息	0.8	0.7	0.85	0.83	0.82	0.82
词向量	1	1	0.97	0.96	0.96	0.92
层次体系	1	1	1	1	0.98	0.97

表 10-4　ipad 情感词典中正面和负面情感词的 TOP10、TOP100 和 TOP200 的准确率

方法	TOP10		TOP100		TOP200	
	正面	负面	正面	负面	正面	负面
构字	1	1	0.99	1	0.95	0.94
语境	1	1	0.99	0.96	0.98	0.94
点互信息	0.9	0.9	0.88	0.86	0.83	0.83
词向量	0.9	0.9	0.97	0.95	0.93	0.91
层次体系	1	1	1	1	0.99	0.95

表 10-5　clothes 情感词典中正面和负面情感词的 TOP10、TOP100 和 TOP200 的准确率

方法	TOP10		TOP100		TOP200	
	正面	负面	正面	负面	正面	负面
构字	1	1	1	0.96	0.95	0.91
语境	1	1	1	0.97	0.96	0.95
点互信息	0.8	0.8	0.82	0.87	0.8	0.87
词向量	0.9	1	0.95	0.96	0.93	0.93
层次体系	1	1	1	1	0.98	0.96

表 10-6　平均准确率

方法	平均	
	正面	负面
构字	0.96	0.92
语境	0.97	0.95
点互信息	0.82	0.84
词向量	0.94	0.92
层次体系	0.98	0.96

　　从实验结果可以看出,点互信息方法结果最差,这是因为点互信息在计算情感词权重时只考虑到词语之间的信息,没有考虑更大范围的语境和词本身的词义带来的情感属性。而基于语境的方法要优于基于构字的方法,这说明语境对情感词的权重有很重要的影响。与以往的构字方法相比,层次体系方法在准确率上有约 3% 的提升,得到的情感词典更加准确。

第 11 章

新 词 发 现

新词发现是自然语言处理领域的基础任务之一,其主要工作是通过对已有语料进行挖掘,从中识别出新词。本章首先给出新词发现的定义,然后详细介绍基于规则、基于统计模型和基于深度学习的新词发现方法,并给出关于多语种新词发现的最新综述,最后以两个新词发现实验进行具体展示。①

▶ 11.1 新词发现概述

语言随着社会的发展而发展,在词汇中的一大体现就是新词语的出现。自古以来,汉语词汇无不带有特定时代的烙印,必然会从一个侧面反映出社会政治、经济、文化以及人们价值观念、生活方式的变迁等。例如,在 20 世纪七八十年代,"工分""粮票""布票"等是人们耳熟能详的名词。随着改革开放的深入,新的词语不断出现在生活当中,如"科学发展""以人为本""政务公开""笔记本计算机""虚拟现实"等,这些词语真实地反映了社会和经济的飞速发展以及对外交流的日渐频繁。

目前,在自然语言处理领域中出现了新词和未登录词两个概念。通常未登录词被定义为未在词典中出现的词。新词虽然也是未在词典中出现的词,属于未登录词,但它和一般的未登录词还是不同的。新词是一个加入了时间的动态概念,未登录词是相对于词典的概念。这里从两个方面把握新词的定义。

(1)从词典角度说,新词是指通过各种途径产生的,具有基本词汇所没有的新形式、新意义或新用法的词。

(2)从时间角度说,新词通常为出现在某一时间段内或来自某一时间点以后首次出现的具有新词形、新词义或者新用法的词。

来自网络流行语的新词具有以下几个典型的特征:

(1)新颖性。新词最主要的特点在于新,符合当下的时代发展趋势。无论是从已有的词演变而来的,还是用户创造性地提出的,这些新词都具有了新的含义,表达了新的思想。

(2)周期性。新词的产生一般依托于时下热点话题讨论,通常情况下,一些新词随着事件热度的下降便渐渐消亡,但也有一些新词被保留下来。因此,不同的新词具有不同的存在周期。

(3)传播速度快。新词基于网络平台产生,并能借助网络平台迅速传播。同时,新词含

---

① 本章由杨子研整理,部分内容由崔博远、栗怡、邱家刚、闫文麟、赵亚洲、胥玉斌贡献。

义一般简单直接、易于理解。因此,新词可以在很短时间内被人们接受并在各个场合使用。

(4) 不规则性。新词的构成比较自由随意,没有固定的格式要求,也不完全符合构词规则,出现了一些新颖的构词方式,同时在长度和构词符号等方面也没有限制。

目前,新词识别的主要方法包括基于规则的方法、基于统计的方法和规则与统计相结合的方法。基于规则的方法利用构词学原理,配合语义信息或词性信息构造模板,然后通过匹配发现新词;基于统计的方法通过对语料中的词条组成或特征信息进行统计识别新词。基于规则的方法的优点是准确率高、针对性强;但是这种方法手工编写和维护规则困难,且规则一般是领域相关的,所以适应性和移植性比较差。基于统计的方法的优点是灵活、适应能力强、可移植性好;但是这种方法需要大规模语料进行模型训练,由于使用的语言知识较少,一般都存在数据稀疏和准确率低的问题。目前大部分研究者使用规则和统计相结合的方法,以期发挥这两种方法各自的优势。

▶ 11.2 多语种新词发现前沿综述

已有的新词发现算法大致有以下两种。

一种是基于构词法的新词发现算法,也叫作基于规则的算法。这种算法基于语言特征构建规则库,规则的构建过程往往比较复杂,并且模型的迁移能力比较差。

另一种是基于统计的新词发现算法,目前主要分为以下两类:

(1) 基于对语料库的频繁模式的发现。Huang 等人[1]提出了一种使用邻接熵和互信息作为特征进行新词发现的算法。此类算法需要涉及频繁项的迭代发现以及上下文信息的获取,时间复杂度和空间复杂度较高,不适合大规模语料的处理。

(2) 使用标注模型进行新词发现。Peng 等人[2]使用 CRF 模型计算汉语片段的置信度,在分词的同时提取新词。这一类算法基于一个词上下文的局部特征,准确率不高。2017年,张华平等人[3]将上述两种方式结合,使用 CRF 模型进行候选词提取,并使用二元语法模型重新扫描语料,提取候选词集左右熵、互信息等特征。该方法能够有效避免传统算法中对全局状态的依赖,实现了对大规模语料中新词的快速发现。

在新词发现的特征选择方面,Luo 等人[4]比较了 9 种常见的词内部特征计算方法,实验表明使用互信息的效果最好。Huang 等人[5]提出了一种基于模式的框架,将这些统计特征整合在一起以检测新词。

近年来,预训练语言模型有很大突破,这些模型已被证明能有效地完成各种各样的任

①　HUANG J H, POWERS D. Chinese Word Segmentation Based on Contextual Entropy[C]. Proceedings of the 17th Pacific Asia Conference on Language, Information and Computation. 2003:152-158.

②　PENG F, FENG F, MCCALLUM A. Chinese Segmentation and New Word Detection Using Conditional Random Fields[C]. Proceedings of the 20th International Conference on Computational Linguistics. 2004:562-568.

③　张华平,商建云. 面向社会媒体的开放领域新词发现[J]. 中文信息学报,2017,31(3):55-61.

④　LUO S, SUN M. Two-character Chinese Word Extraction based on Hybrid of Internal and Contextual Measures [C]. Proceedings of the Second SIGHAN Workshop on Chinese Language Processing. 2003:24-30.

⑤　HUANG M, YE B, WANG Y, et al. New Word Detection for Sentiment Analysis[C]. Proceedings of the 52nd Annual Meeting of the Association for Computational Linguistics (Volume 1: Long Papers). 2014:531-541.

务。对于新词发现这一问题,2019 年,McCrae[①] 提出了一个基于预训练语言模型的"形容词+名词"新词短语识别分类器,实验结果表明深度学习模型结合频率特征的效果最好,但这种方式没有考虑到短语的上下文信息。

在新词发现的噪声词过滤方面,2017 年,Liang 等人[②]从新词外部环境稳定性的角度定义了 overlapping score,用于过滤噪声词。2018 年,张婧等人[③]利用词向量构建弱成词词串集合以过滤成词能力较弱的候选词,其性能超过了 overlapping score 的效果,并表明使用包含词内位置信息的字向量的过滤效果最优。2019 年,Qian 等人[④]提出了 WEBM 模型,基于词向量计算词碎片的余弦相似度,设置相似度阈值,对噪声词进行过滤,实验结果表明WEBM 在从大规模中文语料库中检测新词方面具有很大的优势。2022 年,张乐等人[⑤]在WEBM 的基础上提出了 MWEC 模型,引入外部知识库训练多语义词向量,并应用到候选词集剪枝中,解决了中文的一词多义问题。

目前对于新词发现的研究主要集中于现代语言语料,在古汉语语料中则鲜有涉及。2017 年,Xie 等人[⑥]提出了 AP-LSTM 算法,是专门针对古汉语语料的有监督新词发现算法。2019 年,刘昱彤等人[⑦]提出了古汉语的新词发现算法 AP-LSTM-CRF,利用数据挖掘的关联规则算法和深度学习的方法有效地挖掘古汉语语料中的新词,并在宋词和宋史数据集上验证了模型的有效性。

在实际应用中,特别是对于多语种而言,获取大量的标注语料十分困难,因此很多学者致力于探索无监督的挖掘方法以实现新词探索。

2008 年,Humbley[⑧] 实现了 NEOROM,这是一个针对拉丁语言的新词检测系统。2017 年,Cartier[⑨] 实现了一个能够自动识别 7 种不同文字(中文、捷克文、法文、希腊文、俄文、波兰文、葡萄牙文和斯拉夫文)新词的系统,通过报纸语料库跟踪新词的生命周期。对

① MCCRAE J P. Identification of Adjective-noun Neologisms Using Pretrained Language Models[C]. Proceedings of the Joint Workshop on Multiword Expressions and WordNet (MWE-WN 2019). 2019:135-141.

② LIANG Y, YIN P, YIU S M. New Word Detection and Tagging on Chinese Twitter Stream[C]. International Conference on Big Data Analytics and Knowledge Discovery. Cham:Springer, 2015:310-321.

③ 张婧, 黄锴宇, 梁晨, 等. 面向中文社交媒体语料的无监督新词识别研究[J]. 中文信息学报, 2018, 32(3):17-25, 33.

④ QIAN Y, DU Y, DENG X, et al. Detecting New Chinese Words from Massive Domain Texts with Word Embedding[J]. Journal of Information Science, 2019, 45(2):196-211.

⑤ 张乐, 冷基栋, 吕学强, 等. MWEC:一种基于多语义词向量的中文新词发现方法[J]. 数据分析与知识发现, 2022, 6(1):113-121.

⑥ XIE T, WU B, WANG B. New Word Detection in Ancient Chinese Literature[C]. Asia-Pacific Web (APWeb) and Web-age Information Management (WAIM) Joint Conference on Web and Big Data. Cham:Springer, 2017:260-275.

⑦ 刘昱彤, 吴斌, 谢韬, 等. 基于古汉语语料的新词发现方法[J]. 中文信息学报, 2019, 33(1):46-55.

⑧ HUMBLEY J. Les Dictionnaires de NéOlogismes, Leur ÉVolution Depuis 1945:une Perspective Européenne. 2008.

⑨ CARTIER E. Neoveille, a Web Platform for Neologism Tracking [C]. Proceedings of the Software Demonstrations of the 15th Conference of the European Chapter of the Association for Computational Linguistics. 2017.

于一些亚洲文字,如中文、日文、泰文等,词与词之间没有明确的边界。2015 年,Uchiumi 等人[①]提出了一个非参数贝叶斯模型,直接从字符串构建类 N-gram 语言模型,同时集成字符和单词级别的信息,在中文、日文和泰文标准数据集上的实验结果显示,该算法的精度优于以往的结果。2014 年,Falk 等人[②]使用基于统计的方法对法文语料进行新词发现,将任务转化为有监督的分类问题,并讨论了 3 组特征的影响:形式相关特征、形态-词汇特征和主题特征。2018 年,Klosa 等人[③]提出了一种半自动的德文新词检测方法,并探讨了该方法对于专业词典编纂的影响。

▶ 11.3　基于规则的新词发现方法

基于规则的新词发现方法的主要思想是根据新词的构词特征和外形特点建立规则库、专业库或模式库,然后通过规则匹配发现新词。基于规则的新词发现方法可以分为两类:一类是通过观察新词的构词规则构建新词规则库,通过规则匹配实现对新词的抽取;另一类是构建新词过滤规则库,有针对性地制定非新词构词规则,实现对非新词的过滤。这两种方法的关键都是通过构建正则表达式实现规则匹配,目前主要的研究成果都是基于中文字符的词性规则得到的。

11.3.1　规则抽取方法

新词的构词规则主要包括常规规则和特殊规则。常规规则以基本构词法为基础,包括名词＋名词、形容词＋形容词、动词＋动词、形容词＋名词、动词＋名词、形容词＋动词、名词＋动词、名词＋形容词、名词＋量词、动词＋形容词 10 种组合。为了叙述方便,设定 A、B、C、D 分别为 4 个中文字符,AB 表示二元组,ABC 表示三元组,$ABCD$ 表示四元组。对构词常规规则举例说明如下。

1. 名词的构词规则

(1) 若 A 为名词,B 为名词、动词或形容词,则 AB 为二元组新词。
(2) 若 A 为名词,B 为量词,则 AB 为二元组新词。
(3) 若 AB 为名词,C 为名词,则 ABC 为三元组新词。

2. 形容词的构词规则

(1) 若 A 为形容词,B 为名词,则 AB 为二元组新词。
(2) 若 A 为形容词,BC 为名词,则 ABC 为三元组新词。

① UCHIUMI K, TSUKAHARA H, MOCHIHASHI D. Inducing Word and Part-of-speech With Pitman-Yor Hidden Semi-Markov Models[C]. Proceedings of the 53rd Annual Meeting of the Association for Computational Linguistics and the 7th International Joint Conference on Natural Language Processing (Volume 1: Long Papers). 2015: 1774-1782.

② FALK I, BERNHARD, GÉRARD C. From Non Word to New Word: Automatically Identifying Neologisms in French Newspapers[C]. The 9th edition of the Language Resources and Evaluation Conference. 2014.

③ KLOSA A, LÜNGEN H. New German Words: Detection and Description[J]. 2018.

（3）若 A 为形容词，B 为动词，则 AB 为二元组新词。

3. 动词的构词规则

（1）若 A 为动词，BC 为名词，则 ABC 为三元组新词。

（2）若 A 为动词，B 为动词，且 A 与 B 相同，则 AB 为二元组重叠新词。

构词特殊规则是指仅针对新词构词特点构建的不完全符合常规构词法的规则，通常需要根据某些新词的构词方式进行有针对性的设计和抽取。

通过制定构词规则的方式实现新词发现，最关键的问题就是建立准确、有效的规则库，并通过正则表达式对构词规则进行表示。目前的主要研究成果都是针对中文词的构成方式建立的规则库。

11.3.2 规则过滤方法

在近几年的研究中，对于规则方法的使用主要以规则过滤方法为主。该方法的优势在于不需要总结新词的构词规则，而是制定一些明显不符合构词法的规则并利用这些规则从新词候选列表中过滤一些无意义的词组。该方法具有通用性。目前使用比较多的过滤规则如下：

（1）若 A 为副词，B 为其他词性，且 A 位于句首，则 AB 被过滤。

（2）若 A 为其他词性，B 为副词，且 B 位于句尾，则 AB 被过滤。

（3）若 A 为其他词性，B 为助词，且 B 位于句尾，则 AB 被过滤。

（4）若词组 AB、ABC 或 $ABCD$ 中含有连词，则将其过滤。

（5）若 A 为量词，B 为非量词，则将 AB 过滤。

（6）若 A 为介词，B 为非名词，则将 AB 过滤。

（7）若词组 AB、ABC 或 $ABCD$ 中含有专有名词，则将其过滤。

（8）若词组 AB、ABC 或 $ABCD$ 中含有人名、地名和组织机构名等命名实体，则将其过滤。

（9）若词组 AB、ABC 或 $ABCD$ 中含有拟声词，则将其过滤。

（10）若词组 AB、ABC 或 $ABCD$ 中含有非语素词的词，则将其过滤。

基于规则的过滤方法是一种将不符合汉语构词法的垃圾串排除的方法。鉴于新词构词方式的复杂多样性不断增加，传统的新词发现方法会导致一些具有新型构词方式的新词被过滤而降低了新词识别的精度。因此，基于规则的过滤方法对指定的规则提出了很高的要求。

▶ 11.4 基于统计模型的新词发现方法

如果一组相邻词多次同时出现，那么这一组相邻词构成的词很可能是一个新词，这是基于统计学的一般思想。基于统计模型的新词发现方法一般首先利用统计策略提取出候选串，然后利用语言知识排除不是新词的垃圾串，或者计算相关度并寻找相关度最大的字与字的组合。这种方法实现简单，适用于任何领域，不需要建立规则库，但是需要大量的训练语料，而且新词的质量一般不太高。基于统计模型的新词发现方法一般仅限于查找较短的新词,由于它对所有的词都平等看待,不便于描述词的内部和外部结构特征,因而忽略了构词模式和构词能力对新词的影响。

基于统计模型的新词发现方法主要使用统计学中的相关概率知识对新词进行判别,主要涉及凝固度、信息熵和新词 IDF 这 3 个指标。

11.4.1　凝固度

要想从一段文本中抽取词,首先需要考虑什么样的文本片段算一个词。可以将所有出现频数超过某个阈值的文本片段抽取出来,作为该语料的词汇输出。频数高只是一个指标,一个经常出现的文本片段可能不是一个词,而是由多个词构成的词组。例如,"电影"和"院"是两个词,但是在日常生活中更加倾向于将"电影院"看作一个词,这就引出了词的凝固度的概念。

凝固度是指一个新词的内部凝聚程度。为此引入 pmi(pointwise mutual information,点互信息)的概念,用来度量词的搭配与关联性。

$$\text{pmi}(x,y) = \ln \frac{P(x,y)}{P(x)P(y)} \tag{11-1}$$

设 (x,y) 是二元组词,词 x 和词 y 单独出现的概率分别是 $P(x)$ 和 $P(y)$,两者同时出现的概率为 $P(x,y)$,当 $P(x,y)$ 的概率大于 $P(x)P(y)$,即 $\text{pmi}(x,y) > 0$ 时,表示这两个词联合出现的概率远大于单独出现的概率,这时会将该联合词作为一个词。

例如,在生活中经常使用的词,像"蜻蜓""徘徊""骆驼""萝卜"等,这些词在文本片段中都是凝固度非常高的词,因为这些词的每一个字几乎总是和对应的另一个字同时出现,而且从不在其他的场合中使用。

11.4.2　信息熵

信息是一个比较抽象的概念,泛指人类社会传播的一切内容,包括音讯、消息、通信系统传输和处理的对象。在一些研究中需要对信息进行量化,信息熵可以理解为消除不确定性所需的信息量,即未知事件可能含有的信息量。例如,"哪些队伍能进入世乒赛八强",该随机变量的不确定性很高。为了消除不确定性引入的信息量就用信息熵表示,需要引入的消除不确定性的信息量越多,信息熵就越高,否则越低。例如,"中国队进入世乒赛八强"确定性很高,需要引入的信息量很少,因此信息熵很低。

香农给出的信息熵的计算公式如下:

$$H(X) = -\sum_{x \in X} P(x) \ln P(x) \tag{11-2}$$

其中,$P(x)$ 为某一事件发生的概率。使用拉格朗日乘子法可以证明:各种随机事件的概率越均等,信息熵越大;反之越小。

将信息熵应用在自然语言处理中,可以用来反映词的上下文内容的不确定性。

11.4.3　新词 IDF

通常来说,罕见词项比常见词所蕴含的信息更多。考虑查询某个词,它在整个文本集中非常罕见,某篇包含该词的文档很可能与查询目标相关。于是,对罕见词赋予较高权重;

而对于常见词,例如"很好""的""可以"之类的频繁词,赋予正的权重,但是该权重小于罕见词的权重。

接下来使用 idf(inverse document frequency,倒文档频率)权重评估新词:

$$\text{idf}_t = \log_{10} \frac{N}{\text{df}_t} \qquad\qquad (11\text{-}3)$$

其中,df 表示文档频率,是出现词 t 的文档数目;N 是文档集中文档的数目。

idf_t 是反映词 t 的信息量的一个指标。idf_t 值越大,词 t 是新词的概率越高。

▶ 11.5 基于深度学习的新词发现方法

本节介绍 BiLSTM+CRF 模型在新词发现中的应用。

BiLSTM 模型的特点是可以提取词之间的关系规律,再向模型中加入各种特征,模型会得到一个更好的预测效果。在传统方法中,仅仅使用人工特征提取新词,与其相比,BiLSTM 模型可以综合利用人工特征和模型本身提取的特征,从而使模型得到更好的预测结果。

1. 特征介绍

新词发现中使用的特征有以下 4 个:

(1)词性。因为要研究的是将多个旧词拼合为一个新词的问题,所以能拼合成新词的每一个旧词的词性可以作为一个考虑因素。

(2)词长。拼合为新词的旧词的词长也是一个需要考虑的因素。如果每一个旧词的词长之和过大,那么它合成新词的可能性就比较低。

(3)上下文信息熵。该特征实质上是词之间的自由度。一个词的上下文信息熵越大,它与其他词经常在一起出现的机会就越小。如果一个词经常独立出现在文本中,它与其他旧词合并为新词的可能性就越小;反之可能性就越大。

(4)词间凝固度。该特征与上下文信息熵恰恰相反,指的是词相互联结的程度。如果两个词经常在一起出现,那么就说明这两个词的词间凝固度较大,这两个词语的组合就较有可能形成一个新词。

2. 融合特征的 BiLSTM+ CRF 模型在新词发现中的应用

在新词发现中应用的 BiLSTM+CRF 模型分为以下 4 种:

(1)基于词语特征组合的模型。将选择的特征(词性、词长、上下文信息熵和词间凝固度)分别加入模型中,给模型带来不同程度的影响。而这些特征之间又存在着各自的联系。例如,上下文信息熵和词间凝固度这两个特征都是用来描述词之间联结程度的,将这两个特征同时加入模型中,预测效果可以进一步得到改善。

(2)基于特征向量长度的模型。将特征的不同组合融合到模型中之前,还要考虑各个特征所占的权重。而权重可以借助特征的向量长度控制。如果一个特征的向量长度越大,那么该特征所占权重也就越大,其对模型的影响也就越大。因此,在不同特征组合下,每个特征的向量长度也是可以对模型进行调优的因素之一。

（3）基于输入文本长度的模型。深度学习模型可以从输入文本中提取各个词之间的关系，从而找出经常一起出现的词语，发现新词。因此，向模型中输入的文本越长，模型就越能充分提取文本中的词语关系信息。然而，如果输入的文本过长，不仅会超过模型所能提取的信息量的阈值，而且预测所需的时间和内存开销也会过于庞大。

（4）基于义原特征的模型。义原是描述词的含义信息的最小单元。在自然语言中，一个词的含义往往可以用其他词描述，而其他词的含义也能用别的词描述，这样层层类推，直到出现了含义不可分割，也就是不能用其他词描述的词时，这样的词就是义原。

▶ 11.6　应用与分析

11.6.1　面向社会媒体的开放领域新词发现

随着以微博、微信为代表的新型互联网社交应用的发展和普及，社会媒体已经逐渐成为信息传递的重要载体，并且融入人们的日常生活之中。但是社会媒体具有领域分布广、口语化程度高等特点，为针对此类文本的分析带来了挑战。社会媒体文本往往伴随着大量未登录词的出现，若未能有效且实时地识别这些未登录词语，会直接影响以分词为基础的上层分析任务（如情感计算、依存句法分析）的结果。

针对新闻等书面语语料的新词发现算法能够处理的数据量小且词法和语法比较规范、正式，研究者大多采用时间复杂度高的频繁项发现算法，或者采用手工标记的垃圾串模板过滤不正确的新词结果。考虑到社交媒体具有口语化、来源广泛和数据量大等特点，上述算法具有一定的局限性。首先，内存占用会随着文本规模呈线性甚至指数级增加，因此被计算机硬件资源所限制，不能处理规模过大的语料。其次，大规模的口语化语料会导致垃圾串模板的构建更加复杂，不但需要更多的人工标注，模板精度及召回率也会受到极大的影响。从另一个角度讲，社会媒体文本涵盖领域比较广，并不仅限于某些特定的领域，特别是对"神马"等不属于某一特定领域的词语，并不适合使用领域相关的新词发现算法。

本节提出一种使用基于 CRF 模型的字标注分词算法进行候选词提取。在使用最大熵模型过滤人名等命名实体的基础上，构成候选词集，再将候选词集与二元语法分词模型结合，对文本语料重新分词，从而获得候选词在语料中的全局特征，最后使用统计的方法进行垃圾串过滤和新词发现。这种方法能够将 CRF 模型高效的未登录词识别方法与基于全局特征的垃圾串过滤方法结合，所有的步骤均为线性时间复杂度。

1. 新词发现

这里提出的算法将上述两类统计新词发现方法相结合。首先使用 CRF 分词模型进行候选词提取，相比于频繁模式提取，可以加快候选词提取速度并降低内存占用；然后使用二元语法模型重新扫描语料，进行左右熵和互信息两个特征的抽取，弥补第二类方法在仅仅使用局部特征时的不足。

本算法的新词发现分为 4 个步骤，分别是候选词提取、命名实体过滤、新词特征选择、特征计算与候选词排序。

1) 候选词提取

使用基于 CRF 的字标注模型（以下简称 CRF 模型）对语料进行分词,提取频数超过一定阈值的词作为候选词。

CRF 模型将中文分词的过程看成一个汉字边界的序列标注问题,通常使用 BMES 标注集,即一个词语的首字标注为 B,尾字标注为 E,中间的字标注为 M,单个字组成的词标注为 S。使用 CRF 模型进行分词时,词本身以及上下文等特征都成为一个片段是否构成词的影响因素,因此,对于词典中不存在的未登录词具有较高的召回率。但是受限于特征选取的窗口大小,一个片段成词的概率仅仅由此片段特征窗口大小的上下文决定。

CRF 模型对未登录词的正确切分依赖于未登录词自身的组成以及上下文特征,在某些上下文环境中可能会产生切分错误,但是切换到不同上下文中就可能切分正确,且错误的分词结果与上下文有极大的相关性,即在语料库足够大的情况下,大多数未登录词能够被正确地切分。实验表明,CRF 模型中 92% 以上的错误切分产生的词的词频在 3 次以下。因此,使用 CRF 模型进行新词提取是可行的。将 CRF 模型的分词结果以（词,词频）的形式保存成词表。在词表中选择词频大于某一阈值的未登录词作为候选词即可。这种算法的时间复杂度是线性的,需要在内存中存储的仅仅是词表。

阈值根据待发现新词的语料规模而变化,两者呈正相关关系。这里选择 arctan 函数根据语料库大小选择相应的阈值。

$$\text{ThresFreq} = \beta \arctan(\alpha \mid D \mid) \tag{11-4}$$

其中,$\mid D \mid$ 为语料库中的词语总数,使用 arctan 函数防止阈值随着语料库规模增大而线性增长。根据实验结果及经验,β 取 50,α 取 10^{-7}。

2) 命名实体过滤

从实验结果发现,由 CRF 分词结果构成的候选词集中大约有 1/4 的新词为命名实体,新闻语料中这一比例甚至高达 1/2。目前命名实体识别已经取得了较好的效果,不需要单独为命名实体构建词表。同时,为了降低在后续处理中的内存占用,需要对候选词集中的命名实体进行过滤。

在组织机构名过滤方面,在训练 CRF 模型时使用细粒度切分的语料,即可将此类命名实体切分成细粒度的词语,从而过滤类似"北京理工大学""中国科学院计算技术研究所"等组织机构名。

在中文人名过滤方面,因为中文人名的规律性非常强,无论是作为首字的姓氏,还是"玲""雯"等常作为名字出现的汉字,人名的识别相对于其他词语或者命名实体的识别更简单。

最大熵模型适用于这一类基于特征的分类任务,特征选择如下：B 为首字,E 为尾字,M 为中间字。样本使用中文人名库中频率最高的 63 704 个姓名作为正例,使用《人民日报》语料词表中的 85 144 个词（已过滤人名）作为反例。从这 148 848 个样本中随机选择 90% 作为训练集,剩余 10% 作为测试集,实验结果准确率为 94.7%。

在这一步骤中,因为仅仅需要针对候选词集进行分类,运算时间相比于其他步骤可以忽略不计（词表的大小远远小于语料库的大小）。

3) 新词特征选择

相比于传统的新闻语料,社会网络文本的特点是以口语为主,并且常常夹带错词、方言或者其他语言文字以及符号。如果通过手工标记模板方式过滤垃圾串,需要投入巨大的人力资源,并且错误率较高。因此,使用基于统计的方法对候选词按照成词的可能性从高到低进行筛选。

CRF 模型将字作为分词的处理单元,对字进行边界标注而使其成为词。因此,这种分词模型主要会产生两类对新词发现结果造成影响的分词错误。第一类为分离型分词错误,例如错误的切分结果"思乱想"(对应于"胡思乱想")等;第二类为组合型分词错误,即未能将两个连续的词语正确切分开来,例如"吃火锅"(对应于"吃/火锅")。

特征选择的整体思路是找到两类特征,分别能够过滤以上两类主要分词错误。针对第一类错误,使用邻接熵特征进行过滤;针对第二类错误,选择语言模型计算互信息特征进行过滤。

(1)邻接熵。

邻接熵是一种计算候选词上下文丰富程度的特征。候选词上下文越丰富,代表它成词的概率越高,这时它的邻接熵也就越高。邻接熵计算公式如下:

$$H_{\text{L}} = \sum_{w \in W_{\text{L}}} -\frac{n_w^{\text{L}}}{C} \log \frac{n_w^{\text{L}}}{C} \tag{11-5}$$

$$H_{\text{R}} = \sum_{w \in W_{\text{R}}} -\frac{n_w^{\text{R}}}{C} \log \frac{n_w^{\text{R}}}{C} \tag{11-6}$$

$$H_{\text{ADJ}} = \min(H_{\text{L}}, H_{\text{R}}) \tag{11-7}$$

其中,H_{L} 代表候选词的左信息熵,W_{L} 代表候选词左侧出现的词所构成的集合,n_w^{L} 代表在候选词的左侧词语 w 出现的次数,H_{R}、W_{R}、n_w^{R} 分别代表候选词右侧与上面 3 项对应的特征,C 代表候选词的词频。

选择左侧和右侧信息熵的最小值作为候选词的邻接熵,可以有效过滤 CRF 分词中词语内部的分离式错误切分,例如错误的切分结果"思乱想(对应于'胡思乱想')",在语料中它左边只可能出现"胡"字,因此左信息熵为 0,从而实现过滤。

(2)互信息。

互信息反映候选词内部特征,其值越大,代表候选词内部凝固度越高,成词的概率也就越大。使用互信息能够有效地过滤类似"吃火锅"(对应于"吃/火锅")的 CRF 模型组合型分词错误。

此时可以在二元语法模型中引入互信息的计算,从而使得其过滤组合型错误候选词的能力更强。陈飞等人[①]提出的互信息计算公式如下:

$$M(w) = \text{MI}(w_1, w_2) = \frac{P(w_1, w_2)}{P(w_1)P(w_1)} \tag{11-8}$$

其中,w_1、w_2 为 w 的组成部分,$P(w)$ 表示词 w 在语料中出现的概率。这种计算方法有一定的缺陷。首先,类似于"排山倒海"等成语,很多词并不仅仅由两部分组成。其次,对于一些频繁共同出现但不构成词的序列,例如"了一"等,上述互信息计算方法过滤的效果不佳。本节将二元语法模型与上述公式结合,提出一种改进后的互信息计算方法,公式如下:

---

① 陈飞,刘奕群,魏超,等. 基于条件随机场方法的开放领域新词发现[J]. 软件学报,2013,24(5):10-14.

$$M(w_1,w_2,\cdots,w_n)=\log\frac{P(w_1,w_2,\cdots w_n)}{P(w_1)P(w_2\mid w_1)\cdots P(w_n\mid w_{n-1})} \qquad (11\text{-}9)$$

$$M(w)=\min(Mw_1,Mw_2,\cdots,Mw_n) \qquad (11\text{-}10)$$

其中，$w_1,w_2,\cdots,w_n$ 表示候选词 w 的各个组成部分，M 的值为 M_w 对于序列 $w_1,w_2,\cdots,w_n$ 取得的最小值。$P(w_n\mid w_{n-1})$ 利用 Jelinek-Mercer 平滑方法计算：

$$P(w_n\mid w_{n-1})=\lambda P'(w_n\mid w_{n-1})+(1-\lambda)P(w_n) \qquad (11\text{-}11)$$

$P'(w_n\mid w_{n-1})$ 从已标注的语料中学习得到，$P(w_n)$ 从进行新词发现的语料中学习得到。对于"了一"等词，因为二元语法模型的概率 $P(一\mid 了)$ 明显大于一元模型的概率 $P(一)$，所以使用改进后的互信息计算公式能够有效增加对于这类词的区分度。

4）特征计算与候选词排序

在获得候选词集之后，需要对语料进行第二遍扫描，用于计算候选词集中各词的邻接熵以及互信息的值。这里选择二元语法模型，将候选词集中的各词以（候选词，词频）的形式加入到二元语法模型分词程序的用户词典中，对语料重新切分。

N 元语法模型分词即从字符序列组成的文本 $T=C_1C_2\cdots C_n$ 中寻找到词的序列 $w_1w_2\cdots w_n$。

$$w_1w_2\cdots w_n=\underset{w_n\in V,w_1w_2\cdots w_n=T}{\arg\max}\ P(w_1w_2\cdots w_n\mid C_1C_2\cdots C_n) \qquad (11\text{-}12)$$

$$P(w_1w_2\cdots w_n\mid C_1C_2\cdots C_n)\propto P(w_1w_2\cdots w_n) \qquad (11\text{-}13)$$

$$P(w_1w_2\cdots w_n)=P(w_1)P(w_2\mid w_1)\cdots P(w_n\mid w_{n-1}\cdots w_1) \qquad (11\text{-}14)$$

二元语法模型假设一个词出现的概率仅仅与前一个词相关，因此，$P(w_1w_2\cdots w_n)$ 可以简化成

$$P(w_1w_2\cdots w_n)=P(w_1)P(w_2\mid w_1)\cdots P(w_n\mid w_{n-1}) \qquad (11\text{-}15)$$

与上面相同，$P(w_n\mid w_{n-1})$ 利用 Jelinek-Mercer 平滑方法计算。

$w_1w_2\cdots w_n$ 序列可以使用束搜索（beam search）等动态规划方法以 $O(n)$ 的时间复杂度获得。

本节选择使用二元语法模型进行重新扫描而非在 CRF 模型的分词结果中计算特征。首先，使用 CRF 模型会造成额外的磁盘空间消耗。其次，CRF 分词模型中对于未登录词的切分主要依赖于上下文的边界信息，因此，语料中的候选词不一定在所有位置都被正确切分，需要使用基于词表和语言模型的分词算法重新分词和计算特征。最后，二元语法分词的速度已经足够快。

在二元语法分词的过程中，分别记录每个候选词左右两侧出现的词以及该候选词本身的频率，前者用于邻接熵的计算，后者用于互信息的计算。

一旦获得了每个候选词邻接熵和互信息的值，分别去除邻接熵和互信息最低的 10% 的候选词，使用线性插值法获得每个候选词的权重，即

$$\text{Weight}_w=\alpha\frac{H_{\text{ADJ}}(w)}{H_{\text{ADJ}}^{\max}}+(1-\alpha)\frac{M(w)}{M^{\max}} \qquad (11\text{-}16)$$

其中，$H_{\text{ADJ}}^{\max}$ 是所有候选词邻接熵的最大值，$M^{\max}$ 表示候选词互信息的最大值。使用式(11-16)对候选词集中的词进行计算之后，按照权重对候选词进行反转排序，权重越大，排序越靠前，此候选词的成词概率也就越高。最后提取排序结果的前 30%～40% 作为新词即可。

2. 实验

1）实验数据

使用网页爬虫抓取网易的新闻、体育、科技和教育栏目语料，总共约 3.2GB 的纯文本，此外使用爬虫抓取 Twitter 4000 万条左右的中文微博，去掉重复内容并将繁体字统一转化为简体字后得到 3.4GB 的纯文本（两者编码均为 UTF-8），组成总共 6.6GB 的纯文本测试语料。

此外，为了测试新词发现的准确率，将候选词提取所获得的 82 902 个候选词及每个候选词的 3 个例句放于网上，以众包的方式进行标注，产生标注集 R。标注内容是该候选词是否为词。为了保证标注的一致性，对词的标准规定如下：

（1）拆分后各部分意思不变的不是词，如"专用飞机"。

（2）明显由两个词构成的常见片段不是词，如"的是"。

（3）数字、人名不是词，地名以及机构名是词。

至撰写本书时，总共获得 12 764 条有效标注，其中正例 8365 条，反例 4399 条（有部分频数较低的词在后面的实验中未能用到）。

2）实验结果

在实验中分别测试了排序结果每个 10% 区域的准确率，如表 11-1 所示。准确率即在测试的词语集相应区域中标注正例的词的个数与候选词个数的比值，即

$$P_{\text{ra}} = \frac{|\{w \mid w \in T_{\text{ra}} \bigcap R, L_w = \text{True}\}|}{T_{\text{ra}} \bigcap R} \tag{11-17}$$

其中，T_{ra} 为需要测试的新词发现结果，ra 表示选取的比例，如 $T_{30\%}$ 表示选取排序结果的前 30% 进行测试。R 为标注集，L_w 表示词语 w 在标注集 R 中的结果，True 表示 w 是一个词，False 表示 w 不是一个词。同理，$P_{\text{ra}}^{\text{MI}}$ 表示仅使用互信息作为特征时的准确率，$P_{\text{ra}}^{\text{ADJ}}$ 表示仅使用左右熵作为特征时的准确率。

此外，针对排序结果划分成区域，对每个区域的准确率进行测试，即

$$P'_{\text{ra}} = \frac{|\{w \mid w \in T'_{\text{ra}} \bigcap R, L_w = \text{True}\}|}{T'_{\text{ra}} \bigcap R} \tag{11-18}$$

其中，T'_{ra} 为需要测试的新词发现结果的区域，如 $T'_{30\%}$ 表示选取排序结果的 20%～30% 这一区域的新词进行测试。从表 11-1 和表 11-2 可见，使用互信息作为特征抽取新词的效果好于使用邻接熵，两种特征结合的效果明显好于单个特征。从表 11-3 可见，以互信息作为特征时，由不单独成词的字组成的长词排序靠前，如"邻苯二甲酸酯""斯塔霍夫斯基"；邻接熵则倾向于将常用的词语筛选出来，如"惊现""太过"等。这两种特征从不同的角度反映一个候选词成词的可能性，具有互补性。

表 11-1　不同特征对各区域准确率的影响（$\alpha = 0.2$）

特征	10%	20%	30%	40%	50%	60%	70%	80%	90%	100%
P_{ra}	0.872	0.849	0.830	0.812	0.800	0.782	0.767	0.754	0.733	0.712
$P_{\text{ra}}^{\text{MI}}$	0.842	0.838	0.822	0.803	0.790	0.776	0.761	0.741	0.725	0.712
$P_{\text{ra}}^{\text{ADJ}}$	0.755	0.75	0.762	0.766	0.766	0.761	0.756	0.744	0.731	0.712

续表

特征	10%	20%	30%	40%	50%	60%	70%	80%	90%	100%
P'_{ra}	0.872	0.828	0.789	0.755	0.744	0.688	0.670	0.652	0.554	0.453
P'^{MI}_{ra}	0.842	0.834	0.792	0.742	0.731	0.700	0.671	0.596	0.594	0.561
P'^{ADJ}_{ra}	0.755	0.744	0.786	0.778	0.768	0.733	0.725	0.650	0.611	0.493
R_{NUM}	4828	9657	14 486	19 314	24 143	28 972	33 800	38 629	43 458	48 287

表 11-2　不同的 α 值对准确率的影响

α	0.0	0.1	0.2	0.3	0.4	0.5	0.6	0.7	0.8	0.9	1.0
$P_{30\%}$	0.822	0.837	0.830	0.822	0.809	0.795	0.778	0.776	0.768	0.765	0.762
$P_{50\%}$	0.790	0.799	0.800	0.793	0.787	0.784	0.777	0.775	0.771	0.770	0.766

表 11-3　以互信息、邻接熵及其结合作为特征时权值最高的新词

互　信　息	邻　接　熵	互信息＋邻接熵
小儿氨酚烷胺	太过	访民
蠢蠢蠢蠢	惊现	堪比
子欲养而亲不待	会否	转投
阿尔茨海默病	签下	动漫
斯塔霍夫斯基	跑去	医保

对于两种特征结合时线性插值系数 α 的选择,分别使用新词结果前30%的准确率 $P_{30\%}$ 和新词结果前50%的准确率 $P_{50\%}$ 测试不同的 α 值对实验结果的影响。实验结果(见表 11-2)表明,选择在[0.1,0.2)区间内准确率比较高。

在对比实验中,实现了 Peng 等人[1]提出的基于 CRF 模型的新词发现方法。与顾森[2]提出的算法不同的是,在本方法中频繁项的识别采用了分词结果的组合而非后缀数组。考虑到不同算法对于语料库大小的限制,这里选择前述 6.6GB 语料中的前 100MB 作为测试语料。对比结果如表 11-4 所示,不同的算法召回的新词数量差别较大,特别是在本方法与顾森提出的算法分别召回的 2463 和 2779 个新词中只有 220 个词是相同的。因此,此处使用召回新词数量代替召回率。在精度方面,从 Peng 等人的算法和顾森的算法召回的前 1000 个新词中随机抽取 100 个词进行判断,统计精度值 $P^1_{TOP1000}$ 和 $P^2_{TOP1000}$。

---

　　① PENG F，FENG F，MCCALLUM A. Chinese Segmentation and New Word Detection Using Conditional Random Fields[C]. Proceedings of the 20th International Conference on Computational Linguistics. 2004：562-568.
　　② 顾森. 基于大规模语料的新词发现算法[J]. 程序员，2012(7)：54-57.

表 11-4 不同算法的召回新词数量以及精度

算 法	召回新词数量	P^1_{TOP1000}	P^2_{TOP1000}
Peng 等人的算法	5062	0.63	0.60
顾森的算法	2779	0.72	0.76
本方法	2463	0.81	0.80

不同算法召回权值最高的新词如表 11-5 所示,Peng 等人的算法与本方法在结果的类型特点上类似,因为二者都以 CRF 模型分词为基础,倾向于找出细粒度的词。两者的差别是：本方法使用全局特征计算权重;而 Peng 等人的算法使用局部上下文的特征,后者局部的噪声对精度影响较大。顾森的算法与本方法正好相反,倾向于召回粗粒度的词语,这与它基于频繁模式的候选集挖掘算法有关,该算法比较有利于找出命名实体或者一些常用短语。从某种程度上讲,本方法与顾森的算法可以起到互补的作用。

表 11-5 不同算法召回权值最高的新词

本 方 法	Peng 等人的算法	顾森的算法
爱贝芙	肉业	国家食品药品监督管理总局
卅里铺	灭杀	城镇居民人均可支配收
嵯岈山	医保	皮斯托瑞斯
苏宁	主导型	北京工美集团有限责任公
彭博	不良	国家新闻出版广电总局

对于算法效率的实验,首先进行运行时间与语料库大小关系的测试,从 6.6GB 的测试语料中抽取不同大小的部分,分别为 0.5GB、1GB、1.5GB、2GB、4GB、6.3GB,对每份语料使用本方法进行新词发现,计算运行时间以及处理速度,最终结果如图 11-1 所示。新词发现运行的时间与语料库的规模成正比,且处理速度不随语料库大小的变化而改变,始终稳定在 2.6MB/s 左右。实验结果验证了本方法具有 $O(n)$ 的时间复杂度。

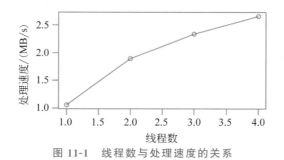

图 11-1 线程数与处理速度的关系

11.6.2 多语种新词发现示例

在实际应用中,获取大量的标注语料是一件十分困难的事情,对小语种而言更是如此。因此,探索无监督的新词发现算法对于小语种更有价值。本节提出一种通用的多语种新词发现算法。与单语种的情况相比,该算法对于多语种的处理仅仅是形态切分部分有所不同。

本节对汉语、日语、英语3种在不同国家使用的语言以及藏语和维吾尔语两种中国少数民族语言进行了新词发现的实验。本节使用的汉语、日语和英语的数据集为 WMT 2019 提供的新闻评论语料库;藏语的数据集为使用爬虫在中国藏族网通及中国藏语新闻网站中爬取的约 34.93MB 的纯文本语料,维吾尔语的数据集为中国科学院新疆理化技术研究所提供的维汉双语语料库 XJIPC-corpus-CWMT2017。

基于不同语言的特点,对清洗后的纯文本语料进行形态切分。

3种在不同国家使用的语言的切分要点如下:

(1)汉语的词之间并没有明确的分隔标识,任何相邻的字之间都有结合成词的可能,因此按照字对汉语语料进行切分。在每轮迭代过程中,将已发现的新词加入分词程序 NLPIR-ICTCLAS[①] 的词典中预先分词。

(2)日语语料与汉语十分相似,因此采取同样的切分方式。

(3)英语的词之间使用空格作为分隔符,因此按照空格对英语语料进行切分。

两种中国少数民族语言的切分要点如下:

(1)藏语是由音节组成的,每个音节又由若干字符组成。藏语中的一个音节可以简单理解为汉语中的一个字,以音节分隔符"·"对藏语语料进行切分。

(2)维吾尔语和英语类似,单词之间是由空格分隔的,以空格为分隔符对维吾尔语语料进行切分。

根据形态切分的结果建立词表,去除停用词之后,对词表建立倒排索引。根据词频、左右信息熵、互信息这3个指标计算词表中各个词的权重,并根据上下文和权重计算的结果进行连接和筛选。

在汉语数据集中,新词发现的前20个结果为:沙特阿拉伯、摩洛哥、互联网、卫星电视、穆罕默德、二十世纪、黎巴嫩、谨慎、逊尼派、纳伊夫、酝酿、亵渎、左翼政党、牺牲、壁垒、兄弟、邀请、埋葬、凯末尔、土耳其;在日语数据集中,新词发现的前20个结果为:多文化社会、皇太子、ヨーロッパ、枠組み、労働者、傲慢、妊娠、監督、紅茶、柔軟、冒涜、胚細胞、委員会、贅沢、風刺画、貯蓄、逮捕、奨励、ヨーロッパ人、露呈;在英语数据集中,新词发现的前10个结果为:Prime Minister、climate change、central banks、advanced economies、trade intensity、sustainable development、developing countries、billion people、financial crisis、GDP growth。

在维吾尔语数据集中,新词发现的前5个结果为:سورۇش ئىلگىرى(推广)、كوچىتىپ(强化)、پۈلمۇنامىياماپۇل(金融)、قىلدى(做过)、مىيلىيون(百万)。

可以看到,本节的方法所得效果基本为相应语料的词语,证明了该方法的适用性。

---

① HANG H P,YU H K,XIONG D,et al. HHMM-based Chinese Lexical Analyzer ICTCLAS[C]. Proceedings of the Second SIGHAN Workshop on Chinese Language Processing.2003:184-187.

第 12 章

命名实体识别与关键词提取

本章首先对命名实体识别与关键词提取技术的定义进行介绍,然后对命名实体识别与关键词提取的难点以及当前的技术进行介绍,最后给出基于序列标注的命名实体识别实例和关键词提取实例。[①]

▶ 12.1 命名实体识别与关键词提取概述

12.1.1 命名实体识别

1. 命名实体识别的定义

随着数据的爆炸式增长,人工从海量的文本中寻找有用的信息无疑是一项费时费力的任务,因此信息抽取研究应运而生。作为其关键技术之一的命名实体识别(Named Entity Recognition,NER)多年来受到学术界和工业界的广泛关注。命名实体识别同时也是众多自然语言处理应用的基础,如实体关系抽取、知识图谱构建和智能问答等。

命名实体最早在 1996 年举办的第六届语义理解会议[②](Message Understanding Conference)上被提出,当时仅定义了一些通用实体类别,如人员、位置、组织等。在 20 世纪 90 年代,NER 系统的早期工作主要是为了从新闻文章中提取信息。随后,NER 的注意力转向了处理军事文件和报告。自动内容抽取(Automatic Content Extraction,ACE)评估的后期阶段还包括几种非正式文本风格,例如博客和来自会话式电话语音对话的文本抄本。自 1998 年以来,在分子生物学、生物信息学和医学自然语言处理领域,人们对实体识别产生了极大的兴趣。在该领域最常见的兴趣实体是基因和基因产物的名称。在 CHEMDNER 竞赛的背景下,对化学实体和药物的识别引起了学术界和产业界的广泛兴趣,由此产生的语料库和系统对更有效地访问文本存储库中描述的化合物和药物(化学实体)信息有一定的帮助[③]。

命名实体识别又称作专名识别,是自然语言处理中的一项基础任务,应用范围非常广

---

① 本章由刘维康整理,部分内容由唐永翔、薛新月、琚安怡、郭倞涛、侯晋宏、范佳兴、宋策、冀温瑾、何妙、叶姿逸、邹媛婷、冷晓晗贡献。

② GRISHMAN R, SUNDHEIM B, Message Understanding Conference-6:A Brief History. 1996.

③ KRALLINGER M, LEITNER F, RABAL O, et al. Overview of the Chemical Compound and Drug Name Recognition (CHEMDNER) task. Proceedings of the Fourth BioCreative Challenge Evaluation Workshop vol. 2. 2021:6-37.

泛。命名实体一般指的是文本中具有特定意义或者指代性强的实体,通常包括人名、地名、组织机构名、日期时间、专有名词等。NER 任务通常由两部分组成:

(1) 实体的边界识别。

(2) 实体的类型确定(人名、地名、组织机构名或其他)。

按实体类型数量划分,NER 任务可分为两类:

(1) 粗粒度的 NER。实体种类少,每个命名实体对应一个实体类型。

(2) 细粒度的 NER。实体种类多,每个命名实体可能存在多个对应的实体类型。

NER 系统就是从非结构化的输入文本中抽取上述实体,并且可以按照业务需求识别出更多类别的实体,例如产品名称、型号、价格等。因此实体概念的外延可以很广,只要是业务需要的特殊文本片段都可以称为实体。

从学术视角看,NER 所涉及的命名实体一般包括 3 大类(实体类、时间类和数字类)和 7 小类(人名、地名、组织机构名、时间、日期、货币、百分比)。

在实际应用中,NER 模型通常只要识别出人名、地名、组织机构名和日期时间即可,一些系统还会给出专有名词结果(例如缩写、会议名、产品名等)。货币、百分比等数字类实体可通过正则表达式识别。另外,在一些应用场景下会给出特定领域内的实体,如书名、歌曲名、期刊名等[1]。

形式上,给定一个句子序列 $s=<w_1,w_2,\cdots,w_n>$,NER 任务的目的是输出一个形如 $<I_s,I_e,t>$ 的元组列表,该列表中每一个元素都对应 s 中的一个命名实体。其中,$I_s \in [1,n]$ 和 $I_e \in [1,n]$ 分别是命名实体的开始和结束索引,t 是来自预定义的实体类型集合中的实体类型。图 12-1 给出了 NER 系统识别来自给定句子的 3 个命名实体的示例。

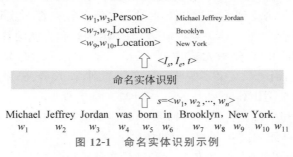

图 12-1 命名实体识别示例

2. 命名实体识别研究难点

命名实体识别研究难点主要体现在以下 3 方面:

(1) 领域命名实体识别局限性和有效性。目前命令实体识别只是在有限的领域和有限的实体类型中取得了较好的成绩,如针对新闻语料中的人名、地名、组织机构名的识别。但这些技术无法很好地迁移到其他特定领域,如军事、医疗、生物、小语种语言等。一方面,由于不同领域的数据往往具有领域独特性,如医疗领域中包括疾病、症状、药品等特殊的命名实体,导致新闻领域的模型无法完成识别任务;另一方面,由于领域资源匮乏造成标注数据集缺失,导致模型训练很难直接开展。中文命名实体识别过程常要与中文分词、浅层语

[1] 宗成庆. 统计自然语言处理[M]. 2 版. 北京:清华大学出版社,2013.

法分析等过程相结合。分词、语法分析系统的可靠性也直接决定命名实体识别的有效性，使得中文命名实体识别更加困难。

（2）命名实体表述多样性和歧义性。自然语言的多样性和歧义性给自然语言理解带来了很大挑战，在不同的文化、领域、背景下，命名实体的外延有差异，这也是命名实体识别技术需要解决的根本问题。对命名实体的界定和类型确定，目前还没有形成共同遵循的严格的命名规范。获取大量文本数据后，由于知识表示粒度不同、置信度相异、缺乏规范性约束等问题，往往会出现命名实体表述多样、指代不明确等现象。

（3）命名实体的复杂性和开放性。传统的实体类型只关注一小部分类型，例如人名、地名和组织机构名。命名实体的复杂性体现在实际数据中实体的类型复杂多样，需要识别细粒度的实体类型，将命名实体分配到更具体的实体类型中。目前业界还没有形成可遵循的严格的命名规范，人名中也存在比较长的少数民族人名或翻译过来的外国人名。命名实体的开放性是指命名实体内容和类型并非永久不变，会随着时间推移发生各种演变，甚至最终失效，难以建立大而全的数据库。命名实体的复杂性和开放性给命名实体分析带来了巨大的挑战，也是亟待解决的核心关键问题。

尽管 NER 是自然语言处理领域的一个基础任务，然而近年来已经很少有研究人员投入纯粹的 NER 问题的研究当中。通过分析 ACL2021 收录的有关 NER 的论文发现，大多数研究都是针对 NER 中细分方向上的探索，聚焦的点包括：

（1）NER 中的嵌套和不连续问题。

（2）少样本学习或弱监督学习。

（3）在某些特定领域的实践（如生物医学领域）。

3. 命名实体识别的应用领域

命名实体识别作为自然语言处理中的基本任务，是信息抽取、知识图谱、机器翻译等诸多上游任务的基础，广泛应用于自然语言处理领域中，同时在自然语言处理技术走向实用化的过程中占有重要地位。

命名实体识别的应用领域主要有以下 5 个：

（1）事件检测。人物、时间、地点是事件的基本构成部分，在构建事件的摘要时，可以突出相关人物、地点、单位等。在事件搜索系统中，相关的人物、时间、地点可以作为索引关键词。通过事件的基本构成部分之间的关系，可以从语义层面更详细地描述事件。

（2）信息检索。命名实体可以用来提高和改进检索系统的效果。例如，当用户输入"重大"时，要检索的可能是"重庆大学"，而不是其对应的形容词的含义。此外，在建立倒排索引的时候，如果把命名实体切成多个单词，将会导致查询效率降低。此外，搜索引擎正在向语义理解、计算答案的方向发展。

（3）语义网络。语义网络中一般包括概念、实例及其对应的关系，例如，"国家"是一个概念，"中国"是一个实例，"中国是一个国家"表达实体与概念之间的关系。语义网络中的实例有很大一部分是命名实体。

（4）机器翻译。命名实体的翻译（尤其像人名、地名、组织机构名等）常常有某些特殊的翻译规则（例如，中国的人名翻译成英文时要使用名字的拼音表示，有名在前姓在后的规则），而普通的词语要翻译成对应的英文单词。准确识别出文本中的命名实体，对提高机翻译的效果有直接的意义。

（5）问答系统。准确识别出问题的各个组成部分、相关领域和相关概念是问答系统的重点和难点。目前,大部分问答系统都只能搜索答案,而不能计算答案。搜索答案进行的是关键词的匹配,用户根据搜索结果人工提取答案,而更加友好的方式是把答案计算好再呈现给用户。问答系统中有一部分问题需要考虑到实体之间的关系。例如,搜索"美国第四十五任总统",目前的搜索引擎会以特殊的格式返回答案"特朗普"。

4. 问题特点

对比汉语和英语本身的语言特点,英语中的命名实体具有比较明显的形态标志,如人名、地名等实体中的每个词的第一个字母要大写等,而且英语句子中的每个词都是通过空格自然分开的,英语的实体边界识别相对于中文来说比较容易,所以其任务的重点是确定实体的类型。相比于英语,汉语里的汉字排列紧密,汉语的句子由多个字组成且字词之间没有空格,这一独特的语言特点增加了命名实体识别的难度。

5. 前沿数据集

从第一个 NER 任务创建以来,学术界为 NER 创建了诸多优秀的数据集,目前主流的命名实体识别数据集多为英语数据集,其他语言（如汉语、德语等）的数据集较少。

CoNLL 2002 和 CoNLL 2003 是根据 4 种不同语言（西班牙语、荷兰语、英语和德语）的新闻通讯文章创建的,主要关注 4 类实体：人名（Person）、地名（Location）、机构名（Organization）和其他（miscellaneous including all other types of entities）。Rajeev Sangal 和 Singh 于 2008 年创建了东南亚语言 NER 数据集,其中的命名实体类型有人名、头衔、时态表达式、缩写、对象编号、品牌等。Benikova 等人于 2014 年基于德语维基百科和在线新闻提出了德语 NER 数据集,其中的实体类型与 CoNLL 类似。

汉语命名实体识别数据集有人民日报（1998）数据集、微博 NER 数据集（weibo-ner）、MSRA 数据集、OntoNotes4、SIGHANNER 等。

表 12-1 显示了部分英语命名实体识别数据集（有关其他语言的 NER 数据集列表,请参见 GitHub 仓库）。

表 12-1 部分英语命名实体识别数据集

数 据 集	领 域	许 可	可 用 性
CONLL 2003	新闻	DUA	易获取
NIST-IEER	新闻	无	
MUC-6	新闻	LDC	NLTK 数据
OntoNotes 5	各种领域	LDC	
BBN	各种领域	LDC	LDC 2003T13
GMB-1.0.0	各种领域	无	
GUM-3.1.0	维基	多个	LDC 2013T19
wikigold	维基百科	CC-BY 4.0	

续表

数　据　集	领　　域	许　　可	可　用　性
Ritter	Twitter	无	LDC 2005T33
BTC	Twitter	CC-BY 4.0	

12.1.2　关键词提取

1. 关键词提取的定义

文档关键词表征了文档主题性和关键性内容,是文档内容理解的最小单位。关键词提取也称关键词抽取或关键词标注,是从文本中把与该文本所表达的意义最相关的一些词或短语提取出来,文档的自动关键词提取是识别或标注文档中具有这种功能的代表性的词或短语的自动化技术。

2. 关键词提取的应用领域

在不支持全文搜索的文献检索初期,以关键词作为搜索论文的词语,必须在论文中安排关键词这一项。直到现在,在许多文档中仍然设置该项。但是,随着互联网的发展和大数据时代的到来,文本信息大量涌现,这些文本不再限于提供了关键词的论文,许多文本并没有提供关键词,这就需要人工或利用计算机程序提取关键词。

同时,在自然语言处理中,关键词在文本聚类、文本分类、文本摘要等领域中有着重要的作用。例如,从某天的所有新闻中提取出这些新闻的关键词,就可以大致知道那一天发生了什么事情;从某一学术领域最近一段时间范围内的文献中提取出关键词,就可以了解当前该领域的学术研究热点。

3. 前沿数据集

比较经典的英文关键词提取数据集有 NLM_500、FAO780、FAO30、SemEval2010 等。中文关键词提取数据集有 SemEval 2017 Task 10、中国学术期刊全文数据库等。

▶ 12.2 经典算法

12.2.1　命名实体识别经典算法

如图 12-2 所示,命名实体方法总体上可以分为基于规则的方法和基于机器学习的方法[①]。基于机器学习的方法根据对语料的依赖程度可以划分为有监督学习方法和无监督学习方法,有监督学习方法按照特征提取的方法又可以细分为基于统计特征(传统机器学习)的方法和基于深度学习的方法。

---

① NADEAU D, SEKINE S. A Survey of Named Entity Recognition and Classification [J]. Lingvisticae Investigationes,2007,30(1):3-26.

命名实体识别方法 { 基于规则的方法 基于机器学习的方法 { 有监督学习方法 { 基于统计特征的方法 基于深度学习的方法 } 无监督学习方法 }

图 12-2　命名实体识别方法分类

1. 基于规则的方法

在命名实体识别的早期研究中,以基于规则的命名实体识别方法为主。基于规则的命名实体识别方法多由语言学专家手工构造规则模板,选用特征包括统计信息、标点符号、关键词、指示词和方向词、位置词(如尾字)、中心词等,以模式和字符串相匹配(正向/逆向/双向最长匹配、字典树和 AC 自动机等)为主要手段对文本进行处理,以实现命名实体识别。这类系统大多依赖于知识库和词典的建立,词典包括由特征词构成的词典和已有的现实常识词典。值得注意的是,使用这类方法需要为每一个规则都赋予权值,当遇到规则冲突的时候就选择权值最高的规则判别命名实体的类型。

Rau[①] 在第 7 届 IEEE 人工智能应用会议上发表了关于提取和识别公司名称的论文,通过手工编写规则实现了从文本中提取公式类型的命名实体。由此可以发现,当提取的规则能比较精确地反映语言现象时,基于规则的命名实体识别方法准确率高,而且无须提前对语料库进行标注。但此类方法的局限性也非常明显,规则和词典的构建依赖于具体的语言、领域与文本风格,不容易在其他实体集上扩展,可移植性差,而且此类方法对新词、未登录词缺乏发现能力。一些著名的基于规则的 NER 系统有 LaSIE-Ⅱ[②]、NetOwl、Facile、SAR、Fastus 和 LTG。

基于规则方法的缺点很快暴露出来:

(1)该方法虽然能够在特定的语料上获得较高的识别效果,但是识别效果越好,越需要大量规则的制定,而人工制定这些规则可行性太低。

(2)该方法几乎不可能通过制定有限的规则识别出变化无穷的命名实体。

(3)规则对领域知识极度依赖。当领域差别很大时,以往制定的规则往往无法移植,不得不重新制定规则。

这些固有的缺点使得研究者转而采取新的研究思路,而此时正值机器学习在自然语言处理领域兴起,命名实体识别也自然地转向了机器学习的阵营。

2. 基于机器学习的方法

基于统计特征的命名实体识别方法属于传统的基于机器学习的方法,是一种有监督学习方法。该方法通常将命名实体识别任务转换成序列标注任务,模型利用标注好的语料进行训练。与分类问题相比,序列标注问题中当前的预测标签不仅与当前的输入特征相关,还与前面的预测标签相关,即预测标签序列之间是有相互依赖关系的,例如,I-LOC 不能出现在 B-LOC 之前,I 标签不能出现在序列首部,等等。

---

① RAU L F. Extracting Company Names from Text[C]. Artificial Intelligence Applications. IEEE,1991:29-32.

② HUMPHREYS R G, AZZAM S, HUYCK C, et al. Description of the LaSIE-II System as Used for MUC7[J]. 1998.

基于统计特征的机器学习方法的具体步骤如下：

（1）标注语料。一般采用 IO（Inside-Outside）、BIO（Begin-Inside-Outside）、BIOES（Begin-Inside-Outside-End-Single）标注体系对语料库中的文本进行人工或自动标注。

（2）特征定义。通过对训练语料所包含的语言信息进行统计和分析，从训练语料中挖掘出具体的单词特征、上下文特征、词典及词性特征、停用词特征、核心词特征以及语义特征等，特征选取的质量决定了命名实体识别模型的效果。

（3）训练模型。经常使用的统计模型有隐马尔可夫（HMM）模型[①]、最大熵（Maximum Entropy，ME）模型[②]、支持向量机（SVM）模型和条件随机场（CRF）模型[③]等。

1）隐马尔可夫模型

隐马尔可夫模型形成于 20 世纪 70 年代，是一个统计模型。该模型的系统中存在两个序列：

（1）可以直接通过观测得到的观察序列，在命名实体识别中指每一个词语本身。

（2）隐含的状态转移序列，即每个词语的标注。

求观察序列最可能的标注序列，即根据输入的一系列单词生成标注，从而得到实体。

2）最大熵模型

最大熵原理是统计学习的一般原理，将它应用到分类问题上就得到了最大熵模型。

假设分类模型是一个条件概率分布 $P(Y|X)$，X 表示输入，Y 表示输出。该模型表示的是对于给定的输入 X，以条件概率 $P(Y|X)$ 输出 Y，在命名实体识别模型中，X 代表字，Y 代表该字对应的标签。

给定一个训练数据集 $T=\{(x_1,y_1),(x_2,y_2),\cdots,(x_N,y_N)\}$，目标就是利用最大熵原理选择最好的分类模型。

按照最大熵原理，应该优先保证模型满足已知的所有约束。那么，如何得到这些约束呢？

思路如下：从训练数据 T 中抽取若干特征，然后要求这些特征在 T 上关于经验分布的期望与它们在模型中关于 $p(x,y)$ 的数学期望相等，这样，一个特征就对应一个约束。

特征函数是对输入 x 和输出 y 之间的某个事实的描述，其定义为

$$f(x,y)=\begin{cases}1, & x \text{ 与 } y \text{ 满足某一事实} \\ 0, & x \text{ 与 } y \text{ 不满足某一事实}\end{cases} \tag{12-1}$$

经验分布是指通过在训练数据 T 上进行统计得到的分布。需要考察两个经验分布，分别是 x、y 的联合经验分布以及 x 的分布。其定义如下：

$$\widetilde{p}(x,y)=\frac{\text{count}(x,y)}{N} \tag{12-2}$$

$$\widetilde{p}(x)=\frac{\text{count}(x)}{N} \tag{12-3}$$

① EDDY S R. Hidden Markov Models[J]. Current Opinion in Structural Biology，1996，6(3)：361-365.

② RATNAPARKHI A. Maximum Entropy Model for Part-of-Speech Tagging[J]. Proc. Empirical Method for Natural Language Processings，1996.

③ LAFFERTY J D, MCCALLUM A K, PEREIRA F C N. Conditional Random Fields：Probabilistic Models for Segmenting and Labeling Sequence Data[C]. Proceedings of the 18th International Conference on Machine Learning. 2001：282-289.

其中，$\text{count}(x,y)$ 表示 (x,y) 在数据 T 中出现的次数，$\text{count}(x)$ 表示 x 在数据 T 中出现的次数。

对于任意的特征函数 $f(\cdot)$，记 $E_{\tilde{p}}(f)$ 表示 f 在训练数据 T 上关于 $\tilde{p}(x,y)$ 的数学期望。$E_p(f)$ 表示 f 在模型上关于 $p(x,y)$ 的数学期望。按照期望的定义，有

$$E_{\tilde{p}}(f) = \sum_{x,y} \tilde{p}(x,y)f(x,y) \tag{12-4}$$

$$E_p(f) = \sum_{x,y} p(x,y)f(x,y) = \sum_{x,y} \tilde{p}(x)p(y\mid x)f(x,y) \tag{12-5}$$

对于概率分布 $p(x,y)$，希望特征 f 的期望应该和从训练数据中得到的特征期望是一样的。因此，可以提出以下约束：

$$E_{\tilde{p}}(f) = E_p(f) \tag{12-6}$$

这样，有多少个特征，就有多少个特征函数以及约束条件。假定满足所有约束条件的模型集合为 C，则模型集合 C 中条件熵最大的模型称为最大熵模型。

3）条件随机场模型

条件随机场是命名实体识别目前的主流模型。假设 X 表示待标记的观测序列，Y 表示隐藏状态序列，$P(Y\mid X)$ 表示给定 X 的条件下 Y 的条件概率，随机变量 Y 满足

$$P(Y_v \mid X,Y_w,w \neq v) = P(Y_v \mid X,Y_w,w \sim v) \tag{12-7}$$

对所有的 v 都成立。即，对于一个节点 v，它与所有与自身不相邻的节点相互独立。

在命名实体识别任务中，使用的主要是链式结构的 CRF 模型，即线性链条件随机场（linear chain CRF）假设输入的观测序列 $X=(X_1,X_2,\cdots,X_n)$，对应的状态序列 $Y=(Y_1,Y_2,\cdots,Y_n)$，在给定随机变量序列 X 的条件下，随机变量序列 Y 的条件概率分布 $P(Y\mid X)$ 构成条件随机场，满足

$$P(Y_i \mid X,Y_1,\cdots,Y_{\{i-1\}},Y_{\{i+1\}},\cdots,Y_n) = P(Y_i \mid X,Y_{\{i-1\}},Y_{\{i+1\}}) \tag{12-8}$$

3. 基于深度学习的方法

与基于机器学习的方法相比，基于深度学习的方法的关键优势在于其表征学习的能力。

将深度学习应用于命名实体识别有 3 个核心优势。第一，得益于非线性转换，基于深度学习的模型产生了从输入到输出的非线性映射。与线性模型（如对数线性 HMM 模型和线性链 CRF 模型）相比，基于深度学习的模型可以通过非线性激活函数从数据中学习复杂的特征。第二，基于深度学习的方法节省了在设计命名实体识别特征方面的工作。基于统计特征的方法需要大量的工程技能和领域专业知识，而基于深度学习的模型能有效地自动学习有用的特征。第三，深度神经命名实体识别模型可以使用梯度下降算法进行端到端的训练，依据这一特性能够设计出相当复杂的命名实体识别系统。

近年来，随着硬件计算能力的发展以及词嵌入的提出，神经网络已经成为一个可以有效处理许多自然语言处理任务的模型。在命名实体识别任务中，传统的神经网络的处理方式是：首先将句子中的所有单词表示为词嵌入，随后将句子的嵌入序列输入神经网络并自动提取特征，最后通过一层 Softmax 预测每个标签。其中，神经网络通常采用 RNN、LSTM、BiLSTM 等。

然而，这种利用传统的神经网络方法对每个单词打标签的过程是一个独立的分类，不能直接利用上文已经预测的标签，这可能导致预测出的标签序列是非法的。为解决这一问

题,学术界提出了神经网络-CRF 模型进行序列标注。比较有代表性的模型是 BiLSTM-CRF、IDCNN-CRF 等。

1) BiLSTM-CRF 模型

首先介绍实体标签。

假设数据集有两种实体类型:人物(Person)和机构(Organization),同时假设采用 BIO 标注体系,因此会有 5 种实体标签,如表 12-2 所示。

表 12-2　实体标签

实 体 名 称	实 体 含 义
B-Person	人名的开始部分
I-Person	人名的中间部分
B-Organization	组织机构的开始部分
I-Organization	组织机构的中间部分
O	非实体信息

假定 x 是包含了 5 个单词的一句话(w_0,w_1,w_2,w_3,w_4)。在句子 x 中$[w_0,w_1]$是人名,$[w_3]$是组织机构名称,其他都是非实体信息。

首先,句子中的每个单词是一条包含词嵌入和字嵌入的词向量,词嵌入通常是事先训练好的,字嵌入则是随机初始化的。所有的嵌入都会随着训练的迭代过程被调整。

其次,BiLSTM-CRF 模型的输入是词嵌入向量,输出是每个单词对应的预测标签,如图 12-3 所示。

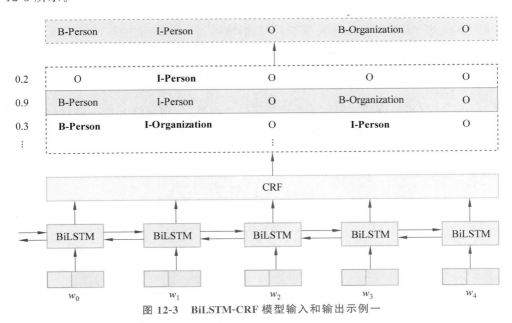

图 12-3　BiLSTM-CRF 模型输入和输出示例一

如图 12-4 所示,BiLSTM 层的输入表示该单词对应各个类别的分数。如 w_0,BiLSTM 节点的输出是 1.5(B-Person)、0.9(I-Person)、0.1(B-Organization)、0.08(I-Organization)以

及 0.05(O)。这些分数将作为 CRF 层的输入。所有经 BiLSTM 层输出的分数都将作为 CRF 层的输入,类别序列中分数最高的类别就是预测的最终结果。

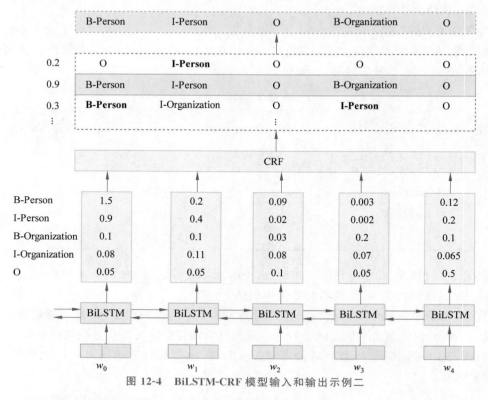

图 12-4   BiLSTM-CRF 模型输入和输出示例二

BiLSTM-CRF 模型由 BiLSTM 层和 CRF 层构成。

所谓 BiLSTM,就是双向 LSTM。单向的 LSTM 模型只能捕捉到从前向后传递的信息,而双向的 LSTM 模型可以同时捕捉正向信息和反向信息,使得对文本信息的利用更全面,效果也更好。

在 BiLSTM 网络最终的输出层后面增加了一个线性层,用来将 BiLSTM 网络产生的隐含层输出结果投射到具有某种表达标签特征意义的区间,具体如图 12-5 所示。

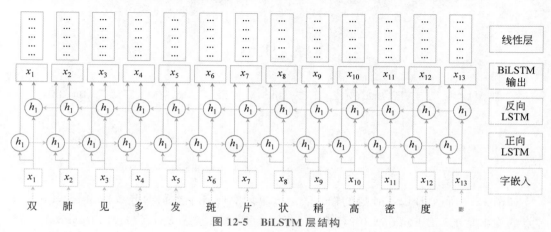

图 12-5   BiLSTM 层结构

即使没有 CRF 层,照样可以训练一个基于 BiLSTM 网络的命名实体识别模型,例如 w_0,B-Person 的分数最高(1.5),那么可以选定 B-Person 作为预测结果。同样,w_1 是 I-Person,w_2 是 O,w_3 是 B-Organization,w_4 是 O。无 CRF 层的理想输出如图 12-6 所示。

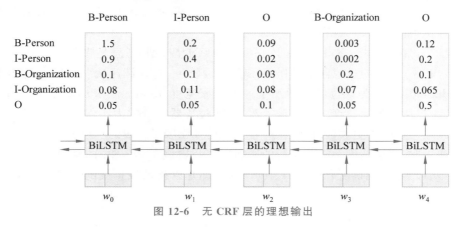

图 12-6 无 CRF 层的理想输出

但是实际上得到的输出可能如图 12-7 所示。

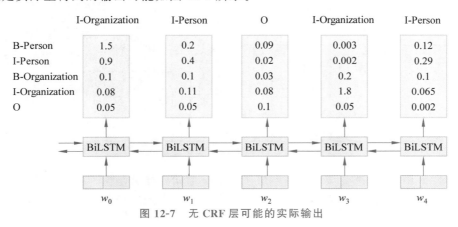

图 12-7 无 CRF 层可能的实际输出

这是因为 CRF 层的作用为给预测结果加上一些约束,CRF 层可以在训练数据时学习到句子的约束条件。例如:

- 句子的开头应该是"B-"或"O",而不是"I-"。
- 在"B-label1 I-label2 I-label3…"模式中,类别 1~3 应该是同一种实体类别。例如,"B-Person I-Person"是正确的,而"B-Person I-Organization"则是错误的。
- "O-/I-label"是错误的,命名实体的开头应该是"B-"而不是"I-"。

2)IDCNN-CRF 模型

对于序列标注来讲,普通 CNN 有一个不足,就是卷积之后末层神经元可能只得到了原始输入数据中一小块的信息。而对命名实体识别来讲,整个输入句子中每个字都有可能对当前位置的标注产生影响,即所谓的长距离依赖问题。为了覆盖全部输入信息就需要加入更多的卷积层,导致层数越来越多,参数越来越多。而为了防止过拟合又要加入更多的失活(dropout)之类的正则化,带来更多的超参数,使整个模型变得庞大且难以训练。由于

CNN 的这些劣势,对于大部分序列标注问题人们还是选择 BiLSTM 之类的网络结构,尽可能利用网络的记忆力通过全句的信息对当前字做标注。

但这又带来另一个问题,BiLSTM 本质上是一个序列模型,在对 GPU 并行计算的利用方面不如 CNN 强大。如何能够既像 CNN 那样使 GPU 火力全开,又像 LSTM 那样用简单的结构记住尽可能多的输入信息呢?

Fisher Yu 和 Vladlen Koltun 提出了 dilated CNN 模型,意思是膨胀的 CNN。其想法并不复杂:正常 CNN 的过滤器都是作用在输入矩阵的一片连续区域上的,不断滑动执行卷积操作。dilated CNN 为该过滤器增加了一个膨胀宽度(dilation width),作用在输入矩阵的时候,会跳过所有膨胀宽度中间的输入数据,而过滤器本身的大小保持不变,这样过滤器就能够获取输入矩阵上更大区域的数据,看上去就像膨胀了一般。

具体使用时,膨胀宽度会随着层数的增加而以指数级扩展。这样,随着层数的增加,参数数量是线性增加的,而感受域(receptive field)却是以指数级扩展的,可以很快覆盖全部输入数据。

感受域的变化趋势如图 12-8 所示。

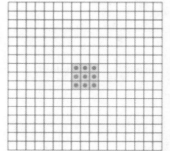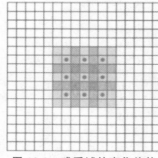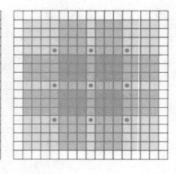

图 12-8　感受域的变化趋势

从图 12-8 中可见,感受域是以指数级扩展的。原始感受域是位于中心点的 1×1 区域。

(1) 原始感受域按步长为 1 向外扩展,得到 8 个 1×1 的区域,构成新的感受域,大小为 3×3。

(2) 再按步长为 2 向外扩展,感受域进一步扩展为 7×7。

(3) 再按步长为 4 向外扩展,感受域扩大为 15×15。

一个最大膨胀步长为 4 的 IDCNN 块如图 12-9 所示。

图 12-9　一个最大膨胀步长为 4 的 IDCNN 块

对应到文本上,输入是一个一维向量,每个元素是一个字嵌入。

IDCNN 对输入句子的每一个字生成一个 logits,这里和 BiLSTM 模型输出 logits 完全一样,加入 CRF 层,用维特比算法解码出标注结果。

在 BiLSTM 或者 IDCNN 这样的网络模型末端接上 CRF 层是序列标注的一个很常见的方法。BiLSTM 或者 IDCNN 计算出的是每个词的各标签概率,而 CRF 层引入序列的转移概率,最终计算出损失反馈给网络。

12.2.2　关键词提取经典算法

本节介绍 4 个关键词提取经典算法。

1. TF-IDF 算法

TF-IDF(Term Frequency-Inverse Document Frequency,词频-逆文档频率)是一种用于信息检索(information retrieval)与文本挖掘(text mining)的常用加权技术。

TF-IDF 是一种统计方法,用于评估一个词对于一个文档集或一个语料库中的一个文档的重要程度。词的重要性与它在文档中出现的次数成正比,同时与它在语料库中出现的频率成反比。

TF-IDF 方法包含两个指标。

(1) TF 是词(关键词)在文本中出现的频率,其计算公式如下:

$$TF = \frac{在某一类中一个词出现的次数}{该类中所有的词出现的次数} \tag{12-9}$$

(2) IDF 是由总文档数除以包含该词的文档数,再将得到的商取对数得到的。包含一个词的文档越少,IDF 越大,说明这个词的类别区分能力越强。其计算公式如下:

$$IDF = \log_2 \frac{语料库的文档总数}{包含一个词的文档数 + 1} \tag{12-10}$$

分母之所以要加 1 是为了防止分母是 0 的情况发生。

TF-IDF 实际上是 TF×IDF。一个词在某一特定文档内的高词频以及该词在整个文档集中的低逆文档频率可以产生较大的 TF×IDF 值。因此,TF-IDF 算法可以过滤常见的词,保留重要的词。一个词对一个文档的重要性越高,它的 TF×IDF 值就越大。所以,TF×IDF 值排在最前面的几个词就是这个文档的关键词。

TF-IDF 算法主要应用于搜索引擎、关键词提取、文本相似性评估和文本摘要等方面。

2. TextRank 算法

TextRank 算法在 PageRank 算法的基础上引入了边的权值的概念,代表两个句子的相似度。TextRank 算法的一般模型可以表示为一个有向带权图 $G = (V, E)$,由点集合 V 和边集合 E 组成,E 是 $V \times V$ 的子集。图中任两点 V_i, V_j 之间的边的权重为 w_{ji}。对于一个给定的点 V_i,$\text{In}(V_i)$ 为指向该点的点的集合,$\text{Out}(V_i)$ 为点 V_i 指向的点的集合。

TextRank 算法的步骤如下:

(1) 把给定的文本分割为完整的句子。

(2) 对于每个句子,进行分词和词性标注处理,并过滤停用词,只保留指定词性的单词,如名词、动词、形容词等,将这些词作为候选关键词。

（3）构建候选关键词图 $G = (V, E)$,其中 V 为节点集,由步骤（2）生成的候选关键词组成,然后采用共现（co-occurrence）关系构造任意两个节点之间的边,两个节点之间存在边当且仅当它们对应的词在长度为 K 的窗口中共现。

（4）根据 PageRank 算法中衡量重要性的公式初始化各节点的权重,然后迭代计算各节点的权重,直至收敛。

（5）对节点权重进行倒排序,从而得到最重要的 T 个词,作为候选关键词。

（6）对于由步骤（5）得到的 T 个词在原始文本中进行标记。若有两个词形成相邻词组,则组合成多词关键词。例如,文本中有句子"Matlab code for plotting ambiguity function",如果"Matlab"和"code"均属于候选关键词,则组合成"Matlab code"加入关键词序列。

节点权重计算公式如下:

$$\mathrm{WS}(V_i) = (1-d) + d \sum_{V_j \in \mathrm{In}(V_i)} \frac{w_{ji}}{\sum_{V_k \in \mathrm{Out}(V_j)} w_{jk}} \mathrm{WS}(V_j) \tag{12-11}$$

其中,d 为阻尼系数,取值为 $0 \sim 1$,代表从图中某一特定节点指向其他任意节点的概率,一般取值为 0.85。

3. Word2Vec 算法

Word2Vec 算法主要包含两个模型:连续词袋（Continuous Bag Of Words,CBOW）模型和跳字（skip-gram）模型。如图 12-10 所示,左边是 CBOW 模型,右边是跳字模型。两者的区别是:CBOW 模型是根据上下文去预测目标词来训练得到词向量,例如在图 12-10 中是根据 $W_{t-2}, W_{t-1}, W_{t+1}, W_{t+2}$ 这 4 个词预测 W_t;而跳字模型是根据目标词预测相邻词进行训练得到词向量,例如在图 12-10 中是根据 W_t 预测 $W_{t-2}, W_{t-1}, W_{t+1}, W_{t+2}$。根据经验,CBOW 模型适用于小型语料库,而跳字模型在大型的语料上表现得比较好。

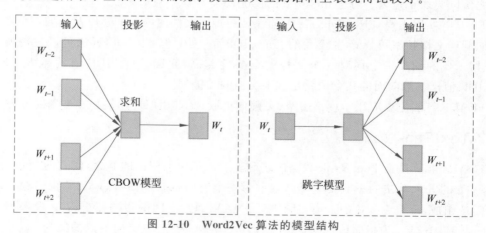

图 12-10　Word2Vec 算法的模型结构

Word2Vec 算法具体是如何实现的呢?下面根据图 12-11 所示的 CBOW 模型原理介绍各个步骤的实现细节。

（1）在输入层,目标词上下文有 3 个词,每个词用独热编码表示,为 $1 \times V$ 的矩阵,V 表示词的数量。

（2）所有的独热矩阵乘以输入权重矩阵 $\boldsymbol{W}$。$\boldsymbol{W}$ 是 $V\times N$ 的共享矩阵，N 是输出的词的向量维数。

（3）将相乘得到的向量的独热矩阵乘以 $V\times N$ 的共享矩阵，将结果相加，然后求平均，作为隐含层向量 $\boldsymbol{h}$，其维数为 N。

（4）将隐含层向量 $\boldsymbol{h}$ 乘以输出权重矩阵 $\boldsymbol{W}'$。$\boldsymbol{W}'$ 是 $N\times V$ 的共享矩阵。

（5）相乘得到向量 $\boldsymbol{y}$，其维数为 V，然后利用 Softmax 激活函数处理向量 $\boldsymbol{y}$，得到 V 维概率分布。

（6）由于输入的是独热编码，即每个维度都代表一个词，因此在 V 维概率分布中，概率最大的索引所指代的那个词为预测出的中间词。

（7）将结果与真实标签的独热编码做比较，误差越小越好。这里的误差函数一般选择交叉熵代价函数。

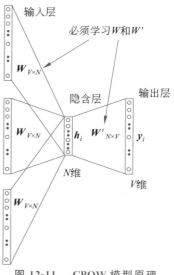

图 12-11　CBOW 模型原理

以上为 CBOW 模型生成词向量的全过程。如果只提取每个词的向量，那么只需要得到向量 $\boldsymbol{y}$ 就可以了，但训练过程中要进行预测并计算误差，以求得输入权重矩阵 $\boldsymbol{W}$ 和输出权重矩阵 $\boldsymbol{W}'$。

4. 基于 LDA 的主题模型算法

作者是如何构思文章的？简单来看，假如要写一篇文章，首先需要确定几个主题，然后选择能较好地描述主题的词，按语法规则组成句子、段落、篇章等。实际上，在统计意义下，该主题使用频率较高的词就是该主题的关键词。

主题模型就是模拟作者写文章思路的概率语言模型，其主要思想包括两点：①文档是若干主题的混合分布；②每个主题又是词语的概率分布。最早的想法是 Thomas Hofmann 提出的 PLSA（Probability Latent Semantic Analysis，概率潜在语义分析）模型，该模型的基本思想是：一篇文档可以由多个主题混合而成，而每个主题都是词上的概率分布。每一篇文档中的每一个词都是通过这样一个过程得到的：首先通过概率选取某个主题，然后从该主题中通过概率选取某个词。一篇文档中每个词出现的概率计算公式如下：

$$P\left(\frac{\text{词语}}{\text{文档}}\right)=\sum_{\text{主题}}P\left(\frac{\text{词语}}{\text{主题}}\right)\times P\left(\frac{\text{主题}}{\text{文档}}\right) \tag{12-12}$$

当前，最主要的主题模型是 LDA（Latent Dirichlet Allocation，潜在狄利克雷分配）模型，其提出者 David Blei 在 PLSA 模型的基础上加入了狄利克雷先验分布，是 PLSA 模型的突破性的延伸。PLSA 模型在文档对应主题的概率分布的计算上没有使用统一的概率主题模型，参数较多时会导致过拟合现象，对训练数据集以外的文档的概率分布计算比较困难。在此基础上，Blei 在 LDA 模型中引入了超参数，无论外部文档数量怎么变化，都只有一个超参数，然后通过概率方法对模型进行推导，寻找文档集的语义结构，挖掘文档的主题。LDA 模型的原理如图 12-12 所示。

在 LDA 模型中，文档-主题分布和主题-词分布都是多项分布，其先验概率是狄利克雷

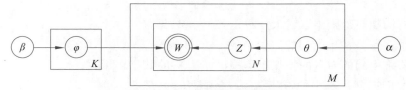

图 12-12　LDA 模型的原理

分布。对文档中的词无须考虑顺序,符合词袋模型。假设文档集总词汇数为 V,在一篇由 n 个词组成的文档中,每个词的生成都服从多项分布,就像上帝抛一个有 V 面的骰子(每面对应一个词),抛 n 次就可以生成一篇文档,对应图 12-17 中的 φ 分布(β 为超参数);类似地,不同文档的骰子不同,每次为一篇文档选择一个主题骰子,此过程也服从多项分布,对应图 12-19 中的 θ 分布(α 为超参数)。归纳起来,LDA 模型有两个阶段。

(1) $\alpha \rightarrow \theta_m \rightarrow Z_{m,n}$,选取一个参数为 θ_m 的文档-主题分布,然后对第 m 篇文档的第 n 个词的主题生成 $Z_{m,n}$ 的编号。从一个参数为 α 的狄利克雷分布中采样出一个多项分布 θ_m,作为该文档在 k 个主题上的分布。

(2) $\beta \rightarrow \varphi_k \rightarrow W_{m,n|k} = Z_{m,n}$,生成第 m 篇文档的第 n 个词。对该文档中的每个词,根据 (1) 中的 θ_m 分布采样出一个主题编号,然后根据主题-词分布对应的参数为 β 的狄利克雷分布中采样出一个多项分布,作为该主题下词的分布。

参数 α 和 β 是由经验给出的,$Z_{m,n}$、θ_m 和 φ_k 是隐含变量,需要推导。LDA 模型的推导方法有两种:一种是精确推导,例如用 EM 计算;另一种是近似推导,在实际工程中通常采用这种方法,其中最简单的是 Gibbs 采样法。

很显然,文档中词的主题特征越高,其代表某一主题的能力就越强。利用主题模型计算词的主题权重时,首先选择训练语料,然后进行文本预处理,最后训练 LDA 模型。得到 LDA 模型之后,使用模型中各主题下词的分布计算各个词的主题特征值的方法有两种:一种方法是假定每个词只能代表一个主题,取模型中各主题下权重高的前 k 个词作为该主题的词;另一种方法假定主题区分度大的词应该是那些在某个主题下权重高、而在其他主题下出现频率低的词,每个词都只代表其最能代表的那个主题。计算出词的主题特征值之后,既可以作为判断关键词的依据,也可以将词的主题特征值作为其他自动关键词抽取方法中词的一个特征使用。

主题模型是语义挖掘的核心,LDA 主题模型是一种比较有代表性的模型。在主题模型中,主题表示一个方面、一个概念,表现为相关词的集合,是这些词的条件概率。主题模型的优点如下:

(1) 可以获得文本之间的相似度。根据主题模型可以得到主题的概率分布,通过概率分布计算文本之间的相似度。

(2) 可以解决多义词的问题。例如,"苹果"可能是一种水果,也可能是手机品牌或公司名。通过主题模型的 P(词语|主题)得出"苹果"与哪些主题相关,从生成模型层次看,可以得出其所属的主题下的其他词语之间的相似度。

(3) 可以去除文档中的噪声。在主题分布中,文本的噪声往往存在于次要的主题中,因此,可以对主题进行排序去噪。

(4) 无监督,完全自动化。主题模型无须进行人工标注,可以直接通过模型得到概率分布。

（5）与语言无关。主题模型对语言没有限制，任何语言都可以通过主题模型获得主题分布。

12.2.3 算法分类

关于文本的关键词提取方法分为有监督、无监督两种，更细致的分类如图 12-13 所示。

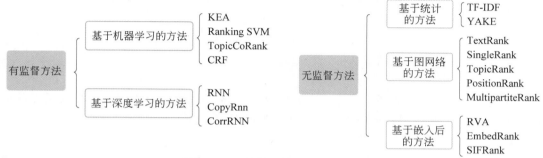

图 12-13 关键词提取方法分类

1. 有监督方法

将关键词提取看作二分类问题，即判断文档中的词或者短语是否为关键词。既然是分类问题，就需要提供已经标注好的训练语料，利用训练语料训练关键词提取模型，根据模型对文档进行关键词提取。关键词提取的有监督方法可以分类为基于机器学习的方法（也称为传统方法）和基于深度学习的方法。

1）基于机器学习的方法

KEA[①] 是较早期的算法，利用特征向量（如 TF-IDF 值和词初次出现在文章中的位置信息）表示候选词，使用朴素贝叶斯方法作为分类方法，对候选词进行打分和分类。在此基础上，许多改进版本的算法也被提出。例如，Hulth[②] 引入了语言学知识，提出了改进版本；Caragea 等人[③]在对学术论文进行关键词提取时，通过论文的引用关系引入更多的特征信息，从而进一步提升了关键词提取效果。

Xin 等人[④]使用学习排序（learning to rank）方法对该问题建模，将训练过程抽象为拟合排序函数。

Bougouin 是无监督方法 TopicRank 的有监督扩展。该方法在基本主题图（basic topic graph）之外，结合了第二个图网络。

① WITTEN, IAN H., et al. KEA: Practical Automated Keyphrase Extraction[C]. Design and Usability of Digital Libraries: Case Studies in the Asia Pacific. IGI global, 2005, 129-152.

② HULTH A. Improved Automatic Keyword Extraction Given More Linguistic Knowledge[C]. Proceedings of the 2003 Conference on Empirical Methods in Natural Language Processing. 2003.

③ CARAGEA C, et al. Citation-enhanced Keyphrase Extraction from Research Papers: A Supervised Approach [C]. Proceedings of the 2014 conference on empirical methods in natural language processing (EMNLP). 2014.

④ Xin J, Hu Y H, Li H. A Ranking Approach to Keyphrase Extraction[C]. Proceedings of the 32nd International ACM SIGIR Conference on Research and Development in Information Retrieval. 2009.

2）基于深度学习的方法

Zhang[①] 使用了双层 RNN 结构，通过两个隐含层表征信息，并且利用序列标注的方法输出最终的结果。

Meng Rui 用编码器-解码器结构进行关键词提取。首先，训练数据被转换为文本-关键词对，然后基于 RNN 的编码器-解码器网络进行训练，学习从源数据（句子）到目标数据（关键词）的映射关系。

Yang Xitong[②] 同样使用编码器-解码器结构，但是额外引入了两种限制条件：

（1）关键词应该尽量覆盖文章的多个不同话题。

（2）关键词应该彼此尽量不一样，以保证多样性。

2. 无监督方法

无监督方法针对不需要人工标注的语料，利用文本的语言特点发现其中比较重要的词作为关键词，进行关键词提取。无监督方法分为以下 3 类。

1）基于统计的方法

基于 TF-IDF 的方法是最基本的基于统计的方法，在得到候选词集合的基础上（如利用 POS 标签提取名词短语），使用词频和逆文档频率对候选词进行打分，选择高分词作为关键词。

2）基于图网络的方法

TextRank 是第一个基于图网络的关键词提取算法。该方法首先根据 POS 标签提取候选词，然后使用候选词作为节点，创建图网络。两个候选词如果共现于一定的窗口内，则在节点之间创建一条边，建立节点间的关联。使用 PageRank 算法更新该图网络，直至达到收敛条件。此后，各种基于图网络的改进算法不断被提出，该类算法也逐渐成为无监督关键词提取中应用最广泛的算法。

Wan 等人[③]在 TextRank 算法基础上为节点间的边引入了权重。Florescu 等人[④]通过引入词的位置信息提出了 Biased Weighted PageRank 算法，从而提高了关键词提取能力。

3）基于嵌入的方法

基于嵌入的方法利用嵌入表达文章和词在各个层次上的信息（如字、语法、语义等）。

Bennani-Smires 首先利用 POS 标签提取候选词，然后计算候选词嵌入和文章嵌入的余弦相似度（cosine similarity），利用余弦相似度将候选词排序，得到关键词。

因为有监督的文本关键词提取算法需要人工标注训练样本，成本很高，所以常见的文本关键词提取主要采用适用性较强的无监督关键词提取。

---

① ZHANG Q. Keyphrase extraction using deep recurrent neural networks on twitter. Proceedings of the 2016 conference on empirical methods in natural language processing. 2016.

② YANG X T. Deep multimodal representation learning from temporal data. Proceedings of the IEEE conference on computer vision and pattern recognition. 2017.

③ WAN X J, XIAO J G. Single Document Keyphrase Extraction Using Neighborhood Knowledge[J]. AAAI, 2008,8.

④ FLORESCU C, CARAGEA C. Positionrank：An Unsupervised Approach to Keyphrase Extraction from Scholarly Documents[C]. Proceedings of the 55th Annual Meeting of the Association for Computational Linguistics (Volume 1：Long Papers). 2017.

12.3 应用与分析

12.3.1 命名实体识别示例

1. 实验室工作

1）一种基于 BiLSTM 和 CRF 模型的习惯用语提取方法

NLPIR 大数据搜索与挖掘实验室将 Bert-BiLSTM-CRF 模型应用到相关项目中,提出了一种基于 BiLSTM 和 CRF 模型的小样本实体提取方法,通过数据增强、混合标注的方法,将 1000 条中文语料小样本扩展到 10 000 条,模型的 P、R、F1 值分别为 93.05%、94.30%、93.67%。

2）NLPIR-ICTCLAS-DocExtractor

NLPIR-ICTCLAS-DocExtractor 是汉语分析系统的命名实体提取组件,能够提取文本中的人名、地名、组织机构名、时间及各类自定义的信息。

该组件的算法流程如图 12-14 所示。

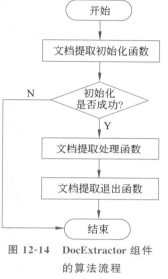

图 12-14 DocExtractor 组件的算法流程

2. 实验样例与分析

1）评价指标

评判一个命名实体是否被正确识别包括两个方面:

（1）实体的边界是否正确。

（2）实体的类型是否标注正确。

命名实体识别的正确性总体上可以分为以下两种评估方法。

（1）精确匹配评估。

对于命名实体识别的两个主要子任务:边界检测和类型识别,精确匹配评估要求系统同时正确识别实例的边界和类型。用于计算精确率、召回率和 F1-score 的 TP、FP、FN 定义如下:

• TP(True Positive,真阳性):实体被命名实体识别系统识别并标记为该类型,同时和基准真相(ground truth)对上了。

• FP(False Positive,假阳性):实体被命名实体识别系统识别并标记为该类型,但是和基准真相对不上。

• FN(False Negative,假阴性):实体没有被命名实体识别系统识别和标记为该类型,基准真相为该类型但没有被正确标记。

精确率指的是模型结果中正确识别的实体所占的百分比。召回率是指系统正确识别的实体所占的百分比。这两个指标的计算公式如下:

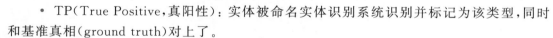

$$Precision = \frac{TP}{TP + FP} \tag{12-13}$$

$$Recall = \frac{TP}{TP + FN} \tag{12-14}$$

F1-score 的计算公式如下：

$$F1 = 2 \times \frac{Precision \times Recall}{Precision + Recall} \tag{12-15}$$

（2）宽松匹配评估。

在命名实体识别任务发展早期，有研究者提出了宽松匹配评估的方案，当实体位置区间部分重叠或实体位置正确但类别错误时，都视为正确或部分正确。由于该方案不够直观，而且对错误分析并不友好，所以并没有被广泛采用。

2）实验分析

在中文命名实体识别数据集上进行样例实验，采用 MSRA 数据集，样例如下所示：

当/o 希望工程/o 救助/o 的/o 百万/o 儿童/o 成长/o 起来/o ，/o 科教/o 兴/o 国/o 蔚然成风/o 时/o ，/o 今天/o 有/o 收藏/o 价值/o 的/o 书/o 你/o 没/o 买/o ，/o 明日/o 就/o 叫/o 你/o 悔不当初/o ！/o

藏书/o 本来/o 就/o 是/o 所有/o 传统/o 收藏/o 门类/o 中/o 的/o 第一/o 大户/o ，/o 只是/o 我们/o 结束/o 温饱/o 的/o 时间/o 太/o 短/o 而已/o 。/o

因/o 有关/o 日/ns 寇/o 在/o 京/ns 掠夺/o 文物/o 详情/o ，/o 藏/o 界/o 较为/o 重视/o ，/o 也是/o 我们/o 收藏/o 北京/ns 史料/o 中/o 的/o 要件/o 之一/o 。/o

我们/o 藏/o 有/o 一/o 册/o 1945 年 6 月/o 油印/o 的/o 《/o 北京/ns 文物/o 保存/o 保管/o 状态/o 之/o 调查/o 报告/o 》/o ，/o 调查/o 范围/o 涉及/o 故宫/ns 、/o 历博/ns 、/o 古研所/nt 、/o 北大清华图书馆/ns 、/o 北图/ns 、/o 日/ns 伪/o 资料/o 库/o 等/o 二十几家/o ，/o 言/o 及/o 文物/o 二十万件/o 以上/o ，/o 洋洋/o 三万/o 余/o 言/o ，/o 是/o 珍贵/o 的/o 北京/ns 史料/o 。/o

以/o 家乡/o 的/o 历史/o 文献/o 、/o 特定/o 历史/o 时期/o 书刊/o 、/o 某/o 一/o 名家/o 或/o 名著/o 的/o 多种/o 出版物/o 为/o 专题/o ，/o 注意/o 精品/o 、/o 非卖品/o 、/o 纪念品/o ，/o 集成/o 系列/o ，/o 那/o 收藏/o 的/o 过程/o 就/o 已经/o 够/o 您/o 玩味/o 无穷/o 了/o 。/o

实验采用 BiLSTM-CRF 模型，其嵌入部分采用 BERT 中文预训练语言模型实现。

模型定义如下：

```
def __init__(self, bert_config, tagset_size, embedding_dim, hidden_dim, rnn_
          layers, dropout_ratio, dropout1, use_cuda=False):
    super(BERT_LSTM_CRF, self).__init__()
    self.embedding_dim = embedding_dim
    self.hidden_dim = hidden_dim
    self.word_embeds = BertModel.from_pretrained(bert_config)
    self.lstm = nn.LSTM(embedding_dim, hidden_dim,
    num_layers = rnn_layers, bidirectional = True, dropout = dropout_ratio,
batch_first = True)
    self.rnn_layers = rnn_layers
    self.dropout1 = nn.Dropout(p = dropout1)
    self.crf = CRF(target_size = tagset_size,
    average_batch = True, use_cuda = use_cuda)
    self.liner = nn.Linear(hidden_dim * 2, tagset_size + 2)
    self.tagset_size = tagset_size
```

模型结构如下：

```
Bert_LSTM_CRF(
    (word_embeds): BertModel()
    (lstm): LSTM(768, 500,batch_first=True,dropout=0.5,bidirectional=True)
    (dropout1):Dropout(p=0.5, inplace=False)
    (crf):CRF
    (liner):Linear(in_features=100,out_features=15,bias=True)
)
```

实验例句如表 12-3 所示。

表 12-3　实验例句

序号	例　　　句
1	1 月 24 日,新华社对外发布了中央对雄安新区的指导意见,洋洋洒洒 1.2 万多字,17 次提到北京,4 次提到天津,信息量很大,其实也回答了人们关心的很多问题。
2	北京时间 2 月 17 日凌晨,第 69 届柏林国际电影节公布主竞赛单元获奖名单,王景春、咏梅凭借王小帅执导的中国影片《地久天长》连夺最佳男女演员双银熊大奖,这是中国演员首次包揽柏林电影节最佳男女演员奖,为华语影片刷新纪录。与此同时,由青年导演王丽娜执导的影片《第一次的别离》也荣获了本届柏林电影节新生代单元国际评审团最佳影片,可以说,在经历数个获奖小年之后,中国电影在柏林影展再次迎来了高光时刻。
3	新京报快讯 据国家市场监管总局消息,针对媒体报道水饺等猪肉制品检出非洲猪瘟病毒核酸阳性问题,市场监管总局、农业农村部已要求企业立即追溯猪肉原料来源并对猪肉制品进行了处置。

模型的实体识别效果如下：

　　1 月 24 日,新华社对外发布了中央对雄安新区的指导意见,洋洋洒洒 1.2 万多字,17 次提到北京,4 次提到天津,信息量很大,其实也回答了人们关心的很多问题。
　　['O','O','O','O','O','O','B-ORG','B-ORG','B-ORG','O','O','O','O','O','O','O','O','B-LOC','B-LOC','B-LOC','B-LOC','O','O','O','O','O','O','O','O','O','O','B-LOC','B-LOC','O','O','O','O','B-LOC','B-LOC','O','O','O','O','O','O','O','O','O','O','O','O','O']
　　北京时间 2 月 17 日凌晨,第 69 届柏林国际电影节公布主竞赛单元获奖名单,王景春、咏梅凭借王小帅执导的中国影片《地久天长》连夺最佳男女演员双银熊大奖,是中国演员首次包揽柏林电影节最佳男女演员奖,为华语影片刷新纪录。与此同时,由青年导演王丽娜执导的影片《第一次的别离》也荣获了本届柏林电影节新生代单元国际评审团最佳影片,可以说,在经历数个获奖小年之后,中国电影在柏林影展再次迎来了高光时刻,
　　['O','O','O','O','O','O','O','O','O','O','O','O','O','O','O','O','B-LOC','B-LOC','O','O','O','O','O','O','O','O','O','B-PER','B-PER','B-PER','O','O','B-PER','B-PER','B-PER','O','O','O','O','B-LOC','B-LOC','O','O','O','O','O','O','O','O','B-LOC','B-LOC','B-LOC','O','O','O','O','O','B-LOC','B-LOC','O','O','O','O','O','O','B-PER','B-PER','B-PER','O','O','B-ORG','B-ORG','B-ORG','B-ORG','B-ORG','B-ORG','B-ORG','B-ORG','B-ORG','B-ORG','B-ORG','B-ORG','B-ORG','B-ORG','B-ORG','O','O','O','O','O',

```
'O', 'O', 'O', 'O', 'O', 'O', 'O', 'O', 'O', 'O', 'O', 'O', 'O', 'O', 'O', 'O', 'B-LOC', 'B-LOC',
'O', 'O', 'O', 'B-LOC', 'B-LOC', 'O', 'O', 'O', 'O', 'O', 'O', 'O', 'O', 'O', 'O', 'O', 'O']
```

　　新京报快讯 据国家市场监管总局消息,针对媒体报道水饺等猪肉制品检出非洲猪瘟病毒核酸阳性问题,市场监管总局、农业农村部已要求企业立即追溯猪肉原料来源并对猪肉制品进行了处置。

```
['B-ORG', 'R-ORG', 'B-ORG', 'O', 'O', 'O', 'O', 'B-ORG', 'B-ORG', 'B-ORG', 'B-ORG',
'B-ORG', 'B-ORG', 'B-ORG', 'B-ORG', 'O', 'O', 'O', 'O', 'O', 'O', 'O', 'O', 'O', 'O',
'O', 'O', 'O', 'O', 'O', 'O', 'O', 'B-LOC', 'B-LOC', 'O', 'O', 'O', 'O', 'O', 'O', 'O',
'O', 'O', 'O', 'B-ORG', 'B-ORG', 'B-ORG', 'B-ORG', 'B-ORG', 'B-ORG', 'O', 'B-ORG',
'B-ORG', 'B-ORG', 'B-ORG', 'B-ORG', 'O', 'O', 'O', 'O', 'O', 'O', 'O', 'O', 'O', 'O',
'O', 'O', 'O', 'O', 'O', 'O', 'O', 'O', 'O', 'O', 'O', 'O', 'O', 'O', 'O']
```

12.3.2　关键词提取实验

1. 评价指标

和大部分自然语言处理任务相同,关键词提取从精确率、召回率、F1-score 3 个维度评价。一般比较关注的是 F1-score。

2. 实验示例一

示例一为利用基于 jieba 分词的 TF-IDF 算法对文档进行关键词提取。
初始化函数如下:

```python
def __init__(self, idf_path = None):
    self.tokenizer = jieba.dt
    self.postokenizer = jieba.posseg.dt
    self.stop_words = self.STOP_WORDS.copy()
    self.idf_loader = IDFLoader(idf_path or DEFAULT_IDF)
self.idf_freq, self.median_idf = self.idf_loader.get_idf()
```

主调函数如下:

```python
def extract_tags(self, sentence, topK=20, withWeight=False, allowPOS=(),
        withFlag=False):
    if allowPOS:
        allowPOS = frozenset(allowPOS)
        words = self.postokenizer.cut(sentence)
    else:
        words = self.tokenizer.cut(sentence)
    freq = {}
    for w in words:
        if allowPOS:
            if w.flag not in allowPOS:
                continue
            elif not withFlag:
                w = w.word
        wc = w.word if allowPOS and withFlag else w
```

```
        if len(wc.strip()) < 2 or wc.lower() in self.stop_words:
            continue
        freq[w] = freq.get(w, 0.0) + 1.0
    total = sum(freq.values())
    for k in freq:
        kw = k.word if allowPOS and withFlag else k
        freq[k] *= self.idf_freq.get(kw, self.median_idf) / total
    if withWeight:
        tags = sorted(freq.items(), key=itemgetter(1), reverse=True)
    else:
        tags = sorted(freq, key=freq.__getitem__, reverse=True)
    if topK:
        return tags[:topK]
    else:
        return tags
```

示例一的例句如表 12-4 所示。

表 12-4　关键词提取例句

序号	例　句
1	线程是程序执行时的最小单位,它是进程的一个执行流,是 CPU 调度和分派的基本单位,一个进程可以由很多个线程组成,线程间共享进程的所有资源,每个线程有自己的堆栈和局部变量。线程由 CPU 独立调度执行,在多 CPU 环境下就允许多个线程同时运行。同样多线程也可以实现并发操作,每个请求分配一个线程来处理
2	Dior 新款,秋冬新款娃娃款甜美圆领配毛领毛呢大衣外套、码数:SM、P330

关键词提取效果如下:

```
origin text:
    线程是程序执行时的最小单位,它是进程的一个执行流,是 CU 调度和分派的基本单位,一个进程可以由很多个线程组成,线程间共享进程的所有资源
    ,每个线程有自己的堆栈和局部变量。线程由 CPU 独立调度执行,在多 CPU 环境下就允许多个线程同时运行。同样多线程也可以实现并发操作,每个请求
    分配一个线程来处理
keywords by tfidf:
[线程,CPU,进程,调度,多线程,程序执行,每个,执行,堆栈, 局部变量,单位,并发,分派,一个,共享,·
    请求,最小,可以,允许,分配]
origin text:
Dior 新款,秋冬新款娃娃款甜美圆领配毛领毛呢大衣外套、码数:SM、P339
keywords by tfidf:
[新款,毛领,码数,Dior,SM,P330,呢大衣,圆领,甜美,外套,秋冬,娃娃]
```

3. 实验示例二

示例二为利用基于 jieba 分词的 TextRank 算法对文档进行关键词提取。

初始化函数如下：

```
def __init__(self):
    self.tokenizer = self.postokenizer = jieba.posseg.dt
    self.stop_words = self.STOP_WORDS.copy()
    self.pos_filt = frozenset(('ns', 'n', 'vn', 'v'))
    self.span = 5
```

主调函数如下：

```
def textrank(self, sentence, topK=20, withWeight=False, allowPOS=('ns', 'n',
'vn', 'v'), withFlag=False):
    self.pos_filt = frozenset(allowPOS)
    g = UndirectWeightedGraph()
    cm = defaultdict(int)
    words = tuple(self.tokenizer.cut(sentence))
    for i, wp in enumerate(words):
        if self.pairfilter(wp):
            for j in xrange(i + 1, i + self.span):
                if j >= len(words):
                    break
                if not self.pairfilter(words[j]):
                    continue
                if allowPOS and withFlag:
                    cm[(wp, words[j])] += 1
                else:
                    cm[(wp.word, words[j].word)] += 1

    for terms, w in cm.items():
        g.addEdge(terms[0], terms[1], w)
    nodes_rank = g.rank()
    if withWeight:
        tags = sorted(nodes_rank.items(), key=itemgetter(1), reverse=True)
    else:
        tags = sorted(nodes_rank, key=nodes_rank.__getitem__, reverse=True)
    if topK:
        return tags[:topK]
    else:
        return tags
```

对于示例一中的例句，TextRank 方法关键词提取的效果如下：

```
    origin text:
    线程是程序执行时的最小单位,它是进程的一个执行流,是 CU 调度和分派的基本单位,一个进
程可以由很多个线程组成,线程间共享进程的所有资源
    ,每个线程有自己的堆栈和局部变量。线程由 CPU 独立调度执行,在多 CPU 环境下就允许多个
线程同时运行。同样多线程也可以实现并发操作,每个请求
    分配一个线程来处理。
    keywords by textrank:
```

[线程,进程,调度,单位,操作,请求,分配,允许,基本,共享,并发,堆栈,独立,执行,分派,组成,资源,实现,运行,处理]

origin text:

Dior 新款,秋冬新款娃娃款甜美圆领配毛领毛呢大衣外套、码数:SM、P339

keywords by textrank:

[新款,码数,外套,娃娃,圆领]

第 13 章

知识图谱的大数据自动构建与应用

本章首先介绍知识图谱的发展、概念和应用。然后对知识图谱的数据来源和构建方式的相关技术进行介绍,讲解如何对各种数据进行多数据源的知识融合,包括概念验证、关联计算和关系抽取。最后介绍知识图谱的应用实例,包括智能搜索、机器人学习机和文档表示。[①]

▶ 13.1 知识图谱概述

在迅速发展的互联网时代,人们通常通过搜索引擎获取自己需要的信息和知识,当要查询与某个关键词相关的信息时,搜索引擎得到结果之后,根据网页本身的重要性以及与指定关键词的相关度对网页进行排序,将其作为搜索结果返回给用户。人们再从搜索结果中找寻自己需要的内容,但是搜索结果往往不尽如人意,需要耗费一些时间查找所需的答案。谷歌公司提出知识图谱的概念就是为了解决这个问题,主要是为了提高用户的搜索质量和搜索体验。知识图谱(knowledge graph)又称为科学知识图谱,它是指通过科学计算对已有知识的关键点进行抽取、理解和整合之后,使用可视化技术描述知识资源之间的相互关系的结果。

在互联网时代,网上信息既复杂又数量巨大,大量的有用信息都包含在字里行间,需要个人从大量的文本信息中提取。即使人们获取了有用的信息,当所需信息量很大时,也很难将其记住。而使用图的形式将其表示出来,可以帮助人们直观地记住信息。如图 13-1 所示,将动物分类用树状的图表示出来,可以清晰地揭示不同动物所属的类别,相对于文本描述而言,更直观地体现了不同动物之间的关系[②]。

知识图谱的输出结果以图的形式展现出来。这里以芝加哥公牛队的信息为例,图 13-2 是芝加哥公牛队在百度百科中的基本信息,包括成立时间、所属地区、知名人物等。以"公牛队"作为命名实体构建知识图谱,得到的结果如图 13-3 所示。

构建好知识图谱之后,当用户搜索相关信息时可以得到准确答案,如搜索"公牛队的所属地区"时得到的结果如图 13-4 所示。

传统搜索引擎只是机械地匹配与查询词相关的网页,并不能理解用户的要求。例如,当查询"公牛队的所属地区"时,搜索引擎可能只是将包含此信息的文章罗列出来,不会直

---

① 本章由张洪彬整理,部分内容由郭沛祺、张羽冰、杨笔奇、朱逸铭、王余阳、杨松坤贡献。

② 张华平,吴林芳,张芯铭,等.领域知识图谱小样本构建与应用[J].人工智能,2020(1):113-124.

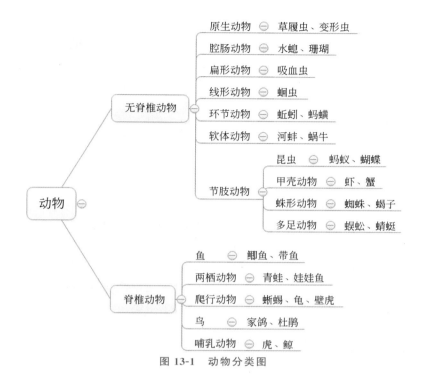

图 13-1　动物分类图

中文名	芝加哥公牛队	现任主教练	比利·多诺万
外文名	Chicago Bulls	知名人物	迈克尔·乔丹，斯科蒂·皮蓬，丹尼斯·罗德曼，德里克·
成立时间	1966年1月16日		罗斯
所属地区	美国,伊利诺伊州,芝加哥	主要荣誉	6次NBA总冠军
运动项目	篮球		常规赛战绩历史第二（1995-96赛季72胜）
角逐赛事	NBA		9次赛区冠军
主场馆	联合中心球馆	容纳人数	21711人
拥有者	杰里·莱因斯多夫	球衣颜色	主场-白底红字；客场-红底黑字

图 13-2　芝加哥公牛队基本信息

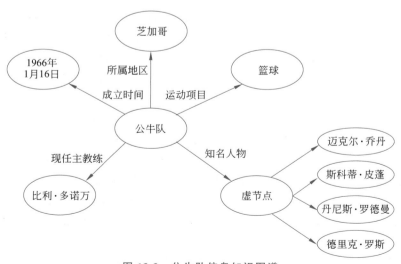

图 13-3　公牛队信息知识图谱

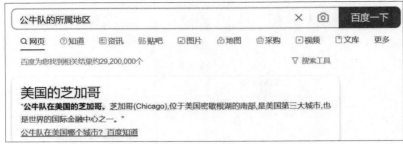

图 13-4　搜索结果

接提供准确的答案,用户只能靠自己通过阅读信息获得答案。而搜索引擎利用知识图谱就能够为用户提供更有条理的信息,甚至顺着知识图谱可以探索更深入、广泛和完整的知识体系,让用户发现他们意想不到的知识。在上例中,知识图谱会将"公牛队"作为一个实体对象,它包含许多信息,如成立时间、所属地区、知名人物等,而"所属地区"就是一个关系,知识图谱通过关系在实体之间建立联系。当搜索引擎在已经构建的相关知识图谱的基础上进行查询时,就可以根据实体之间的关系给出准确的答案。

▶ 13.2　知识图谱的数据来源

知识图谱的建立要以大规模的知识库为基础,例如维基百科、百度百科、搜狗百科等,在这些知识库中包含了大量结构化的知识,可以高效地转化到知识图谱中。此外,在互联网中,大量的网页中也蕴藏了海量知识,这些知识通常不是结构化的,而是杂乱无章的,很难直接将其转化为知识图谱中有用的信息,但通过一些技术,也可以将其抽取出来构建知识图谱。

13.2.1　大规模知识库

大规模知识库一般以词条作为基本单位,一个词条对应现实世界的一个概念,由各地的编辑者义务协同编纂内容,形成知识库。目前维基百科是最大的知识库,而百度百科是最大的中文大规模知识库,截至 2022 年,百度百科知识库已包含 2700 多万个词条,由 760 多万人共同编写。其中,搜索"北理"出现的词条信息如图 13-5 所示。

万方、知网等文献检索网站收录了各方面的专业论文,也有助于知识的提取。

13.2.2　互联网链接数据

网络中包含海量的信息,因此人们通常通过爬虫等工具(详细介绍见第 5 章)从海量的互联网网页中直接抽取知识,而互联网网页中的数据基本上是无结构数据,这使得从网页中抽取的信息准确率较低,因为网页的形式多种多样,噪声信息较多。也可以直接抽取网页表格数据,这样的数据是结构化的,但是局限性较大,数据覆盖面较小。人们希望能从网页获得的数据既有较好的结构,又有较大的覆盖面。在这种需求的推动下,互联网链接数据应运而生。

国际万维网组织 W3C 在 2007 年发起了关联开放数据(Linked Open Data,LOD)项目,

| Baidu百科 | 北理 | | 进入词条 | ◁) 播报 | ✎ |

基本信息

中文名	北京理工大学	博士点	学术学位授权一级学科28个
外文名	Beijing Institute of Technology		专业学位授权类别4个
简　称	北理工（BIT）	博士后	科研流动站22个
创办时间	1940年	国家重点学科	一级学科4个
办学性质	公办大学		二级学科（不含一级学科覆盖点）5个
学校类别	理工类	院系设置	19个专业学院，9个书院
学校特色	双一流（2017年、2022年）[99]	校　训	德以明理、学以精工
	全国重点大学（1959年）	校　歌	《北京理工大学校歌》
	211工程（1995年）	校庆日	每年9月下旬的第一个星期日
	985工程（2000年）	地　址	中关村校区：北京市海淀区中关村南大街5号
	高等学校学科创新引智计划（2008年） ∨ 展开		良乡校区：北京市房山区良乡东路
主管部门	中华人民共和国工业和信息化部		西山校区（科研实验区）：北京市海淀区冷泉东路16
现任领导	党委书记：张军[107]、校长：龙腾		号 [88]
专职院士数	中国科学院院士5名[90]	院校代码	10007
	中国工程院院士10名	主要奖项	国家级教学成果奖20项（截至2018年11月）
本科专业	72个		国家科学技术奖23项（"十二五"期间）
硕士点	学术学位授权一级学科30个	知名校友	李鹏、曾庆红、李富春、王小谟、彭士禄

图 13-5　"北理"词条信息图

该项目旨在将由文档组成的万维网（Web of documents）扩展成由数据组成的知识空间（Web of data），它可以看作一个跨越整个网络的数据库。关联开放数据项目发布的部分数据云图如图 13-6 所示。其中，DBpedia 是基于人们熟知的维基百科词条提取的结构化数据所构成的语义网范例，也是世界上最大的多领域知识本体之一，是链接数据（linked data）的一部分，链接了 Linked MDB、LinkedCT 等数据集。数据云图中的数据是以 RDF（Resource

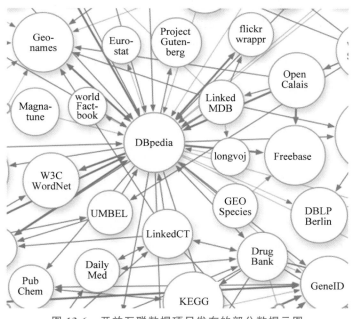

图 13-6　开放互联数据项目发布的部分数据云图

Description Framework,资源描述框架)形式在 Web 上发布的各种开放数据集,RDF 是一种描述结构化知识的框架,它将实体间的关系表示为(实体1,关系,实体2)三元组。数据云图中的节点表示发布的数据集,节点面积越大,表示数据集中包含的三元组数目越多。数据云图中的节点间的箭线表示两个数据集的 RDF 链接大于 50 个,箭线越粗,表示数据集间的链接越多,双向箭线表示两个数据集相互使用标识符。关联开放数据还允许在不同来源的数据项之间设置 RDF 链接,实现语义 Web 知识库。

13.2.3　多数据源的知识融合

知识谱图在构建的过程中使用了不同源的数据,而这些数据之间并没有强关联性,不同的语义可能有不同的表达方法,有可能产生知识重复的问题。知识融合的目的就是将这些不同源的数据在统一的数据模型下进行处理,从而消除不同源数据产生的问题,完成知识融合。

知识融合一般需要处理两个层面的问题:一是模式层的融合,二是数据层的融合。模式层的融合主要是将不同的本体统一在同一框架下。数据层的融合主要是实体之间的融合,解决实体之间指称、属性、关系等的冲突问题。

模式层的融合方法可以分为两类:本体集成和本体映射。前者将多个本体在同一个框架下统一,从而消除不同本体的异构问题;后者建立本体之间的映射联系,使用的方法有基于神经网络的方法、基于规则的方法等。

本体集成的方法一般来说会耗费大量的人力和时间,所以现在使用较多的是本体映射的方法。例如,斯坦福大学提出的 AnchorPrompt[①] 就可以自动对相似语义的术语进行对齐操作,实现本体映射。

数据层的融合主要是实体对齐的问题,而实体对齐有 3 点需要注意:实体消歧、实体统一、指代消解。

实体消歧可以用词袋模型实现。图 13-7 中有两个 Michael Jordan 等待消歧,每个 Michael Jordan 都在某句话中出现,想知道这是不是同一个人,可以利用待消歧实体周边的词构造向量,利用向量空间模型(Vector Space Model,VSM)计算两个实体指称项的相似度,进行聚类,从而完成实体消歧,这是词袋模型的方法。早在 1998 年,Bagga 就提出使用向量空间模型完成实体消歧。

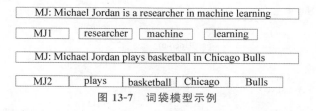

图 13-7　词袋模型示例

如果说实体消歧是要将表现形式相同的实体实际的不同指向区分出来,那么实体统一则是判断多个表现形式不同的实体的指向是否相同。

要完成实体统一,就要计算实体的属性相似度,这里常用的方法是计算莱文斯坦距离,

---

　① NOY N F,MUSEN M A. Anchor-PROMPT:Using Non-local Context for Semantic Matching[C]. International Joint Conference on Artificial Intelligence,2001.

也叫最小编辑距离,在图 13-8 中可以看到,从"北京理工大学"变成"北理工"最少的修改次数是 3 次,那么两者的最小编辑距离就是 3,由此可以判断它们是同义词。

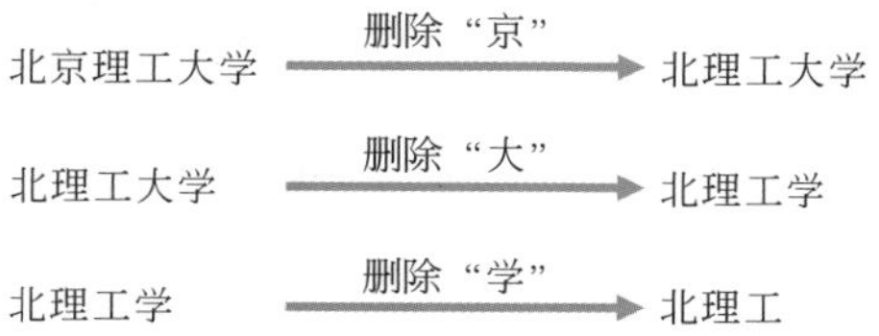

北京理工大学 ——删除"京"——→ 北理工大学

北理工大学 ——删除"大"——→ 北理工学

北理工学 ——删除"学"——→ 北理工

图 13-8　莱文斯坦距离

除此之外也可以计算集合相似度。例如,Dice 距离可以用于度量两个集合的相似度。因为可以把字符串理解为一种集合,所以 Dice 距离也可以用于度量字符串的相似度。

为了实现实体统一,也可以引入实体的属性并为其分配不同的权重,再进行加权求和,计算实体的相似度。算法主要采用 TF-IDF 为实体向量中的每个分量分配权重并建立索引,通过余弦相似度计算实体相似度以进行判别。

在下文中常常会用代称代替上文中出现的实体,而在语义上,上文的实体和下文的代称属于同一等价集合。指代消解要解决的问题是如何将下文的代称和上文的实体对应起来。指代消解目前一般有 3 种模型:一是指代对模型(mention pair model),将指代词和被指代词组成对,对于每个指代对判断两者是否等价;二是指代排序模型(mention ranking model),对于每个指代词,找出其候选被指代词,对其进行排序,得分最高的即为真正的被指代词;三是实体-指代模型(entity-mention model),对所有实体根据其上下文进行聚类,从而划分等价集合。

▶ 13.3 知识图谱的构建

知识图谱可将某个学科领域或者知识单元间错综复杂的交互关系用节点与链接等现代可视化大数据技术进行处理与展示,使人们可以清晰、直观地了解某个学科或者领域发展进程中的知识结构、研究趋势等。

运用知识图谱能够有效地从众多数据中获取知识,也是目前人们从浩如烟海的数据中获取知识的一种有效方法。

知识图谱包括实体和关系,其中,节点代表实体,节点之间的边代表关系。实体间的关系可以称作事实,通常使用三元组(head,relation,tail)表示,其中,head 代表关系的主体,tail 代表关系的客体,relation 代表两者之间的关系。三元组是知识图谱的基本单位,也是知识图谱的核心。

如图 13-9 所示,在这个知识图谱中有 8 个实体,分别是"电能计量系统""实时监控系统""变压器""互感器""电站设备""智能电网""站控层"和"过程层",关系分别是"属于"和"存在于"。由实体"电能计量系统""实时监控系统""变压器""互感器"出发,指向实体"电站设备",并附带关系"属于",可知这些实体都是"电站设备"的子类。同理可知,"电能计量系统"和"实时监控系统"存在于"站控层"。以上关系可用三元关系(电能计量系统,属于,电站设备)和(电能计量系统,存在于,站控层)等表示。根据知识图谱,可以清楚地将各个实体间的关系更加直观、详细地表示出来,而不用阅读一大段文字,然后再通过复杂的思考推导它们之间关系。

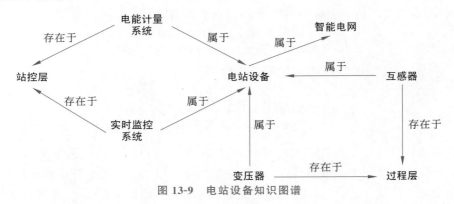

图 13-9　电站设备知识图谱

将文本中的主体提取出来后,对于计算机来说有时候很难分辨主体的准确意思。例如,两个男生的对话中有"你喜欢公牛么?",对于个人来说,大家很清楚这里的"公牛"是指NBA 的芝加哥公牛队,而不会联想到公牛这种动物。如图 13-10 所示,语义关联是指对有关联的实体进行知识图谱的构建,根据实体之间的概率关系确定语义本体。语义本体的确立需要以下 3 个关键技术的支持:

(1) 语法层采用 XML。

(2) 资源管理框架采用 RDF。

(3) 本体层采用 Ontology。

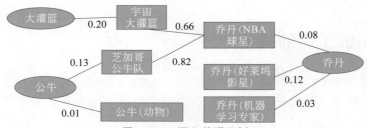

图 13-10　语义关联示例

目前,搜索引擎能够回答人们提出的部分问题,相对于以前直接返回海量的网页,现在能够对于用户的问题进行理解,然后从网络中抽取事实,将最合适的答案显示出来。这种形式称作自动问答,而知识图谱可以作为自动问答的知识库,从中选择最优答案。例如,人们经常需要查找诸如"大雁塔的开放时间""公牛队的老板出生在哪里"以及"上海有几个区"等问题的答案,而这些问题都需要利用知识图谱中实体间的复杂关系推理得到。无论是理解用户查询意图,还是探索新的搜索形式,都毫无例外地需要进行语义理解和知识推理,而这都需要大规模、结构化的知识图谱的有力支持,因此知识图谱成为各大互联网公司的必争之地。

下面以"公牛队的老板出生在哪里"为例进行说明,如图 13-11(a)所示,首先对于问题进行语义解析,将其解析为计算机可以理解的语言,然后根据已构建好的知识图谱进行知识筛选,找出最佳答案后进行显示。图 13-11(b)是通过百度搜索出的答案。

接下来介绍知识图谱的构建。因为对知识的提取是基于中文的处理,所以在构建知识图谱前要构建语义网。

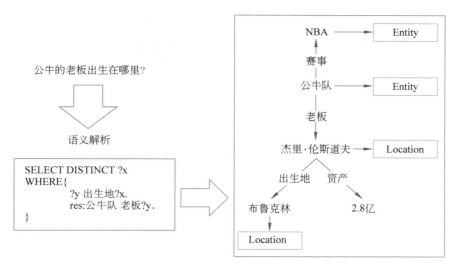

(a) 找出最佳答案

(b) 显示答案

图 13-11 自动问答示例

通常,首先要对文本进行分词和重点提取,抽取出其中的句子、短语、词汇和知识点,计算这些知识点之间的相关度,然后进行语义分析、句法分析和词法分析,如图 13-12 所示,以构建语义网。

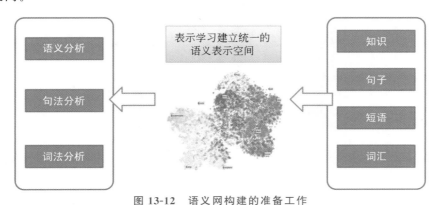

图 13-12 语义网构建的准备工作

如图 13-13 所示,语义网自动构建系统流程分为 4 个步骤,分别为概念发现、关联计算、关系抽取和集成验证。

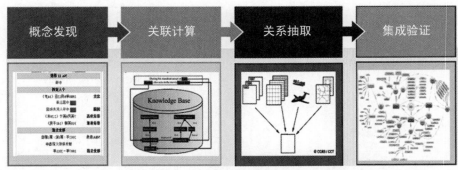

图 13-13　语义网自动构建系统流程

13.3.1　概念发现

概念发现也称为实体抽取，即命名实体识别，是指从文本数据集中自动识别出命名实体，最典型的实体包括人名、地名、机构名等。近年来，人们开始尝试识别更丰富的实体类型，如电影名、产品名等。此外，由于知识图谱不仅涉及实体，还有大量概念，因此也有研究者提出对这些概念进行识别。关于命名实体识别的详细信息在第 12 章已经讲述过，这里不再赘述。

概念发现可以经过 4 个步骤完成，分别是格式解析、分词标注、新词发现和概念发现。

1）格式解析

格式解析是指针对 PDF、Word、XML 等主流文档，采用 NLPIR-ICTCLAS 的信息抽取组件抽取出结构化的文本信息。

2）分词标注

NLPIR-ICTCLAS 分词系统可以融合已有本体库，实现专业领域的分词标注，已经成功应用于华为、人民网、中国邮政、央行和中央网信办。

3）新词发现

NLPIR-ICTCLAS 可直接从原始语料中直接发现新词、新概念。利用 NLPIR-Parser 应用程序可以将原始语料中的新词、新概念提取出来，并以词云图的形式展示，如图 13-14 所示。

图 13-14　新词发现示例

4）概念发现

NLPIR-ICTCLAS 采用基于规则与统计相结合的方法实现从新词中筛选本体概念。表 13-1 为概念发现结果示例。

表 13-1　概念发现结果示例

数 据 格 式	PDF	PDF(加入专业词)	XML(加入专业词)	备　　注
文件数	351	351	351	提供的文件个数
总大小	约 7.1GB	约 7.1GB	约 185MB	文件本身的大小
语料集大小	约 160MB	约 237MB	约 125MB	萃取、洗涤、归档后的文本大小
专业词数	无	1865	1865	现有的专业词个数
专业词(包含新词)数	4000	5865	5865	发现的新词与现有的专业词个数之和
基于词性的连续词袋模型(POS-CBOW 模型)	约 81.8MB	约 62MB	约 30MB	生成的模型文件的大小
词数	70 180	53 013	25 379	最终得到的词的个数

13.3.2　关联计算

1. 词袋模型

词袋模型是信息检索领域常用的文档表示方法。在信息检索中,词袋模型有以下假定:对于一个文档,忽略其中词的顺序和语法、句法等要素,将每一个词作为独立出现的对象,不依赖于其他词是否出现,由此将文档仅仅看作若干词的集合。例如,有如下两个文档:

- 文档 1:"我喜欢独自慢跑,舍友也喜欢"。
- 文档 2:"我也喜欢阅读"。

将两个文档进行分词后可得{"我","喜欢","独自","慢跑","舍友","也","喜欢"}和{"我","也","喜欢","阅读"}。

当文档分词完成之后,构造一个由文档中的词组成的词典:

词典={1:"我",2:"喜欢",3:"独自",4:"慢跑",5:"舍友",6:"也",7:"阅读"}

该词典一共包含 7 个不同的词。利用词典的索引号,上面两个文档都可以用一个 7 维向量表示,用整数 $0\sim n$(n 为正整数)表示某个词在文档中出现的次数。这样,根据各个文档中每个词出现的次数,便可以将上面两个文档分别表示成向量的形式:

文档 1:[1 2 1 1 1 1 0]。

文档 2:[1 1 0 0 0 1 1]。

这种向量格式称为独热编码。

2. CBOW 模型

CBOW(Continuous Bag-of-Words,连续词袋)[①]模型完成的任务是:给定中心词 w_t 的一定邻域半径(例如 c)内的单词 $w_{t-c},\cdots,w_{t-1}$, $w_{t+1},\cdots,w_{t+c}$,预测输出单词为该中心词 w_t 的概率。由于没有考虑词之间的顺序,所以称其为连续词袋模型。CBOW 模型的结构如图 13-15 所示,CBOW 模型包括 3 层,分别为输入层、映射层和输出层。输入层是中心词 w_t 的上下文单词,都是 one-hot 编码。设输入层矩阵为 W_{in},则

$$w_i^T W_{in} = v_i (i = t-c,\cdots,t-1,t+1,\cdots,t+c)$$

映射层则是对这 $2c$ 个词向量求和,然后取平均值,作为投影层的输出。在输出层则计算 $w_{t-c},\cdots,$ $w_{t-1},w_{t+1},\cdots,w_{t+c}$ 生成 w_t 的概率,即

$$P(w_i \mid w_{t-c},\cdots,w_{t-1},w_{t+1},\cdots,w_{t+c})$$
$$= P(w_i \mid v_{PROJECTION})$$

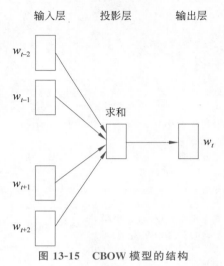

图 13-15　CBOW 模型的结构

3. POS-CBOW 模型

可以利用 POS-CBOW[②] 模型进行深度计算,以确定词之间的相似性。如图 13-16 所示,POS-CBOW 模型一共分为 5 层,分别为输入层、过滤层、投影层、标注层和输出层,相比于 CBOW 模型,POS-CBOW 模型增加了过滤层和标注层。过滤层的主要目的是对输入的文本语料的语序进行修正,因为有些文本可能包含一些特殊符号,它会改变训练语料的正常语句结构,在训练时对训练结果产生干扰。通过过滤层可以优化词向量空间,使 POS-CBOW 模型相对于前一阶段的工作更加独立。标注层位于投影层和输出层之间,其主要作用是对所有的词向量进行词性标注,在潜在语义关系的基础上,在空间词向量之间建立语法关系,这样可以提高词的相似度的准确率。可以通过中文分词工具 NLPIR 对生成的词向量进行词性标注,所用词性来自中国科学院计算技术研究所的汉语词性标记集。

13.3.3　关系抽取

关系抽取实际上是实体与关系的抽取,一般通过上面提到的三元组方法不断迭代实现。例如:

(1)通过"X 是 Y 的首都"模板抽取出(中国,首都,北京)、(美国,首都,华盛顿)等三元组实例。

(2)根据这些三元组实例中的两个实体对"中国-北京"和"美国-华盛顿"可以发现更多

①　LIU B. Text Sentiment Analysis Based on CBOW Model and Deep Learning in Big Data Environment[J]. Journal of Ambient Intelligence and Humanized Computing,2020,11(2):451-458.

②　ZHANG Y, ZHOU X. New Social Media Communication Based on Literature Analysis Method Technology[C]. 2021 International Conference on Big Data Analytics for Cyber-Physical System in Smart City. Springer,Singapore,2022:459-466.

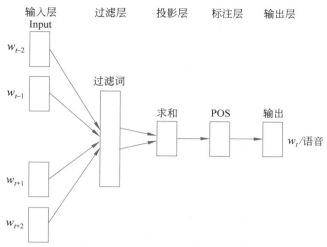

图 13-16　POS-CBOW 模型的结构

的匹配模板,例如"Y 的首都是 X""X 是 Y 的政治中心"等。

(3) 使用新发现的模板抽取更多的新的三元组实例。通过反复迭代不断发现新的模板并抽取新的实例。

1) 短语抽取

短语抽取是指通过识别表达语义关系的短语抽取实体之间的关系。例如,有 3 个短语:(华为,总部位于,深圳),(华为,总部设置于,深圳),(华为,将其总部建于,深圳),它们表达的意思相同,但是对于计算机来说它们是不同的词的组合,这时需要同时使用句法和统计数据过滤抽取出来的三元组,其中关系短语应当是一个以动词为核心的短语,如上面的"位于""设置于"和"建于"。关系短语应当匹配多个不同实体对,如"华为"和"深圳"。

2) 依存句法分析

依存句法分析是指根据一个短语的上下文判断实体之间的关系。如图 13-17 所示,在原来的语义网中,华为公司与"手机""通信基础设施""HarmonyOS 3"等实体存在关系。这时,对于语句"华为发布 HarmonyOS 3 操作系统,鸿蒙设备数突破 3 亿",根据已知的语义

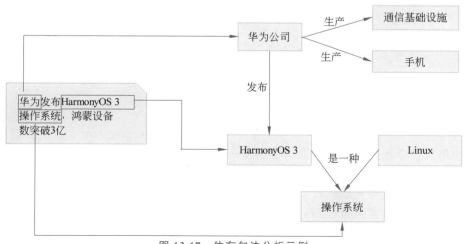

图 13-17　依存句法分析示例

关联知识图谱,通过上下文中的信息,如"HarmonyOS 3""操作系统",可知"华为"很可能是指代"华为公司",而不是人名。根据依存句法分析,可知"华为"与"HarmonyOS 3""操作系统"存在关系,并将其添加到语义关联知识图谱中。

3)篇章关系抽取

篇章关系抽取是指从整篇文章的内容中抽取需要的信息。例如,对于段落"鲁迅,原名周樟寿,后改名周树人,字豫山,后改字豫才,浙江绍兴人。著名文学家、思想家、革命家、教育家、民主战士,新文化运动的重要参与者,中国现代文学的奠基人之一",根据搜索引擎中存在的大篇幅信息,从中抽取出个人的基本信息,如"姓名""出生地"和"职业"等,抽取结果如图 13-18 所示。当需要抽取不同实体对象之间的关系时,根据已知的抽取规则抽取出所需信息要素。

姓名: 鲁迅/周樟寿/周树人

出生地: 浙江绍兴

职业: 文学家、思想家、革命家、教育家、民主战士

图 13-18　篇章关系抽取结果示例

在对关系进行抽取后,可以在此基础上进行更深一层的推理,例如,可以从"哥哥"＋"配偶"推理出"嫂子",从"女性"＋"父母"推理出"妈妈",还可以根据物品单价和数量推理出总价。

以上推理都需要相关规则的支持。这些规则可以通过人工总结,但是费时费力,也难以将所有推理规则都找出来。目前主要依赖关系之间的同现情况,利用关联挖掘技术自动发现推理规则。

实体关系包含丰富的同现信息。如图 13-19 所示,在李四、李三、张芳 3 个人之间,有(张芳,配偶,李三)、(李三,哥哥,李四)以及(张芳,嫂子,李四)3 个实例。根据大量类似的实体 X、Y、Z 间的(X,配偶,Y)、(Y,哥哥,Z)以及(X,嫂子,Z)实例,可以统计出"哥哥＋配偶⇒嫂子"的推理规则。类似地,还可以根据大量的(X,首都,Y)和(X,位于,Y)实例统计出"首都⇒位于"的推理规则。

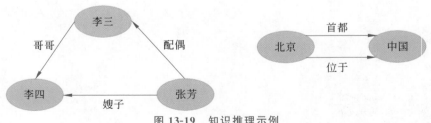

图 13-19　知识推理示例

知识推理可以用于发现实体间新的关系。例如,根据"哥哥＋配偶⇒嫂子"的推理规则,如果两个实体间存在"哥哥＋配偶"的关系路径,就可以推理它们之间存在"嫂子"的关系。利用推理规则实现关系抽取的经典方法是路径排序算法(path ranking algorithm),该方法将每种不同的关系路径作为一维特征,通过在知识图谱中统计大量的关系路径构建关系分类的特征向量,建立关系分类器,进行关系抽取。该方法能够取得不错的抽取效果,成为近年来关系抽取的代表方法之一。但这种基于关系的同现统计的方法面临严重的数据

稀疏问题。

13.4 应用与分析

13.4.1 智能搜索

智能搜索引擎结合了人工智能和知识图谱技术，除了能实现快速检索、相关度排序等功能，还能实现用户角色登记、兴趣自动识别、内容语义理解、信息过滤和精准推送等功能。构建大规模知识图谱的首要目标就是能够更好地理解用户输入的查询词，根据查询词找出准确答案。通常用户输入的查询词都是几个关键词连接而成短语，传统的关键词匹配技术只是简单地根据相关度匹配内容，不能理解查询词背后的语义信息，查询结果令人不满意。而使用知识图谱之后，根据已建立的关系知识，可以快速、准确地将答案显示在搜索结果中。

例如，对于查询词“米饭热量”，如果仅利用关键词匹配，搜索引擎只会机械地返回所有含有“米饭热量”这两个关键词的网页，结果示例如图 13-20 所示。要想知道准确信息，还应该打开网页自己寻找。但通过利用知识图谱识别查询词中的实体及其属性，搜索引擎就能够更好地理解用户搜索意图。

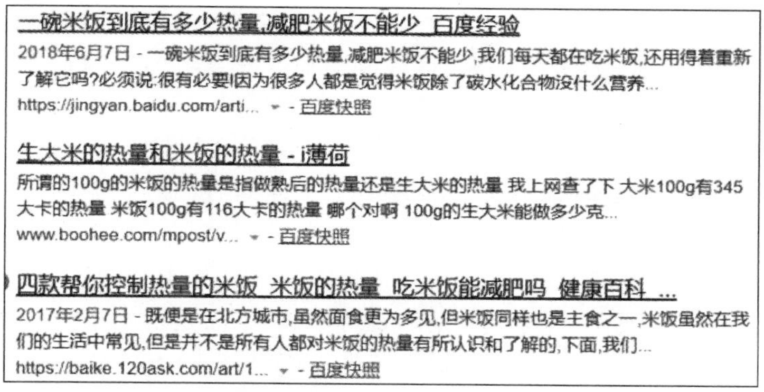

一碗米饭到底有多少热量,减肥米饭不能少_百度经验
2018年6月7日 - 一碗米饭到底有多少热量,减肥米饭不能少,我们每天都在吃米饭,还用得着重新了解它吗?必须说:很有必要!因为很多人都是觉得米饭除了碳水化合物没什么营养...
https://jingyan.baidu.com/arti... - 百度快照
生大米的热量和米饭的热量 - i薄荷
所谓的100g的米饭的热量是指做熟后的热量还是生大米的热量 我上网查了下 大米100g有345大卡的热量 米饭100g有116大卡的热量 哪个对啊 100g的生大米能做多少克...
www.boohee.com/mpost/v... - 百度快照
四款帮你控制热量的米饭_米饭的热量_吃米饭能减肥吗_健康百科_...
2017年2月7日 - 既便是在北方城市,虽然面食更为多见,但米饭同样也是主食之一,米饭虽然在我们的生活中常见,但是并不是所有人都对米饭的热量有所认识和了解的,下面,我们...
https://baike.120ask.com/art/1... - 百度快照

图 13-20　利用关键词匹配搜索“米饭热量”的结果

如图 13-21 所示，当使用知识图谱查询“米饭热量”时，会发现，搜索引擎直接将“每 100 克香大米的热量是 346 卡”的信息显示在最上面，并推送一些关于减肥的信息，更加智能和人性化。

米饭热量
百度一下
百度首页　设置
网页　图片　知道　视频　资讯　文库　贴吧　采购　地图　更多
百度为您找到相关结果约91,700,000个
搜索工具
“每100克香大米的热量是346卡，煮成米饭是吸收大量水体积膨胀，所以100克米饭的热量一般在115卡左右，如果煮成粥那水分就更多了，100克粥的热量一般在46卡上下。我提倡每天适量吃一些米饭，因为碳水化和物时保证新陈代谢率的必须品，而且米饭内含维生素B族，也是人所需要的。”
米饭热量高不高 - 问答频道 - 博禾医生
相关信息知识资料
低热量食物　香蕉减肥法　减肥食谱

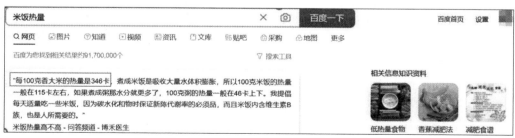

图 13-21　利用知识图谱搜索“米饭热量”的结果

13.4.2 机器人学习机

机器人学习机是根据用户提出的问题查找关键字,找到结果后再回答人们提出的问题,这是基于自动问答机制实现的。机器人学习机通过理解用户的问题,从本地数据库或网络信息中抽取事实,并最终选出一个正确的答案告诉用户。一般机器人学习机适用于小学生,因为涉及的知识比较浅显,可以确保机器人学习机给出正确的答案。

机器人学习机利用知识图谱,根据本地数据和网络数据建立自动问答的知识库。例如,用户查询"床前明月光的下一句",机器人学习机根据实体"床前明月光"和关系"下一句"查询知识图谱之后,给出答案"疑是地上霜"。机器人学习机具有较强的学习能力,可以向知识图谱中添加新的信息。例如,用户对机器人学习机说"妈妈最喜欢吃苹果",("妈妈","喜欢吃","苹果")三元组信息就会添加到知识图谱中,当用户下次询问"妈妈喜欢吃什么水果?"时,机器人学习机就会回答"苹果"。

机器人学习机是基于自动问答机制构建的,对用户所提问题都需要进行语义理解和知识推理,而这些功能都需要大规模、结构化的知识图谱的有力支持,因此知识图谱成为各大互联网公司的必争之地。

13.4.3 文档表示

经典的文档表示方案是空间向量模型,该模型将文档表示为词的向量,而且采用了词袋假设,即不考虑文档中词的顺序信息。这种文档表示方案与上述基于关键词匹配的搜索方案相匹配,由于其表示简单,效率较高,是目前主流搜索引擎所采用的技术。文档表示是很多自然语言处理任务的基础,如文档分类、文档摘要、关键词抽取等。

经典文档表示方案已经在实际应用中暴露出很多固有的严重缺陷,例如,无法考虑词之间的复杂语义关系,无法处理对短文本(如查询词)的稀疏问题。人们一直在尝试解决这些问题,而知识图谱的出现和发展为文档表示带来了新的希望,那就是基于知识的文档表示方案。一篇文章不再只是由一组代表词的字符串表示,而是由文章中的实体及其复杂的语义关系表示。该文档表示方案实现了对文档的深度语义表示,为文档深度理解打下了基础。有研究者提出了一种非常简单的基于知识图谱的文档表示方案,可以将文档表示为知识图谱的一个子图(sub-graph),即用该文档中出现或涉及的实体及其关系所构成的图表示该文档。这种知识图谱的子图比词向量拥有更丰富的表示空间,也为文档分类、文档摘要和关键词抽取等应用提供了更丰富的可供计算和比较的信息。

知识图谱为计算机智能信息处理提供了巨大的知识储备和支持,将让现在的技术从基于字符串匹配的层次提升至知识理解层次。以上介绍的几个应用可以说只是管中窥豹。知识图谱的构建与应用是一个庞大的系统工程,其所蕴藏的潜力和可能的应用将伴随着相关技术的日渐成熟而不断涌现。

第 4 篇　文本挖掘篇

第14章

信 息 过 滤

　　本章首先介绍信息过滤的产生背景和发展概况,进而分析信息过滤技术的出现原因。随后立足于应用,按照应用场景的不同分别介绍重点关注信息过滤、信息过滤推荐及其前沿应用,分析以文本和图片为主的重点关注信息过滤,阐述基于黑白名单过滤和基于内容过滤这两种经典的重点关注信息过滤算法,介绍视频推荐系统中常用的内容过滤、协同过滤、混合过滤3种方法,主要侧重于算法标准和特点说明,并且介绍上述几种过滤技术和算法的应用范围及前沿技术,最后展示具体的实验样例。[①]

▶ 14.1 信息过滤概述

　　信息过滤(information filtering)也称信息选择性传播,在不同的领域中有不同的定义,在路由配置、雷达滤波等众多领域中都有相应的概念。Nicholas Belkin 和 Bruce Croft 对信息过滤给出了这样的定义:信息过滤是一系列将信息传递给需要它的用户的处理过程。这种信息过滤指的是网络信息过滤,是一种对搜索引擎的有效补充技术,可以为用户剔除有害信息,并且可以对用户进行信息推荐,因而在电子商务、防火墙等领域得到了广泛的应用。

　　1958 年,Hans Peter Luhn 提出了商业智能机器的设想。在该概念框架中,图书馆工作人员根据每个用户的不同需求建立相应的查询模型,然后通过精确匹配的文本选择方法,为每个用户产生一个能满足其查询需求的新文本清单,同时记录用户所订阅的文本以更新用户的查询模型。Luhn 的工作涉及了信息过滤系统的每一个方面,为信息过滤的发展奠定了基础。1969 年,选择性信息分发(Selective Dissemination of Information,SDI)系统引起了人们的广泛兴趣。当时的系统大多遵循 Luhn 模型,只有很少的系统能够自动更新用户查询模型,其他系统仍然依靠专业技术人员维护系统,SDI 兴起的两个主要原因是实时电子文本的可用性和用户查询模型与文本匹配计算的可实现性。1982 年,Peter Denning 提出了信息过滤的概念。他描述了一个信息过滤的需求例子,对于实时的电子邮件,利用过滤机制识别出紧急的邮件和一般的例行邮件。1986 年,Thomas Malone 等人发表了一篇较有影响的论文,并且研制了 Information Lens 系统,提出了 3 种信息选择模型,即认知模型、经济模型和社会模型。所谓认知模型,即基于信息本身的过滤。

　　信息过滤与信息检索不同。信息过滤关注用户的长线需求(指在一段时间内比较固定

---

　　① 本章由严若豪整理,部分内容由李洁、任珂、岳佳琪、郭英乾、邹博文、张悉伦贡献。

的信息需求),是为非结构化及半结构化的数据设计的,主要用来处理文本信息。其目标是帮助用户处理大量的信息,对动态的信息流进行筛选,着重于排除用户不希望得到的信息,基于用户概型从输入的信息流中滤除数据。在信息过滤中,用户的需求表示成概型,一个概型是一个数据结构,用以描述用户感兴趣的一组主题。根据概型对进入系统的文章流进行评价(ranking),用户在浏览结果时,提供相关反馈并及时更新概型。由于反馈的存在,机器学习的方法在信息过滤中已受到广泛的重视,应用的主要方法有贝叶斯学习方法、神经网络方法、支持向量机方法等。

在面对互联网上丰富的信息时,用户希望检索到的文献都是自己需要的。然而,浩如烟海的信息海洋让人不知所措,超文本的链接方式又常让人误入歧途,有悖初衷。信息过滤能让用户根据自己的需求主动选择服务项目与内容,通过过滤机制快速找到所需的信息。另外,用户自主进行的过滤可节省带宽,减少信息的盲目流动,避免塞车现象,使网络传输更加通畅。随着机读型信息的大量增加,信息检索的性质也大大改变了。信息检索系统的用户面临两方面的问题:文献数量的急剧增加与各文献在质量上存在的巨大差异。日益严重的文献不均衡性(质量、类型、记录手段等)意味着用户现在比以往更需要对文献进行过滤和帮助用户选择相关文献的工具。因此,信息过滤技术的意义在于以下几点:

(1) 信息过滤是改善互联网信息查询技术的需要。随着用户对信息利用效率要求的提高,以搜索引擎为主的现有网络查询技术受到了挑战,网络用户的信息需求与现有的信息查询技术之间的矛盾日益尖锐。

在使用搜索引擎时,只要使用的关键词相同,得到的结果就相同,搜索引擎并不考虑用户的信息偏好和不同,对专家和初学者一视同仁,同时返回的结果成千上万且参差不齐,使得用户在寻找自己喜欢的信息时犹如大海捞针。网络信息是动态变化的,用户时常关心这种变化。而在搜索引擎中,用户只能不断地在网络上查询同样的内容,以获得变化的信息,这花费了用户大量的时间。因此,在现有情况下,传统的信息查询技术已经难以满足用户的信息需求,对信息过滤技术的研究日益受到重视,把信息过滤技术用于互联网信息查询已成为非常重要的研究方向。

(2) 信息过滤是个性化服务的基础。个性化的实质是针对性,即对不同的用户采取不同的服务策略,提供不同的服务内容。个性化服务将使用户以最小的代价获得最好的服务。在信息服务领域,就是实现"信息找人,按需要服务"的目标。既然是"信息找人",那什么信息找什么人就是关键。每个用户都有自己特定的、长期固定的信息需求。以这些信息需求组成过滤条件,对资源流进行过滤,就可以把资源流中符合需求的内容提取出来进行服务。这种做法就叫作信息过滤,信息过滤是个性化主动服务的基础。

(3) 信息过滤是维护国家信息安全的迫切需要。网络为信息的传递带来了极大的方便,也使机密信息的流出和对我国政治、经济、文化等有害信息的流入有了可能。某些国家通过网络进行政治渗透和价值观、生活方式的灌输,一些不法分子利用计算机网络复制、传播和查阅有害信息。所以,国家信息安全问题已迫在眉睫,必须引起高度警惕和重视,而信息过滤是行之有效的防范手段。目前主要通过过滤软件及分级制度对往来信息尤其是越境数据流进行过滤,将不宜流出的保密或宝贵信息资源留在国内,将不符合国情或有害信息挡在国界之外,其中使用较多的为互联网接收控制软件和内容选择平台(Platform for the Internet Content Selection,PICS)。

（4）信息过滤是信息中介开展网络增值服务的手段。信息中介行业的发展要经过 3 个阶段：建立最初的客户资料库，建立标准丰富档案内容，利用客户档案获取价值。其中第一阶段和第三阶段的服务重点都涉及信息过滤服务。过滤服务过滤掉用户不想要的推销信息，信息中介将建立一个过滤器以检查流入的商业性电子邮件，然后自动剔除与用户的需要和偏好不相符的不受欢迎的信息。用户可提前指定他们想经过过滤服务得到的信息或经过过滤服务排除的任何种类的经销商或产品。对于不受欢迎的垃圾信息，信息中介会在用户得到之前把它们过滤掉。在网络环境下，减少无效数据的传输对于节省网络资源、提高网络传输效率具有十分重要的意义。通过信息过滤，可减少不必要的信息，节省费用，提高经济效益。

14.1.1　信息过滤推荐最新进展

目前深度学习在推荐系统中应用广泛，最早可以追溯到 2007 年辛顿和他的学生发表的一篇将受限玻尔兹曼机应用于推荐系统的文章，随着深度学习在计算机视觉、语音识别与自然语言处理领域不断取得成功，越来越多的研究者及工业界人士开始将其应用于推荐业务中，深度学习在推荐上的应用如雨后春笋，各种深度学习算法被应用于各类产品形态上。目前的深度学习算法主要分为以下 3 类：

（1）基于深度神经网络的推荐模型。Huang 等人[①]提出了一种基于 DNN 的深度混合推荐模型，该模型将深度学习应用于混合推荐，将用户和项目信息输入到改进的机器学习模型中进行训练，从多种维度更深入地学习用户和推荐项目的交互关系，这种将多个深度学习模型和机器学习模型相互融合的推荐模型有助于更全面地反映用户偏好，增强模型的泛化能力。Google 公司的 Wide ﹠ Deep 深度学习推荐模型[②]是 2016 年提出的，应用于 Google Play 应用商店上的 APP 推荐，该模型在在线 AB 测试中获得了比较好的效果。这篇文章也是比较早地将深度学习应用于工业界的文章，也是一篇非常有价值的文章，对整个深度学习推荐系统有比较大的积极促进作用。基于该模型衍生出很多其他模型，并且很多都在工业界取得了很大的成功。Wide ﹠ Deep 模型分为 Wide 和 Deep 两部分。Wide 部分是一个线性模型，学习特征间的简单交互，能够记忆用户的行为，为用户推荐感兴趣的内容，但是需要大量耗时费力的人工特征工程。Deep 部分是一个前馈深度神经网络模型，通过稀疏特征的低维嵌入，可以学习到训练样本中不可见的特征之间的复杂交叉组合，因此可以提升模型的泛化能力，并且也可以有效避免复杂的人工特征工程。通过将这两部分结合进行联合训练，最终获得记忆和泛化两个优点。

（2）基于循环神经网络的推荐模型。腾讯公司的微信团队提出了一个基于注意力机制的深度学习模型——RALM[③]，是对广告行业中传统的 Look-Alike 模型的深度学习改造，通过用户表示学习和 Look-Alike 学习捕获种子用户的局部和全局信息，同时学习用户群和

---

①　HUANG Z, YU C, NI J, et al. An Efficient Hybrid Recommendation Model with Deep Neural Networks[J]. IEEE Access, 2019, 7: 137900-137912.

②　CHENG H T, KOC L, HARMSEN J, et al. Wide ﹠ Deep Learning for Recommender Systems[C]. ACM. The 1st Workshop on Deep Learning for Recommender Systems. 2016: 7-10.

③　LIU Y, GE K, ZHANG X, et al. Real-time Attention Based Look-alike Model for Recommender System[C]. ACM. The 25th ACM SIGKDD International Conference on Knowledge Discovery ﹠ Data Mining. 2019: 2765-2773.

目标用户的相似度表示,更好地挖掘长尾内容的受众,并应用了微信"看一看"中的精选推荐。阿里集团提出了一个利用多个向量来表示一个用户多重兴趣的深度学习模型[①],线上AB测试表明,点击率、推荐结果多样性等方面都有较大提升。

(3)基于图神经网络的推荐模型。针对电子商务领域出现的问题,Li 等人[②]提出了一种分层二分图神经网络的模型——HiGNN,通过堆叠多个 GNN 模块并交替使用确定性聚类算法,HiGNN 能够高效地同时获得分层的用户和商品嵌入,并在更大范围内有效预测用户偏好,提高推荐的准确率。Google 公司的 NCF(Neural Collaborative Filtering,神经网络协同过滤)[③]是一种基于深度学习推荐算法的神经网络协同过滤模型,将用户行为矩阵中用户和产品向量嵌入多层的 MLP 神经网络模型中,输出层通过恒等激活函数输出预测结果以预测用户真实的评分,采用平方损失函数训练模型。2021 年,Google 公司发表了以大模型为核心的搜索模式。给定搜索的请求(query),该模型可以自动返回结果。该模型还可以完成各种知识获取任务,甚至包括生成和翻译任务。

深度学习推荐算法具有以下特点:

(1)更加精准的推荐。深度学习模型具备非常强的表达能力,因此,利用深度学习技术构建推荐算法模型,可以学习特征之间深层的交互关系,达到比传统矩阵分解、分解机等模型更精准的推荐效果。

(2)可以减少人工特征工程的投入。只需要将原始数据通过简单的向量化灌入模型,即可通过模型自动学习特征。通过深度学习构建推荐算法可以大大节省人工特征工程的投入成本。

(3)可以方便整合附加信息(side information)。

深度学习模型的可扩展性很强,可以非常方便地在模型中整合附加信息。但是该模型也存在以下不足:

(1)需要大量的样本数据训练可用的深度学习模型。

(2)需要大量的硬件资源进行训练。

(3)与团队现有的软件架构适配,在工程实现上有一定难度。在引进深度学习模型的过程中,怎么将深度学习相关技术组件与团队现有的架构和组件有机整合起来,也是团队面临的重要问题。

(4)深度学习模型可解释性不强。深度学习模型基本上是一个黑盒模型,导致很难向用户提供有价值的推荐解释。

(5)调参过程冗长复杂。深度学习模型包含大量的参数及超参,训练深度学习模型是一个复杂的过程,需要跟进观察参数的变化情况,调参是需要大量的实践经验积累的。

深度学习驱动了第三次人工智能浪潮的到来。几年时间内,深度学习风靡全球,几乎

① LI C, LIU Z, WU M, et al. Multi-interest Network with Dynamic Routing for Recommendation at Tmall[C]. ACM. Proceedings of the 28th ACM Incovery & Data Mining. 2018:1040-1048.

② LI Z, SHEN X, JIAO Y, et al. Hierarchical Bipartite Graph Neural Networks:Towards Large-scale E-commerce Applications[C]. 2020 IEEE 36th International Conference on Data Engineering (ICDE). IEEE, 2020:1677-1688.

③ HE X, LIAO L, ZHANG H, et al. Neural Collaborative Filtering[C]. ACM. the 26th International Conference. 2017: 173-182.

所有的科技公司都希望将深度学习引入到真实业务场景中,借助深度学习产生巨大的商业价值。深度学习在推荐系统中的价值也逐渐凸显。

未来的产品形态一定会朝着实时化方向发展,通过信息流推荐的方式更好地适应用户的需求变化。这要求将用户的实时兴趣非常方便地整合到模型中,如果能够对已有的深度学习推荐模型进行增量优化调整,反映用户的兴趣变化,就可以更好地服务于用户。可以进行增量学习的深度学习模型应该是未来有商业价值的一个研究课题。

目前的深度学习推荐模型仍然主要使用单一的数据源构建的模型。未来随着 5G 技术的发展以及各类传感器的普及,会更容易收集到多源的数据。怎么充分有效利用这些数据,构建一个融合多类别数据的深度学习推荐模型,是研究人员必须面对的有价值的并且极有挑战性的研究方向。同时,保障用户隐私和训练模型所必需的数据之间的平衡也是应该思考的问题。

好的推荐产品除了推荐精准的物品外,视觉呈现方式、视觉效果、交互方式等对于用户是否愿意使用、是否认同推荐都非常重要。未来的深度学习推荐技术可能面向多维度的目标进行建模,更好地提升推荐产品的用户体验。

14.1.2　重点关注信息过滤最新进展

对重点关注信息过滤的最新研究主要集中在深度学习方法上,如进行数据增强、从多个粒度层次提取特征、引入注意力机制、引入预训练语言模型、图像和文本联合模型等方法。

Aiwan 等人[①]使用数据增强和改进卷积神经网络模型的方法检测图片格式的垃圾邮件。在数据集方面,针对涉及隐私的垃圾邮件数据集过少的问题,他们使用 k 聚类方法自动从少量样本图片中截取合适的部分,形成新的图片,有效扩展了原有的数据集。在模型方面,将一种常用的 CNN 模型 Spp-Net 改进为 DSP 模型,在每一层给每个网格分配一个权重,再串联到一起;DSP 模型在卷积-池化层使用了加权池,首次用信息论方法对池化区域的信息量进行了量化。DSP 模型中还有一个动态更新网络参数的模块。DSP 模型在对垃圾图像邮件进行过滤时可以保持较高性能。

▶ 14.2　信息过滤推荐经典算法

信息过滤中的方法大多是以文本和图片为主的垃圾信息过滤、视频推荐系统的协同过滤和重点关注信息等方面的技术手段,这里提到的重点关注信息包含违反道德类和破坏安全类等各类有害信息。

14.2.1　内容过滤

内容过滤是指通过用户模型描述用户的信息需求,将新获取的信息和用户模型进行相似度计算,将相似度高的信息发送给该用户模型对应的用户,其算法流程如图 14-1 所示。

---

① AIWAN F, ZHAO F Y. Image SPAM Filtering Using Convolutional Neural Networks[J]. Personal and Ubiquitous Computing, 2018, 22(5-6): 1029-1037.

图 14-1　内容过滤算法流程

1）构建特征空间

构建特征空间也就是定义度量标准。标准类似于坐标轴,例如,人有很多维度,也称属性,如性别、年龄、身高、体重、文化程度、专业技能等。这些共同构成一个多维空间,每一个特定的人,在每一个维度上都会有一个具体的值,这样就实现了对一个特定的人的量化表示,实现从一个人到一个 N 维向量的映射。由于面对的需求不一样,构建的特征空间也可能是不一样的。

2）内容量化

内容量化是指对各类内容(如文章、商品)通过上面定义的维度进行量化。

3）计算相似度

相似度即文本在特征空间中的距离。相似度越小,差异越大。

为了生成有意义的推荐结果,基于内容的过滤算法会使用不同的模型评估文本之间的相似性。它可以使用向量空间模型(如关键词权重计算法),也可以使用概率模型(如朴素贝叶斯分类器、决策树或神经网络),在语料库中模拟不同文本项目之间的关系。然后,通过统计分析或机器学习技术学习基础模型,从而生成推荐结果。

内容过滤算法的优点如下:

(1)用户之间具有独立性,每个用户的推荐都是根据用户自身的行为获得的,与其他人无关。

(2)用户可以在不共享其个人信息的情况下获得推荐结果,这一点大大确保了个人隐私的安全性。

(3)具有良好的可解释性,可以向用户解释为什么会为其推荐这些内容。

(4)冷启动快捷,对于新加入的物品可以直接在推荐结果中曝光。

内容过滤算法的不足如下:

(1)度量标准难以定义,在大多数的情况下很难从项目中抽取特征。例如,在视频等多媒体内容中,信息都蕴含在高维度数据中,很难进行特征抽取。

(2)无法挖掘用户的潜在兴趣,推荐的内容只是根据用户过去的喜好决定的,因此也跟用户过去喜好的相似。

(3)新用户无法推荐,由于新用户没有浏览历史,因此无法获得用户的喜好。

14.2.2　协同过滤

协同过滤分析用户兴趣,在用户群体中找到与指定用户相似的用户,综合这些相似用户对某一信息的评价,预测该指定用户对此信息的喜好程度,其算法流程如图 14-2 所示。

图 14-2　协同过滤算法流程

以电影推荐为例,协同过滤与内容过滤的区别在于:前者只需要所有的用户、所有的电影名以及部分打分信息,就可以推测出所有用户对所有电影的打分情况;而后者需要知道电影的属性,并基于对这些属性的分析对用户做出推荐。

协同过滤可以分为两类:基于记忆的协同过滤和基于模型的协同过滤。

基于记忆的协同过滤可以通过基于用户(user-based)和基于项目(item-based)两种技术实现。基于用户的协同过滤通过比较用户对同一项目的评级计算用户之间的相似度,然后预测活跃用户对项目的评级,并将该预测作为类似的其他用户对项目评级的加权平均值。基于项目的协同过滤则利用项目之间的相似度预测结果,从用户-项目矩阵中检索活跃用户评价的所有项目,建立项目相似度模型,计算项目之间的相似度,然后选择前 k 个最相似的项目,计算这些项目的加权平均值,形成预测。

基于模型的协同过滤会使用先前的用户评级建模,提高协同过滤的性能。建模过程可以通过机器学习或数据挖掘完成。这些技术包括奇异值分解、潜在语义分析、回归分析、聚类分析等。

与内容过滤相比,协同过滤的优势就是可以根据各个用户的历史信息推荐项目,而与项目本身的内容属性无关。其不足如下:

(1)冷启动问题。在产品刚刚上线、新用户刚刚到来的时候,如果没有用户在应用上的行为数据,就无法预测其兴趣爱好。另外,当新商品上架时也会遇到冷启动的问题,由于没有收集到任何一个用户对其浏览、点击或者购买的行为数据,也就无从对商品进行推荐。

(2)数据稀疏性问题。当用户仅对数据库中可用的项目的一小部分进行评分时,就会导致这种问题。数据规模越大,一般而言越稀疏。

(3)可扩展性问题。这是与推荐算法相关的另一个问题,因为计算通常随着用户和项目的数量线性增长。当数据集的规模有限时,推荐技术是有效的;但当数据集的规模增大时,生成的推荐结果就不太好。

(4)同义问题。同义词是指名称不同但非常相似的项目。大多数推荐系统很难区分这些项目之间的不同,如婴儿服装和婴儿布料。协同过滤通常无法在两个术语之间建立匹配,也无法计算二者之间的相似度。

14.2.3　混合过滤

过滤系统为了避免单一推荐技术带来的限制和问题,同时也为了能够获得更好的性能,会结合不同的推荐技术,称为混合过滤。使用多种推荐技术能够弥补模型中某种技术存在的缺陷。混合过滤方法有以下几种:

(1)加权式。指将多种推荐技术的计算结果加权混合产生推荐。

(2)切换式。指根据问题背景和实际情况采用不同的推荐技术。例如,使用基于内容推荐和协同过滤混合的方式,系统首先使用基于内容的推荐技术;如果它不能产生高可信度的推荐,再尝试使用协同过滤技术。

(3)级联式。级联式技术在迭代细化过程中构建不同项目之间的偏好顺序。它是一个分阶段的过程:一种方法的推荐结果通过另一种方法得到改进。一个推荐技术输出粗略的推荐列表,该推荐列表又由下一个推荐技术加以改进。

(4)合并式。同时采用多种推荐技术给出多种推荐结果,为用户提供参考。每种推荐技术都有自己的推荐结果。

（5）特征组合。特定推荐技术产生的特征被输入到另一种推荐技术中。

（6）特征递增。前一种推荐方法的输出作为后一种推荐方法的输入。

（7）元层混合。由一种推荐技术生成的内部模型用作另一种推荐技术的输入。与单一方法相比，这种方法生成的模型有更丰富的信息。

▶ 14.3 重点关注信息过滤经典算法

14.3.1 黑白名单过滤

黑白名单过滤方法主要依托于预先设定的黑白名单。在网页端通过 IP 地址、URL 建立有效的黑白名单，在手机端通过发送者手机号、微信号以及邮箱等在内的其他联系方式建立有效的黑白名单，其流程如图 14-3 所示。

图 14-3　黑名单过滤流程

以 URL 过滤为例。URL 是 Uniform Resource Location(统一资源定位符)的简称，即常说的网址，其基本结构为"＜URL 访问方式＞://＜主机＞:＜端口＞＜/路径＞"，每个网页都有唯一的 URL 与之对应。URL 过滤根据 URL 这个唯一的特征，通过预先设定的 URL 列表判断用户是否可以访问该网页的信息。URL 列表通常存放在客户端的防火墙或专门的 URL 列表服务器中，包括白名单和黑名单两种。白名单是允许访问的安全 URL，黑名单是禁止访问的 URL。当用户请求访问某个网页时，首先将网页地址与白名单中的地址进行精确匹配，若成功则对待访问地址放行；再与黑名单中的地址匹配，若成功则不允许访问。如果没有查到，即 URL 列表中未收录该网址，则需记录该网址，在后台分析其是否含有禁止访问信息，并在此次允许访问该网址。基于 URL 地址列表法的网页过滤软件有 Websense 等。URL 地址列表法过滤速度快、精度高、灵活性好，可将其嵌入用户防火墙中，用户可根据自己的需求对网址进行过滤，但它需要很高的维护成本，而且由于现在重点关注信息的隐蔽性，很多网址可以通过超链接或者脚本方式自动加载，从而绕过 URL 过滤。

14.3.2 基于内容的文本过滤

基于内容的文本过滤技术需要对文本内容是否包含重点关注信息进行分析。该过滤技术可以根据关键字进行匹配过滤，还可以在提取关键字的基础上，通过运用各种自然语言处理、人工智能和数据挖掘等方法和技术，结合上下文语境理解文本内容的语义，从而对目标信息进行过滤[①]。例如，如果文本内容出现了"拼多多"一词，需要根据整句话或整个文本的结构和语义综合分析其是否为广告类信息，否则可能会误过滤快递等有效信息。上述两种过滤方法都需要进行文本预处理，然后使用基于关键词的过滤算法实现过滤目标。基

---

①　ELKIN-KOREN N. Contesting Algorithms: Restoring the Public Interest in Content Filtering by Artificial Intelligence[J]. Big Data & Society, 2020, 7(2): 1-13.

于内容理解的过滤方法需要提取文本特征值,使用过滤模型进行识别和过滤。其流程如图 14-4 所示。

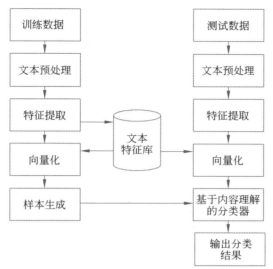

图 14-4　基于内容的文本过滤流程

下面详细介绍相关算法。

1) 文本预处理

在进行文本特征提取和识别前,需要对文本进行预处理,主要包括去除特殊符号(即无意义符号,以避免干扰)、分词处理和停用词处理等。由于目前重点关注信息的隐蔽性,通常不会直接使用关键词,而是使用其变体,例如拆分字、繁体字等,所以还需要对关键词的变体进行识别检测。

自动分词是将用自然语言书写的文章、段落和句子经计算机处理后以词为单位输出,为后续处理提供先决条件[①]。英文用空格将句子切分为单词,而中文则需要利用一些算法进行词的切分,常用的中文分词方法有基于词典的机械匹配分词方法、基于统计学理论的分词方法和基于神经网络的人工智能分词方法[②],常用软件有结巴分词等。

停用词处理的目的是去除中文表达中最常用的功能性词语(即限定词),如"的""一个""这""那"等,这些词的用途通常是协助名词描述和概念表达,并没有太多的实际含义。删除这些词可以使得文本主干更加突出,有利于接下来的识别和过滤操作。

关键词包括影响文化健康发展的词,这些信息不利于青少年健康成长。关键词会产生一些变体,主要可分为以下 5 种形式:

(1) 用拼音代替,例如"桔子"写为"ju 子""juzi"等。

(2) 拆分字,例如"桔子"写为"木土口子"。

(3) 同音字或繁体字,例如"发票"写为"蔻票""蔻嘌"。

(4) 词之间有特殊符号,例如"桔！子"。

---

①　WU F，LIU J，WU C，et al. Neural Chinese Named Entity Recognition via CNN-LSTM-CRF and Joint Training with Word Segmentation[C]. The World Wide Web Conference. 2019：3342-3348.

②　刘丽芳. 基于规则和统计的网络不良信息识别研究[D]. 武汉：华中师范大学，2017.

（5）用英文或其他语言代替，例如"SM"等。根据关键词的关联词和扩展规则建立关键词库，其包括关键词关联词表、关键词扩展词表、缩写词表、近义词表。通过杰卡德（Jaccard）系数可判断与关键词相关的关键词。关键词扩展词表可解决关键词用拼音、偏旁部首、同音词、英文替换或夹杂特殊符号等情况，其中拼音及偏旁部首需要使用汉语词典进行查询和匹配。关键词库示例如表 14-1 所示。

表 14-1　关键词库示例

id	KeyW	PinYin	Hoph	Anph	Abb	SpC	Synsets	Type
1	桔子	juzi	桔子	木土口	null	Ju子	Null	水果
2	苹果	Pingguo	平果	艹平果	PG	Ping果	Null	水果

2）基于关键词的过滤算法

常用的基于关键词的过滤算法有以下 4 个：

（1）BM 算法，是 Boyer-Moore 算法的简称。它是一种完全匹配算法，其核心思想是逆向比较，即从右向左比较，同时通过两种不同的启发式规则计算出跳转距离，选择距离较大的进行跳转，从而减少比较次数，提高比较效率。两种启发式规则分别为坏字符规则和好后缀规则。

（2）AC 算法，是 Aho-Corasick 有限自动机算法的简称。它是一种基于模式树的匹配算法，其基本思想是采用有限自动机的原理把多个模式串合并在一起组成一棵模式树，模式树中每一个前缀代表一个状态，待匹配字符串的检索通过状态转换完成。匹配过程主要是依次读入待匹配文本并和模式串进行比对，通过转向函数以及失效函数进行判断并转移，直到输出函数不为空，此时完成匹配，并输出结果。

（3）WM 算法。该算法采用跳跃不匹配字符策略和散列方法对过滤文本进行预处理，构建转换表、散列表和前缀表。该算法在处理字符串时要求每个字符串长度相同，且在处理每个字符串时只处理前 m 个字符，m 为定义的字符串最短长度。

（4）SWDT-IFA 算法。该算法首先对目标文本进行去除 HTML、停用词过滤等预处理；其次，利用关键词决策树构建算法把关键词库搭建成一棵分流树，以提高利用效率；再次，将预处理后的文本以数据流的形式通过检索关键词决策树，并对文本中有关关键词的频率、区域位置等信息进行记录；最后，计算文本关键度，并根据给定阈值进行划分[①]。

3）基于内容理解的过滤方法

基于内容理解的过滤方法需要进行文本特征提取操作。文本特征提取是对预处理后的文本进行特征值提取，常用的方法有基于权重的特征选择、基于依存句法的特征选择和基于文本相似度计算。常用的特征表示方法有向量空间模型、布尔模型和概率模型。使用较多的是向量空间模型，它利用统计学知识对文档进行建模，常用的权重计算方法是 TF-IDF 算法。基于依存句法的特征选择需要构建文本网络结构，对文本中的句子进行依存关系分析，通过得到的词语及其出现的频率构建语言网络结构。将文本转换为语言网络之后，利用节点度、聚类系数以及介数等参数对文本进行挖掘，常用算法是 PageRank 算法。

---

① 高文，李荣华，陈昌奇，等. 网络虚拟社区文本内容敏感词过滤系统研究[J]. 现代商贸工业，2017(16)：169-172.

文本相似度计算可识别两个或多个文本是否属于同一领域、类别,常用欧几里得距离和余弦相似度计算。

过滤模型根据文本特征值对文本内容进行匹配识别,主要有向量空间模型、基于规则的模型、贝叶斯决策模型、潜在语义索引模型(Latent Semantic Indexing,LSI)、支持向量机模型、神经网络模型等。

(1) 向量空间模型是基于统计的分类系统中广泛采用的文本计算模型,它把文档简化为以特征项的权重为分量的高维向量表示,把文本信息过滤过程简化为空间向量的运算,使得问题的复杂性大大降低。

(2) 基于规则的模型一般利用包含了各种约束条件的规则集作出决策,从而进行过滤,它本质上是一种确定性的演绎推理方法,其每一条规则都能表示用户的信息需求或信息过滤模型,根据这些规则及规律对需要过滤的文本进行匹配,并考虑上下文关系,以确定是通过还是滤掉该文本。

(3) 贝叶斯决策模型通常是利用简单而有效的朴素贝叶斯理论建立的,其基本思想是根据以往的判断经验估计某一文档属于相关文档或无关文档的概率。

(4) 潜在语义索引模型采用数学统计方法分析并推断文本中的词、段落和篇章之间存在的某种潜在语义结构的性质,该模型利用文档集中潜在的语义关系构造一个索引项文档空间,相似主题的文档在该空间中对应的位置点相距很近,可以通过计算待过滤文本和过滤模板的向量距离并根据设定的阈值进行信息过滤。

(5) 支持向量机模型采用基于有序风险最小化归纳法的统计学习方法,其核心思想是使用简单的线性分类器划分样本空间,通过在特征空间构建具有最大间隔的最佳超平面得到两类主题之间的划分准则,使期望风险的上界达到最小。

(6) 神经网络模型从待分析的数据集中发现用于预测和分类的模式信息,以实现对信息的分类判断和过滤。但是它有训练过程复杂且时间长、执行速度慢的缺点,不适用于实时过滤。

14.3.3　基于内容的图片过滤

应用于图片过滤的经典方法主要包括数据库过滤、标签过滤、光学字符识别(Optical Character Recognition,OCR)技术和基于深度学习的过滤等[①]。其中,数据库过滤也称黑白名单过滤,即对图片过多的网站的 IP 地址或 URL 建立黑名单,对黑名单中的网页拒绝访问。标签过滤则是由人工或图片上传者对图片附加标签,然后针对特定人群将带有"广告"等标签的图片过滤掉。这两种方法虽然实现简单且过滤速度快,但是都存在很多漏洞,只能用于简单过滤,难以适应复杂的重点关注信息过滤需求。本节介绍图片过滤的主要应用。

1. 基于内容的图片过滤

基于内容的图片过滤方法是通过建立底层图像特征与高级语义之间的映射,对图片内容进行分类的复杂过程,包括利用数字图像技术、统计知识等对图像进行特征提取,并通过

---

① 朱爱华. 粗糙集理论在 Web 信息过滤中的应用研究[D]. 成都:四川大学,2005.

机器学习等方法进行分类等步骤，其流程如图 14-5 所示。特征提取和分类方法是相辅相成的关系，常用的分类器包括支持向量机、k 近邻算法和 BP 神经网络等简单的机器学习算法。

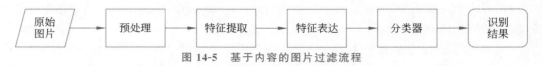

图 14-5　基于内容的图片过滤流程

2. 基于颜色空间的皮肤特征提取

通过实际观察可以发现，绝大多数人像图片的一个显著特征是大量的皮肤，因此可以将大片的皮肤区域作为图片的重要评判标准。由于人体皮肤在某些颜色空间具有很好的聚集性，图片中皮肤像素的分布和非皮肤像素的分布也具有显著的可分性，因此可以通过皮肤像素比例初步过滤含皮肤像素过多的图片。

HSV 颜色空间也被称为六角锥体模型，如图 14-6 所示。其中，H 为色调（Hue），以角度度量，取值范围为 $0\sim360$，红色为 0，绿色为 120，蓝色为 240；S 是饱和度（Saturation），表示颜色接近光谱色的程度，值越大，颜色越饱和，取值范围为 $0\sim100\%$；V 是亮度（Value），表示颜色的明亮程度，通常取值范围为 $0\sim100\%$，0 为黑色，100% 为白色。除 HSV 空间外，YCbCr 空间或 YIQ 空间也都是常用的颜色空间。

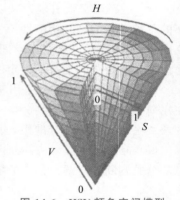

图 14-6　HSV 颜色空间模型

提取皮肤特征的模型通常定义在 HSV 空间或混合空间中，其中皮肤像素定义法根据先验知识显式定义皮肤像素的边界条件，如一种混合皮肤模型将皮肤像素定义为

- 在 YIQ 颜色空间中的 I 分量满足 $15<I<80$。
- 在 YCbCr 空间中满足 $20<Y<120$ 且 $130<Cr<150$。
- 在 HSV 空间内满足 $0.0095<H<0.02$ 且 $S>0.15$ 且 $0.2<V<0.6$。

皮肤像素定义法规则简单，计算效率高，但对先验知识的准确性要求高，具有局限性，而且皮肤像素和非皮肤像素在定义边界处有重叠，导致误检率高。而高斯模型和高斯混合模型（GMM）是利用统计学的方法，通过高斯概率密度函数来你和样本分布，肤色概率密度公式为：

$$P(\boldsymbol{x};\phi)=\sum_{i=1}^{K}\pi_i p_i(\boldsymbol{x};\theta)=\sum_{i=1}^{K}\pi_i p_i(\boldsymbol{x}/i;\theta)$$

$$=\sum_{i=1}^{K}\pi_i\frac{1}{(2\pi)^{\frac{d}{2}}|\boldsymbol{\Sigma}_i|^{\frac{1}{2}}}\exp\left[-\frac{1}{2}(x-\mu)^2\boldsymbol{\Sigma}_i^{-1}(\boldsymbol{x}-\boldsymbol{\mu})\right]$$

上式中，x 是像素颜色向量，$\boldsymbol{\mu}$ 为均值向量，$\boldsymbol{\Sigma}$ 为协方差矩阵，k 为混合模型中的高斯密度函数个数。由高斯模型可以有效提取出图片中的皮肤像素，并以此判断图片是否违规。

皮肤特征提取通常还会用纹理、形状等特征辅助判断。基于皮肤检测的方法具有一定的可靠性，但误检率和漏检率都较高，泛化性能也较差。

3. 人脸信息和关键部位监测

人脸也具有显著的可识别性,因此引入人脸检测对确定图片中的人物及属性都具有较大意义。人脸识别作为计算机图像识别的关键问题,已经得到较好的研究和应用,目前常用的人脸检测算法包括基于预定义模板的匹配方法、局部二值模式(Local Binary Pattern,LBP)算法、基于线性模型的超分辨率算法和基于哈尔(Haar)特征的 AdaBoost 算法等。

以 LBP 算法为例,LBP 特征是一种常用的计算相邻像素间关系的局部特征描述子,LBP 特征的计算过程为,以 3×3 的窗口的中心像素点的灰度值为阈值,将周围的 8 个像素点的灰度值中大于或等于该阈值的点记为 1,小于该阈值的点记为 0,最后将得到的 8 个值作为 8 位二进制数,转换为十进制即可得到中心像素点的 LBP 码。LBP 码可以再次构成一张图片,即 LBP 特征谱,可用于图片分类和识别。

人体关键部位可以更直接地作为图片的判断依据,其检测方法与人脸识别类似,主要有预定义特征方法、LBP 特征提取和通过 AdaBoost 集成学习的方法,建立关键部位分类器,对图片中可能存在的人体关键部位进行检测和过滤。

在应用层面,目前通常通过级联的方式,将不同检测方法结合起来,一步步排除良性图片,最终滤出图片。然而,图片内容特征错综复杂,不同的检测方法之间往往会有一定的冲突和重叠,通过物理级联的方式并不能将不同的特征检测方法很好地融合在一起,再加上这些特征检测方法都存在一定的局限性,所以这类基于感兴趣区域的检测方法往往误报率较高。

4. 基于局部特征的图片过滤

除了基于皮肤、人脸、关键部位等感兴趣区域的过滤方法之外,还有一些用于表征图片局部信息的局部特征描述,最具代表性的为尺度不变特征变换(Scale-Invariant Feature Transform,SIFT)特征,其对图片的尺度和旋转具有不变性,并且已被证明在大范围的仿射变换、3D 视角的变化以及光照条件的变化下依然具有鲁棒性。引入 SIFT 特征有效提高了图片过滤的效率。另一种经典的局部特征方法为梯度方向直方图(Histogram of Oriented Gradient,HOG),在计算时先把图片划分为多个密集单元,分别进行梯度方向直方图统计计算再合并,得到整个图片的分类决策结果。在提取特征之后的特征表达部分则采用稀疏编码、词袋模型等。

OCR 技术是识别图片中的文字的技术,在图片过滤领域用来过滤带有目标文本的图片。OCR 技术可以分为模板匹配、机器学习和深度学习 3 类。机器学习 OCR 方法的主要流程为输入图片、图片与处理、提取特征、使用 SVM 或 KNN 分类。深度学习 OCR 的基本方法是构建并训练卷积层-全连接层-分类器的深度网络,再用训练好的网络识别图片中的字符。

基于深度学习的图片过滤采用神经网络方法,主要使用全连接层、卷积神经网络、激活函数等,将特征提取和分类一起完成,能自动提取需要的特征,避免了人工设计特征与实际不符的问题。该方法有代表性的模型为 AlexNet,它与传统 CNN 在结构上并没有太大的差别。它包含 5 个卷积层和 3 个全连接层,输入为大小为 224×224 的图片,第 1 个卷积层包含 96 个大小为 11×11 的卷积核,第 1、2、5 个卷积层后均放置了一个最大池化层,以进行特征的下采样。AlexNet 以及后来的 VGGNet 和 GoogleNet 在图片识别领域都取得了巨大成功。

▶ 14.4 应用与分析

14.4.1 信息过滤推荐示例

目前有很多电影评分数据集。本节中使用的是 ml-latest-small 数据集,包括 610 个用户对 9724 部电影给出的评分以及用户 ID 和电影 ID。

1. 基于用户和产品的协同过滤电影推荐

基于用户的协同过滤是基于用户对物品的偏好找到相邻用户,然后将相邻用户喜欢的物品推荐给当前用户。在计算时,就是将一个用户对所有物品的偏好作为一个向量计算用户之间的相似度,找到 k 个相邻用户后,根据相邻用户的相似度权重以及他们对物品的偏好,预测当前用户喜欢的物品,通过计算得到一个排序的物品列表用于推荐。基于物品的协同过滤在原理上与基于用户的协同过滤类似,只是在计算相似度时采用物品本身(而不是从用户角度),基于用户对物品的偏好找到相似的物品,然后根据用户的历史偏好推荐相似的物品。从计算的角度看,就是将所有用户对某个物品的偏好作为一个向量,计算物品之间的相似度,得到某物品的相似度后,根据用户的历史偏好预测当前用户还没有表现出偏好的物品,通过计算得到一个排序的物品推荐列表。应用中相似度计算采用皮尔逊系数。基于用户和物品的协同过滤电影推荐结果如表 14-2 所示。

表 14-2　基于用户和物品的协同过滤电影推荐结果

方法	基于用户的协同过滤	基于产品的协同过滤
推荐电影 ID	1041,714,80906,1235,3030,65261,1178,1217,318,1104	3285,65088,41571,52435,111113,261,290,1411,3307
推荐用时/s	18.98	18.93

2. 基于矩阵分解的协同过滤电影推荐

矩阵分解原理如图 14-7 所示。对于原始评分矩阵 $\boldsymbol{R}$,假定一共有 3 类隐含特征,于是将矩阵 $\boldsymbol{R}_{3\times4}$ 分解成用户特征矩阵 $\boldsymbol{P}_{3\times3}$ 与物品特征矩阵 $\boldsymbol{Q}_{3\times4}$。考察 user1 对 item1 的评分,可以认为 user1 对 3 类隐含特征 class1、class2、class3 的感兴趣程度分别为 P_{11}、P_{12}、P_{13},而这 3 类隐含特征与 item1 的相关程度则分别为 Q_{11}、Q_{21}、Q_{31}。

$$
\begin{array}{c}
\begin{array}{cccc} \text{item1} & \text{item2} & \text{item3} & \text{item4} \end{array} \\
\begin{array}{c} \text{user1} \\ \text{user2} \\ \text{user3} \end{array}
\begin{bmatrix}
R_{11} & R_{12} & R_{13} & R_{14} \\
R_{21} & R_{22} & R_{23} & R_{24} \\
R_{31} & R_{32} & R_{33} & R_{34}
\end{bmatrix} \\
\boldsymbol{R}
\end{array}
=
\begin{array}{c}
\begin{array}{ccc} \text{Class1} & \text{Class2} & \text{Class3} \end{array} \\
\begin{array}{c} \text{user1} \\ \text{user2} \\ \text{user3} \end{array}
\begin{bmatrix}
P_{11} & P_{12} & P_{13} \\
P_{21} & P_{22} & P_{23} \\
P_{31} & P_{32} & P_{33}
\end{bmatrix} \\
\boldsymbol{P}
\end{array}
\times
\begin{array}{c}
\begin{array}{cccc} \text{item1} & \text{item2} & \text{item3} & \text{item4} \end{array} \\
\begin{array}{c} \text{user1} \\ \text{user2} \\ \text{user3} \end{array}
\begin{bmatrix}
Q_{11} & Q_{12} & Q_{13} & Q_{14} \\
Q_{21} & Q_{22} & Q_{23} & Q_{24} \\
Q_{31} & Q_{32} & Q_{33} & Q_{34}
\end{bmatrix} \\
\boldsymbol{Q}
\end{array}
$$

图 14-7　矩阵分解原理

矩阵 P 是 User-LF 矩阵,即用户和隐含特征(Latent Factor)矩阵。

矩阵 Q 是 LF-Item 矩阵,即隐含特征和物品矩阵。

矩阵 R 是 User-Item 矩阵,即用户和物品矩阵,由 $P \times Q$ 得来,能处理稀疏评分矩阵。

基于矩阵分解的协同过滤电影矩阵结果如表 14-3 所示。

表 14-3 基于矩阵分解的协同过滤电影推荐结果

方　　法	基于矩阵分解的协同过滤
推荐电影 ID	2122,3148,3451,3783,3429,1704,4993,1223,318,7387
推荐所需时间	41.22s

14.4.2 垃圾信息过滤示例

本节包含两个简单文本分类过滤示例,一个是使用机器学习模型对测试集短信数据进行过滤,另一个是对输入单条信息是否为垃圾短信进行识别。

1. 数据集过滤

原始数据有 80 万条,如图 14-8 所示,数据分布不平衡。采用欠抽样的方式,随机抽取 2 万条数据(包含垃圾短信和非垃圾短信各 1 万条)。

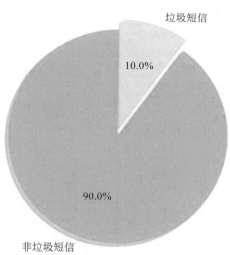

垃圾短信与非垃圾短信的分布情况

图 14-8 原始数据分布情况

首先进行数据预处理操作:

(1) 数据清洗,包括去除空格、X 序列处理和文本去重。

(2) 利用结巴分词对短信文本进行分词。

(3) 向词典中添加新词,去除停用词。

(4) 绘制词云。

文本特征使用 TD-IDF 权重矩阵表示,使用到 scikit-learn 中的文本特征提取模块,关键代码如下：

```
cuntVetorizer = CountVetorizer()                      #使训练集与测试集的列数相同
data_tr = countVectorizer.fit_transform(data_tr)
X_tr = TfidfTransformer().fit_transform(data_tr.toarray()).toarray()
                                                       #训练集 TF-IDF 权值
```

最后使用高斯朴素贝叶斯(Gaussian Naive Bayes,GNB)模型进行数据分类识别,关键代码如下：

```
model = GaussianNB()
model.fit(X_tr, labels_tr)
print(测试集准确率为%.4f'%modeL.score(X_te, labels_te))
```

测试集原始数据如图 14-9 所示。label 为 1 表示垃圾短信,label 为 0 表示非垃圾短信,识别准确率为 95%,结果如图 14-10 所示。

	label	message
0		
197631	1	你好,我们是阳光信贷,办理免担保无抵押信用贷款,我是客户经理左婷,有资金需要或朋友需要可以...
403647	0	发送x到xxxxxxxxx兑换xx元
463751	1	更多的乐趣。凡是元宵期间成功认购客户均可享受一票抵万金优惠。此外老带新购房成功新老客户各有x...
466457	0	镇静京爽的喷雾+粉底+防晒+美白+抗皱5种机能的多功能遮盖产品2
71610	0	是杭州长运运输集团有限公司的一名高级修理技师
325894	1	亲爱的,三月促销,幻活新生 时光礼遇衔一:购买任意幻时和幻时住产品每满xxxx元,即可获得价...
515863	1	另外伊人坊特以回馈天下女性:?产品优惠?套盒单支?一律八折?仅此三天?x.x.x.号?伊人坊...
398710	0	md大早上睡不着起来看花千骨我真的遭不住我自己了
638755	1	尊敬的客户:x月x日至x月x日,融e购商城开展元宵节、女神节大型促销活动,多款商品全网最低价...
112423	1	活,每月可赎回。更有月添利进取收益率x.xx供您选择,赶紧备好您的资金抢购吧！详询 理财...
688907	1	端设计品团购会 您在活动中将免费体验到全国连锁大型装饰企业已为您做好的各种设计方案和彩色效果...
96044	1	您好！ 我是领秀中原一楼惠达卫浴的任妹丽、我们现在x.xx活动正式开始了、是今年最优惠的活动...
170107	0	飞机特别小跟公交一样居然有单人座
430950	0	明明说着生日快乐可是我想去旅游不让我去我不想办生日非要我办我喜欢做什么都不支持我我不喜欢做什...
19089	1	..亲朋好友们,商场大秘?秘?xxxx年x月x(周五）日,国美电器一年一次的员工内购会即将开...
260568	0	16时15分至16时35分奥委会委员投票
773956	1	本公司（林涛贸易）新到一船辐射松。卸于常熟兴华港,x米 x米 x.x米各种规格。如老板需要。...
201723	0	他想了想还是回到了那一年的一个晚上静静的躺在床上用手机发了一条短信"我们不分手好不好"
32612	0	隋炀帝杨广在江都被部下缢杀
68308	0	我总是和一个群里机器人说晚安

图 14-9　测试集原始数据

```
测试集准确率为0.9500
[1 0 1 0 1 1 1 0 1 1 1 0 0 1 0 1 0 0 0]
```

	label	message
0		
403647	0	发送x到xxxxxxxxx兑换xx元
466457	0	镇静京爽的喷雾+粉底+防晒+美白+抗皱5种机能的多功能遮盖产品2
398710	0	md大早上睡不着起来看花千骨我真的遭不住我自己了
170107	0	飞机特别小跟公交一样居然有单人座
430950	0	明明说着生日快乐可是我想去旅游不让我去我不想办生日非要我办我喜欢做什么都不支持我我不喜欢做什...
260568	0	16时15分至16时35分奥委会委员投票
201723	0	他想了想还是回到了那一年的一个晚上静静的躺在床上用手机发了一条短信"我们不分手好不好"
32612	0	隋炀帝杨广在江都被部下缢杀
68308	0	我总是和一个群里机器人说晚安

图 14-10　测试集识别过滤结果

2. 单条信息识别

在对数据进行预处理、提取 TF-IDF 特征值之后,使用如表 14-4 所示的 4 种机器学习算法进行训练,并使用 joblib 保存模型,然后分别对输入的信息内容进行识别,判断其是否为垃圾短信。

表 14-4　本例使用的 4 种机器学习算法

机器学习算法	模 型 实 现
逻辑回归(LR)	使用 scikit-learn 中的 LogisticRegression
支持向量机(SVM)	使用 scikit-learn 中的 svm.SVC
决策树(DT)	使用 scikit-learn 中的 DecisionTreeClassifier
梯度提升决策树(GBDT)	使用 scikit-learn 中的 GradientBoostingClassifier

以 SVM 算法为例,其关键代码如下:

```
def __init__ (self, training_data, training_target):
    self.training_data = training_data
    self.training_target = training_target
    self.clf = svm.SVC(C=1, class_weight=None, coef0=0.0,
        decision_function_shape=None, degree=3, gamma="auto",
        kernel='linear', max_iter=-1, probability=False,
        random_state=None, shrinking=True, tol=0.001, verbose=False )
def train_classifier(self):
    self.clf.fit(self.training_data, self.training_target)
    joblib.dump(self.clf, 'model/SVM_sklearn.pkl')
    training_result = self.clf.predict(self.training_data)
    print(metrics.classification_report(self.training_target, training_result))
    #performance_report(self.training_target, training_result)
```

表 14-5 为部分测试样例与模型预测结果。第一、二条为对垃圾短信进行识别结果,其中第二条只有 SVM 进行了正确识别,且在现实中 SVM 使用较多。对普通文本识别结果如第三条所示。

表 14-5　部分测试样例与模型预测结果

测试样例	模 型			
	逻辑回归(LR)	支持向量机(SVM)	决策树(DT)	梯度提升决策树(GBDT)
"尊敬的 VIP 您好,首先给您拜个晚年,祝您新年快乐。春天百货从 2 月 25 日开始全年最低折扣,所有秋冬产品 7 折,机会难得,快来抢购。"	垃圾短信	垃圾短信	垃圾短信	垃圾短信
"【豌豆公主】您的 0 元免费试用商品野菜乌冬碗面即将过期,仅差一步,带它回家。"	非垃圾短信	非垃圾短信	垃圾短信	非垃圾短信
"大数据分析与应用课程上课地点在 8 号楼 2001。"	非垃圾短信	非垃圾短信	非垃圾短信	非垃圾短信

14.4.3　智能过滤系统展示

1. 系统概述

本节展示的智能过滤系统是面向复杂文本大数据的内容过滤系统,可实时智能识别关键词形变、音变与拆字等常见变体,并实现了语义的精准排歧,系统内置了国内最新、最全的知识库,适用于垃圾广告等内容的智能过滤发现。

2. 系统特色

该智能过滤系统具有以下特色:

(1) 智能变种识别。智能过滤系统利用完美双数组词典树(Perfect Double Array Trie, PDAT)管理与检索方法,自动识别形变词、音变词、拆字、繁体/简体、全角/半角、中间加各类干扰噪声等变体。该系统支持自定义关键词库,可以增量式添加百万量级的词库。在进行音变词识别时,该系统利用内置汉字拼音库,自动地对关键词进行字音转换,生成关键词的全拼与简拼,以方便识别关键词的同音字或者拼音变种,极大地提高了过滤范围与命中率。例如,"fa 票"与"fapiao"将自动转换为"发票","ju 子"与"juzi"将自动转换为"桔子"。在进行形变词识别时,该系统利用内置汉字同形字库,自动地对关键词进行字形转换,使各类拆字、组合字等字形变种无所遁形。例如,将"弓长"自动转换为"张",将"發嘌"自动转换为"发票"。

(2) 语义排歧。示例:"桔子"将自动转换为"木士口"。

(3) 识别和过滤快速、实时。智能过滤系统使用专利算法,快速扫描,单机速度为20MB/s。该系统支持单机多线程、多机并行、Hadoop 云服务等模式,对 PB 级信息内容实现并行高效在线核查。

(4) 内置最新、最全的词库。该系统内置了十大类关键词,包括诈骗、传销、网络赌博、反伦理、垃圾广告等。词库几乎囊括了所有行业,适合不同领域的用户使用,并且词库在使用中可以不断积累优化,为用户定制本专业领域的最新、最全的词库。该系统支持自定义关键词类别与权重,可以增量式添加至百万量级的词库。

3. 系统技术架构

智能过滤系统的技术架构如图 14-11 所示。

智能过滤系统采用完美双数组词典树管理与检索方法,该方法的性能决定了智能过滤系统的处理速度,因此在 PB 级数据规模的场景下能够实现高效在线核查,单机速度可以达到 20MB/s。

在知识库脱机生成过程中,该系统对用户导入的关键词表进行规格化处理(包括编码转换、繁简转换等),加工为 PDAT 格式。关键词的格式是每行为一个关键词的信息,具体包括词、类别和权重。

关于该系统说明如下:

(1) 关键词与类别完全由用户设置,不限制长度、格式与编码。

(2) 该系统当前支持的最大类别数为 255 个。

(3) 权重建议为 1~10,1 表示最小,10 表示最大。

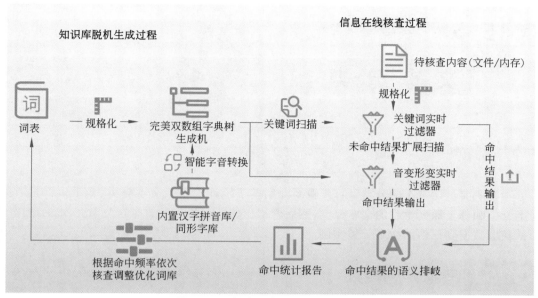

图 14-11　智能过滤系统的技术架构

（4）同一个词可以设置为不同的类别。

4. 应用功能

　　智能过滤系统是专门对复杂文本大数据的内容进行过滤的系统。用户提交待审查内容与关键词（系统内置最新、最全的词表）后，系统对关键词变种进行智能转换并核查目标内容，然后对核查结果进行语义排歧筛查，智能过滤系统利用 NLPIR 语义精准分词与情感分析技术，通过分析上下文语境，实现了内容的语义理解和精准排歧，将有害信息排除，极大地提高了信息过滤的准确度，降低了误判率。最后，系统输出实时扫描结果和命中统计报告。同时系统可以根据命中统计报告调整关键词词典，经过积累得到更完备的词典，使输出结果越来越精确。

　　互联网知名问答社区账号核查结果如表 14-6 所示。

表 14-6　互联网知名问答社区账号核查结果

指　　标	数　　据
扫描的记录数/条	1 006 076
扫描用时/s	129.94
平均处理速度/（条/秒）	1154.96
命中的规则数/条	3304
命中的记录数/条	144 032
疑似有害率/%	14.32

　　系统扫描 1 006 076 条记录，共用时 129.94s，平均处理速度为 1154.96 条/秒，命中规则 3304 条，命中记录 144 032 条，疑似有害率为 14.32%。

第 15 章

文 本 分 类

本章主要讲述文本的分类。首先概要介绍基于统计规则的文本分类、基于机器学习的文本分类和基于深度学习的文本分类,然后给出比较典型的 3 个文本分类算法,最后给出一个从获取数据到评估的文本分类实例。[①]

▶ 15.1 文本分类概述

随着大数据时代的到来,文本成为重要的信息共享和传播媒介,如新闻文章、产品评论、社交媒体帖子等。对这些文本进行归类,有助于快速分析文本,从中发现规律,挖掘数据价值,因此文本分类具有很重要的实践意义。早期的文本分类方法主要使用基于统计规则的算法,但是该算法缺点也很明显,即需要大量的人工干预并且要人工设置提取规则,分类准确率依赖于人的水平。随着对文本分类的深入研究,一些机器学习算法被提出,但仍然无法满足各种各样的文本分类任务。近年来,随着硬件的发展,硬件设施不再是深度学习模型训练的瓶颈,深度学习方法被应用到很多自然语言处理领域上,研究者尝试用深度神经网络解决文本分类的问题,结果证明深度神经网络能学习到对分类预测有用的文本特征和上下文信息。

15.1.1 基于统计规则的文本分类

传统的统计规则方法主要通过特征选择进行文本分类,确定特定的规则,运用选择算法,从训练语料中选出特征词,目的是得到能够表示训练语料中某个类别的词的集合。特征选择不仅可以减少问题的规模,还可以改善分类任务的执行。分类结果依赖于选择的特征。统计规则方法易于理解,算法实现上很直观。传统的基于统计规则的特征选择算法在某些方面能很好地提取文本的特征,但是这种方法依赖于人工工作,既耗时又高成本,且分类准确率依赖于选择的特征。

15.1.2 基于机器学习的文本分类

现有的机器学习算法大都是基于特征选择的方法,主要过程是进行特征工程,抽取文本的局部特征词,构成局部文本特征表示。支持向量机是一种机器学习的特征选择算法,与决策树等一并在目前的机器学习分类实践上占主导地位,这些方法比早期的基于统计规

---

① 本章由谌立凤整理,部分内容由姜庆鸿贡献。

则的方法更有优势。

　　支持向量机的实现过程是寻找一个最大分离超平面,目的是使得样本数据集能被此超平面划分到不同区域。支持向量机可以对分类样本进行类别划分,在很多文本分类任务上得到使用。支持向量机被广泛使用的主要原因是其原理很直观,实现简单,且分类效果好。

　　决策树算法采用树状结构,一棵决策树对应一个分类器,基于一定的判别规则,使用推理的方法得到最终的分类。构造决策树的过程是一个学习参数的过程。利用决策树预测节点标签是一个判断的过程,根据特定的节点属性,依据决策规则进入特定的分支节点。如果分支节点不是叶子节点,则继续判断;如果分支节点是叶子节点,停止判断并输出最终结果。决策树作为一种较常用的机器学习算法,具有易于实现、可解释性强、符合人类的直观思维的特点,目前仍被广泛运用在文本分类领域。

　　但是,这些方法仍然需要根据具体的场景进行设计,分类准确率严重依赖于特征选择的结果。此外,它们通常会忽略文本数据中的自然顺序结构或上下文信息,缺乏语义扩展,使得学习单词的上下文语义以及有效地捕获有用的信息变得困难,无法很好地获取文本的上下文语义信息。

　　随着社交网络平台的发展,海量的文本语料层出不穷,有监督分类方法已无法满足各种分类场景的需要,无监督分类方法成为研究的热点。其中,LDA 主题模型作为一种无监督学习方法在文本的无监督学习中取得了不错的效果,LDA 主题模型常用的采样方法有吉布斯采样和变分推理。作为对无标签数据进行学习的无监督方法,LDA 主题模型只需要针对不同的语料在训练时设置文档的主题数即可。LDA 主题模型的训练结果很直观,便于分析和观察,主题分布均匀,因此被很多自然语言处理任务采用,尤其是用于文本分类中。

　　LDA 主题模型不擅长处理短文本分类任务。短文本分类主题模型方法 BLDA 能够解决短文本语义稀疏、文本词数少的问题,可以对文本语料中共同出现的词进行建模。BLDA 模型假设所有文档服从同一个主题分布,在短文本分类任务中充分考虑了文本语义信息少的问题,结果优于传统的 LDA 主题模型。然而,BLDA 只考虑词共现,未考虑词之间的关联关系和前后位置关系。

　　上述方法在特定分类任务上表现较好。但在分类准确率上仍存在问题。其中,文本语义信息的获取成为影响文本分类准确性的主要瓶颈之一,且传统机器学习方法实现的文本表示在特征的上下文表达上能力较差,存在稀疏性问题。决策树采用树状结构,依据一定规则实现预测。支持向量机可以找到最大分离超平面,实现节点分类。这些都是特征工程的方法,无法抽取文本的上下文语义信息。

15.1.3　基于深度学习的文本分类

　　深度学习方法在文本分类领域被广泛使用,与深度神经网络相关的文本分类算法层出不穷,如 Zeng 等人[①]提出的分类模型,深度学习方法避免了人工设计规则和功能。卷积神经网络 TEXTCNN 在文本分类方面取得了很好的效果,通过固定卷积核的视野,利用卷积

---

　　① ZENG J, LI J, SONG Y, et al. Topic Memory Networks for Short Text Classification[C]. Empirical Methods in Natural Language Processing, 2018: 3120-3131.

和池化对文本进行自动特征抽取，节省了大量的人工，能够获取最能表征文本的信息，实现文本的特征提取，从而进行分类。尽管卷积神经网络在局部特征提取方面有很好的表现，然而它却无法为较长的时序信息建模，同时卷积操作需要进行大量的计算。FastText 也是自然语言处理领域常用的文本分类器，通过训练生成词向量表示，将得到的词向量或它们的组合直接输入分类算法，由模型进行计算与预测。但是，这些模型关注更多的是特征抽取，没有考虑文本的上下文语义信息，忽视了上下文信息在文本分类中的重要性。

基于主题模型的神经变分推理网络模型 NVDM(Neural Variational Document Model，神经变分文档模型)引入多层感知机和 Softmax 函数，将主题模型应用到神经网络中。NVDM 是一个无监督的生成式模型，可以抽取文档的连续的潜在语义。该模型分为变分编码和解码两个过程，推理网络代表变分编码过程，使用一个多层感知机实现推理过程，解码则通过 Softmax 函数实现。该模型在分类任务上能取得很好的结果。但在短文本分类和深层语义信息获取方面仍有不足。

上下文语义信息对文本分类任务的准确率有很大影响，循环神经网络是一种通过记忆机制学习文本的时间序列信息的模型。该模型在隐含层中引入自连和互连机制，学习文本的上下文信息。它擅长文本语义信息的抽取，因此成为深度学习中常用的分类方法。然而，早期的循环神经网络模型在梯度更新过程中使用了连续乘法。如果特征值特别小，容易导致梯度在传播过程中消失；而如果特征值过大，容易导致梯度在传播过程中爆炸式增长。LSTM 网络能很好地处理这类问题。除此之外，其他循环网络，如双向循环网络 BiLSTM、RCNN、分布式语义网络模型等，都实现了文本上下文语义的提取。尽管这些方法都能得到上下文语义信息，但是它们都重点关注文本的浅层语义获取，不善于挖掘文本的深度潜在语义信息。

稠密卷积网络 DenseNet 的提出为文本的深层语义信息获取提供了很好的解决方案，DenseNet 解决了梯度在深层网络传播过程中消失的问题，信息在不同的网络层之间以前馈的方式进行传递，前面所有层的输出作为当前层的输入，通过将信息流直接应用到后续层中，实现信息的最大化重用。有研究者将循环神经网络应用于稠密连接结构中，实现了稠密连接的循环神经网络，并在实验语料中取得了较好的结果，充分证实了挖掘文本的上下文语义信息有助于增强文本表示能力，提升分类准确率。

上述分类方法在语义丰富的文本上适用，在短文本分类任务上表现略差。短文本存在长度短、语义稀疏且描述信息弱的问题，文本语义信息能极大地提高文本分类任务的准确率和召回率，对短文本潜在语义挖掘和深层语义信息获取至关重要。而深度学习方法(如卷积神经网络模型)对文本进行特征抽取时使用的是卷积核，实现的是局部特征提取，并不擅长挖掘短文本的潜在语义特征。应用深度学习解决大规模文本分类问题最重要的是文本表示问题的处理，而词的特征抽取只针对文本的局部特征表示，挖掘短文本的潜在语义表示构造全局特征表示，是目前短文本分类研究中最重要的问题。

近年，图神经网络(GNN)被广泛应用于非欧几里得数据的处理，图神经网络最早被应用于计算机视觉领域，依托于图的强大表达能力，通过对集合进行建模，挖掘图中节点之间的关系。图神经网络处理非结构化数据时的出色能力以及较高的可解释性使其在网络数据分析、推荐系统、物理建模、自然语言处理和图的组合优化问题方面都取得了新的突破。将卷积神经网络应用到图结构上的文本分类方法——GCN(Graph Convolutional

Network，图卷积网络)[1]利用图的表达能力和卷积神经网络的特征提取能力实现文本分类。GCN 是在图中结合拓扑结构和节点属性信息学习顶点的词向量表示的方法。然而，因其模型特征，图卷积神经网络要求在一个确定的图中学习节点的词向量表示，无法直接泛化到在训练过程中没有出现过的节点，即 GCN 属于直推式学习，不能扩展到大型图，无法实现增量的文本分类。为了解决此问题，Hamilton 等人[2]提出了一种利用节点的属性信息归纳式地产生未知节点向量表示的方法——GraphSage 模型，即基于图的归纳式表示学习方法，其核心思想是通过学习目标顶点的邻居节点，并对邻居节点的信息进行聚合，产生目标节点的表示。

基于图主题模型的神经网络 GraphBTM 等[3]在无监督文本分类任务上也能够得到很高的分类准确率。GraphBTM 基于 BTM 主题模型思想，提出了一种以图神经网络为编码器的神经主题模型，首先得到数据集中的共现词对，将文本中共现词对输入到 GCN 中进行编码，利用变分自编码网络得到整个语料库的主题分布输出。该模型还能通过学习构建一个解码器以重建输入项。尽管该模型能增强对短文本语义稀疏问题的处理能力，但是无法生成单个文档的主题分布。

文本级的图结构网络的分类模型以每个文本中的词为节点，为语料库中的单个文本构建图结构，通过全局参数共享实现信息共享，降低性能开销，提升对文本中词的表达能力，同时最大限度地降低每个文本对整个语料的依赖。但是该模型在得到文本表示时会忽略文本之间长度的差异且没有考虑文本中词的顺序，直接将文本的词向量表示进行连接。

Zhang 等人[4]提出了一种基于异构文本图的采样方法，通过构建异构文本图获取全局词共现信息。图中的节点包括词节点和文档节点；图中边的类型也有两种：词与词之间的边和词与文档之间的边，通过异构编码和威斯费勒-莱曼(Weisfeiler-Lehman)同构编码对输出的子图表示进行编码，通过 Transformer 输出子图的聚合信息。

图神经网络因其强大的表达能力，在自然语言处理文本分类任务上能够得到很高的分类准确率，尤其擅长文本的全局语义获取。稠密结构能实现信息传递的最大化，有助于获取更深层次的文本上下文语义。

▶ 15.2 文本分类算法

15.2.1 稠密连接网络

可以利用一系列高效的卷积神经网络模型(如 GoogLeNet)增加网络的深度和宽度，使用深度网络提升特征的表达能力，VGGNet 使用更深的网络层提升模型性能，ResNet 引入

① YAO L，MAO C S，LUO Y. Graph Convolutional Networks for Text Classification[C]. Proceedings of the AAAI Conference on Artificial Intelligence，volume 33，2019：7370-7377.

② HAMILTON W L，YING Z，LESKOVEC J，et al. Inductive Representation Learning on Large Graphs[C]. Neural Information Processing Systems，2017：1024-1034.

③ LONG Q Q，JIN Y L，SONG G J，et al. 2020. Graph Structural-topic Neural Network[C]. Proceedings of the 26th ACM SIGKDD Conference on Knowledge Discovery and Data Mining (KDD '20)，2020.

④ ZHANG H，ZHANG J：Text Graph Transformer for Document Classification[C]. Proceedings of the 2020 Conference on Empirical Methods in Natural Language Processing (EMNLP). 2020：8322-8327.

残差连接,这些方法在分类任务上取得了较好的成效。HighWayNet 高速网络提供超过 100 层的端到端网络的有效训练方法,旨在解决训练深度网络的问题。该模型的基本思想是:在门控单元间使用信息传递机制时,高速网络很容易被优化,其中传递的网络路径是简化这些深度网络结构训练的关键因素。在高速网络的基础上,ResNet(残差网络)结构被提出,它通过让网络学习残差解决深度网络在传播过程中的梯度消失问题,并且在图像识别等很多领域都有很好的表现。ResNet 结构将信息以直连方式输入到后一层。随着卷积神经网络结构的多层化,梯度消失问题得以缓解。但是,ResNet 结构中的恒等函数和每层的输出通过求和进行结合,会阻碍信息在网络中的传递。

DenseNet(稠密连接网络)是在 ResNet 结构的基础上提出的一种稠密的卷积神经网络结构,不仅能够有效避免传播过程中的梯度消失现象,还增强了特征提取能力。它在最初提出时应用于计算机视觉领域,是基于 CNN 模型提出的一个稠密网络结构,其中的每一层都以前馈的方式将信息传递给后面的层。所有前馈层的信息都被保留,作为当前层的输入信息。将信息流直接传递到后续每一层中,避免了梯度在传播过程中消失的问题,实现了信息的重用。

在 DenseNet 提出之前,已经有一些基于 CNN 的深度学习模型。与其他深度网络不同,DenseNet 将前面所有层的输出保留,将信息拼接后直接传递给后面的层,实现稠密连接。它能获得比 ResNet 更稠密的网络连接。DenseNet 使用特征的信道传播机制,在信道上实现特征最大化重用,降低了模型的性能开销,与 ResNet 相比,它使用更少的参数就能实现更好的性能。

DenseNet 由稠密连接机制实现,包括两部分:一是稠密块(dense block),定义了输入信息与输出信息的连接方式;二是过渡层(transition layer),用于控制通道数。DenseNet 的结构如图 15-1 所示,其中给出了生长率为 4 的 5 层稠密块。该模型的主要思想是特征重复利用,不需要重复学习冗余的特征,因此需要的参数更少。

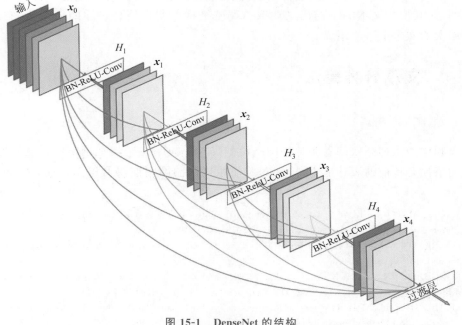

图 15-1　DenseNet 的结构

对于网络层数为 L 的 DenseNet,需要的连接数为 k:

$$k = \frac{L(L+1)}{2} \tag{15-1}$$

DenseNet 将前面所有层的输出保留,将信息拼接后直接传递给后面的层,第 l 层的输入 x_l 表示为

$$x_l = H_l([x_0, x_1, x_2, \cdots, x_{l-1}]) \tag{15-2}$$

其中,H_l 表示非线性转换函数。不同的网络层之间可能包含多个卷积层。

　　DenseNet 中使用了过渡层结构,通过过渡块建立稠密块之间的连接,它的作用是调整特征图尺寸。图 15-2 给出了一个有 4 个稠密块的 DenseNet,过渡层结构存在于两个稠密块之间,每个过渡层由一个卷积/池化层构成。

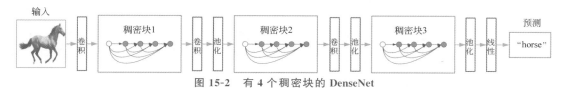

图 15-2　有 4 个稠密块的 DenseNet

　　通过稠密连接方式不仅能使特征实现最大化可重用,还能提升梯度的反向传播能力,降低网络训练的难度。通过将所有网络层的输出保留,拼接后作为最后一层的输入,实现了最大特征复用。DenseNet 直接将特征连接起来,使得网络的参数更小且计算更高效。并且网络采用较小的增长率,通过这种方式,保证各网络层的特征图保持较小的尺寸。DenseNet 应用广泛,已有很多基于 DenseNet 结构的网络被提出,这些方法都是基于稠密连接结构,且在各自的实验数据集上都有较好的表现。

15.2.2　图神经网络

　　图神经网络最早于 2009 年提出,在处理非欧几里得结构的数据上取得了很好的效果。在处理非图结构的数据时,现有的深度学习方法能够得到这些数据的有效表示。但是,网络信息化的发展使得以图结构表示的数据日益增多。例如,在互联网时代,很多社交网络数据以图的形式存在,如网页之间的链接、网络子集等,基于图的学习系统能够挖掘网络子集之间的关系,提高搜索引擎性能。在图像处理中,图像的特殊像素点被建模为图结构,因此需要对建模的图结构进行学习。在图神经网络提出之前,深度学习方法主要处理欧几里得数据,这些方法不适合处理不规则的图结构数据。在图 15-3 所示的图网络结构中,节点的邻居节点数是不确定的,不同节点的邻居节点数可能不相同,从而导致一些类似于卷积等的操作无法直接应用到图数据上。因此传统的神经网络在处理非欧几里得数据方面效果一般,甚至无法应用到非欧几里得数据处理上,而图神经网络的提出主要为了解决这类问题。图结构也被证明适用于挖掘数据之间的结构信息和关联关系,在欧几里得数据上同样取得了突破性的进展。

　　图结构中主要包括节点和边,节点之间通过边进行关联,而图中的每个节点由自己的特征和与其相关的节点特征定义。图嵌入旨在得到节点的低维向量表示,挖掘图中节点之间的关联,获取潜在上下文语义信息。在实现的过程中,保留网络的拓扑结构以及节点的相关信息,这样可以利用图中节点的关联关系学习节点表示。在文本分类任务中,已有使

用图神经网络实现节点分类的应用。

　　图 15-3 给出了一个带有部分标记的图网络结构 G，对标记的节点进行学习和训练，进而根据训练的结果对测试集中的节点进行标签预测。如图 15-3 所示，处理分类的问题时，把节点 n 的特征表示为 l_n，把节点的状态表示为 x_n，用 $l_{(n,m)}$ 表示节点与邻居节点之间的边的状态，每个节点与一个真实的有效标签 y_n 相关联。

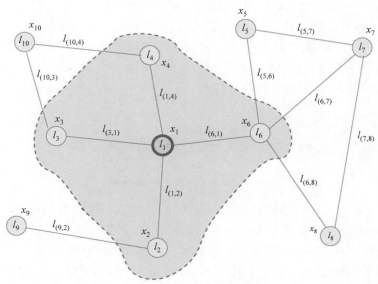

图 15-3　图网络结构示例

　　第 n 个节点的新状态以及节点最终输出分别表示为

$$x_n = f_w(l_n, l_{co[n]}, x_{ne[n]}, l_{ne[n]}) \tag{15-3}$$
$$o_n = g_w(x_n, l_n) \tag{15-4}$$

　　其中 f_w 是一个参数化的局部转移函数，g_w 是标签预测网络，$l_{co[n]}$ 表示与 n 相连的边的特征，$x_{ne[n]}$ 表示与 n 相邻的节点的状态，$l_{co[n]}$ 表示与 n 相邻的节点的特征。这里的 f_w 和 g_w 都可以解释为前馈全连接神经网络。假设 p 为节点个数，则损失函数可直接表示为

$$\text{Loss} = \sum_{i=1}^{p}(y_i - o_i) \tag{15-5}$$

　　以上是一个基本的图神经网络结构实现节点分类的过程。图神经网络模型从特征提取和降维的角度可以分为基于谱分解的方法和基于空间域的方法。基于谱分解的方法主要使用谱分解操作。基于空间域的方法主要使用聚集操作，当前节点的表示是通过对空间上的相邻节点信息聚集得到的。图神经网络主要分为图卷积网络、基于图结构的循环网络、时空图神经网络等。下面以图卷积网络模型为例展开介绍。

　　图卷积网络是卷积神经网络在图上应用的模型的统称，主要通过聚集节点自身的特征和邻居节点的特征生成节点的表示信息。在构建循环依赖结构方面，不同于图循环神经网络迭代节点状态，图卷积网络在每一层使用固定的层数且各层拥有不同的权重。图卷积网络从特征提取的实现方式上可分为谱图卷积网络和时空域图卷积网络。

谱图卷积网络主要包括 GCN[1]、ChebNet[2]、CayleyNet[3]、AGCN[4] 和 DualGCN[5]。图卷积的本质是通过设计一系列滤波器对图上的信号进行聚合,谱图卷积网络基于谱分解,该方法早期在图信号处理领域被使用,图上的谱分解利用了拉普拉斯矩阵的特性,即它是一种半正定的对称矩阵。基于卷积定理和拉普拉斯矩阵的此特性,构造图上的傅里叶变换。但是谱图卷积网络有其局限性,主要包括:图的任何变动都会导致特征基的改变;学习到的滤波器是域相关的,这也意味着谱图卷积网络不能应用于具有不同结构的图;需要大量计算,复杂度极高。

空间域图卷积网络是基于空间的方法,近年来发展迅速。与谱图卷积网络相比,空间域图卷积网络效率更高,更灵活,更加通用。尤其是 GCN 的成功,使得基于空间域的方法备受关注,实现了从谱分解方法到空间域的过渡。基于空间域的图卷积网络的典型代表有 GraphSage[6]、GAT[7] 和 FastGCN[8]。与传统的卷积神经网络类似,基于空间域的方法根据节点的空间关系定义图卷积,每个中心节点都直接与其附近的节点相连,根据中心节点的表示和邻居节点的表示推导并更新其表示。空间域图卷积网络的核心思想是利用图结构上节点的关联关系进行信息传递。

GraphSage 是一个归纳式模型。在现有的图神经网络中,GraphSage 网络模型在分类准确率和图的处理上都有明显的优势。

下面以 GraphSage 网络模型为例简要阐述图神经网络如何利用节点间关系得到节点的低维度向量表示。节点的低维度向量表示适用于各种预测任务。尽管先前已有很多基于图神经网络的方法能够得到节点的低维度向量表示,然而这些方法普遍直接关注图中的节点,是对固有节点的表示,无法推广到看不到的节点上。GraphSage 网络模型能够解决以上问题,它是一个通用归纳式框架,其思想是聚合节点的邻居节点的特征信息。图 15-4 给出了 GraphSage 的采样和聚集方法。

如图 15-4 所示,首先对图中每个节点的邻居节点进行随机采样,以降低计算复杂度;其次使用聚合函数对邻居节点蕴含的特征信息进行聚合,先聚合与当前节点距离最近的几个邻居节点的向量表示,再利用聚合后的向量表示继续聚合,生成目标节点的向量表示,通过这种方式得到邻居节点蕴含的特征信息;最后将节点的低维度向量表示输入到下游任务

[1] KIPF T N, WELLING M. Semi-supervised Classification with Graph Convolutional Networks[C]. Proc. of ICLR,2017.

[2] DEFFERRARD M, BRESSON X, VANDERGHEYNST P. Convolutional Neural Networks on Graphs with Fast Localized Spectral Filtering[C]. Proc. of NIPS, 2016.

[3] LEVIE R, MONTI F, BRESSON X, et al. Cayleynets: Graph Convolutional Neural Networks with Complex Rational Spectral Filters[J]. IEEE Transactions on Signal Processing,2017,67(1):97-109.

[4] LI R, WANG S, ZHU F, et al. Adaptive Graph Convolutional Neural Networks[C]. Proc. of AAAI, 2018.

[5] ZHUANG C, MA Q. Dual Graph Convolutional Networks for Graph-based Semi-supervised Classification[C]. WWW, 2018.

[6] HAMILTON W L, YING Z, LESKOVEC J, et al. Inductive Representation Learning on Large Graphs[C]. Neural Information Processing Systems,2017.

[7] VELICKOVIC P, CUCURULL G, CASANOVA A, et al. Graph Attention Networks[C]. Proc. of ICLR, 2017.

[8] CHEN J, MA T, XIAO C. Fastgcn: Fast Learning with Graph Convolutional Networks via Importance Sampling[C]. Proc. of ICLR,2018.

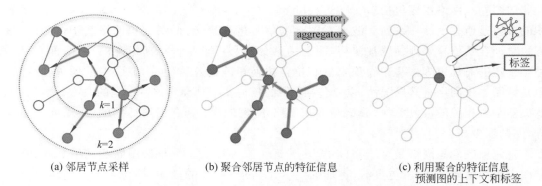

(a) 邻居节点采样　　　　　(b) 聚合邻居节点的特征信息　　　　(c) 利用聚合的特征信息
预测图的上下文和标签

图 15-4　GraphSage 的采样和聚集方法

中,预测目标节点的标签。GraphSage 网络模型提供的聚合函数有 3 种,LSTM 聚合、循环网络聚合以及平均和池化聚合。GraphSage 网络模型在各预测任务上的优异表现也充分证明了图神经网络强大的表达能力。

　　GAT(Graph Attention,图注意力)网络将注意力机制应用到图结构网络中,GAT 模型同其他卷积网络一样,也是通过聚集的方式将邻居顶点的表示信息进行聚合,将得到的结果应用到中心节点上,以这种方式学习新节点的特征表示。GAT 网络与 GCN 相比的不同是:GCN 利用拉普拉斯矩阵,GAT 网络利用注意力系数。GAT 网络在对节点的特征进行聚合时使用注意力系数得到节点之间的相关性,进而将节点的特征聚合到中心节点。

15.2.3　注意力模型

　　注意力模型最早用于解决机器翻译等问题,并迅速被应用到其他任务中。注意力模型模拟人对事物的关注方式,易于理解,有一定的可解释性,在各项任务上表现突出,一经提出即得到高度关注,有很重要的实践价值。注意力机制不仅在自然语言处理领域被广泛使用,而且也广泛应用于语音识别、计算机视觉等多个领域,已经成为神经网络中的一个重要概念。注意力机制被运用到不同的神经网络结构中,在很多任务上都体现出其优越性以及可解释性。

　　注意力模型得到高度关注及快速发展的主要原因如下:

　　(1)注意力模型可以用于多种任务,如机器翻译、问答系统、情感分析、部分语音标记和对话系统等,并且在各种任务上都取得了很好的效果。

　　(2)注意力模型能够改善模型的可解释性。一直以来,深度学习模型研究的一个瓶颈就是不可解释,神经网络被认为是黑盒模型,而人们对网络模型的透明度和可解释性越来越关注,注意力模型因其具有一定的可解释性,得以快速发展。

　　(3)注意力模型有助于处理循环神经网络中存在的一些弊端,例如当输入的时间序列长度增加时模型性能下降的问题,以及输入顺序处理导致的计算效率低下的问题。

　　注意力模型借鉴了人对事物的关注方式,有选择性地关注部分内容,对关注的内容分配较高的权重,对不关注的内容分配较低权重,甚至忽略不相关的内容,通过这种方法帮助系统提高对重要信息的判别能力。注意力机制在分类任务中有助于识别重要信息,例如,对输入的文本序列中的关键特征词重点关注,忽略其他不重要的词。同时注意力机制还可以解决复杂度过高的问题,降低性能开销。

传统的编码器-解码器网络存在以下几个问题:

(1) 传统编码器将输入的全部信息转换成定长的向量并传递给解码器进行输出,这种使用一个固定长度的向量压缩输入序列的方法存在很明显的问题:如果输入的信息过长,则会出现大量信息丢失的问题,导致无法准确获得输入的表示,尤其是在长距离依赖任务上,这种信息丢失现象更加明显。

(2) 传统编码器无法对输入和输出信息间的对齐进行建模,然而这是结构化输出任务的一个重要方面。

(3) 直觉上,在序列到序列的任务中,人们期望输出的词受到输入序列某个部分的影响很大。但是传统的解码器并不能很好地满足人的期望,因为在得到每个词的输出表示的时候,传统解码器并没有对有关联的输入词进行有选择性的关注。

注意力模型的提出极大地改善了以上问题,通过允许解码器访问整个编码的输入序列,以最大限度地降低序列上信息的丢失。对输入的序列计算权重,权重越高表示关注度越高,首先考虑有关联的信息的位置集合,生成下一个输出词的嵌入。在注意力体系结构中引入一个额外的前馈神经网络,通过此网络学习特殊的注意力权重。基于注意力机制的网络模型[1][2]在各自领域都取得了不错的表现。这里重点对 Transformer 模型[3]加以介绍,其结构如图 15-5 所示。

同大部分序列模型一样,Transformer 模型结构包括两部分:

(1) 编码器,对输入的信息进行编码。

(2) 解码器,将编码后的信息解码输出。

每个相同的层中包含一个全连接前馈神经网络层,网络的另一个子层是多头注意力机制层。每个子网络层的输出表示为

$$LN(x + Sub(x)) \tag{15-6}$$

其中,LN 表示层正则化,Sub 是表示子网络层的函数。

设 Q 是查询向量,K 和 V 是键值对向量。注意力函数根据查询与键值对的映射得到输出向量表示。使用相应的键查询每个值的权重,注意力函数表示为

$$Attention(Q,K,V) = softmax\left(\frac{QK^{\top}}{\sqrt{d_k}}\right)V \tag{15-7}$$

其中,d_k 表示 Q 向量和 K 向量的维度。为了使梯度稳定,模型中使用 $\sqrt{d_k}$ 对计算的结果进行归一化处理,将处理后的输出作为 softmax 函数的输入,通过计算得到每个输入向量的权重。

使用 n 个线性变换对查询和键值对进行映射,最后将不同的结果连接起来,其中映射

① KANGW C,MCAULEY J J. Self-attentive Sequential Recommendation[C]. IEEE International Conference on Data Mining. IEEE Computer Society,2018.

② ABU-EL-HAIJA S,PEROZZI B,AL-RFOU R,et al. Watch Your Step:Learning Node Embeddings via Graph Attention[C]. Neural Information Processing Systems,2017:9180-9190.

③ VASWANI A,SHAZEER N,PARMAR N,et al. Attention is All you Need[C]. Neural Information Processing Systems,2017:5998-6008.

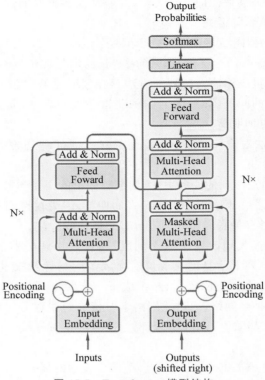

图 15-5   Transformer 模型结构

通过参数矩阵 $\boldsymbol{W}_i^Q, \boldsymbol{W}_i^K, \boldsymbol{W}_i^V$ 和 $\boldsymbol{W}^O$ 实现：

$$\text{MultiHead}(\boldsymbol{Q}, \boldsymbol{K}, \boldsymbol{V}) = \text{Concat}(\text{head}_1, \text{head}_2, \cdots, \text{head}_n)\boldsymbol{W}^O \tag{15-8}$$

$$\text{head}_i = \text{Attention}(\boldsymbol{Q}\boldsymbol{W}_i^Q, \boldsymbol{K}\boldsymbol{W}_i^K, \boldsymbol{V}\boldsymbol{W}_i^V) \tag{15-9}$$

Transformer 模型中不仅包括编码器和解码器网络,它的另一大亮点和突破是摒弃了循环神经网络结构,使用位置编码代替了能在时间序列上对数据建模的循环神经网络。这里给出一种对位置进行编码的方法,通过对向量表示数据和编码后的数据求和,引入相对位置。该模型使用如下公式直接计算位置编码：

$$\text{PE}_{(\text{pos}, 2i)} = \sin \frac{\text{pos}}{10\ 000^{\frac{2i}{d_{\text{model}}}}} \tag{15-10}$$

$$\text{PE}_{(\text{pos}, 2i+1)} = \cos \frac{\text{pos}}{10\ 000^{\frac{2i}{d_{\text{model}}}}} \tag{15-11}$$

其中,式(15-10)是正弦函数,式(15-11)是余弦函数,两个函数是不同频率的。pos 表示每一个词在文本中的嵌入位置,i 表示维度,$2i$ 和 $2i+1$ 表示每一个词的位置向量对应的位置是偶数还是奇数,d_{model} 表示输出维度。

Transformer 模型抛弃了循环神经网络结构,采用位置编码实现时序学习,在各研究任务上得到了较好的效果。与以前的深度学习方法相比,Transformer 模型不仅在模型的结果上有一定的提升,而且在性能方面也有很大的改进。同时 Transformer 模型的应用很广泛,不仅可以应用在机器翻译领域,在文本分类等其他方向也得到广泛使用。

▶ 15.3 应用与分析

15.3.1 数据集

R8 是路透社新闻数据集的子集,该子集有 8 个类别,分别为 ship、money-fx、grain、acq、trade、earn、crude、interest,包括 5485 个训练数据和 2189 个测试数据。

15.3.2 实验

对 R8 数据集进行分词和词形还原,接下来进行去停用词处理,并去掉标点符号,根据清洗后的样本得到词表。使用一个 300 维的 Glove[①] 预训练词向量作为词的向量表示。将文本的向量表示输入 TextCNN 进行训练。

模型参数如下:

- Dropout:0.5。
- Epoch:0。
- Batch_size:128。
- Padding_size:2。
- Learning_rate:e-3。
- 字向量维度:300。
- 卷积核大小:2×3×4。
- 卷积核数量:256。

实验结果表明 TextCNN 在 R8 数据集上的准确率为 87.76%。

---

① PENNINGTON J, SOCHER R, MANNING C. Glove:Global Vectors for Word Representation[C]. Proceedings of the 2014 Conference on Empirical Methods in Natural Language Processing(EMNLP),2014:1532-1543.

第 16 章

文 本 聚 类

本章系统介绍文本聚类的概念及定义,并简要介绍文本聚类的一般流程,随后对文本聚类的主要算法进行介绍,并对文本聚类实际应用中涉及的半监督聚类方法进行总结,最后介绍北京理工大学 NLPIR 实验室关于文本聚类的相关研究,并给出文本聚类应用的相关实例。[①]

▶ 16.1 文本聚类概述

聚类是数据挖掘中非常重要的概念,它的含义是把一个数据集分成不同的类别,使得同一类中的数据尽可能相似,不同类中的数据尽可能不相似。文本聚类又叫文档聚类,它依据下述聚类假设:同类文档相似度较大,不同类的文档相似度较小。

但与有明显监督信息或分类标准的文本分类不同,文本聚类是无监督、无指导的聚簇过程,数据处理事先未知聚簇结果为几个类别,在聚簇过程中不需要训练样本,完全根据样本的距离或者其他计算标准自动形成几个簇,一个簇内的文本数据具有较大的相似度,而与其他簇内的文本数据没有或者具有较小的相似度。文本聚类呈现的结果往往是数据的自然划分。

到目前为止,文本聚类已经广泛应用于数据挖掘、信息检索和主题检测等领域,成为对文本信息进行有效组织、摘要和导航的重要手段,为越来越多的研究人员所关注。

至今文本聚类已经形成了通用的流程,首先需要对文本进行预处理,然后用文本表示方法将文本转化为特征向量,最后利用聚类算法进行聚类。

其中数据预处理是对数据的一种处理,输入为获取的原始数据,在经过清洗、集成和归约处理后,输出为可进行后续操作的数据。

▶ 16.2 文本聚类算法体系

目前聚类算法的种类非常多,主要分为以下 5 类:基于网格的聚类算法、基于层次的聚类算法、基于划分的聚类算法、基于密度的聚类算法和基于模型的聚类算法。

1) 基于网格的聚类算法

基于网格的聚类算法的典型特点是将处理对象由原始数据点转化为自行划分的网格

---

① 本章由李静整理,部分内容由张华平、商建云、刘兆友贡献。

单元。该类算法的主要流程如下：首先将数据空间的每一维平均分割成等长的区间段，然后将数据空间划分成不相交的网格单元，同一网格单元中的点属于同一类的可能性比较大，所以落入同一网格单元中的点就被视为一个对象进行处理，以后所有的聚类操作都是基于网格单元进行的，因为一般网格单元的数量少于原始数据点的数量，从而使聚类效率得到很大的提高。但基于网格的聚类算法也有劣势，该算法更依赖于参数且聚类准确性随着网格划分的增大而降低。

2）基于层次的聚类算法

基于层次的聚类算法对给定的数据集进行层次分解，直到某种条件满足为止，该条件由数据处理者定义，类似于数据分析中设置的阈值。针对不同的数据，该类算法采用不同的相似性计算算法，层次聚类算法可以是基于距离的、基于密度的或基于连通性的，同时该类算法的一些扩展也考虑了子空间聚类。为了减少计算成本，层次聚类算法拥有一个严格的规则，即一旦一个步骤（合并或拆分）完成，它就不能被撤销，这也是该类算法的劣势所在。

基于层次的聚类方法分为合并式和分裂式两种类型。合并式的层次聚类是一种自底向上的聚类方法，最开始每个单独的数据点作为一个类，然后通过不断合并最相似的两个类形成规模更大、层次更高的类，当合并到最终只有一个包含所有数据的类时或者达到某个终止条件时层次聚类结束。分裂式的层次聚类则相反，一开始将所有数据看作同一个类，接着将每个类依据相似性分裂为更小的子类，使得分裂后的子类拥有更好的簇内相似性，递归地进行下去，直到每个类仅包含一个数据时或者达到某个终止条件时结束算法。基于层次的聚类算法主要包括 BIRCH 算法、CURE 算法、CHAMELEON 算法等。

3）基于划分的聚类算法

基于划分的聚类算法的主要内容包含迭代的思想。该类算法指的是给定一个有 N 个元组或者记录的数据集，分裂法将构造 k 个分组，每一个分组代表一个类，$k<N$。这 k 个分组满足下列条件：

（1）每一个分组至少包含一个数据记录。

（2）每一个数据记录属于且仅属于一个分组。

对于给定的 k，算法首先给出一个初始的分组方案，以后通过反复迭代的方法在保持 k 值不变的情况下不断地完善分组情况，使得每一次改进之后的分组方案都较前一次好，最终形成 k 个较为稳定的类。基于划分的聚类算法对于好的标准是：同一分组中的数据相似度越高越好，不同分组中的数据相似度越低越好。

著名的 k-means 算法属于基于划分的聚类算法。其中，k 代表聚类算法中类的个数，means 表示该算法是一种均值算法，从字面理解，即用均值算法把文本聚成 k 个类。k-medoids、k-modes、k-medians 等算法也属于基于划分的聚类算法。

4）基于密度的聚类算法

基于密度的聚类算法的典型特点是：它不是基于各种各样的距离的，而是基于密度的。其思想是：根据样本的分布密度（通常由半径 ε 的区域内样本点的数量 n 定义）确定样本点之间是否"密度可达"，将密度可达的样本点归入同一个类，最终得到聚类结果。使用基于距离的相似度计算方式聚类的一大特点就是数据往往呈现"类圆形"，而基于密度的方法打破了这一局限。该类方法的核心思想是：只要一个区域中的点的密度大于某个阈值，不管形成什么样的形状,都把它加到与之相近的类中。其缺点是在不符合高斯分布的数据集上结果不好,且很难通过调整参数得到改善。基于密度的聚类算法主要包括 DBSCAN、OPTICS 等。

5)基于模型的聚类算法

基于模型的聚类算法的主要思想是先为每个类定下框架或模型,然后寻找满足该模型的数据集进行填充。该算法的一个潜在假定是:待处理数据集是由一系列概率分布决定的。这样的模型可能是数据点在空间中的密度分布函数。

其中,基于模型的深度聚类的基本思想是:将深度学习强大的表征能力融入到聚类目标中,在通过微调优化聚类效果。其中常见的预训练方法如下:采用深度神经网络(例如自动编码器)将原始高维数据映射为一个低维的特征表示,再通过 KL 散度损失[1]、k-means 损失[2]、子空间损失[3]和交叉熵损失[3]等对预训练获取的表示进行微调,使之在聚类过程中更具有判别性。

▶ 16.3 半监督文本聚类

传统的文本聚类算法是一种无监督的学习方法,即处理的文本都是没有标签的。但是在实际应用中,有时可以获得少量有关数据的先验知识,包括类标签和文本的划分约束条件(例如成对约束信息)等,但这些少量的先验数据又不能构成精准的分类器,因此无法采用文本分类的方法。如何利用这些仅有的先验知识对大量没有先验知识的文本进行聚类分析,成为一个很有意义和挑战性的问题。半监督文本聚类就是针对这类问题提出的,近年来也得到广泛的关注。半监督文本聚类即研究如何利用少量具有先验知识的数据辅助无监督的文本聚类。半监督文本聚类算法大致可以分为两类:一类是基于约束的(constraint-based)半监督文本聚类算法,这类算法利用类标签数据或者成对约束信息改进聚类算法本身;另一类是基于距离的(metric-based 或 distance-based)半监督文本聚类算法。

在自然语言处理过程中,经常会遇到如何计算两个文本相似度的问题。文本相似度度量用途广泛,可以对大规模的文本数据语料进行去重预处理,也可以进行模糊匹配,即寻找与某一实体名称有关的其他名称。在进行文本聚类分析时,文本相似度度量必不可少,相似度度量及距离计算对聚类结果产生很大影响,所以针对具体数据选择合适的度量方法尤为重要。常见的文本相似度度量方法主要分为最直接的基于字的相似度度量,基于统计关联的相似度度量以及基于语义主题的相似度度量 3 种。由于文本数据集短小精悍且重复性明显,所以重点采用基于字和基于统计关联的相似度度量方法,具体如下:

(1)最简单的基于字的相似度计算方法就是直接用两个文本中共有的字数除以最长文本字数衡量它们的文本相似度。该方法很简单,但是在计算结果的准确性方面存在明显不足。

① XIE J,GIRSHICK R B, FARHADI A. Unsupervised Deep Embedding for Clustering Analysis[C]. International Conference on Machine Learning. JMLR.org,2016.

② XIE J, GIRSHICK R,FARHADI A. Unsupervised Deep Embedding for Clustering Analysis[J]. Computer Science,2015.

③ ZHANG T,JI P,HARANDI M, et al. Neural Collaborative Subspace Clustering[J]. 2019.

（2）杰卡德（Jaccard）相似性系数也是一种简单的相似度计算方法，它计算的是数学中两个集合 A、B 的交集和并集之比，其计算公式如下：

$$J(A,B)=\frac{|A\cap B|}{|A\cup B|}=\frac{|A\cap B|}{|A|+|B|-|A\cap B|} \tag{16-1}$$

其中，在用于文本相似度计算时 J 值越大，表示两个文本越相似。杰卡德相似性系数是用来比较不同样本集的相似性和分散性的指标，在涉及大规模并行计算时，该方法在效率上具有一定的优势。

下面介绍 3 个重要的相似度计算方法。

1. 余弦相似度

余弦相似度量是一种基于数学三角函数中余弦函数的相似度计算方法。假设二维空间向量 $\boldsymbol{\alpha}$、$\boldsymbol{\beta}$ 的坐标分别为 (x_1,y_1)、(x_2,y_2)，则余弦函数计算公式如下：

$$\cos\theta=\frac{x_1x_2+y_1y_2}{\sqrt{x_1^2+y_1^2}\times\sqrt{x_2^2+y_2^2}} \tag{16-2}$$

当处理文本数据时通常有多个特征信息，所以实际计算的时候会由二维拓展到多维空间，设向量 $\boldsymbol{\alpha}$、$\boldsymbol{\beta}$ 的坐标分别为 $(x_1,x_2,\cdots,x_n)$、$(y_1,y_2,\cdots,y_n)$，相应的余弦相似度拓展公式如下：

$$\cos\theta=\frac{\sum_{i=1}^{n}(x_i\times y_i)}{\sqrt{\sum_{i=1}^{n}x_i^2}\times\sqrt{\sum_{i=1}^{n}y_i^2}} \tag{16-3}$$

计算相似度时，x 和 y 分别代表两个词条中出现字或词的词频，若出现则赋值为 1，若没有出现则赋值为 0。计算出的结果越接近 1，则两者相似度越高。针对文本数据在用余弦函数进行文本相似度计算时，用向量 $\boldsymbol{\alpha}$、$\boldsymbol{\beta}$ 代表两个待比较的文本，先对两个文本进行分词，列出分词后所有的字或者词，根据每个文本中各词是否出现对向量 $\boldsymbol{\alpha}$、$\boldsymbol{\beta}$ 进行赋值，从而得出两者的相似度。余弦相似度的计算方法细致清晰，被广泛应用于相似度计算，但是对于词量较大的情况，该方法的效率不高。同时，传统的余弦相似度方法主要考虑词是否出现，对于词间关系并没有考虑。

2. 编辑距离

编辑距离又称为莱文斯坦（Levenshtein）距离，指的是两个词从其中一个转换成另一个需要进行的最小编辑操作次数。编辑距离计算方法规定的操作包括插入一个字符、删除一个字符以及将一个字符替换成另一个字符。一般来说，两个文本的编辑距离越小，其相似度越高，所以可以定义基于编辑距离的文本相似度，其计算公式如下：

$$\mathrm{Sim}=l-\frac{\mathrm{ld}}{\max(m,n)} \tag{16-4}$$

其中，Sim 代表文本相似度，ld 为两个文本的编辑距离，m、n 分别为两个文本的长度。编辑距离易于理解，对于那些相似度较高且较短小的数据集合来说比较适用，但在初始的计算编辑距离的方法中没有考虑词语间的顺序问题。例如，"明天你好"和"你好明天"用编辑距离计算相似度很低,不符合实际。所以针对编辑距离有许多改进算法,其中比较有名的是基于编辑距离的 DL 算法,增加了相邻位置的两个字符之间互相交换位置的操作,从而提高了计算结果的准确性。

3. Jaro 距离

Jaro 距离其实是编辑距离的一种,Jaro 距离的定义如下:

$$d_{\mathrm{j}} = \frac{1}{3}\left(\frac{m}{\mid s_1 \mid} + \frac{m}{\mid s_2 \mid} + \frac{m-t}{m}\right) \tag{16-5}$$

其中,m 是匹配的词数,t 是换位的词数,当两个分别来自文本 s_1、s_2 的词距离不超过如式(16-6)所示的 d 时,就认为这两个文本是匹配的,t 的取值是两个文本在不同顺序下匹配的词数的一半。

$$d = \left[\frac{\max(\mid s_1 \mid, \mid s_2 \mid)}{2}\right] - 1 \tag{16-6}$$

由此可见,Jaro 距离重点考虑了两个文本存在相同词在不同位置的情况。常见的 Jaro-Winkler 距离是 Jaro 距离的一个扩展。Jaro-Winkler 距离计算方法给两个起始部分就相同的文本更高的权重,其定义如下:

$$d_{\mathrm{w}} = d_{\mathrm{j}} + (lp(l - d_{\mathrm{j}})) \tag{16-7}$$

其中,l 为两个文本初始部分相同的长度,一般规定不超过 4;p 是新定义的一个常数,主要作用是用来调整分数,保证得到的结果不大于 1,Winkler 将常数 p 定义为 1。Jaro-Winkler 距离计算方法是对原始 Jaro 距离计算方法的改进,使相似度度量的结果更加准确。

▶ 16.4 基于关键特征聚类的 Top N 热点话题检测方法研究

16.4.1 研究概述

基于关键特征聚类的 Top N 热点话题检测方法[①]旨在研究一种高效并且准确的热点话题发现算法。该算法通过对大规模语料中的每篇文档进行关键特征抽取,将文档关键特征映射到话题空间上,形成初始话题;通过对初始话题的聚类生成子话题,并进行子话题关键特征提取;然后,依据子话题关键特征覆盖度进行错误子话题清洗与相似子话题归并,得到最终的 Top N 热点话题。

该研究的主要内容如下:

(1) 单文本关键特征自动抽取。

该阶段主要分为两个步骤:

第一步,关键特征抽取预处理。该步骤主要对单文档进行文本挖掘的相关处理,包括中文分词、词性标注、去停用词等,选择特定词性的词语作为关键特征候选词。

第二步,单文档关键特征抽取。该步骤利用文档关键特征抽取算法对文档进行关键特征抽取。该研究使用 3 种不同的关键特征抽取算法,即基于统计信息的 TF-IDF 算法、基于

---

① 张瑞琦.基于关键特征聚类的 Top N 热点话题检测方法研究[D].北京:北京理工大学,2015。

图模型的 TextRank 算法和基于隐含话题模型的 LDA 算法。为提高关键特征抽取算法的效率,该研究提出了一种等价路径替换方法优化 TextRank 算法。

(2) Top N 热点话题检测。

该阶段主要分为 3 个步骤:

第一步,基于文档关键特征的子话题聚类。该步骤首先将抽取的所有关键特征进行去重整合,并建立与文档的对应关系。其次,将关键特征映射到话题空间,建立初始话题空间。再次,将初始话题空间进行降维处理,以降低后续子话题聚类的时间开销。最后,采用层次聚类法将初始话题空间中的话题进行聚类,形成子话题。

第二步,子话题关键特征抽取。该步骤采用有意义串和命名实体作为子话题的关键特征,提出了一种基于转移概率的双向匹配的子话题关键特征抽取算法,该方法能够快速、有效地进行子话题关键特征抽取。

第三步,Top N 热点话题获取。该步骤在前两个步骤的基础上,利用子话题关键特征覆盖度进行错误子话题清洗,并依据子话题关键特征进行相似子话题聚类,最终获取 Top N 热点话题。

本节主要对 Top N 热点话题检测的第一步进行阐述。

16.4.2　基于文档关键特征的话题聚类

1. 话题定义

在本研究中,为研究方便,话题被扩展定义为一个种子事件和与其有直接相关关系的事件或活动,通常使用 H 个关键性描述词表示。

一组以该事件为主的相关报道形式化表示为

$$t = (\text{event}, \text{document}) \tag{16-8}$$

例如,A 话题的主要事件是{职工福利,工资总额,制度改革,通信补贴,集体福利},相关报道如表 16-1 所示。

表 16-1　A 话题的相关报道

文档编号	文档名称
1	财政部负责人就企业加强职工福利费财务管理答问.txt
2	财政部:企业不得为职工购建住房、承担馈赠支出.txt
3	财政部发文规范垄断企业职工畸形高福利.txt
4	福利补贴计入工资总额 纳税人反应不一.txt
5	财政部就职工福利管理答问 明确福利费开支范围.txt
6	补贴计入工资总额征税 中低收入者影响最小.txt
7	财政部 房补车补等福利费纳入工资总额计税.txt
8	对企业发放补贴做出的规定不属税收政策.txt
9	规范福利有利于调收入分配.txt
10	财政部:电信水电等国企职工不得享受内部价.txt

该话题也可以表示为

$$t = (event, document):$$
$$event = \{职工福利,工资总额,制度改革,通信补贴,集体福利\},$$
$$document = \{1,2,3,4,5,6,7,8,9,10\}$$

在该话题中,$H = 5$。

2. 话题空间

在完成单文档关键特征抽取之后,对于每篇文档 $d_i \in D$ 都可以获得一个具有 M(该参数能够显著影响话题的聚类准确度)个元素的文档关键特征集合 $K_i = \{k_{i,1}, k_{i,2}, \cdots, k_{i,m}\}$,使得 K_i 能够充分表征 d_i,即存在一个映射 $f(x())$,使得

$$K_i = f(d_i), d_i \in D \tag{16-9}$$

同样可得

$$K = f(D) \tag{16-10}$$

其中,$K = \{K_1, K_2, \cdots, K_i\}$,$D = \{d_1, d_2, \cdots, d_i\}$,$K_i = \{k_{i,1}, k_{i,2}, \cdots, k_{i,m}\}$。在进行文档关键特征抽取时,多篇文档可能会抽取到同一个关键特征。因此,可以对 K 进行整合去重,从而得到一个全体关键特征集合 $K' = \{k_1, k_2, \cdots, k_m\}$,即存在一个整合去重映射 $g(x())$,使得

$$K' = g(K()g(f(D)) \tag{16-11}$$

其中,$D = \{d_1, d_2, \cdots, d_i\}$。因此,必然存在一个多对多映射 F:

$$F = g(f) \tag{16-12}$$

使得

$$\{K_1, K_2, \cdots, K_i\} = F(\{d_1, d_2, \cdots, d_i\}) \tag{16-13}$$

图 16-1 是关键特征与文档集多对多映射,该映射满足式(16-13)。

同时,必然存在如表 16-2 所示的对应关系。

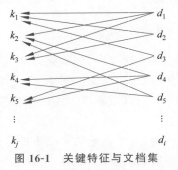

图 16-1 关键特征与文档集多对多映射

表 16-2 关键特征与文档的对应关系

关 键 特 征	与文档的对应关系	
k_1	$k_1 \rightarrow \{d_1, d_2, d_3\}$	
k_2	$k_2 \rightarrow \{d_1, d_4, d_5\}$	
k_3	$k_3 \rightarrow \{d_1, d_2\}$	
k_4	$k_4 \rightarrow \{d_4, d_5\}$	
k_5	$k_5 \rightarrow \{d_3, d_4\}$	
$\vdots$	$\vdots$	
k_j	$k_j \rightarrow \{\cdots, d_i, \cdots\}$	

为进行下一步话题聚类,需要将关键特征映射到话题空间中。

对于每个关键特征,都可以将其映射为一个初始话题,该话题的 event 字段即关键特征,该话题的 documents 字段即对应的文档。

根据表 16-2 中关键特征与文档的对应关系,可得到表 16-3 所示的初始话题与关键特征和文档的映射.

表 16-3　初始话题与关键特征和文档的映射

初 始 话 题	关 键 特 征	文　　档
t_1	$\{k_1\}$	$\{d_1, d_2, d_3\}$
t_2	$\{k_2\}$	$\{d_1, d_4, d_5\}$
t_3	$\{k_3\}$	$\{d_1, d_2\}$
t_4	$\{k_4\}$	$\{d_4, d_5\}$
t_5	$\{k_5\}$	$\{d_3, d_4\}$
$\vdots$	$\vdots$	$\vdots$
t_i	$\{k_j\}$	$\{\cdots d_i \cdots\}$

因此,可以构造初始话题空间

$$T = \{t_1, t_2, \cdots, t_j\} \tag{16-14}$$

由于关键特征数量可能非常大,对应的初始话题空间将具有很高的维度,因此需要对初始话题空间进行降维处理。

本研究主要关注如何发现 Top N 话题,即前 N 个最大话题。在初始话题空间中,部分初始话题仅对应少数文档,说明仅有少数文档分布在这些话题上,这些话题即为稀疏话题。由于后续的子话题聚类是在初始话题基础上进行的,稀疏话题不可能聚合为大话题,不可能出现在 Top N 话题中,因此,可以通过去除稀疏话题以实现话题空间降维。该研究中采用一种简单的方式去除稀疏话题,即将初始话题空间的所有话题按照话题相关文档数量降序排列,保留能够覆盖 80% 文档集的话题,从而实现话题空间降维。

3. 话题聚类

为了进行话题聚类,定义话题相似度:

$$\text{Similarity}(t_i, t_j) = \frac{\text{Count}(c)}{\text{Count}(t_i.\text{documents} \bigcup t_j.\text{documents})} \tag{16-15}$$

对于 t_i 和 t_j,当 $\text{Similarity}(t_i, t_j)$ 大于预定的话题相似度(Topic Threshold,一般取 0.6)时,就将两个话题归并为一个话题。即当

$$\text{Similarity}(t_i, t_j) > \text{TopicThreshold} \tag{16-16}$$

时,t_i 和 t_j 可以合并为一个新的话题 t_{ij}:

$$t_{ij}.\text{event} = t_i.\text{event} \bigcup t_j.\text{event} \tag{16-17}$$

$$t_{ij}.\text{documents} = t_i.\text{documents} \bigcap t_j.\text{documents} \tag{16-18}$$

$$t_{ij} = (t_{ij}.\text{event}, t_{ij}.\text{documents}) \tag{16-19}$$

在进行基于文档关键特征的话题聚类时主要采用基于层次的聚类算法。其基本思路是:将

初始话题中的话题两两进行相似度计算,判断两个话题是否相似,若相似则归并为一个话题。

话题聚类算法 TopicClustering(T) 如下:

```
Input：Original topics
Output：Subtopics
flag＝false
    do：
        T'＝∅
        for t_i in T：
            for t_j in T：
                If t_i≠t_j and Similarity(t_i,t_j)≥TopicThreshold：
                    t_ij＝combine(t_i,t_j)
                    T'.add(t_ij)
                    flag＝true
        T＝T'
    while flag
    return T
```

16.4.3　实验结果展示

该研究对其提出的话题检测算法(以下简称本节算法)与传统话题检测算法进行了对比实验。在传统话题检测算法中,使用词作为特征表示文档,采用 k-means 聚类算法进行话题检测[1],将聚类结果按照话题文档数排序产生热点话题。在本节算法中,M 值选取 10,单文档关键特征抽取算法选用基于等价路径替换的 TextRank 算法。对比实验包括两部分:实验一进行了传统算法和本节算法在准确度上的对比;实验二进行了传统算法和本节算法在检测时间上的对比。

实验一结果如表 16-4 所示。其中,P@10 表示 Top 10,以此类推。

表 16-4　传统算法与本节算法在 **Top N** 热点话题准确度上的对比

话题检测算法	P@10	P@20	P@30	P@40	P@50
传统算法	0.74	0.72	0.686	0.605	0.56
本节算法	0.76	0.7	0.686	0.62	0.564

实验一说明,在 Top N 热点话题检测任务中,除了在 Top 20 话题上,本节算法在检测其余话题数量上的准确度都稍稍优于传统算法,图 16-2 即为实验结果的折线图。

实验二结果如表 16-5 所示。

表 16-5　传统算法与本节算法在检测时间上的对比　　　　　　　　单位：s

话题检测算法	1000	2000	5000	10 000
传统算法	38.457	123.34	517.4	1892.6
本节算法	17.351	55.67	258.22	884.9

---

① The 2004 Topic Detection and Tracking(TDT2004) Task Definition and Evaluation Plan[H].

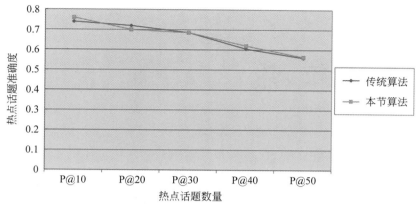

图 16-2　传统算法与本节算法在 Top N 热点话题检测准确度上的对比折线图

　　表 16-5 给出的实验结果是在本实验环境下得到的,在不同实验环境下可能会得到不同的结果,但实验结果总体趋势不会发生改变。实验二的结果说明,本节算法在检测时间短于传统算法。图 16-3 即为实验结果的折线图。

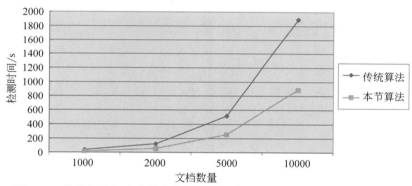

图 16-3　传统算法与本节算法在 Top N 热点话题检测时间上的对比折线图

　　综上,在准确度上,本节算法稍高于传统算法或与其相当;而在检测时间上,本节算法优于传统算法,是一种更适合进行大规模数据分析的算法。

　　该研究提出的文本聚类方法能够从大规模数据中自动分析出热点事件,并提供事件话题的关键特征描述,适用于长文本和短信、微博等短文本的热点话题分析。

第 17 章

文 本 校 对

本章介绍文本校对技术的基础知识以及常用的校对算法。首先整体说明文本校对的研究意义，对其进行概述。然后介绍文本校对研究现状，阐述当前最新的文本校对算法，包括基于统计机器学习、基于深度学习以及基于预训练语言模型的文本校对方法。最后详细介绍一个基于知识驱动的多类型文本校对融合算法 NLPIR KDN，并基于此算法给出一个文本校对应用系统案例。[①]

▶ 17.1 文本校对概述

文化产业在我国国民经济发展中的地位与作用日益凸显。国家统计局对 5.8 万家规模以上文化及相关产业企业调查数据显示，2019 年，中国文化及相关产业规模以上企业实现营业收入 86 624 亿元，按可比口径计算，比 2018 年增长 7％。文化产业的蓬勃发展也带来了一个问题：文本难以避免出现错误，而日益增多的文本信息带来了更大的校对工作量和更高的校对效率要求，传统的人工校对方式已经难以满足需求。

在传统出版领域，随着近年来出版行业业务量和电子化的飞速发展，校对环节的工作量大大增加，传统人工校对的出错率较高。2013 年为"出版物质量保障年"，中国图书质量抽检活动共检查 2300 种图书，其中有 90 种不合格图书，有的编校差错率高达万分之 6.26[②]。2019 年国家新闻出版署发出通报，公布图书"质量管理 2019"专项工作质检结果，认定 35 种图书编校质量不合格，涉及 29 家图书出版单位。图书编校质量亟待提升。

以微信自媒体（We Media）为例，截至 2016 年 12 月，新兴的微信公众号平台已有 1000 万个[③]。自媒体领域市场体量的迅速增长使得网络上的文本数量暴增，文本校对需求不断增长。同时，由于自媒体行业的特性，任何人都可成为文字的上传者。目前，自媒体运营者素质良莠不齐，一部分人文字功底较差。为追赶新闻热点，很多自媒体文章写作周期很短，作者简单检查甚至不加检查就将文稿发布出去，导致错字、漏字、使用不当等文字错误频发。以部分微信公众号文章为例，不止质量堪忧，甚至出现大量啼笑皆非的错误。例如，年轻产妇剩（生）下双胞胎后；在好奇心的趋势（驱使）下；由小清晰（新）变成了男子汉；一只变

---

① 本章由蔡佳豪整理，部分内容由沈宇辉、费泽涛、万韵伟、杨得山、巩锟、吴泽瀚等贡献。

② 郦亮. 编校不合格 读物变"毒物"业内人；处罚太轻了，打不到痛处[N]. 中国青年报，2014，（A21）.

③ 微信用户 & 生态研究报告[EB/OL]. 2017.

（表）现得很乖的猫咪；以领土换经援对俄不舍（合）算①。自媒体领域的文字错误出现频率比传统出版行业更加频繁。由于自媒体影响力的逐年扩大，错别字频发将会对人们的文化素质提升和阅读体验产生较大影响。

从文字的录入方式看，除了键盘录入，当前利用人工智能技术实现的计算机输入文字的方式，如光学文字识别（OCR）、手写识别、语音识别等，均存在一定的误差。以 OCR 为例，目前国内水平较高的清华文通、汉王以及国外的 ABBYY、IRIS 等，识别率均在 95% 左右，扫描清晰的原稿识别率可以达到 99% 以上。但无论哪种 OCR 产品，都无法达到 100% 的识别率，文字错误是难以避免的。自动文本校对技术在这一领域也有较高应用需求。

我国于 2017 年 7 月发布了《新一代人工智能发展规划》，制定了新一代人工智能发展"三步走"战略目标。将人工智能应用于文字校对，研究出自动校对技术，能够做到比人工校对效率更高、周期更短，可以将人力从烦琐、单调的校对工作中解放出来。

17.2 文本校对算法

早在 20 世纪 60 年代，国外就开展了英文文本自动校对的研究②，到 20 世纪 90 年代，国内逐渐开展中文文本自动校对的研究③。早期的文本校对是根据语法规则对句子进行分析，若不符合句子的生成规则，则对句子进行校对④。随着统计自然语言处理的发展，基于字词的 n-gram 统计模型被广泛应用于文本自动校对⑤。传统的基于规则与统计的模型应用于文本纠错有一定的局限性。一些深度学习语言模型，如 RNN、LSTM、ConvS2S 等⑥⑦⑧可以充分理解字词的语义以及语境，可以发现更加复杂的错误类型。在十几年之后，一些预训练语言模型，如 ELMo⑨、BERT⑩ 等，由于其强大的语言表征能力以及方便训练和迁移应用的特性而迅速流行起来。纵观古今中外的文本校对方法，大致分为 3 类，分别是基于统计机器学习的文本校对方法、基于深度学习的文本校对方法和基于预训练语言模型的文本校对方法。

① 崔国平. 微信公众号错别字泛滥的根源与治理[J].今传媒（学术版），2018，26(2)：34-36.

② DAMERAU F J. 1964. A Technique for Computer Detection and Correction of Spelling Errors[J]. Commun. ACM 7，1964(3)：171-176.

③ CHANG C H. A New Approach for Automatic Chinese Spelling Correction[C]. Proceedings of Natural Language Processing Pacific Rim Symposium. 1995：278-283.

④ 钱揖丽. 中文文本分词及词性标注自动校对方法研究[D]. 太原：山西大学，2003.

⑤ 张仰森，曹元大，俞士汶. 基于规则与统计相结合的中文文本自动查错模型与算法[J]. 中文信息学报，2006，20(4)：3-9，57.

⑥ CHOLLAMPATT S，NG H T. A Multilayer Convolutional Encoder-Decoder Neural Network for Grammatical Error Correction[C]. Thirty-Second AAAI Conference on Artificial Intelligence. 2018.

⑦ ELMAN J L. Finding structure in time[J]. Cognitive science，1990，14(2)：179-211.

⑧ HOCHREITER S，SCHMIDHUBER J. Long Short-Term Memory[J]. Neural computation，1997，9(8)：1735-1780.

⑨ PETERS M，NEUMANN M，IYYER M，et al. Deep Contextualized Word Representations[J]. 2018.

⑩ DEVLIN J，CHANG M W，LEE K，et al. 2019. BERT：Pre-training of Deep Bidirectional Transformers for Language Understanding. Proceedings of the 2019 Conference of the North American Chapter of the Association for Computational Linguistics：Human Language Technologies，Volume 1 (Long and Short Papers)，2019：4171-4186.

17.2.1　基于统计机器学习的文本校对方法

在早期,基于语义规则的文本校对方法得到了初步应用,但其具有一定的局限性,且严重依赖于专家知识,可扩展性不强。而基于统计机器学习的文本校对方法可缓解专家知识的依赖问题,如 n-gram 方法与最小编辑距离方法。

1. n-gram 方法[①]

假设 w_i 是当前将要出现的符号,在预测其出现的概率时,需要考虑前面出现的若干符号对它的影响,如果只考虑前面出现的 $n-1$ 个语言符号($w_{i-n+1},w_{i-n+2},\cdots,w_{i-1}$),则 ($w_{i-n+1},w_{i-n+2},\cdots,w_{i-1},w_i$) 的出现概率可以由条件概率 $P(w_i\mid w_{i-n+1},w_{i-n+2},\cdots,w_{i-1})$ 估计。n 值越大,模型反映的语序越接近真实的句法模式,但实际计算 $P(S)$ 计算难度很大。在自然语言处理领域,最常用的是二元或三元的频次统计。

n-gram 方法对现有语料进行二元或三元的频次统计,得到 n-gram 共现表。结合 n-gram 训练结果,对输入的字符串中每一个 n 元字符串进行查表,从而得到 n 元字符串的出现频次。如果在 n-gram 共现表中查不到,出现频次非常低,则认为这个 n 元串可能是错误的。

n-gram 方法是传统机器学习方法中使用最广泛的方法。它包含了前 $n-1$ 个词所能提供的全部信息,但对于词之间不存在语义关联的情况却容易造成纠错错误。由于采用独热编码方式,所以参数空间非常大,存在数据稀疏的问题。

2. 最小编辑距离方法

编辑距离是指对于两个词,由一个词转换成另一个词所需的编辑操作次数。最小编辑距离是指转换所需的最小编辑操作次数。该方法通过计算误拼字符串与词典中某个词间的最小编辑距离确定纠错候选词。

反向最小编辑距离方法也常用来进行字词级纠错。这种方法首先对每个可能的单个错误进行交换排列,生成一个候选集,然后通过查词典确定哪些是有效的单词,并将这些有效的单词作为误拼字符串的纠错建议。

最小编辑距离方法具有极高的抗噪性,能够很好地描述序列间的差异性,解决 n-gram 方法中对于词之间不存在语义关联造成的纠错错误问题。但是最小编辑距离方法存在出现语义错误的可能性。

17.2.2　基于深度学习的文本校对方法

针对基于统计机器学习的文本校对方法仍的局限性,研究人员在传统方法的基础上结合多种深度学习方法,如神经网络模型等,提出了基于深度学习的文本校对方法。

传统的语言模型为从左到右的单向模型,只利用上文,且把预测字遮蔽,没有预测字的信息,直接预测字表中所有字的概率分布,其中大多是无用信息,且容易引发维度灾难。针对传统方法中出现的问题,加入神经网络语言模型之后的改进措施为:将传统的语言模型

---

① 卓利艳. 字词级中文文本自动校对的方法研究[D]. 郑州:郑州大学,2018.

改成双向模型,从而利用上下文信息;同时引入当前字的混淆信息(如字音和字形相似的字),将预测字限制在近音、近形和混淆字表里,从而提高效率和正确字与错误字的区分度。

1. NPLM

NPLM[①] 是一个经典的神经概率语言模型,它沿用了 n-gram 模型中的思路,将词 w 的前 $n-1$ 个词作为 w 的上下文。不同神经语言模型中的上下文可能不同。

首先将上下文中的每个词映射为一个长为 m 的词向量,作为模型的输入,词向量在训练开始时是随机的,并参与训练过程。将所有上下文词向量拼接为一个长向量,作为 w 的特征向量,该向量的维度为 $m(n-1)$。拼接后的向量会经过一个规模为 h 的隐含层,最后经过一个规模为 N 的 SoftMax 输出层,从而得到词表中每个词为预测的下一个词的概率分布。此模型中还考虑了投影层与输出层有边相连的情况,因此多了一个权重矩阵,但它与 n-gram 模型在本质上是一样的。此模型的运算量主要集中在隐含层和输出层的矩阵运算以及 SoftMax 的归一化计算,此后的相关研究主要针对这一部分进行了优化,其中就包括 Word2Vec 的工作。相比于 n-gram 模型,NPLM 的优势体现在词之间的相似性可以通过词向量体现,并且自带平滑处理。

2. BiLSTM 模型

在中文文本校对过程中,LSTM 构造的语言模型和 n-gram 构造的语言模型本质上是一样的,都是通过前面的文本获取下一字或词的概率,只不过 n-gram 是基于统计的,只能人为设定有限的 n 值,而 LSTM 能够综合一个词前面所有词的信息给出概率。

例如,Wang 等人[②]使用了 BiLSTM 模型,其中,前向 LSTM 从左到右学习 h_{k-1},后向 LSTM 从右向左学习 h_{k+1},然后合并两个结果得到 h_k。h_k 先与输入的字向量执行注意力操作得到 c_k,然后 c_k 与 h_k 拼接得到 p_k,再用 p_k 与候选字向量执行注意力操作,用得到的分数作为预测的概率分布。使用该模型可以有效解决邻近字也是错别字的问题。

在字词级别检测的神经网络模型中,n-gram 和 LSTM 各有优劣。n-gram 对训练测试同分布的要求较低,在散串上的识别能力很强且解释性强,原理清晰;LSTM 中的人工参与工作量较 n-gram 少,且对语料数目要求不高。在模型选择方面要根据具体情况确定。

17.2.3 基于预训练语言模型的文本校对方法

预训练技术分为静态预训练技术和动态预训练技术两大类。其中,静态预训练技术包括 NNLM、Word2Vec 和 FastText,动态预训练技术包括 ELMo、GPT 和 BERT[③]。2003 年,Bengio 提出 NNLM,用神经网络搭建语言模型,将模型的第一层特征映射矩阵当作词的

---

① BENGIO Y,DUCHARME R,VINCENT P,et al. A Neural Probabilistic Language Model[J]. Journal of Machine Learning Research,2003,3(2):1137-1155.

② WANG Q,LIU M,ZHANG W,et al. Automatic Proofreading in Chinese:Detect and Correct Spelling Errors in Character-Level with Deep Neural Networks[J]. School of Information Science and Technology, Southwest Jiaotong University,999 Xi'an Road,Chengdu,China.

③ 李舟军,范宇,吴贤杰. 面向自然语言处理的预训练技术研究综述[J]. 计算机科学,2020,47(3):162-173.

文本表征,开了用向量表示词的先河。随后,Mikolov 等人[①]借鉴了 NNLM 的思想提出 Word2Vec,相较于 NNLM,Word2Vec 主要简化了模型的结构并且利用上下文信息生成词向量。FastText 利用有监督的文本分类数据完成预训练,其最大的优势是预测速度非常快。

2018 年,Peters 等人[②]提出了上下文有关的文本表示方法并基于此构建了 ELMo 模型。ELMo 模型可以使用大规模无监督语料库进行训练,可以方便、灵活地迁移到下游特定任务中使用。ELMo 模型虽然有强大的表征能力,但是它是一种单向语言模型。为了更好地利用上下文的语义信息,Google 公司提出了 BERT 预训练语言模型。BERT 除了利用 Transformer 子层以外,还加入了掩码语言模型以达到双向语言模型的效果。为了更好地处理句子之间的关系,BERT 将句子两两组合作为一个输入序列,从而达到利用上一句预测下一句的目的。BERT 表现出其他预训练语言模型不可比拟的语言表征能力和迁移应用能力,但是 BERT 的参数数量和所需的计算资源也远多于其他预训练语言模型。

中文拼写检查(Chinese Spell Check,CSC)是检测和纠正中文文本拼写错误的任务。大多数关于 CSC 任务的最新研究都采用遮蔽语言模型(MLM)并取得了良好的效果。MLM 的训练内容是完成完形填空任务,遮蔽给定句子中特定百分比的词,基于前后词预测被遮蔽的词。

1. FASPell

2019 年,FASPell[③] 在 EMNLP-IJCNLP 会议上发表,它是一个基于 DAE-解码器结构的中文拼写检查器,其模型结构如图 17-1 所示。DAE(Denoising AutoEncoder,去噪自动编码器)是 BERT 中的遮蔽语言模型,使用无监督预训练方法,避免了使用监督学习所需的大规模人工标注语料库的工作。使用解码器避免了使用混淆集造成的在汉字相似性上的不足。与以前的 SOTA 模型相比,FASPell 计算效率更高,适用于简体、繁体、人工或机器生成的各种场景的中文文本,结构更加简单。实验表明,FASPell 在查错和纠错方面都达到了 SOTA 模型的准确度。

2. Soft Masked Bert

BERT 使用遮蔽语言模型进行预训练,这种方式使得 BERT 没有足够的能力检测到每个位

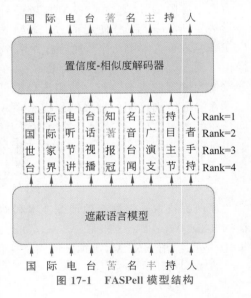

图 17-1 FASPell 模型结构

① MIKOLOV T, SUTSKEVER I, CHEN K, et al. Distributed Representations of Words and Phrases and Their Compositionality[C]. Advances in Neural Information Processing Systems. 2013:3111-3119.

② PETERS M, NEUMANN M, IYYER M, et al. Deep Contextualized Word Representations[J]. 2018.

③ HONG Y, YU X, HE N, et al. FASPell:A Fast, Adaptable, Simple, Powerful Chinese Spell Checker Based on DAE-Decoder Paradigm[C]. Proceedings of the 5th Workshop on Noisy User-generated Text (W-NUT 2019). 2019:160-169.

置是否有错误。于是，一种新的神经结构——Soft-Masked BERT[①] 被提出。Soft-Masked BERT 意为软遮蔽 BERT，是一个中文拼写检查模型，其结构如图 17-2 所示。它包含两个网络：一个是检测网络；另一个是基于 BERT 的校正网络。检测网络是 Bi-GRU 网络，可以预测字符在每个位置出现错误的概率，然后依照概率在对应位置上嵌入字符的遮蔽。校正网络与 BERT 中的相应结构相似。实验结果表明，Soft-Masked BERT 的各项评估指标均优于 BERT。

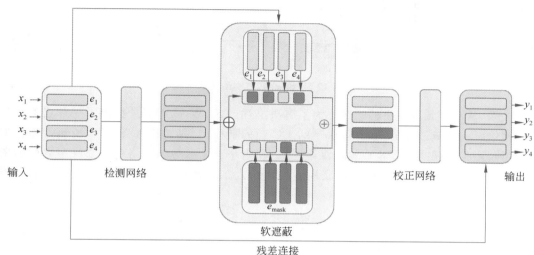

图 17-2　Soft-Masked BERT 模型结构

3. SpellGCN

蚂蚁金服团队在 ACL 2020 上提出了一种新的校对模型——SpellGCN[②]，其结构如图 17-3所示。SpellGCN 的主要思路是：使用 GCN 将发音和形状相似的字符的嵌入向量进行融合，然后使用 BERT 作为基模型进行字符级别的分类，最后使用 softmax 进行目标字符预测。该模型整体上由两个模块组成：模块一为 SpellGCN；模块二对抽取模型进行字符特征抽取，在本节中使用 BERT 模型进行字符特征抽取。SpellGCN 模型一次性完成检测和纠错两项工作。在最后一层对输入字符进行目标字符预测时，选取具有最大概率的字符作为预测的目标字符。当输入字符和目标字符一致时，表示文本无错误；如果不一致，则表示文本拼写错误，纠正后的值为预测字符。

4. DCN

大多数关于 CSC 任务的最新研究都采用基于 BERT 的非自回归语言模型，该模型依赖于输出独立性假设。不恰当的独立性假设阻止了基于 BERT 的模型学习目标标记之间的

①　ZHANG S，HUANG H，LIU J，et al. Spelling Error Correction with Soft-Masked BERT[C]. Proceedings of the 58th Annual Meeting of the Association for Computational Linguistics. 2020：882-890.

②　CHENG X，XU W，CHEN K，et al. SpellGCN：Incorporating Phonological and Visual Similarities into Language Models for Chinese Spelling Check[C]. Proceedings of the 58th Annual Meeting of the Association for Computational Linguistics. 2020：871-881.

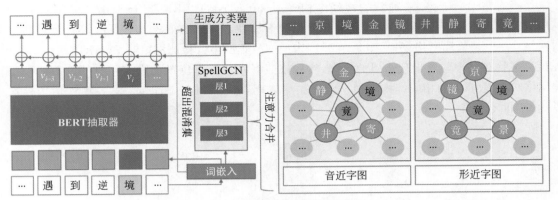

图 17-3　SpellGCN 模型结构

依赖关系,从而导致不连贯的问题。为了解决上述问题,Wang 等人[①]提出了一种名为动态连接网络(Dynamic Connected Network,DCN)的新模型,其结构如图 17-4 所示。该模型通过拼音增强候选生成器生成候选汉字,然后利用基于注意力的网络对相邻汉字之间的依赖关系进行建模。实验结果表明,该模型在 3 个人工标注的数据集上取得了较好的性能表现。

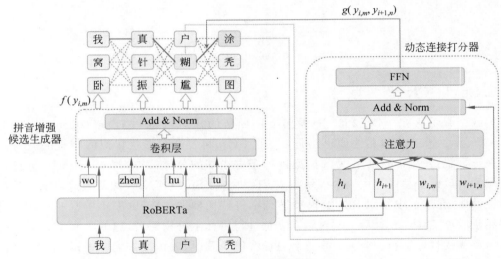

图 17-4　DCN 模型结架

5. Realise

中文拼写错误大多是语义、字音或字形相似的字的误用。研究人员很早就注意到了这种现象,并试图利用相似关系完成这项任务。然而,这些方法使用启发式或手工制作的混

---

① WANG B,CHE W,WU D,et al. Dynamic Connected Networks for Chinese Spelling Check[C]. Findings of the Association for Computational Linguistics:ACL-IJCNLP,2021:2437-2446.

涌集预测正确的字符。基于此,Xu 等人[1]提出了一种直接利用汉字多模态信息的中文拼写检查程序——REALISE。其模型结构如图 17-5 所示。REALISE 处理 CSC 任务的方法是:首先分别使用 3 个编码器捕获输入字符的语义、字音和字形信息;然后有选择地将这些信息融合在相应的模态中,以预测正确的输出。在 SIGHAN 基准测试上进行的实验表明,该模型比强基线模型的表现好得多。

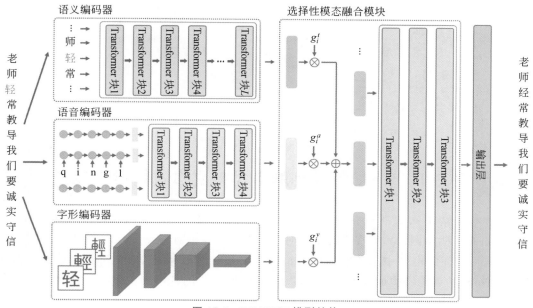

图 17-5　REALISE 模型结构

6. PLOME

CSC 本质上是一个自然语言处理问题,因此语言理解能力在这一任务中非常重要。Liu 等人[2]为 CSC 提出了预训练的带有拼写错误知识的掩码语言模型——PLOME,其结构如图 17-6 所示。该模型根据混淆集,用相似的字符掩码所选择的标记,而不使用 BERT 中的固定标记"[MASK]"。PLOME 除了字符预测功能以外,还引入了语音预测功能以学习语音水平的拼写错误知识。此外,语音和视觉相似性知识对这项任务也很重要。PLOME 利用 GRU 网络基于字符的语音和笔画对这些知识进行建模。相应的实验在广泛使用的基准上进行。该方法与最先进的方法相比取得了卓越的性能。

①　XU H D,LI Z,ZHOU Q,et al. Read,Listen,and See:Leveraging Multimodal Information Helps Chinese Spell Checking[C]. ACL/IJCNLP (Findings),2021.

②　LIU S,YANG T,YUE T,et al. PLOME:Pre-training with Misspelled Knowledge for Chinese Spelling Correction[C]. Proceedings of the 59th Annual Meeting of the Association for Computational Linguistics and the 11th International Joint Conference on Natural Language Processing (Volume 1:Long Papers),2021:2991-3000.

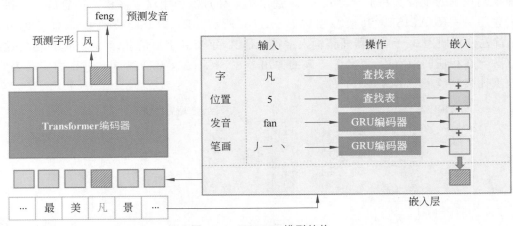

图 17-6　PLOME 模型结构

▶ 17.3　KDN: 基于知识驱动的多类型文本校对融合算法

本节给出基于知识驱动的多类型文本校对融合算法——KDN（Knowledge Driven Network，知识驱动网络），旨在将文本校对中常见的拼写校对、语法校对与语病校对等任务融合到统一的理论模型中。考虑到拼写错误主要发生在音形相似的字词上，因此在基于 Transformer 的编码器中加入了音形码，以实现更加灵活的音形相似度计算。由于文本中的语法错误主要是冗余缺失错误，因此，在 Transformer 块尾部叠加条件随机域（CRF）层，通过对标签依赖进行建模，完成非自回归序列预测。对于语病错误，利用外部句法知识识别出语义错误区域，对语义重复部分进行删除。最后，有选择地混合这些部分正确的句子中的信息，以预测正确的输出。

KDN 模型结构如图 17-7 所示。KDN 应用音形码机制整合语音和字形相似度信息进行拼写错误校正，利用模型或人工构建的语言知识进行知识（包括语法和语病错误）校正，最后有选择地混合部分正确的信息以实现文本校正。

17.3.1　语法校对

如图 17-7 所示，语法检查单元通过标记依赖知识确定错误位置，然后基于 BERT 的遮蔽语言模型进行语法错误修改。该单元主要由 BERT 编码层以及 CRF 层组成，通过对标签依赖进行建模，实现非自回归序列错误预测。在这里，定义了 4 种标签类别，分别为 $\text{label}_{\text{keep}}$、$\text{label}_{\text{mistaken}}$、$\text{label}_{\text{missing}}$ 和 $\text{label}_{\text{redundant}}$。$\text{label}_{\text{keep}}$ 表示该字符是正确的，不需要修改；$\text{label}_{\text{mistaken}}$ 表示该字符存在拼写错误，需要做替换修改；$\text{label}_{\text{missing}}$ 表明需要在该字符后面插入其他字符；$\text{label}_{\text{redundant}}$ 表示该字符多余，可直接删除。通过 CRF 层可得到每个字符在此 4 种标签类别上的概率：

$$P_{i,\text{label}}(l_i = l \mid X) = \text{softmax}(\boldsymbol{w}^{\mathrm{T}} \boldsymbol{h}^{\mathrm{D}}(X))$$

其中，$P_{i,\text{label}}(l_i = l \mid X)$ 表示字符 x_i 类别为 l 的条件概率，$\boldsymbol{w}^{\mathrm{T}}$ 是模型学到的参数，$\boldsymbol{h}^{\mathrm{D}}$ 表示 BERT 编码器模块最后一层的隐藏状态向量，l 属于类别标签集合 $\{\text{label}_{\text{keep}}, \text{label}_{\text{mistaken}},$

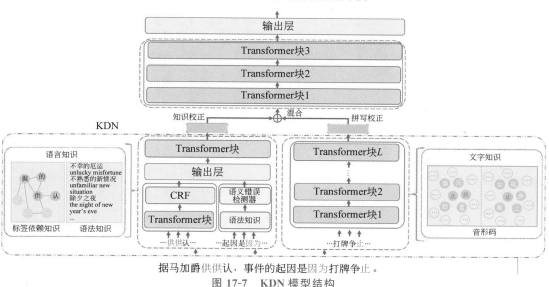

图 17-7　KDN 模型结构

$\text{label}_{\text{missing}}, \text{label}_{\text{redundant}} \}$。

得到序列预测标签 L 后,再按照如下规则对输入 X 进行改写:

$$
x'_i = \begin{cases} x_i, & l_i = \text{label}_{\text{keep}} \\ [\text{MASK}], & l_i = \text{label}_{\text{mistaken}} \\ x_i[\text{MASK}], & l_i = \text{label}_{\text{missing}} \\ '\,', & l_i = \text{label}_{\text{redundant}} \end{cases}
$$

根据上面的公式,将会得到一个新的序列 $X' = (x'_1, x'_2, \cdots x'_n)$,其长度与原始的 X 序列长度可能不同。

最后,使用 BERT 对 [MASK] 位置进行预测,在预测 $\text{label}_{\text{mistaken}}$ 类型错误时,使用音形码计算候选字符与原始字符的音形相似度,这一步可以有效减少误纠错的情况。

17.3.2　语病校对

语病检查单元参考了 Zhang 等人[①]的做法,主要由句法知识库以及句法检错模块组成。句法知识库主要包含语义重复和句式杂糅等错误,格式示例如表 17-1 所示。句法知识库的模板主要有 3 类:对于"一天天……日臻完善"类模板,其修改方式是删除左侧词语,即修改为"……日臻完善";而对于"真知灼见……的意见"类模板,其修改方式为删除右侧词语,即修改为"真知灼见……";对于"最低……以上"类模板,删除左侧和右侧词语均可,即修改为"最低……"或"……以上"。

---

① ZHANG Y,BAO Z,ZHANG B,et al. Technical report of suda-alibaba team on CTC-2021[R]. https://github.com/HillZhang1999/CTC-Report.

表 17-1　句法知识库格式示例

模　板	修改方式	
一天天……日臻完善	删除左侧词语	
真知灼见……的意见	删除右侧词语	
最低……以上	删除左侧和右侧词语均可	

利用句法知识库,可快速定位到文本中出现的语病片段。根据语言习惯,定义了 3 种修改方式,分别为 $\text{action}_{\text{delete left}}$、$\text{action}_{\text{delete right}}$ 和 $\text{action}_{\text{delete all right}}$。然后使用基于语言模型困惑度的方法自动决定采取哪种修改方式。ppl_{left} 表示删除左侧词语后句子的困惑度,$\text{ppl}_{\text{right}}$ 表示删除右侧词语后句子的困惑度。因此:

$$\text{action} = \begin{cases} \text{action}_{\text{delete left}}, & \text{ppl}_{\text{left}} < \text{ppl}_{\text{right}} \\ \text{action}_{\text{delete right}}, & \text{ppl}_{\text{left}} > \text{ppl}_{\text{right}} \\ \text{action}_{\text{delete all right}}, & \text{ppl}_{\text{left}} = \text{ppl}_{\text{right}} \end{cases}$$

按照上面的公式,可以决定语病的修改方式,与语法校对信息混合在一起,可以得到中间输出结果。

17.3.3　基于音形码的相似度计算

由于大多数语音或字形拼写错误是误用相似的字符,因此使用音形码机制处理任意字符之间的相似性,从而提高拼写纠正能力。该方法将一个汉字转换为一个字母数字序列,在一定程度上保留了汉语的语音和字形特征。音形码的前 4 个字符是音码,后 7 个字符是形码。可以对音码和形码的相似度分别进行计算:

$$P = 0.4(\nabla p_1) + 0.4(\nabla p_2) + 0.1(\nabla p_3) + 0.1(\nabla p_4)$$
$$S = 0.25(\nabla s_1) + \left(\frac{0.5(\nabla s_2 + \nabla s_3 + \nabla s_4 + \nabla s_5 + \nabla s_6)}{5}\right) + 0.25\left(1 - \frac{|s_7 - s_7'|}{\max(s_7, s_7')}\right)$$

其中,P 表示音码相似度,S 表示形码相似度。∇ 表示字符比较操作,若两字符相同则返回 1,否则返回 0。关于音形码的更多细节可参考相关文献。

17.3.4　校对融合算法

在完成拼写和知识校正后,得到了两个部分校正的句子(也可以得到更多的部分校正的句子)。为了预测最终的正确输出,使用一个校对融合模块混合这些部分校正的句子。多个编码器的输出通过门控结合在一起:

$$c_{\text{combined}} = \lambda c_{\text{knowledge}} + (1 - \lambda) c_{\text{spelling}}$$

门控变量由下式得到:

$$\lambda = \sigma(W[c_{\text{knowledge}}; c_{\text{spelling}}] + b)$$

其中,σ 是激活函数,W 和 b 是可学习的参数。然后将组合表示 c_{combined} 视为 Transformer 编码器的单个输入。

▶ 17.4 NLPIR 文本自动校对系统设计与应用

为了展示与验证文本校对算法的功能,本节介绍基于客户/服务器架构开发的文本校对测试 Web 服务以及文本校对插件,可以对输入文本进行校对,并给出校对后的修改建议。

17.4.1 自动校对模块

自动校对模块是 NLPIR 文本自动校对系统的核心部分,主要功能是对用户输入的文本进行校对。本节概述基于知识的校对算法与基于地址层级的校对算法,最后利用 17.3.4 节阐述的校对融合算法对校对结果进行融合。

基于知识的校对算法流程如下:

(1) 将整理的成语、习语、谚语、歇后语等知识利用 Trie 树等数据结构进行存储。

(2) 利用 Trie 树按照知识前缀找出可能有错误的知识表达。

(3) 再利用 Trie 树根据知识前缀找出知识的候选集。

(4) 利用编辑距离等方法找出最佳候选知识。

基于地址层级的校对算法流程如下:

(1) 将爬取得到的全国区域地址以多叉树的形式存储。

(2) 利用地址识别工具抽取出文本中的地址信息。

(3) 利用地址多叉树对识别出的地址进行补全。

(4) 将文本中的地址信息与补全的地址信息进行比对,匹配程度最高的即为校对结果。

17.4.2 前后端设计与实现

本文校对系统采用前后端分离设计,前端交互模块负责前端页面展示。前端页面基于 HTML 设计,采用部分 Bootstrap 样式。前端页面与后端的交互通过 JavaScript 脚本实现。前后端交互数据采用 JSON 格式。前端页面发起的 HTTP 请求会根据请求的 URL 和方法分发到后端不同的函数进行处理。系统数据流如图 17-8 所示。

图 17-8 系统数据流

自动校对模块后端接口如表 17-2 所示。

表 17-2 自动校对模块后端接口

URL	方 法	后端函数	功 能
/as_client	POST	as_client()	接收待校对文本,返回校对后的文本
/as_client	GET	as_client()	渲染在线校对页面

　　自动校对模块对用户输入的文本进行校对,并给出错误位置和校对建议。本系统通过JavaScript 脚本获取用户输入到文本框中的内容,通过 Ajax 技术提交给后端,再将后端返回的文本结果通过 JavaScript 脚本绘制到文本框中。

　　自动校对分为以下步骤:

　　(1) 获取用户输入到文本框中的文本信息。

　　(2) 按换行符进行划分,逐个通过 Ajax 技术传给后端。

　　(3) 后端对文本按标点进行划分,并使用多线程技术处理文本。

　　(4) 根据多线程返回值合并最终校对信息,返回前端页面。

17.4.3　在线校对插件 office

　　在线校对插件 office 采用 VSTO(Visual Studio Tools for Office,用于 Office 的 Visual Studio 工具)技术进行开发,基于.NET Framework 4.0,开发软件为 Visual Studio 2019。该插件的界面如图 17-9 所示。

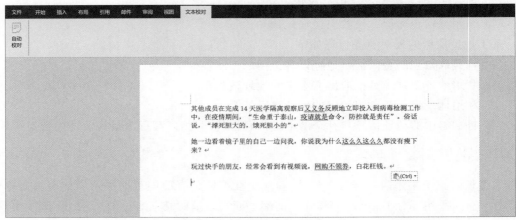

图 17-9　office 插件界面

　　自动校对的算法流程如下:

　　(1) 分段读取文章内容,过滤图片、表格等。

　　(2) 调用 call_spell_check_API(URL,Text)函数,将 Text 文本发送到 URL 后端服务器,该函数返回校对后的结果。

　　(3) 对所有的错误按位置先后排序。

　　(4) 根据纠错结果,计算删除文本的位置与插入文本的位置。

　　(5) 启动修订模式,对所有的错误进行插入或者删除操作。

　　错情入库的算法流程如下:

　　(1) 读取用户 ID、组别、报文类型、重要度和备注字段。

　　(2) 读取用户选择的文本,判断并处理错误,填充错情,包括错误表达原始数据、正确表达原始数据、错误表达、正确表达、错误类型,将错情封装成 JSON 数据。

　　(3) 将 Json 数据通过 POST 方法返回给后端服务器。

17.4.4 在线校对功能示例

如图 17-10 所示,用户将待纠错的文本输入到纠错文本框中,然后单击"校对"按钮,此时待纠错文本就会分段传至后端。后端对文本进行句子切分,使用多线程技术完成校对后再合并结果并将其返回给前端页面。疑似错误的句子中对应位置会被红线划掉,后面给出用蓝线标出的候选推荐词语。可以看出,该系统可以处理错字、多字和漏字等多种错误类型。

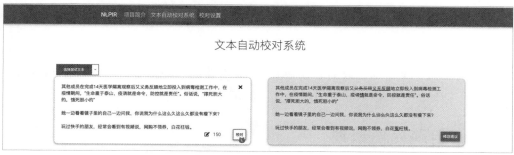

图 17-10 在线校对示例

第 18 章

自 动 摘 要

本章介绍自动摘要技术的基础知识以及常用的自动摘要算法。首先给出自动摘要的概述,然后介绍基于关键词提取的自动摘要、面向主题的自动摘要以及基于主题模型与信息熵的中文文档自动摘要,最后给出一个自动摘要的案例。[①]

▶ 18.1 自动摘要概述

目前从大数据中获取信息的方式主要有数据库查询、文本搜索等。数据库主要用于处理结构化信息;信息检索主要用于处理非结构化信息,返回的结果集一般非常巨大,用户要从检索结果中找到有用的信息仍然十分困难,因此,对检索结果自动提取摘要就显得尤为重要[②]。本节实现基于关键词的自动摘要系统和面向主题的自动摘要系统,并在提高摘要的处理效率、基于关键词提取摘要、摘要中句子间的冗余去除等方面做工作。首先,在提高效率方面,引入搜索引擎的倒排链表结构统计词、句子的特征,并使用双数组 Trie 树存储分词词典和用户主题词表,以提高词的查找效率;将关键词提取与摘要提取相结合,在关键词提取中引入词邻接类别和词的位置局部性,分别用于提高高频词和低频词的质量。其次,在去除句子冗余度方面,提出句子之间的包含度的概念,能够对文章中存在包含关系的句子进行有效排重,以降低文摘的冗余度,提高文摘质量。在上述研究的基础上,实现一个标准的垂直搜索系统,并将面向主题的自动摘要技术应用于该系统。

信息检索研究起源于图书馆的资料查询和文摘、索引工作。随着计算机网络技术的迅速发展和普及,信息检索研究的内容已经从传统的文本检索扩展到包含图片、音频、视频等多媒体信息的检索;检索对象从相对封闭、稳定一致、由独立数据库集中管理的信息内容扩展到开放、动态、更新速度快、分布广泛、管理松散的网络内容。从 20 世纪 60 年代开始,研究者提出了各种检索模型,其中比较有代表性的有布尔检索模型、向量空间检索模型和概率检索模型等,并产生了 SMART、OKAPI 等著名的原型系统。这些检索模型和原型系统有力地推动了信息检索的研究和发展。

自动摘要是利用计算机实现文本预处理、语义分析和摘要自动提取的技术。1958 年,

---

① 本章由杜伦整理,部分内容由张华平、商建云、刘兆友贡献。

② 张华平,高凯,黄河燕,等.大数据搜索与挖掘[M].北京:科学出版社,2014.

Luhn 发表的文章[①]揭开了利用计算机实现自动文摘的研究序幕。因受计算机硬件条件和应用需求的限制，最初自动文摘技术并没有得到足够重视。1995 年，Jones 等人[②]在国际著名学术刊物 *Information Processing and Management* 上发表的 Automatic Summarizing 标志着自动文摘时代的到来，自动文摘技术研究由此进入新的发展时期。有的学者把文摘提取过程划分成 3 个阶段：第一阶段是对源文本进行分析处理，切分成获得文摘的基本片段（如句子、段落等）及影响这些基本片段的其他片段，并统计相应信息；第二阶段对第一阶段中获得的基本片段进行计算；第三阶段根据前面获得的片段的相关信息选取文摘片段并按一定规则组合生成文摘。有的学者将自动文摘划分为不同的类型，而根据采用的路线不同，自动文摘方法可分为基于统计的方法和基于机器学习的方法两大类，下面分别予以概述。

基于统计的方法又分为 3 种。第一种方法是基于词项的统计方法，这种方法直接采用词项特征进行句子或概念的度量与识别，利用句子所包含特征的权重度量句子的重要度，按重要度给句子排序，再根据排序进行文摘句的选取，最后按照摘要句在文档中的出现顺序输出文摘。这种方法的基本出发点是重要的句子由重要的词组成，而重要的句子更适合被选择为文摘句。这种方法很少考虑句子之间的关系，而主要关注利用词频信息反映内容的重要性，其中以质心（centrid）方法、最大边缘相似度方法为代表。周进华等人[③]提出将词共现图方法用于多文档自动摘要。第二种方法是在进一步发现与挖掘特征的基础上，用更加丰富的统计特征来进行文档中重要句子或概念的识别，从中抽取出重要内容单元形成文摘。一方面改进当前向量空间模型单纯利用词项的问题，引入 N 元组等以确定句子的统计特性；另一方面采用基于统计相关性方法识别话题标志特征等信息，同时将更多的语言学特征考虑进来，从而更好地度量句子的重要性。第三种方法是基于文档结构关系的多文档自动文摘方法，这种方法充分利用文本的结构信息从文档中提取重要概念（句子、子话题、类中心），是当前研究的重点与热点。Erkan 等人[④]提出了 LexRank 方法，采用社会网络中心度的思想度量文档集中的重要概念，将 PageRank 算法的思想引入自动文摘中，在定义的图中，每个点代表一个句子，如果两个句子的相似度大于某一临界值，则有一条边连接这两个句子。每个句子的重要性由与它相邻的所有句子的重要性决定，即，一个句子如果与很多重要的句子相邻，则它本身也很重要。

在基于机器学习的多文档自动文摘方法中，可以采用隐性语义分析（Latent Semantic Analysis，LSA）和支持向量机等方法，通过监督和非监督的方式生成多文档文摘。对于给定的文本特征，可以采用当前的各种机器学习方法在特征的选择和组合的基础上找到一种适合文摘提取的方法。

根据输入文档的数量，可将摘要划分为单文档摘要和多文档摘要。根据文摘和原文的

① LUHN H P. The Automatic Creation of Literature Abstracts[J]. IBM Journal of Research and Development，1958,2(2)：159-165.

② JONES K S,et al.Introduction：Automatic Summarizing[J]. Information Processing and Management，1995,31(5)：625-630.

③ 周进华,刘贵全.基于衰减词共现图的多文档摘要研究[J].小型微计算机系统,2009,30(1)：173-177.

④ ERKAN G,DRAGOMIR R. LexRank：Graph-based Lexical Centrality as Salience in Text Summarization[J].Journal of Artificial Intelligence Research,2004,22：457-479.

关系,可将摘要划分为摘录型文摘(extract)和理解型文摘(abstract),前者从原文中抽取片段形成文摘,后者则是对原文主要内容重新组织后形成的。根据文摘的应用,可将摘要划分为通用型文摘(generic)和面向用户查询的文摘(query-oriented summarization),前者客观反映文档的主要内容,后者则着重于用户感兴趣的内容。上述各类型的划分不是互斥的。例如,摘录型文摘既可以在单文档中实现,也可以在多文档中实现。20世纪90年代中期以前,自动文摘领域的主要研究内容是单文档文摘技术,该时期主要的方法是文本抽取和信息抽取。随着互联网技术的迅猛发展,跨文本信息融合的需求越来越强烈,20世纪90年代中期正式开始了通用领域的多文档文摘的研究。到目前为止,在英文多文档自动文摘研究上已取得了较大成绩,其中比较优秀的成果有词汇链(lexical chain)方法、MMR(Maximal Marginal Relevance,最大边界相关)方法和质心法。国内对多文档文摘的研究起步较晚,尤其是中文自动文摘的研究,受大规模测试数据集和评价工具等的限制,目前还处于起步阶段,有待进一步深入。有研究者将自动文摘方法概括为4种:自动摘录、基于理解的自动文摘、信息抽取和基于结构的自动文摘。其中,自动摘录是其他方法的基础,也是最简单、最易于实现的方法。本节不采用这种划分,而是简单地划分为基于抽取的自动文摘和基于理解的自动文摘两类方法。

18.1.1　基于抽取的自动文摘

目前对自动文摘方法的研究集中于基于抽取的自动文摘。基于抽取的自动文摘将文本视为句子(或者段落,或者其他文本片段,本节统称为句子)的线性序列,将句子视为词的线性序列。

基于抽取的自动文摘通常分3步进行:

(1) 对原文按一定规则进行切分,获取原文的句子序列和句子的词序列表达。

(2) 计算词和句子的权重,对原文中的所有句子按权值降序排列,权值最高的若干句子被确定为文摘句。

(3) 将所有文摘句按照它们在原文中的出现顺序输出。

抽取文摘的关键问题是句子的选择以及排序。句子的选择方法有很多,选取的原则则是一致的:尽量用最重要的句子反映文档集的话题,即话题相关度尽量高,同时抽取出来的文摘句之间的内容冗余度尽量小。所以句子选择又分为句子权重计算和句子相似度计算两个问题。单文档文摘的句子一般都按照句子在原文中出现的顺序排列;而在多文档文摘中,大部分采用文档写作(发表)的时间顺序排列句子。[①]

1. 句子权重计算

句子是否被选择为文摘句的根据往往是句子的权重。计算句子权重的因子有句子包含的词的权重、句子所在段落的权重、句子在段落中的位置、句子与文档中其他句子的相似度等。因此,计算句子的权重、词的权重、段落的权重是一个交叉进行、相互影响的过程。

---

① ZHANG J,CHENG X Q,WU G W,et al. AdaSum:An Adaptive Model for Summarization[C]. Proceedings of the ACM 17th Conference on Information and Knowledge Management(CIKM 2008),2008.

从原文的角度看,计算句子权重主要依据如下特征[①]:词频、词项在文档中的分布规律、标题、位置、句法结构、线索词、指示性短语等。其中,词频、词项在文档中的分布规律、标题主要通过影响词项权重间接作用于句子权重,位置、句法结构、线索词、指示性短语直接作用于句子权重。

下面简要说明这 7 个影响句子权重的因素:

(1) 词频。Luhn 在开创自动文摘领域时提出采用词频统计摘要的思想,但仅靠词频标示词项的权重还不够。1995 年,美国 GE 研究与开发中心的 Lisa F. Rau 等完成了 ANES (Automatic News Extraction System,自动新闻抽取系统),该系统采用相对词频作为词的权值。

(2) 词项在文档中的分布规律。一个词在文档的大部分段落中均匀分布还是在某几个段落中集中出现,对该词是否有揭示主题的作用有相当的影响。

(3) 标题。标题中的关键词对揭示文章主题有重要作用,因此出现在标题中的关键词有较高的权重。

(4) 位置。调查表明,段落的论题是段落首句的概率为 85%,是段落末句的概率为 7%,因此有必要提高处于特殊位置的句子的权值。

(5) 句法结构。句式与句子的重要性之间存在着某种联系。例如,文摘中的句子大多是陈述句,而疑问句、感叹句等则不宜进入文摘。

(6) 线索词。H. E. Edmundson 的文摘系统中有一个预先编制的线索词词典,该词典中的线索词分为 3 种:取正值的褒义词(bonus word)、取负值的贬义词(stigma word)和取零值的无效词(null word)。句子的权值等于句中每个线索词的权值之和。

(7) 指示性短语。英国兰卡斯特大学的 Paice 提出根据各种指示性短语选择文摘句的方法。与线索词相比,指示性短语的可靠性高得多。

2. 句子相似度计算

目前常用的句子相似度计算模型主要有向量空间模型、查询似然模型和翻译模型。向量空间模型因为其计算简单而被广泛应用。向量空间模型将句子相似度定义为两个向量间夹角的余弦值。具体计算公式如下:

$$\mathrm{sim}(\boldsymbol{d},\boldsymbol{q})=\frac{\boldsymbol{dq}}{|\boldsymbol{d}||\boldsymbol{q}|}=\frac{\sum_{i=1}^{t}w_{i,d}w_{i,q}}{\sqrt{\sum_{i=1}^{t}w_{i,d}^2}\sqrt{\sum_{i=1}^{t}w_{i,q}^2}} \tag{18-1}$$

其中,$|\boldsymbol{d}|$ 和 $|\boldsymbol{q}|$ 分别代表文档向量与话题向量的模,$w_{i,d}$ 和 $w_{i,q}$ 分别代表文档向量与话题向量中的第 i 个词的权重。Aliguliyev[②] 将向量空间模型应用于句子间的相似度计算,提出了一种基于 Google 搜索引擎返回结果的句子相似度算法——NGD(Normalized Google Distance,归一化 Google 距离)。

---

① 刘挺,王开铸.自动文摘的四种主要方法[J].情报学报,1999,18(1):10-19.

② ALIGULIYEV R M. A New Sentence Similarity Measure and Sentence Based Extractive Technique for Automatic Text Summarization[J]. Expert Systems with Applications,2009,36:7764-7772.

3. 句子排序

为了确保文摘句的一致性和连贯性,需要排列文摘句的顺序。目前采用的排序方法通常有两种:一种是时间排序法,一般选定某一个时间为参考点,然后计算其他相对时间的绝对时间,例如,可以使用出版日期作为参考点,并针对本周内的日期、以往或今后的日期和"今天、昨天、昨晚"等表达方式计算绝对时间;另一种是扩张排序法,其目的是通过将有一定内容相关性的主题放在一起以提高摘要的连贯性。

基于抽取的自动文摘方法只对有用的文本片段进行有限深度的分析,其效率和灵活性较高,因而适用于网络信息等大规模文本、仅关注文档主题而对文摘连贯性要求不高的场合。目前基于抽取的自动方法得到了广泛的应用与研究,出现了许多有效的方法,例如搜索引擎领域的摘要生成。但总体来说,基于抽取的自动方法得到的文摘质量仍不尽如人意,效率高的方法得到的文摘质量较差,摘要质量较好的方法又因为其计算量巨大而很难应用于各种场合。

18.1.2 基于理解的自动文摘

基于理解的自动文摘与基于抽取的自动文摘的主要区别是文摘内容是否出自原文,对文档语义分析的深度不同。基于理解自动摘要方法得到的文摘内容不完全出自原文,它利用语言学知识获取语言结构,利用领域知识进行判断、推理,得到文摘的意义表示,最后从意义表示中生成文摘。基于理解的自动文摘结合已有的知识库对文档的语法、语义等进行深入分析和挖掘,以期"理解"原文;而基于抽取的自动文摘仅对文档的词汇等进行浅层次的分析。

基于理解的自动文摘的不足在于领域严格受限。造成其领域受限的原因如下:

(1)面向大规模真实语料的语法语义分析技术尚未完全成熟,因此,如果想获得高质量的分析结果,就必须将待处理的语料限制在某个范围之内。

(2)该方法的基础是框架等知识表示,框架需要根据领域知识预先拟定,因此,如果想把适用于某个领域的基于理解的自动文摘系统推广到另一领域,则需重新拟定框架,填充和组织领域知识的沉重负担使该方法难以移植。

▶ 18.2 基于关键词提取的自动摘要

基于关键词提取的自动摘要整体流程如图 18-1 所示。下面具体介绍流程中每种算法的原理和细节。

18.2.1 文本预处理

网页文本的内容一般是通过一定的方法对网页进行正文提取得到的,因而所获得的文本难免会有许多不规范的、无意义的字符或字符串(如   等),甚至会有一些未处理好的 HTML 标签。有些网页本身的内容格式非常复杂。例如,图 18-2 中的>>不但对文摘生成没有意义,并且可能导致分词时因为字典中没有该词而将其按字节切分,出现大量的无意义字符,增加摘要词频、词性统计等后续环节的处理时间。因此,在预处理阶段,需要去除这些无意义的字符串。文本中出现的数字有全角、半角的区别,直接分词会导致相同

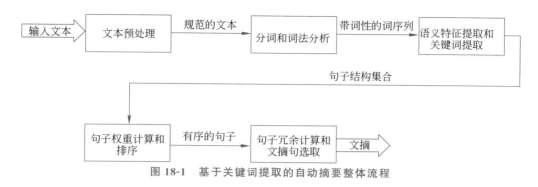

图 18-1　基于关键词提取的自动摘要整体流程

的数字因为全角、半角的不同而产生不同的词,这对文摘提取来说也会产生影响。另外,其他一些字符也有全角、半角的区别,英文字母有大小写的区别,等等。在预处理阶段,需要将这些字符转化为统一的格式,然后再做下一步处理。本阶段将这些特殊字符分为两类:一类是无意义串,另一类是特殊格式串。对于无意义串,直接从原文中删除;对于特殊格式串,则转化为文摘系统中统一使用的标准格式。

> **重要文章**　　　　　　　　　　　　　　　　　更多>>
>
> **在中央人大工作会议上的讲话**
>
> 　　文章强调,人民代表大会制度是符合我国国情和实际、体现社会主义国家性质、保证人民当家作主、保障实现中华民族伟大复兴的好制度,是我们党领导人民在人类政治制度史上的伟大创造,是在我国政治发展史乃至世界政治发展史上具有重大意义的全新政治制度。

图 18-2　网页内容示例

18.2.2　停用词表

词语作为表达句子和文档意义的基本单位,能够表达不同的句子和文档。但是,不同词语的表达能力差异很大,在文摘生成和关键词提取过程中,过滤停用词可以提高系统的计算效率和文摘的质量。停用词表的构建方法如下。

人工整理一份类似于黑名单的停用词表,文档中如果出现停用词表中的词,则将它删除。某个词成为停用词主要依据以下两条规则。一是该词在文本中出现频率很高,同时分布十分广泛,意义十分"一般"。例如,"我""就"之类的词几乎在每个文档中均会出现。这样的词对于区分句子不同的重要程度意义不大,甚至会对句子表示的真实意义造成干扰,因而应该忽略这类常用词。当然,如果规定了太多的停用词,也可能会造成句子的意义表达不准确,因此,这类词的添加需要非常谨慎。二是该词的出现频率很高,但实际意义又不大。这类停用词主要包括语气助词、介词、副词、连词等,通常其自身并无明确意义,如常见的"的""在""和""接着"等。

在使用停用词表时要注意以下两点:

(1)保留名词、动词、形容词和副词。

(2)在文档标题或者主题描述中出现的停用词予以保留,除此之外的所有停用词均予以过滤。

停用词表的存储及过滤处理将在 18.2.3 节中介绍。

18.2.3 双数组 Trie 树

Trie 树又称为检索树、单词查找树或典树,是一种树状结构,用于保存大量的字符串。Trie 树是中文匹配分词算法中词典的一种常见实现,其本质是一个确定的有限状态自动机(Definite Finite Machine,DFA),每个节点代表自动机的一个状态,在词典中这些状态包括"词前缀""已成词"等。其优点是:利用字符串的公共前缀节约存储空间,能最大限度地减少不必要的字符串比较,查询效率比哈希表高。Trie 树有 3 个基本特性:

(1) 根节点不包含字符,除根节点外每个节点都只包含一个字符。

(2) 将从根节点到某一节点的路径上经过的字符连接起来,为该节点对应的字符串。

(3) 每个节点的所有子节点包含的字符都不相同。

图 18-3 是对 5 个单词 say、she、shr、he、her 构造的 Trie 树。

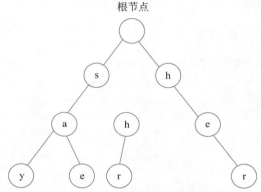

图 18-3　对 5 个单词构造的 Trie 树

在 Trie 树中的查找分为两种:一种是查找一个词在 Trie 树中是否存在,用于停用词过滤的处理;另一种是在一个字符串中查找能匹配 Trie 树中的模式串的子串,主要用于分词。在 Trie 树中查找一个词的一般过程如下:从根节点出发,沿词中的字符对应的节点逐层向下,直至词的最后一个字符或到达叶子节点。若未到达叶子节点且该节点是词的终节点,则查找成功;若到达叶子节点且其中的字符和词的最后一个字符相匹配,则查找成功;若词中某个字符在树中找不到相应的节点,或者已到达 Trie 的叶子节点,但是词还未匹配到最后一个字符,则查找失败。两种匹配情况的区别仅在于查找到 Trie 树叶子节点的处理上:如果查找到叶子节点且词未匹配到结尾字符,则在串中记录下此位置,然后指针往后移,并从 Trie 树的根节点开始查找。

Trie 树是一种简单、高效的数据结构,容易理解,但它的内存消耗非常大。为了减少 Trie 树结构的空间浪费,同时保证 Trie 树查找的效率,有研究者提出了用 3 个线性数组表示 Trie 树的方法,并在此基础上进一步改进,用两个数组表示 Trie 树,也就是双数组 Trie 树(double-array Trietree),如图 18-4 所示。

双数组 Trie 是 Trie 树的一个简单而有效的实现,它由两个整数数组构成,一个是 base[],另一个是 check[],这两个数组中的元素是一一对应的关系。设数组下标为 i,如果 base[i]、

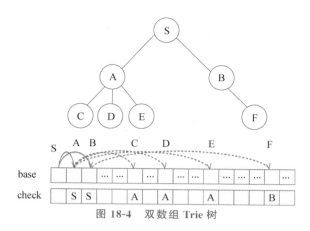

图 18-4　双数组 Trie 树

check$[i]$均为 0,表示该位置为空;如果 base$[i]$为负值,表示该状态为词。check$[i]$表示该状态的前一状态,$t=$base$[i]+a$,check$[t]=i$。双数组 Trie 树解决了 Trie 树消耗存储空间极大的缺点,当然也带来了比较长的构建、更新时间。在诸如分词等领域,模式串的变化周期很长,而数据规模很大,则双数组 Trie 树无疑是最好的选择。下面举例说明用双数组 Trie 树构造分词算法词典的过程。

除在分词时使用双数组 Trie 树结构存储词典外,停用词表的管理使用双数组 Trie 树后也会大大提高停用词过滤的效率。如果使用 STL 容器存储长度为 m 的停用词,则判断一个词是否是停用词需要进行 m 次字符串比较。这样,对于一篇含有 n 个词的文档,其时间复杂度为 $O(mn)$。如果采用双数组 Trie 树进行存储,由于是对整个词的完全匹配,且词已经过切分,所以在进行模式匹配时不再需要回溯,即判断一个词是否是停用词需要进行的字符串比较次数仅与词本身的长度相同。因此,对于一篇含有 n 个词的文档,其时间复杂度为 $O(an)$。其中 a 为平均词长,一般为 2~4。

18.2.4　关键词提取

在进行关键词提取时,除了采用常用的 TF-IDF 特征外,还可以将词的 AV(Accessor Variety,邻接多样性)值、词的位置局部性、词所在句子的位置作为非常重要的因素体现到词的权重中。

1. 词的 TF-IDF 特征

在汉语中,权重是一个相对的概念。某一指标的权重是该指标在整体评价中的相对重要程度,词的权重就是一个词在语料中的相对重要程度。目前较为经典的计算词权重的算法是 TF-IDF 算法。在信息检索中,TF-IDF 是一个数字统计量,旨在反映词对文档集合或语料库中的文档的相对重要程度。

TF 代表词在一篇文档的所有词中的比例。TF 值越大,代表词频越高。DF 为总文档数与包含某一词的文档数之比。IDF 值越大,代表包含该词的文档越少,说明该词的文档分类能力越强。

TF-IDF 特征用 TF 值和 IDF 值的乘积表示。它的含义是:如果一个词只在文档集合或语料库中的一篇或几篇文档中出现,并且在文档内的词频很高,说明该词对于文档来说具有很强的代表性,那么它就可以作为文档的关键词,也可以作为特征词在文档分类中起到重要的作用。

TF-IDF 特征的常见计算公式如下:

$$w(t,d) = \log_2(\text{TF}(t,d) + 1.0) \times \log_2\left(\frac{N}{n_t} + 1.0\right)$$

其中,$w(t,d)$ 为词 t 在文档 d 中的权重,$\text{TF}(t,d)$ 为词 t 在文档 d 中的出现频率,N 为文档总数,n_t 为文档集合中出现词 t 的文档数量。

在自动文摘提取中,有时由于文档数量较少,甚至在采用单文档文摘的方法时文档数为 1,因此,IDF 区分度不大。Neto 等人[①]在此基础上提出用逆句子频率(Inverse Sentence Frequency,ISF)代替 IDF 进行句子级的词权重度量,实质上仍属于 TF-IDF 的词权重计算方法。由于句子非常短,包含的有效词数量很少,有些短句甚至不能单独表达完整的意思,使用 ISF 的效果并不理想,因此一般以词频代替 TF-IDF 特征。

2. 词的 AV 值

在现实社会中有这样的人:经常出入不同的场合,与每个场合中的人都有这样或那样的联系。在此社交圈内,通常认为这样的人非常活跃,适合作为此社交圈的代表。词的 AV 值即是与上述生活原型类比而应用于词的权重计算方法。Feng 等人[②]使用邻接多样性的概念描述词在使用上的灵活性。把一篇文章比作社会网络中的社交圈,而构成文章基本单位的词就可以比作社交网络中不同的人。根据前面的叙述,一个词出现的语境越多样化,则说明该词在整篇文章中越具有重要性。

这里用一个词前后出现的 n 个词表示该词出现的语境(词的上下文)。词的左 AV 值是指在该词左边出现的字或词的种类数量,词的右 AV 值是指在该词右边出现的字或词的种类数量,词的 AV 值则定义为其左边和右边出现的字或词的种类数量。词的 AV 值越大,表明其使用越灵活,其在不同语境中使用的概率越大,因而其成为关键词的概率越大。例如下面一段文字:

> 北京市召开迎国庆交通安全工作会。北京市交管局将对参与国庆活动的车辆进行严格检查,严厉打击闯红灯、酒后驾车等违法行为,确保国庆期间交通环境安全稳定。同时,与所有参加国庆活动的驾驶员进行面谈,强化安全意识,使其遵守国庆交通安全规定,杜绝交通违法和交通事故。

如果将上下文窗口大小设为 2,则字符串"国庆"去掉单字词的左邻接集合为{召开,参与,确保,所有,参加,使其,遵守},右邻接集合为{交通,安全,活动,单位,期间},因此"国庆"在该语料上的左 AV 值为 7,右 AV 值为 5,AV 值为 12。与之类似,"交通"的左 AV 值为 5,右 AV 值为 5,AV 值为 10。

从上面的例子可以看出,采用 AV 值对于发现词频比较高的关键词比较有效。

---

① NETO J L,SANTOS A, et al. Generating Text Summaries Through the Relative Importance of Topics[C]. Proceedings of IBERAMIA-SBIA,Brazil,2000:300-309.

② FENG H D,CHEN K,DENG X T, et al. Accessor Variety Criteria for Chinese Word Extraction[J].Computer Linguistics,2004,30(1):75-93.

3. 词的位置局部性

词的频率、AV 值可以有效提取出词频比较高、比较活跃的关键词,但是很难有效提取出词频比较低的关键词。张庆国等人[①]以词语直径、词语分布偏差等特征提取关键词。词语直径是指词语在文本中首次出现的位置和末次出现的位置的距离。词语分布偏差考虑的是词语在文章中的统计分布。

可以使用词在文档中出现位置的方差表示词的位置局部性。假设候选词 T 在语料中出现 n 次,各出现位置分别为 $P_1, P_2, \cdots, P_n$,则 T 的位置方差 $D(T)$ 为

$$D(T) = \frac{\sum_{i=1}^{n} (P_i - P)^2}{n-1} \tag{18-2}$$

其中,P 表示候选词 T 位置的均值。词的位置方差表示词的分布稀疏程度。词的位置方差越小,则各个位置的集中程度高。因此,$D(T)$ 越小,位置局部性越好;反之则位置局部性越差。假设用 LE(Locality Estimation,位置估计)表示词的位置局部性度量值,则位置局部性的计算公式如下:

$$LE(T) = \frac{1}{D(T)} \tag{18-3}$$

4. 词所在句子的位置

一项调查结果显示:段落的论题是段落首句的概率为 85%,是段落末句的概率为 7%。因此,可以采用分段函数量化句子位置对词权重的影响。

句子位置(Sentence Position,SP)的计算公式如下:

$$SP = \begin{cases} -\alpha \left(x - \dfrac{l}{2} \right), & x \leqslant \dfrac{l}{2} \\ \beta \left(x - \dfrac{l}{2} \right), & x > \dfrac{l}{2} \end{cases} \tag{18-4}$$

其中,x 表示句子在段落中的位置,l 表示段落中句子的数量,α 表示上半段中句子位置的平滑因子,β 表示下半段中句子位置的平滑因子。

5. 词的权重计算

词的权重根据词的 AV 值、词的位置局部性和词所在句子的位置 3 个特征的度量值加权求和得到。各个特征度量值的加权系数通过训练数据集采用人工训练方法得到。

18.2.5　句子切分

在词法分析阶段,文章中的标点被标注为"/w"类别且做了切分。在扫描切分标注过的文本串时,遇到词性为"/w"的片段,判断是否符合切句规则,若符合则在此断句。如果一个标点符合如下条件,则进行断句。

---

① 张庆国,薛德军,张振海,等. 海量数据集上基于特征组合的关键词自动抽取[J].情报学报,2006,25(5):7-11.

（1）标点为"。""？""！""……"。

（2）标点为"，"";"""（""）""——"，并且从句子开始到标点的距离大于句子长度阈值。

对于没有标点的段落结束位置，自动添加句号，并从该位置断句。

另外，由于网络文档内容的复杂性，要设置句子长度阈值。对于没有标点的长句，如果超过该阈值，则对该句子进行进一步处理，具体如下：

（1）如果前面的内容为重复的单字（是指切分后都是单个字）组成的串，则丢弃。

（2）如果前面的内容全部为非重复的单字（即切分为一个一个的字，不成词）组成的串，则丢弃。

（3）向前寻找表示句子结尾的语气助词，如"了""吗""等"。如果有，则从该位置断句；如果没有，则丢弃该句子，从该位置继续扫描。

18.2.6　句子相似度计算

向量空间模型将句子视为向量，向量的每一维代表句子的一个片段，该片断的粒度可以是单个字、词或短语、n 元组等，统称为词项（term），用 t 表示；向量的每个元素代表词项的权重，用 w 表示。这样，句子 S 可以表示为向量 $(t_1,w_1;t_2,w_2;\cdots;t_N,W_N)$，$t$ 称为特征，w 称为特征权重。句子 S 也可以简记为 $S(w_1,w_2,\cdots,w_N)$。将句子表示为向量，需要确定特征及其权重。在这里，采用词语作为特征；权重的影响因素有很多，选择 TF-IDF 作为其主要计算依据。最简单的方法是计算句子向量之间的内积：

$$\mathrm{sim}(Q,D)=\sum_{t\in D\cap Q}w_{d,t}w_{q,t} \tag{18-5}$$

候选文摘句之间的句子冗余度采用余弦相似度表示。一个候选文摘句 s 与文摘句集合 S 的句子冗余度由两部分组成：一是候选文摘句与文摘句子集合中句子间的最大冗余度：

$$R_{\max}=\max_{s_j\in S}\mathrm{sim}(s_i,s_j) \tag{18-6}$$

二是候选文摘句与文摘句集合中所有句子的平均冗余度：

$$\overline{R}=\frac{\sum_{j=1}^{n}\mathrm{sim}(s_i,s_j)}{n} \tag{18-7}$$

其中，n 为 S 中句子的总数。所以，候选文摘句的权重重新计算为

$$W'=\lambda W-(1-\lambda)(\alpha R_{\max}+(1-\alpha)\overline{R}) \tag{18-8}$$

其中，W 是仅根据句子中词的权重计算出的句子权重，在多次计算句子冗余度时不发生改变，λ 和 α 是估计系数，一般在一定的训练集上通过训练得到。

根据计算出的候选文摘句权重对所有的候选文摘句重新排序，找到权重最大的候选摘要句，判断其是否符合文摘长度要求。如果符合，则将该句加入文摘句集合中；否则将该句标记为非候选摘要句，取下一个候选文摘句进行判断。

▶ 18.3　面向主题的自动摘要

在信息检索领域，文档内容相关性作为文档检索中的主要度量方法，在过去的几十年时间里得到了深入的研究。文档的粒度可以是信息内容的任何一种层次（如文档集、文档、

段落、句子等）。在自动文摘的任务中,这里的"文档"可以直接用句子表示,于是相关度就变成了句子与查询之间的相似度。

　　搜索引擎计算文档摘要时,除了要反映文档的主要内容外,还要与查询相关,这样才能提供用户真正关心的信息。用户提交的一个查询可以看作一个主题,根据查询提取的摘要称为面向主题的摘要。面向主题的文档摘要系统结构如图 18-5 所示。

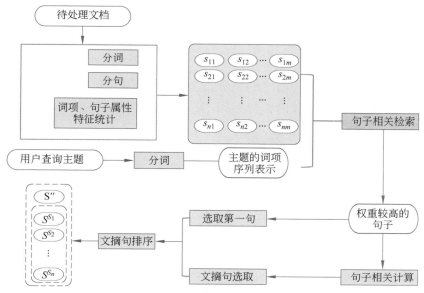

图 18-5　面向主题的文档摘要系统结构

　　对查询的理解直接决定最终的性能,错误的理解不可能产生正确的检索结果。在对查询主题的描述中,停用词处理之后的词语可以分为查询词和辅助词两类。查询词是真正表达用户查询意图的词语;辅助词虽然能够独立地表达实际的意义,但是在主题中仅仅起到使语气连贯、得体等辅助作用,对要查询的内容并没有实际意义,其功能与英语中的 by the way(顺便问一下)之类的插入语类似,去掉这些词,并不影响对查询真正表达的语义的掌握。例如,查询语句是"麻烦帮我查查《中国农民调查》这本书",真正的查询请求是"中国农民调查",而"麻烦""帮"与"查"等词都是辅助词。

18.3.1　改进的最大边缘相关度方法

　　Carbonell 等人[1]提出用边缘度的概念进行文摘句的选取,并基于边缘度的概念提出一种最大边缘相关度(MMR)的文摘方法。其本质是:在进行文摘句选取时,使候选文摘句中要选入文摘句集合的句子既和主题的相关度较高,又使该句与已选文摘句集合之间的冗余度尽可能小,以此保证句子与查询间的相关度,同时又减少文摘的冗余信息,增加内容的覆盖面,从而得到较高的文摘质量。最大边缘相关度的计算公式如下:

　　① CARBONELL J,GOLDSTEIN J. The Use of MMR,Diversity-based Reranking for Reordering Documents and Producing Summaries[C]. Proceedings of the 21st ACM-SIGIR International Conference on Research and Development in Information Retrieval,Australia,1998:335-336.

$$MMR = \arg \max_{s_i \in (D-S)} \{\lambda \ \text{sim}_1(s_i, q) - (1-\lambda) \max_{s_j \in S} \text{sim}_2(s_i, s_j)\} \qquad (18\text{-}9)$$

其中,q 表示查询主题;D 表示由句子集合组成的文档;S 表示已选文摘句集合,是 D 的子集;$D-S$ 表示集合 D 与 S 的差;s 表示候选文摘句;sim_1 表示候选文摘句与查询的相关度;sim_2 表示候选文摘句与已选文摘句集合之间的冗余度;参数 λ 则用来调整 sim_1 和 sim_2 这两个因素的权重。

最大边缘相关度方法能够较好地获取与查询相关的摘要,但是在反映文档的主要内容方面则力不能及。因此,需要将句子本身的权重考虑进来,则式(18-9)变为

$$W_{q, s_i} = \alpha W_{s_i} (1-\alpha)(\lambda \ \text{sim}_1(s_i, q) - (1-\lambda) \max_{s_j \in S} \text{sim}_2(s_i, s_j)) \qquad (18\text{-}10)$$

s_i 与 s_j 之间的冗余度可以表示为最大冗余度与平均冗余度的加权和,这样更能体现候选文摘句与文摘句集合之间真正的冗余度。

18.3.2 面向主题的词特征统计

相对于基于关键词提取的摘要来说,面向主题的摘要是检索内核的组成部分,因此,可以像检索一样调用每个词的倒排链表以获取其统计信息。但是由于检索索引中存储的是所有文档的词信息,这对于提取某篇文档或者子文档集的词特征信息来说比较复杂,需要查找的空间非常大。可以借鉴倒排索引的数据结构存储摘要的分词结果,以便进行词频、词的位置、词上下文信息以及句子位置的统计。

基于倒排链表的词特征统计对于较短的单文档来说效率提升不大;而对于长文档或者多文档来说,效率的提升就比较大了。

18.3.3 领域主题词表

对于某些特定的应用领域,如针对汽车行业的垂直搜索引擎中摘要的提取,加入行业知识会提高摘要的质量。一般采用加载主题词表的方式增加行业术语的权重,从而提高文摘的专业性。主题词表包括词和权重。表 18-1 是司法主题词表的示例。

表 18-1 司法主题词表示例

词	权　重
政法	0.8
法制	0.6
法律	0.65
法院	0.5

主题词表用于词权重计算的最后一步,根据词的统计特征计算出权重 W_t 后,领域主题词权重 W_u 加权,得到该词的最终权重。

$$W'_t = \lambda W_t + (1-\lambda) W_u \qquad (18\text{-}11)$$

如果在分词之后就引入主题词表,则会出现意外情况:分词系统存在切散的词片段,即使这些词片段组成的词出现在主题词表中,也毫无意义。而在分词阶段加载主题词表到分

词词典中,就不会出现这种情况。

18.3.4　句子间的包含关系

一个句子与另外几个句子是包含关系的情况也比较常见。例如下面的例子:

> "中国未来 20 年房价上涨的压力仍然是很大的。"姜伟新说。
> 中央政府抑制房价过快上涨的决心更大。
> 住房和城乡建设部原部长姜伟新明确表示,中国未来 20 年房价上涨压力仍然很大,但中央政府抑制房价过快上涨的决心更大。

上例是通过句子切分得到的 3 个句子,其中第三个句子包含了第一、二个句子。将第一、二个句子称为第三个句的子句,第三个句子称为长句。在子句长度很小的情况下,仅采用余弦相似度计算得到的子句与长句之间的冗余度会比较小,无法表示它们之间的包含关系,因此需要另外的方法表示这种关系。可以定义词重叠度的概念,将两个句子分别看成词集合 A 和 B,其中 A 在 B 之前,最简单的信息冗余度可以量化为 $A \bigcap B$。例如,计算句子 A、B 相对于 A 的词重叠度的公式如下:

$$\mathrm{Overlap}_{B_A} = \frac{A \bigcap B}{B} \tag{18-12}$$

因此,句子 A、B 之间的包含度可以定义为

$$\mathrm{Contain}(A,B) = \max(\mathrm{Overlap}_{B_A}, \mathrm{Overlap}_{A_B}) \tag{18-13}$$

将上例中 3 个句子分别看成词集合 A、B、C,计算第一、三句之间包含度的过程如下:

(1) 计算句子 A、C 之间相对于 A 的词重叠度 $\mathrm{Overlap}_{C_A}$。

(2) 计算句子 A、C 之间相对于 C 的词重叠度 $\mathrm{Overlap}_{A_C}$。

(3) 计算句子 A、C 之间的包含度:

$$\mathrm{Contain}(A,C) = \max(\mathrm{Overlap}_{C_A}, \mathrm{Overlap}_{A_C}) \tag{18-14}$$

(4) 若 $\mathrm{Contain}(A,C)$ 大于或等于预定义的包含度阈值 $\mathrm{Contain(Thresh)}$,则 C 包含 A($\mathrm{Overlap}_{C_A}$ 大于 $\mathrm{Overlap}_{A_C}$)或 A 包含 C($\mathrm{Overlap}_{A_C}$ 大于 $\mathrm{Overlap}_{C_A}$);否则 A 与 C 之间没有包含关系。

在作者所在课题组采集的 245 890 篇新闻语料中,共抽取出 19 048 对具有包含关系的句子。从中随机选取 100 对句子进行人工评测,其中有 28 对没有包含关系,本节的方法在这个小测试集上的准确率为 72%。

在上面所述的词重叠度计算过程中,为句子中的每个词都赋予相同的权重 1。这时,如果子句比长句多了或少了几个一般意义的词,并且这些词不是停用词,就会产生比较大的噪声,难以计算出它们之间的包含关系。因此,如果在计算词重叠度时为各个词赋予不同的权重,就可以有效去除词的差异带来的噪声。带权重的词重叠度定义如下:

$$\mathrm{Overlap}_{B_A} = \frac{\sum\limits_{t \in A \bigcap B} w_t}{\sum\limits_{t \in B} w_t} \tag{18-15}$$

▶ 18.4 基于主题模型与信息熵的中文文档自动摘要技术研究

　　根据自动摘要是否来源于原文,可将自动摘要分为抽取型摘要和概括型摘要[①]。抽取型摘要是从原文中直接摘取有代表性的句子作为文档的摘要。通常抽取型摘要将文档看成句子集合,通过算法选取这个句子集合中的句子作为文档的摘要。抽取型摘要的结果主要依赖于算法的选择,好的算法通常可以准确地找出文章的主旨句,生成文档的摘要。此外,抽取型摘要通常有不受领域限制的特点。概括型摘要首先对原文进行深层次分析,根据领域知识库进行信息抽取,然后利用自然语言处理技术进行分析,最后利用语言学知识和自然语言处理技术生成文档摘要。

　　文档自动摘要的研究开始于 50 多年前,当时 Luhn 通过统计词频计算词的权重,通过词的权重计算句子权重,并按照权重选择特定的句子作为文档的摘要。国外对文档摘要技术的研究具有很长的历史,并取得较大发展。有学者尝试引入文档的篇章结构特征、利用相似分析等手段选取文档摘要,Salton 和 Gerard 通过文章的结构,以段落为单位对文档进行分析,通过段落间的相似度度量段落的重要性。但该方法依赖于文章的篇章结构,对简单篇章结构的文档适用性较差。Sasha 等人在 DUC2004 上采用了一种叫作 SC 的方法,该算法的核心思想是:首先通过句子聚类的结果度量不同类别的重要性,包含句子越多的类别被认为越重要,然后抽取类中有代表性的句子作为文档的摘要。在聚类的过程中用 VSM 模型表示句子,用向量间的余弦值度量句子的相似程度。该方法对文档的分析停留在词法分析上,且在用 VSM 模型表示句子的过程中会造成维度灾难,训练代价过高。

　　国内对自动摘要技术的研究起步较晚,开始于 20 世纪 80 年代。1988 年,上海交通大学研制了汉语文献摘要自动编制实验系统,该系统已能对科技文献进行摘要提取并取得了一定成果。到了 21 世纪,中文自动摘要技术已经取得长足的进步。王继成等人[②]提出了一种基于篇章结构的中文 Web 文档自动摘要技术,即依次进行篇章结构分析、词语权重计算、关键词提取并统计句子的权重,最终生成摘要。张奇等人[③]提出了基于句子相似度的文档摘要提取方法,在度量句子相似度时考虑了一元、二元和三元的信息,并通过一种回归的方法将这几种相似度结合起来。该方法利用统计机器学习方法,考虑了词语的位置信息,有利于关键词的挖掘。但是,该方法对一些有价值的出现次数较少的词,如人名、地名等,不能很好地识别其重要性,从而使抽取到和这些词相关的主题句的概率较低。

　　作者所在的课题组为了克服一些方法在提取摘要时需要的规则多、通用性差等缺点,提出了一种基于主题模型的无监督的文档摘要算法。通过 LDA 模型获取文档集中的每一篇文档的主题分布和每个主题对应的词语分布,同时根据主题分布的权重选取文档最相关的主题以挖掘文本的浅层语义。

　　① 李然,张华平,商建云,等.基于主题模型与信息熵的中文文档自动摘要技术研究[J].计算机科学,2014,41(11):298-301.
　　② 王继成,武港山.一种篇章结构指导的中文 Web 文档自动摘要方法[J].计算机研究与发展,2003.40(3):398-405.
　　③ 张奇,黄萱菁,吴立德.一种新的句子相似度度量及其在文本自动摘要中的应用[J].中文信息学报,2005,19(2):93-99.

为了将主题信息应用到摘要句的提取工作中,本节提出一种基于信息熵度量句子重要程度的方法。该方法对句子这种随机变量建立概率模型,并根据该模型计算出句子的出现概率,以此计算句子的信息熵,最终根据信息熵度量句子的重要性。同时,还要考虑句子字数对句子权重的影响,这里设定句子最低字数的阈值,过滤低于该阈值的句子。

18.4.1　主题模型

主题模型(topic model)在机器学习和自然语言处理等领域用来在一系列文档中发现抽象主题的一种统计模型。直观地看,如果一篇文章有一个中心思想,那么一些特定词语会比较频繁地出现。例如,如果一篇文章是讲狗的,那么"狗"和"骨头"等词出现的频率会比较高;如果一篇文章是讲猫的,那"猫"和"鱼"等词出现的频率会比较高。而有些词,例如"这个""和",在两篇文章中出现的频率应该大致相等。但真实的情况是,一篇文章通常包含多种主题,而且每个主题所占比例各不同。因此,如果一篇文章 10% 和猫有关,90% 和狗有关,那么和狗相关的关键词出现的次数大概会是和猫相关的关键词出现的次数的 9 倍。一个主题模型试图用数字框架体现文档的这种特点,主题模型自动分析每个文档,统计文档内的词,根据统计的信息断定当前文档含有哪些主题以及每个主题所占的比例各是多少。

隐含狄利克雷分布(Latent Dirichlet Allocation,LDA)是目前一种比较流行的主题模型,也是一种典型的词袋模型,即它认为一篇文章是由一组词构成的一个集合,词之间没有顺序和先后关系。一篇文档可以包含多个主题,文档中的每一个词都是由其中的一个主题生成的,即一篇文档的多个主题之间假设服从多项分布,而一个主题内的所有词也假设服从主题分布。此外,采用贝叶斯估计的方法,假设文档主题的先验服从狄利克雷分布,主题的词语的先验同样服从狄利克雷分布。LDA 模型结构如图 18-6 所示。

主题模型的文档生成过程如下。

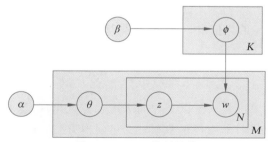

图 18-6　LDA 模型结构

(1) 从狄利克雷分布 α 中取样,生成文档 i 的主题分布 θ_i。
(2) 从 θ_i 中取样,生成文档 i 的第 j 个主题 $z_{i,j}$。
(3) 从狄利克雷分布 β 中取样,生成主题 $z_{i,j}$ 的词语分布 $\varphi_{z_{i,j}}$。
(4) 从 θ_i 中取样,最终生成词语 $w_{i,j}$。
因此,整个模型中的所有可见变量和隐含变量的联合分布为

$$P(w_i, z_i, \theta_i, \varphi \mid \alpha, \beta) = \prod_{j=1}^{N} P(\theta_i \mid \alpha) P(z_{i,j} \mid \theta_i) P(\varphi \mid \beta) P(w_{i,j} \mid \theta_{z_{i,j}}) \quad (18\text{-}16)$$

吉布斯采样(Gibbs sampling)的具体过程如下。

首先，对所有文档中的所有词进行遍历，为它们各随机分配一个主题，即 $z_{m,n} = t \sim$ $\text{Mult}\left(\dfrac{1}{K}\right)$，其中，$m$ 表示第 m 篇文章，n 表示文档中的第 n 个词，t 表示主题，K 表示主题的总数。用 $n_m^{(k)} + 1$、$n_m + 1$、$n_k^{(k)} + 1$ 和 $n_k + 1$ 分别表示在 m 文档中 k 主题出现的次数、m 文档中主题数量之和、k 主题对应的文档数和 k 主题对应的词数。

其次，对下述操作进行重复迭代。

对所有文档中的所有词进行遍历，假如当前文档 m 的词 n 对应的主题为 k，则先拿出当前词，再根据 LDA 模型中的主题的概率分布采样出新的主题，在新的主题上对各种计数分别做加一操作。主题样本的概率分布的计算公式如下：

$$P(z_i = k \mid z_{-i}, w) \propto \frac{(n_{k,-i}^{(t)} + \beta_t)(n_{m,-i}^{(t)} + \alpha_k)}{\sum\limits_{t=1}^{V} n_{k,-i}^{(t)} + \beta_t} \tag{18-17}$$

最后，在迭代结束后，根据所得主题的分布情况，对模型的参数进行估计，参数的估计公式为

$$\phi_{k,t} = \frac{n_k^{(t)} + \beta_t}{\sum\limits_{t=1}^{V} n_k^{(t)} + \beta_t} \tag{18-18}$$

$$\phi_{m,t} = \frac{n_m^{(k)} + \alpha_k}{\sum\limits_{k=1}^{V} n_m^{(k)} + \alpha_t} \tag{18-19}$$

18.4.2　信息熵

为了度量句子的重要性，本节引入信息熵这一度量。在信息论中，熵用来衡量一个随机变量出现的期望值。对于一个值域为 $\{x_1, x_2, \cdots, x_n\}$ 的随机变量 X 的熵值 H 定义为

$$H(X) = E(I(X)) \tag{18-20}$$

其中，$I(X)$ 为随机变量 X 的自信息。同时，根据期望的定义以及自信息的公式展开，得到熵值 H 的另一种表示形式：

$$H(X) = \sum_{i=1}^{n} P(x_i) I(x_i) = -\sum_{i=1}^{n} P(x_i) \log_2 P(x_i) \tag{18-21}$$

在本节中，信息熵用来度量句子以某种词语组合方式出现（这是一个随机变量）的平均期望值，该随机变量在建模时采用指示型随机变量建模方法，即设定它的值域为两个值，为 $\{$出现，不出现$\}$，并根据该随机变量在上述值域中取值的概率计算句子的信息熵。

18.4.3　句子信息熵的计算方法

文本用信息熵度量句子的权重。本节对文档中的词作独立性假设，即认为每个词的出现与其他词的出现无关。因此，一个句子在一篇文档中出现的概率为

$$P(\text{sentence} \mid \text{topic}_{(j)}) = \prod_{i=1}^{m} P(\text{token}_{(i)} \mid \text{token}_{(j)}) \tag{18-22}$$

其中，$\text{token}(i)$ 为句子的第 i 个词语；m 为当前句子中词语的个数；$\text{topic}_{(j)}$ 是当前文档主题分布中概率最高的主题；$P(\text{token}_{(i)} \mid \text{token}_{(j)})$ 为 LDA 模型训练获得的在当前主题下特定

词语出现的概率值,即 $\varphi_k = \text{topic}_{(j)}$，$t = \text{topic}_{(i)}$。

将句子以某种词语组合的方式出现看成一个随机变量,该随机变量的值域为{出现,不出现},则该随机变量的信息熵的计算公式为

$$E(\text{sentence}) = P(\text{sentence} \mid \text{topic}_{(j)}) \log_2\left(\frac{1}{P(\text{sentence} \mid \text{topic}_{(j)})}\right) +$$

$$\bar{P}(\text{sentence} \mid \text{topic}_{(j)}) \log_2\left(\frac{1}{\bar{P}(\text{sentence} \mid \text{topic}_{(j)})}\right) \qquad (18\text{-}23)$$

其中,$E(\text{sentence})$ 为某个句子的信息熵,$P(\text{sentence} \mid \text{topic}_{(j)})$ 为当前主题下该句子出现的概率值,$\bar{P}(\text{sentence} \mid \text{topic}_{(j)})$ 为当前主题下该句子不以当前词语组合出现的概率值。

18.4.4　算法介绍

1. 算法提出

传统的文档摘要系统通常计算词语的权重以及句子相似性,忽略了文档的主题信息。考虑文档的主题信息的摘要算法通常基于主题句判断一篇文档的主题,而主题的判断依赖于主题句的确定。一个文档集合可以看成是由不同的主题生成的文档组成的,这里的主题类似于文档的类别。对于文档集合中的一篇文档,它的中心思想通常来源于一个或者少数几个主题,因此,在提取文档摘要过程中,应主要聚集在这一个或者这几个主题上。同时,对于不同的主题,每个主题下面的词语的权重又是不相同的。例如,某个体育主题下与体育相关的词权重就应该高。除此之外,一些体育类的专有名词,如人名、赛事名称等,也应该能够被此体育类的主题识别出来,并赋予它比其他主题词更高的生成概率,而 LDA 模型恰好能完美地解决这些问题,它可以准确地得到文档的主题分布,并以概率的形式展示出主题的优先程度,同时又能正确地得到每个主题下面的词语分布,使一些隶属于该主题的非常见词语不因出现次数稀少而失去它应有的权重和辨识度。在标识某主题下词语的优先程度的时候,同样以词语生成概率的形式进行表征,概率高的词语有高的权重。这样,对于一些类别明确且较罕见的词语,也能够很好地对其权重进行估计。

基于此,本节采用 LDA 模型对文档集合及文档进行浅层语义分析,并得到文档集合中每篇文档的主题分布以及相应主题的区域分布。通过过滤主题得到文档中词语的权重,同时需要考虑用信息熵度量句子权重时对超短句赋予的权重过高,与现实情况并不吻合的情况。这里对文档主旨句的字数设定阈值,只选取字数不低于该阈值的句子作为文档的主旨句。

2. 算法流程

综上,基于主题模型及信息熵的摘要算法流程如下:

(1) 对文档集合中的文档进行中文分词、去停用词等预处理,并将文档转化为词语空间向量。

(2) 对上述空间向量进行吉布斯采样,得到文档的主题分布。

(3) 对于每篇文档,选取主题分布中概率最高的主题,并根据选取的主题获得对应的词语概率分布。

（4）计算文档中每个句子的信息熵，并得到句子的权重。

（5）根据句子的权重和字数限制，得到每篇文章的摘要。

基于主题模型及信息熵的摘要算法流程图如图 18-7 所示。

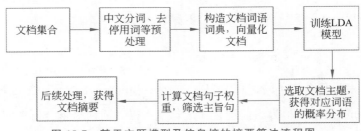

图 18-7　基于主题模型及信息熵的摘要算法流程图

18.4.5　自动摘要应用示例

本节采用 NLPIR-ICTCLAS 对中文文档进行分词处理，针对自然语言处理面向真实语料与实例化的趋势，测试时采用 300 篇真实文档。这些文本是利用网络爬虫从新浪新闻频道随机爬取的各类新闻。这里的 LDA 模型的主题个数 k 设定为 200。超参数根据经验设定，α 为 0.25，β 为 0.01。迭代次数设定为 200。句子字数的阈值设定为 10，不选取低于该阈值的句子作为最终文档摘要的候选句。摘要字数的上限值设定为 200。在计算句子权重之后，按照权重从高到低的顺序选取一个或者多个句子作为文档摘要，选取句子的个数依赖于已经选取的句子的字数，使最终的文档摘要总字数不超过设定的上限值。最终将每篇文档的摘要与文档的内容和标题进行对比，并判断摘要与文档内容的相关程度。

采用人工打分对摘要结果进行测评，分为 3 档，分别是准确反映主题、基本反映主题、没有很好地反映主题。为了减少人为因素对测评结果的影响，最终的结果为去掉最高分和最低分之后的均值。具体的测试结果如表 18-2 所示。

表 18-2　自动摘要测试结果

结 果 分 类	文 档 篇 数	比例/%
准确反映主题	184	61.33
基本反映主题	90	30.00
没有很好地反映主题	26	8.67

NLPIR 大数据语义智能分析平台提供了自动摘要功能，能够对单篇或多篇文本自动提炼出内容的概要，方便用户快速浏览文本内容。图 18-8 是此功能的示例。该例选取 2022 年的一篇体育新闻报道作为语料，对此语料进行了自动摘要。

从图 18-8 中可以看出，该功能自动抽取出这篇体育新闻报道的关键信息，重新组织成摘要。

本节在提高摘要的处理效率、基于关键词提取摘要、摘要中句子间的冗余去除方面进行了介绍。在提高处理效率方面，引入搜索引擎的倒排链表结构统计词、句子的特征，并使用双数组 Trie 树存储分词词典和用户主题词表，以期提高词的查找效率。将关键词提取与

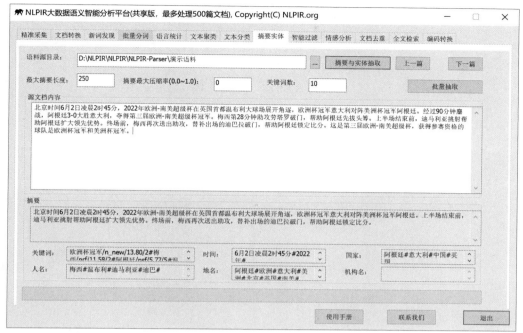

图 18-8　自动摘要示例

摘要提取相结合,在关键词提取中引入词的邻接多样性和词的位置局部性以分别提高高频词、低频词的提取质量。在去除句子冗余度方面,引入句子之间的包含度的概念,能够对文章中存在包含关系的多个句子进行有效的排重,降低了文摘的信息冗余度,提高了文摘质量。

第 5 篇　应用篇

第 19 章

自然语言处理应用项目

　　本章对北京理工大学国家精品课程"大数据分析及应用"中优秀的学生作业进行汇总,从政务与商用角度介绍自然语言处理应用项目,涉及的内容主要包括裁判文书阅读理解、PDF 敏感信息发现与隐私保护、微博博主的特征与行为大数据挖掘、用于字幕的语义消歧系统、大数据考研分析和客服通话文本摘要提取,涉及的关键技术包括数据挖掘与分析、知识图谱、语义消歧、文本摘要、情感分析、敏感信息发现与隐私保护等自然语言处理技术。[①]

▶ 19.1 裁判文书阅读理解

19.1.1　背景介绍

　　近年来,随着以裁判文书为代表的司法大数据不断公开以及自然语言处理技术的不断突破,如何将人工智能技术应用在司法领域,提高司法人员在案件处理环节的效率,逐渐成为法律智能研究的热点。

　　裁判文书中包含了丰富的案件信息,例如时间、地点、人物关系等,通过计算机智能化地阅读理解裁判文书,可以更快速、便捷地辅助法官、律师以及普通大众获取所需信息。2019 年 5 月举办的中国"法研杯"司法人工智能挑战赛(CAIL2019)在法律要素抽取、法律阅读理解、相似案例匹配 3 个真实场景的任务中,提供了海量的已标注的法律文书数据。本项目[②]是基于中文裁判文书的阅读理解参赛作品,属于篇章片段抽取型阅读理解。

19.1.2　数据集简介

　　本项目技术评测使用的数据集由科大讯飞提供,数据主要来源于裁判文书网公开的裁判文书,其中包含刑事和民事一审裁判文书。训练集包含约 4 万个问题,验证集和测试集各包含约 5000 个问题。对于验证集和测试集,每个问题包含 3 个人工标注参考答案。

19.1.3　评价标准

　　评价标准如下:

---

① 　本章由雷沛钶、汤泽阳整理。
② 　19.1 节来源于王海、陈立围、朱晓光、田宇航、温东成的小组作业。

（1）EM(Exact Match)/ACC。当生成的答案匹配 3 个参考答案中的任意一个时得 1 分，否则得 0 分。

（2）F1 值。对于每个问题，模型给出的答案和 3 个参考答案中的每一个计算 F1 值，此问题的 F1 值是 3 个 F1 值中的最大值。最终得分是所有问题的 F1 值的均值。

19.1.4 实验过程及分析

1. 模型选择

本项目是将预训练语言模型 BERT 应用于阅读理解，使用谷歌开源的 BERT 预训练语言模型中文基础版（BERT-base Chinese pretrained）。

2. 数据预处理

如图 19-1 所示，数据预处理包括以下 3 个操作：

（1）在问题前面添加特殊分类标记(special classification token)[CLS]。

（2）问题和段落拼接在一起，中间用特殊标记(special token)[SEP]分开。

（3）结尾处添加特殊标记[SEP]。

```
[2020-01-01 21:25:56]: QA data_processor.py[line:315] INFO tokens: [CLS] 被 告 人 刘 2 某
是 否 取 得 了 被 害 人 的 原 谅 ？ [SEP] 经 审 理 查 明 ： 一 、 2 0 1 5 年 2 月 2 4 日 1
2 时 许 ， 陈 某 甲 后 （ 另 案 处 理 ） 与 刘 某 戊 （ 另 案 处 理 ） 因 债 务 问 题 产
生 纠 纷 ， 陈 某 甲 后 纠 集 陈 某 乙 、 陈 某 丙 （ 均 另 案 处 理 ） 携 带 二 把 砍 刀
到 贺 州 市 八 步 区 金 旗 市 场 。 同 时 ， 刘 某 戊 则 召 集 刘 2 某 、 刘 4 某 、 刘 1
某 及 刘 某 己 、 刘 某 庚 等 人 准 备 铁 管 后 ， 分 乘 三 辆 小 车 到 金 旗 市 场 。 两
方 随 后 在 金 旗 市 场 持 刀 棍 进 行 斗 殴 。 在 斗 殴 过 程 中 致 使 陈 某 甲 后 、 陈
某 乙 、 陈 某 丙 、 刘 某 庚 不 同 程 度 受 伤 。 经 鉴 定 ， 陈 某 甲 后 的 损 伤 程 度
构 成 轻 伤 二 级 、 陈 某 乙 、 陈 某 丙 、 刘 某 庚 的 损 伤 程 度 构 成 轻 微 伤 。 案
发 后 ， 被 告 [SEP]
```

图 19-1 数据预处理示例

3. 损失函数

相较于传统方法，本项目创新性地在损失函数中增加了回答类型损失，使模型能够回答不同类型的问题。

4. 实验设置

实验过程使用两块 NVIDIA Titan X 显卡进行训练，批次大小(batch size)设为 8，最大数据长度设为 512，训练时长大约为 12h，最终取得了不错的效果。

5. 实验结果

实验结果如表 19-1 所示。实验结果证明了本项目提出的方法的有效性，验证了预训练语言模型在中文阅读理解及司法领域的良好效果，可以有效地提取元素信息，为司法领域的专业人员提供便利。但是本项目提出的方法也存在一定的局限性，例如使用的数据较为简单，多为事实判断类问题。

表 19-1　实验结果

方　　法	准确率/%	F1/%
人工	93.8	
Baseline1(BiDAF)	61.9	
Baseline2(BERT)	78.6	
本项目提出的方法	86.0	64.3

实验结果示例如下：

```
{
    "case_id": "clean_result55.json_61798",
    "context": "经审理查明,(一)聚众斗殴的事实 2015 年 10 月 26 日 21 时 30 分至 22 时许,
因被告人白某给何某的女朋友亓某发短信,被告人何某在电话里与白某发生争吵,后被告人白某赶
至南麻二村范某租房处向被告人范某求助,被告人范某又在电话中与被告人何某发生争吵,并与被
告人何某在电话中相约在南麻二村相约摆场打架。期间,被告人范某电话联系被告人孙某准备工
具打架。被告人何某同刘某乙(另案处理)、侯 2 某(另案处理)赶至南麻二村,手持啤酒瓶和火机刀
到租房户公某家中寻找白某、范某等人未果,后又手持啤酒瓶和火机刀到孙某出租房对孙某实施殴
打和威胁,并把孙某带到出租房楼下。被告人白某、范某获悉后拿砍刀、对剑等工具赶到孙某出租
房楼下,后被告人白某、孙某、范某手持砍刀、对剑与被告人何某、刘某乙、侯 2 某相互殴斗,致使侯 2
某、刘某乙受伤。经鉴定,刘某乙为轻微伤,侯 2 某为轻伤二级。案发后,被告人白某经公安机关电
话传唤到案,如实供述自己的罪行;被告人范某、何某自动到公安机关投案,亦如实供述了自己的罪
行。在本案审理期间,该案附带民事部分经本院主持调解,被告人白某、范某、孙某赔偿被害人侯 2
某医疗费、残疾赔偿金、误工费、护理费等经济损失共人民币 9 万元,并取得被害人侯 2 某及其亲属
的谅解。",
    "domain": "criminal",
    "case_name": "聚众斗殴罪",
    "question": "被告人白某等人赔偿侯 2 某多少钱?",
    "answer_type": "long-answer",
    "answer_text": "人民币 9 万元",
    "start_position": 500,
    "end_position": 505,
    "example_id": "clean_result55.json_61798_004"
}
```

▶ 19.2　PDF 敏感信息发现与隐私保护

19.2.1　背景介绍

在大数据时代背景下,人工智能和大数据技术给人们的生活带来了巨大的便利和高效
率;然而在此过程中,数据滥用、数据窃取、隐私泄露以及"大数据杀熟"等数据安全问题呈
爆发趋势。毫无疑问,个人隐私保护面临极大挑战,而挑战主要来源于以下几方面：没有完
整的大数据隐私保护法律框架;民众自我保护意识不够强;行业管理不规范;侵犯个人隐私
的行为难以界定。

本研究[①]的落脚点是非结构化数据,相较于记录了生产、业务、交易和客户信息等的结构化数据,非结构化数据涵盖了更为广泛的内容。非结构化数据指的是:数据结构不规则或不完整,没有预定义的数据模型,不方便用数据库二维逻辑表呈现的数据,包括所有格式的办公文档、文本、图片、XML、HTML、各类报表、图像和音频/视频信息等。相对于结构化数据,非结构化数据具有以下特点:数据存储空间大、数据格式多样、结构不标准且复杂、信息量丰富、处理门槛高。

通过调查发现,对于结构化数据,例如数据库,其隐私保护与脱敏的手段已经比较成熟了,且方法众多;而对于非结构化数据,隐私保护与脱敏的手段和方法则没有那么丰富,跟结构化数据相比还不是很成熟。随着社交网络、移动通信等技术的迅速发展,网络中存在大量包含隐私数据的文本信息,如何在非结构化的本文信息中精准识别隐私数据并对其进行保护已经成为隐私保护领域亟须解决的问题。例如,在商业领域,在保证双方隐私信息(公司及其客户的技术数据等)不被无关人员或企业泄露的情况下收集客户需求并进行挖掘是较为困难的,往往需要在提取本文中的隐私数据后进行进一步的匿名化等隐私保护操作。现有的隐私保护方法,如 K-匿名、差分隐私等,在技术上已较为成熟,但目前还缺少对隐私信息进行识别的关键技术。

非结构化数据具有很大的价值,但是当前对非结构化数据的处理和管理却面临很多问题和挑战。PDF 文档中蕴含着大量的信息,但是现有的 PDF 文档隐私保护手段存在一些问题:首先,某些软件对 PDF 文档加密、加黑框后,还能通过程序识别出遮盖的部分数据;其次,现存的一些 PDF 文档加密脱敏系统在数据量比较大时手工操作代价高,如福昕阅读器;最后,脱敏后的数据不利于分析。

因此,本节以 PDF 文档为切入点,构建了一个具体的场景,实现敏感数据识别和隐私保护,让非结构化数据这种可以与人工智能深度结合的数据类型发挥更大的价值。

19.2.2 数据处理

本研究主要是针对 PDF 格式的简历进行的个人信息识别和隐私保护,其中,数据处理的对象分为两类。

1. PDF 转化为文本

将 PDF 格式转化为文本,为个人信息识别做准备。从 PDF 格式的文档中提取文字使用 Python 的 PyMuPDF 包,用到了 page 类中的 extract_text 方法。该方法将页面中的所有字符对象整理成一个字符串。对于页面中的文本,它先在垂直方向上根据阈值聚类分割每一行,再在每一行中根据水平距离分割字符串,最后将各行的内容用换行符连接。

2. 保持原格式不变

在保持 PDF 格式不变的情况下,输入脱敏前信息和脱敏后信息,对 PDF 文档进行替换,采用的技术主要是 PyMuPDF 包。通过前期调查发现,比较常用的工具有 PDFminer、PDFplumber、PyMuPDF。通过测试发现 PyMuPDF 更能满足本研究任务的需求,

---

① 19.2 节来源于林勇、周彦哲、管浩良、桑子玉、高思睿、林语欣的小组作业。

PyMuPDF 是 Python 实现对 PDF 文档各类操作的第三方库,开源易用,功能强大。可以访问 PDF、XPS、OpenXPS、CBZ(漫画书档案)、FB2 和 EPUB(电子书)格式的文件(扩展名分别为.pdf、.xps、.oxps、.cbz、.fb2 和.epub),所以相较于前两个工具,PyMuPDF 的功能更加强大,且其作者在社区中会积极回复使用者遇到的问题,将 PyMuPDF 不断完善。在使用 PyMuPDF 前需要安装 fitz 库。然后就可以调用 PyMuPDF 的函数,对 PDF 文档进行操作。

19.2.3 个人信息识别

在个人信息识别模块,获得用户上传的简历信息后,首先根据正则匹配从中获取基本的个人信息,如姓名、性别、年龄、城市、电话、邮箱等,然后再使用命名实体识别(NER)的方法对其他个人信息进行识别和提取。

1. 正则匹配

正则匹配主要采用正则表达式进行信息提取,所用的 Python 包为 re 和 cocoNLP。首先需要为基本个人信息创建正则表达式。在简历中,很多信息以"键:值"的形式展现,因此可以使用"姓名\s?:\s? (\S+)"这样的正则表达式提取"姓名:"之后的信息,这可通过 re.search 函数实现。但某些时候简历中的个人信息并不会显式地展示键,因此还要使用 coconlp 包加强正则匹配的效果。在 coconlp 中包含的 extractor 类能够使用更一般的正则表达式匹配信息。例如,邮箱的正则表达式为"(^[a-zA-Z0-9_.+-]+@[a-zA-Z0-9-]+\.[a-zA-Z0-9-.]+$)",通过 re.match 函数可从文本格式的文件中匹配到相关信息。

2. 命名实体识别

由于简历本身带有的隐私信息较多,而且随着《中华人民共和国个人信息保护法》的颁布,公民相关隐私权利得到法律保障,几乎不可能通过网络爬虫等一般的数据收集方式获取大量真实的简历数据,因而对于本研究所需的简历数据,采用 Python 中的 faker 库根据简历模板的信息字段生成大量伪数据。通过编写 Datagenerator 程序类获取包括姓名、性别、年龄、家庭住址等在内的敏感字段信息,这些结构化数据部分经过标识处理被用于训练命名实体识别模型,其余部分则用于测试数据脱敏效果。

针对简历数据进行命名实体抽取任务,选用 BiLSTM-CRF 模型实现。考虑到在对简历数据进行从 PDF 格式转换成文本格式时可能出现乱序、错位等现象,加上要抽取的个人信息和标题等往往具有一定的独立性,与前后文的关联性较差,所以模型对词嵌入的依赖度较低。BiLSTM-CRF 模型可以较好地满足这一要求,将 LSTM 层的输出作为 CRF 层的输入以进行标签预测。在序列标记任务中,由于需要结合过去和未来输入信息的特征处理当前任务,因此可以选用双向 LSTM 模型,其结构如图 19-2 所示。

CRF 模型从句子层面利用邻居标签信息预测当前标签,其结构如图 19-3 所示。

在使用 BiLSTM-CRF 模型训练时,将整个训练数据分批(batch)处理,每次处理一批,批的大小可根据实际指定。对于每一批训练数据,先在模型中进行前向传递,得到所有位置上所有标签的输出分数,然后进行 CRF 层的前向和后向传递,计算网络输出和状态转换边缘的梯度,最后将误差从输出后向传播到输入并更新网络参数。训练采用的数据集由本项目组仿真生成,并对数据集进行了人工标注,在文献原有工作的基础上对简历数据中特

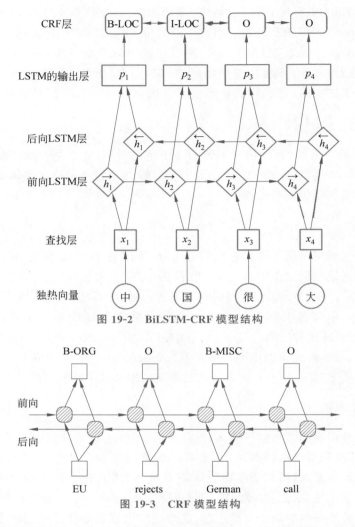

图 19-2　BiLSTM-CRF 模型结构

图 19-3　CRF 模型结构

有的命名实体进行训练,针对简历中的标题、相关机构、公司、职位和个人隐私信息(电话、住址、工作经验等)进行抽取。

19.2.4　脱敏技术

本节结合技术方案对本项目采用的加密手段的原理及应用进行描述。本项目中用到的数据加密方法主要分为两部分:一个是对敏感字段经加密处理后得到的密文经密钥反向解析还原为明文的可逆加密方法,一般用于对文件数据或有解析需求的密文信息字段进行加密处理;另一个是通过简单替换或单映射等手段对明文进行加密的不可逆加密方法,一般用于对分布式系统中的计算机口令进行加密,而在本项目中则用于对敏感字段的直接脱敏处理,使得第三方无法获取原文。

1. 对称加密

对称加密指加密与解密过程使用同一密钥或者加密密钥能够从解密密钥推算,其特点是算法公开、计算量小、加密速度快、加密效率高。常用的对称加密算法有以下 3 个：

(1) 数据加密标准(Data Encryption Standard,DES)。使用密钥加密的块算法,其特点是加密效率高、加密速度快且适用于加密大量数据的场合。

(2) 三重数据加密标准(Triple DES,3DES)。基于 DES,对同一块数据使用 3 个不同的密钥进行 3 次加密,安全性较 DES 更好,强度更高。

(3) 高级加密标准(Advanced Encryption Standard,AES)。下一代加密算法标准,其特点是速度快、安全级别高。

考虑到需要对大批量数据进行加密的业务环境,在此选取 AES 算法实现。AES 是一个分组算法,在技术方案中采取大小为 128 位的分组密码对数据进行加密。该算法主要有 4 种操作,分别是密钥加法、字节代换、行位移以及列混淆,经过 10 轮计算得到 16 字节的密钥。在实际项目运行中,AES 算法体现了良好的加密效果以及较高加密效率。本项目的算法基于 Python 下著名的加解密库 cryptography 中的 fernet 模块实现,该模块生成一个可见密钥,为 Base64 编码的长度为 32 位的随机数,且采用密码块链(Cipher Block Chain,CBC)模式进行块加密以生成密文,在转化为非结构化数据输出时需要进行缩写替换操作。该算法解密则是上述流程的逆过程,由于并未设置时间戳限制(在本项目中设置为常数),因此能够在一定程度上提升加密算法效率。

2. 非对称加密

非对称加密算法需要两个密钥进行加解密操作,其中密钥分为公钥和私钥。如果用公钥对数据进行加密,只有用对应的私钥才能解密;反之,如果用私钥对数据进行加密,那么只有用对应的公钥才能解密。在采用非对称加密的场景下,加密和解密是相互独立的,分别使用两个不同的密钥。公钥是公开的,任意人都可以使用;而私钥则有生成方知道,其他任何人都无法根据公钥推算出私钥。

非对称加密算法在实际应用中有以下 3 个常用加密方法：

(1) RSA。它是一种目前应用非常广泛、历史也比较悠久的非对称密钥加密技术,是在 1977 年由麻省理工学院的罗纳德·李维斯特(Ronald Rivest)、阿迪·萨莫尔(Adi Shamir)和伦纳德·阿德曼(Leonard Adleman)这 3 位科学家提出的。由于难以破解,RSA 是目前应用最广泛的数字加密和签名技术。

(2) 数字签名算法(Digital Signature Algorithm,DSA)。该方法不能进行数据加解密,仅能用于数字签名,其特点是安全性和 RSA 相当,但运算速度比 RSA 更快。

(3) 椭圆曲线数字签名算法(Elliptic Curve Digital Signature Algorithm)。该算法结合了椭圆曲线密码学的思想,使用更小的密钥,有更高的加密效率并能提供更好的安全保障。

由于可能需要向公众解密公开的简历信息字段,本项目采用了 RSA 算法对个人信息进行加密,其加密过程可以简单概括为求明文的 E 次方后对 N 取模得到密文的过程,该过程涉及的参数 E 和 N 是经过严格的数学计算得出的,而其组合就是 RSA 加密算法的公钥。对应的解密过程则是求密文的 D 次方后对 N 取模得到明文。

3. 格式保留加密

格式保留加密(Format Preserving Encrypt,FPE)是一种保证密文与明文具有相同格式与长度且加密过程可逆的加密方式,常应用于数据去标识化或数据脱敏。本项目采用FF1 算法实现格式保留加密,其核心思路是基于 Feistel 网络构建符合整数集大小的分组密码。Feistel 网络可以通过定义分组大小、密钥长度、轮次数、子密钥生成、轮函数等构造一个分组密码。

格式保留加密算法流程如下:

(1)设计字典表。例如,简历信息中的手机号可以采用十进制数字格式构建数字字典表。

(2)设计 Tweak 取值。Tweak 是为了解决因局部加密而导致结果冲突的问题而设计的,作为配合密钥使用的第二密钥,通常情况下将明文数据的不可变部分作为 Tweak,以提高算法的安全性和加密效率。

(3)设计密钥。对于格式保留加密算法而言,密钥的长度必须取 16 字节、24 字节、32字节之一。而且,当自定义密钥时需要妥善管理和保存密钥,所以在不需要解密的情况下最优的做法是将密钥随机化,以获取更高的安全性。

(4)利用构造出的格式保留加密算法对数据进行加密和解密操作。

本项目中使用格式保留加密算法对长度为 5~64 位的数字进行加密,考虑 FF3 加密算法仅执行 8 轮迭代,性能上略优于 FF1 算法,本项目利用 Python 中的 FF3Cipher 库实现格式保留加密算法,密钥与 Tweak 均为设定值,以实现正常加解密操作。密文的格式与长度与原文一致,以便敏感数据加密后无须改变原有数据库中的字段类型和长度。

4. 哈希散列加密

哈希散列加密将明文映射为 32 位的密文。

5. 一般简单加密

一般简单加密有两种方案:一是保留前 n 位,对后面的字符进行数据混淆;二是通过正则匹配对个人信息进行直接替换,以使真实数据不可用。

19.2.5 结果展示

本项目选用生成的 PDF 简历做演示,通过上传、选取脱敏字段并加密后得到了简历的加密结果。单个文件处理时间很短,1s 内就会得到结果。简历脱敏前和脱敏后的比较如图 19-4 和图 19-5 所示。

图 19-4 简历脱敏前

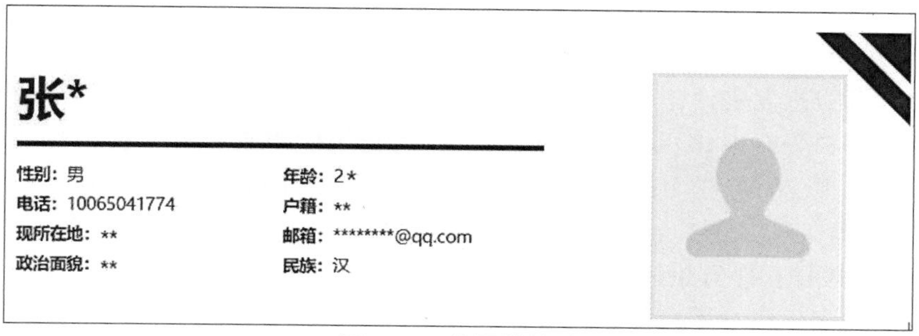

图 19-5　简历脱敏后

▶ 19.3　微博博主的特征与行为大数据挖掘

19.3.1　背景介绍

随着社交网络在互联网和移动互联网上的快速发展,网络用户的大量个人信息在互联网上公开,原本碎片化的信息在大数据环境下被整合,并由此形成了社交网络的大数据环境[①]。针对社交网络大数据的统计分析和数据挖掘方法成为商业应用和科学研究的重要工具之一。与此同时,大数据挖掘能力也威胁到用户的个人隐私。

目前,按照隐私内容,社交网络的隐私及保护问题可分为 3 类:一是用户基本属性、身份及社会关系信息,包括真实姓名、性别、年龄、所属机构、好友关系以及社会影响力等,这些信息可以用来在现实生活中对社交网络用户进行定位;二是用户的行为属性,包括发帖、转发、评论关注的时间和频率等,它们反映了用户在现实生活中的作息规律、行为轨迹,并进一步构成用户的行为特征;三是用户的精神特征属性,此类信息可通过用户言论的潜在语义分析进行计算,包括用户人格特征、价值取向、自我认知状态以及社会需求等,带有强烈的个人色彩,反映了用户内在的心理状态。

在大数据的认识论和方法论方面,张华平等人提出"知著、见微、晓意"的论点。其中,知著是指大数据用于从整体上认识客观世界,快速获得宏观特征与结构,是整体认识客观世界快速而有效的方法;见微是指在宏观特征与结构的指导下,有针对性地研究有代表性的微观数据,这里并不需要对每一个微观数据都进行计算;晓意是指大数据语言内容的含义,是语义的理解与认知,属于自然语言理解的范畴。本节将从"知著、见微、晓意"这 3 个维度讨论针对上述 3 类用户隐私的社交网络大数据挖掘工作,从数据挖掘的角度看社交网络的隐私保护。

首先,针对用户的基本属性,采用面向用户群体的宏观特征分析。在此提出微博生态系统的概念,它是包含微博用户、用户发帖以及用户其他活动行为的有机整体。结合 1700 万个具有真实身份的新浪微博用户的数据对微博生态系统进行深度分析,包括基本统计特征分析、数字化特征分析以及文本特征分析,进而充分掌握新浪微博用户的各种宏观特征,

---

① 张华平.孙梦姝,张瑞琦,等.微博博主的特征与行为大数据挖掘口[J].中国计算机学会通信,2014,10(6):36-43.

据此构建用户影响力模型,并对用户意图进行深入研究。

其次,针对用户的行为属性,从微观层面入手,从社交网络用户的行为(原创微博、转发微博、关注微博用户、发表评论等)中提取特定的行为模式。研究表明,微博用户的群体行为表现出两段阶梯分布规律。但是,由于用户行为记录的不规律性与随意性,加上其受制于用户本人的习惯、生活、学习或工作等客观因素,针对个体行为的研究目前还主要限于对写作风格和文本特征的研究、对其中某个客观因素的研究以及简单的统计研究等。基于上述问题,本研究提出了行为矩阵模型,用于描述微博用户的行为,并设计了行为矩阵分析法。该研究成果深化了对用户行为的理解,对于好友推荐、身份推理、群体分析以及精准营销等领域的研究和应用都有重要的意义。

最后,针对用户的精神特征属性,提出利用语义分析自动评估社交网络用户价值观的方法。价值观作为个性中表明社会需求和欲望的一个重要方面,在电子商务、社交网络、组织行为分析以及舆情监控和预测等多个领域得到广泛应用。传统的价值观评估采用基于量表的调查问卷方式,时间成本和经济成本较高。本研究利用价值观和词语运用之间的语言学联系,根据微博用户发表在社交网络上的公开言论自动对其进行价值观评估,从而掌握用户的行为偏好及社会需求。

社交网络中大量公开的个人数据为上述 3 种分析提供了比较便利的条件。这里以新浪微博为例,通过数据抓取、模型分析以及实例研究等方法,展现社交网络环境下如何通过大数据挖掘手段获取用户的基本属性、行为属性以及精神特征属性等个人隐私信息。

19.3.2　宏观特征大数据挖掘

本节主要在宏观视角下对新浪微博数据挖掘的结果进行分析,其中重点为微博数据基本统计信息分析、数值特征分析、用户倾向性分析等。从隐私保护的角度看,宏观特征反映的是一个国家社交网络的总体特点。从国家安全的角度看,超大规模人群的各类统计数据具有宏观战略安全的价值。

本研究分析所用的数据集采集自新浪微博,经过大量筛选处理,清洗后的数据规模为 1700 万个用户的信息(摒除大量机器自动生成的僵尸用户及休眠用户)。数据集中包含多个字段,例如微博 ID、性别、昵称、生日、地区、自我介绍、发微博数、粉丝数、关注数、博客地址、教育经历以及认证等级等。

1. 基本统计特征分析

在基本统计特征分析中,着重研究了地理分布、性别分布、受教育经历和年龄分布 3 个指标,从中获得以下问题的答案:

(1) 哪些地区拥有最大的用户密度?

(2) 男性用户与女性用户之间有什么关系?

(3) 用户的受教育经历和年龄分布如何?

1) 地理分布

在 1700 万个用户中,大约有 1650 万个用户填写了地理位置信息。用户密度统计如图 19-6 所示。通过分析发现,全国平均每千人中大约有 10.8 个新浪微博用户。用户密度最大的地区是北京,达到每千人 79 个用户;最小的则是甘肃省,每千人仅有 3.9 个用户。同时,全国 34 个省级行政区中有 10 个在用户密度上超过了平均数。

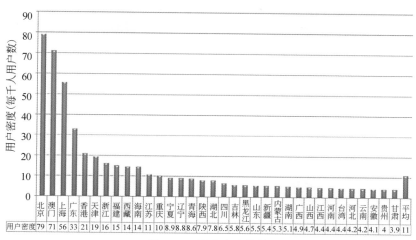

图 19-6　用户密度统计

2）性别分布

性别分布分析的结果显示,新浪微博中女性用户达到 55%,男性用户占 45%,并非像人们所想的那样接近 1∶1。出现这种现象的主要原因可能是男女用户职业的差异性使得女性能够在微博上花更多的时间。

3）受教育经历和年龄分布

受教育经历和年龄分布的统计结果如图 19-7 所示。在数据集中,大约有 66.2 万个用户填写了受教育经历,仅占所有用户的 3.8%。在这些用户中,近 83.2% 的用户拥有本科或者研究生学历。从年龄分布上看,21～40 岁的用户约占所有用户的 75%。这些数据充分说明年轻人更易于接受新鲜事物。

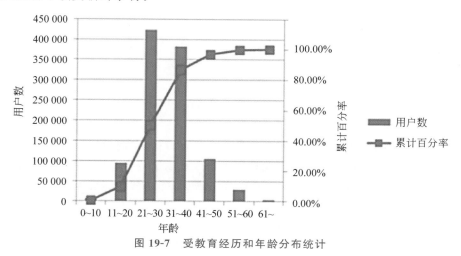

图 19-7　受教育经历和年龄分布统计

2. 数值特征分析及影响力模型

本研究采用函数回归的方法,对发微博数、粉丝数以及关注数 3 个数值特征进行了分析,得到了拟合函数。

1)发微博数-用户数分析

通过对数据集中发微博数所对应的用户数进行统计,绘制出在双对数坐标下的数据图,如图 19-8 所示。

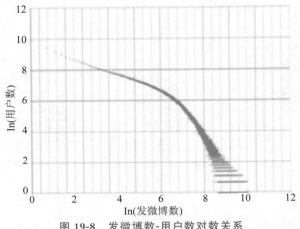

图 19-8　发微博数-用户数对数关系

以往的研究认为,发微博数-用户数服从幂律分布,因此双对数坐标下的数据分布应该接近线性。然而,从根据现有数据得出的图 19-8 来看,结果并不完全拟合线性。这说明在新浪微博数据集中,发微博数和用户数的对应关系并不完全呈幂律分布。但从图 19-8 的局部来看,发微博数和用户数在某些区域是与线性拟合的。

分段进行回归拟合,表明微博数-用户数的分布呈现分段阶梯幂律分布。取分段点为 (6.2,6.543911846),则第一段的线性函数如式(19-1)所示,相应的幂律分布函数如式(19-2)所示。

$$y = -0.5226x + 9.8307 \tag{19-1}$$

$$y = 18\,595.97x^{-0.5226} \tag{19-2}$$

第二段的线性函数如式(19-3)所示,相应的幂律分布函数如式(19-4)所示。

$$y = -1.977x + 19.04 \tag{19-3}$$

$$y = 185\,766\,301.8x^{-1.9771} \tag{19-4}$$

2)粉丝数-用户数分析

根据上述方法,对粉丝数-用户数的双对数关系进行分析,发现粉丝数-用户数也服从分段幂律分布。取分段点为 (6.2,8.147288),这两段分别服从以下两个幂律分布:第一段的线性函数如式(19-5)所示,相应的幂律分布函数如式(19-6)所示;第二段的线性函数如式(19-7)所示,相应的幂律分布函数如式(19-8)所示。

$$y = -0.5192x + 13.286 \tag{19-5}$$

$$y = 588\,893.1x^{-0.5192} \tag{19-6}$$

$$y = -1.5214x + 15.775 \tag{19-7}$$

$$y = 7\,095\,703x^{-1.5214} \tag{19-8}$$

3）关注数-用户数分析

采用相同的方法分析,得到关注数-用户数服从幂律分布。其线性函数和幂律分布函数如式(19-9)和式(19-10)所示。

$$y = -1.9541x + 18 \tag{19-9}$$

$$y = 168\,088\,301x^{-1.9541} \tag{19-10}$$

4）用户影响力模型

从数据集中获得表 19-2 所示的分析结果。发现加 V 用户各项参数的平均值都比普通用户高。根据现有数据,推导出相关的用户影响力计算模型:

$$\text{Influence}(\alpha) = \frac{(\text{followers} - \alpha \cdot \text{following})}{\text{posts}} \tag{19-11}$$

其中,followers 是发微博用户的粉丝数;following 为发微博用户的关注数;α 为回关概率,即当一个用户关注另一用户时,被关注者反向关注该用户的概率。

表 19-2　用户影响力分析

指　　标	数值	加 V 用户	普遍用户	男用户	女用户	加 V 男用户	加 V 女用户
平均分数	512.23	6965.11	337.23	600.75	440.42	7887.36	5833.10
平均微博	774.92	1435.41	704.89	685.26	854.06	1202.99	1524.11
平均关注	176.66	34.19	171.08	181.32	172.41	362.67	313.81
影响力	0.433038	4.613957	0.235711	0.612074	0.313807	6.25499	3.62132

5）用户偏好分析

用户偏好分析在宏观角度分析中起着重要作用。从用户自我介绍的信息中挖掘出反映热点倾向性的词,取排在前 10 位的词汇,按词频由高到低依次为"生活""自己""爱""喜欢""关注"等,这些词在用户行为意图分析中往往占据重要位置。

3. 用户行为特征模型研究

本研究采用回归的方法,对微博数、粉丝数以及关注数 3 个数值特征进行分析,得出其拟合函数。

本研究旨在根据个人的微博内容与行为矩阵建立个性与行为模型。网络平台中的用户通常有丰富的行为,如登录、点击等。具体到微博平台,用户的主要行为又可体现为登录、上传照片、发布微博、发表评论等。这里的微博用户行为是指一个用户在某一特定的时间段内在微博平台上进行社交或其他自主活动时发生的行为,包括发布原创微博、转发微博、关注微博用户、被微博用户关注、登录账号、退出账号、发表评论、点赞。这里定义的微博用户行为是用户的微观行为。用户个体行为特征的模式分析恰恰暴露了大量的个人隐私信息,如个人作息与活动规律(夜生活的频度、出差的频度等);若结合地域分布,则还可以明确每个人的行踪;若再结合本节所述的方法,甚至可以通过工作日与休息日的活动模式对比,挖掘出该用户是否是上班族,是否是有钱有闲的阶层,从另外的角度发现个人的工作状态与经济状况。

在用户行为特征模型中,用户行为用变量 B_i 表示,i 表示某种具体的行为。与各种行为相对应,B_i 可表示发布原创微博的数量、转发微博的数量、关注其他用户的人数、其他用户关注该用户的人数、账号登录次数、账号退出次数、发表的评论数和点赞的次数等。

为了描述并分析用户的行为规律,本研究建立了原始行为矩阵模型,并在此基础上构造了个体行为矩阵模型、群体行为矩阵模型和周行为矩阵模型。这些模型旨在有效地记录微博用户在某段时间内零碎而不规律的行为。通过采取一定的规则和算法进行测度与统计,对微博用户在这段时间内的行为规律进行描述与刻画。通过对这些矩阵的进一步分析和推演,可以有针对性地挖掘用户的潜在属性与深层次信息。

1. 原始行为矩阵和个体行为矩阵

为了清晰地描述微博用户行为并分析其基本规律,本研究建立了原始行为矩阵模型。该模型的基本思想是通过描述一个用户在某段时间内的行为活动刻画该用户的行为规律。

原始行为矩阵主要描述了用户 k 在 m 个观测日内 n 个时间步的行为量。原始行为矩阵用于存储用户行为数据,是其他行为矩阵的基础,也是其他行为矩阵的原始形态。

个体行为矩阵主要用于不同个体间行为规律的比较分析。为了进一步详细分析用户行为,本研究在原始行为矩阵的基础上建立个体行为矩阵。个体行为矩阵主要描述了用户 k 在 n 个时间步的行为量,并且每个时间步的行为量是 m 个观测日的汇总。

2. 行为矩阵分析方法

在统计研究中发现,个体行为的离散观测样本呈现出随机的特性,但仍然存在可以识别的规律。这里提出的行为矩阵分析方法恰好有助于分析这些规律。行为矩阵分析方法的核心思想是:利用用户行为矩阵生成行为向量空间,从而借助主成分分析法的核心算法挖掘用户最具代表性的特征行为。

1) 行为向量空间模型

行为向量空间模型的基本思想是利用高维空间中的向量表征不同用户的行为规律和习惯。在较大的视角下,用户的行为习惯可由按一定时间划分的分布向量表征。将表征用户行为特点的向量定义为行为向量,而将该向量所在的向量空间称为行为向量空间,这样就得到了行为矩阵。通过计算不同行为向量间的相似性系数,可以比较不同用户或用户群体之间的行为规律相似度。

2) 特征行为分析方法

主成分分析法主要用来挖掘行为向量中所具有的特征行为,特征行为分析方法主要借鉴了这种思想。主成分分析法的基本原理如下。

设 $\boldsymbol{\Sigma}$ 是 n 维随机向量 $\boldsymbol{X}$(见式(19-12))的协方差矩阵。

$$\boldsymbol{X} = \begin{bmatrix} X_1 & X_2 & \cdots & X_p \end{bmatrix} \tag{19-12}$$

特征值-特征向量对为 $(\lambda_1, \boldsymbol{e}_1), (\lambda_2, \boldsymbol{e}_2), \cdots, (\lambda_p, \boldsymbol{e}_p)$,其中,$\lambda_1 \geqslant \lambda_2 \geqslant \cdots \geqslant \lambda_p \geqslant 0$。第 i 个主成分可由式(19-13)表示:

$$Y_i = \boldsymbol{X} \boldsymbol{e}_i = e_{i1} X_1 + e_{i2} X_2 + \cdots + e_{ip} X_p, \quad i = 1, 2, \cdots, p \tag{19-13}$$

标准化之后随机向量的协方差矩阵 $\boldsymbol{\Sigma}$ 即是其标准化之前的皮尔逊相关系数矩阵。

特征行为分析方法用于计算行为矩阵的相关系数矩阵的特征向量(即特征行为)。这里认为其中获得较大权值的向量为经常重复的行为规律,例如,特定时段特定行为更加活跃等,即主成分是一组决定行为空间的向量集合。通过计算得到的相关系数矩阵可用来描述行为矩阵各变量间的相关关系。计算各主成分的算法如下。

输入：行为矩阵。

输出：特征向量及其特征值。

步骤 1：计算行为矩阵的相关系数矩阵 R。

步骤 2：计算矩阵 R 的特征向量及其特征值。

步骤 3：对特征值降序排列。

步骤 4：计算各特征值占比与累计占比。

步骤 5：输出该行为矩阵的特征向量、特征值及特征值的占比和累计占比。

3）归一化处理

本研究对用户不同行为的规律也进行了比较研究，其中需要处理的是不同观测日期内用户行为数据量的差异问题。数据量大的观测日对行为矩阵结果的影响大于数据量小的观测日。利用多重响应归一法可消除这种影响。赋予各观测日相同的权值（均为 1），并对当日行为数量进行 0-1 正则化处理，从而实现了在无量纲的情况下比较各个主成分。

19.3.3 实验与分析

数据集包括 4027 位有微博发布记录的用户从 2012 年 3 月 5 日至 2012 年 5 月 20 日的全部微博，总计 410 618 条微博。利用行为矩阵分析方法比较用户相关性，分析其潜在作息规律。以 7 位加 V 微博用户的 3019 条微博（2011 年 3 月 14 日至 2011 年 10 月 16 日）为数据集，以 60min 为一个时间步（单日分为 24 个时间步），利用特征行为分析法进行行为矩阵分析，得到其相关系数矩阵：

	U1	U2	U3	U4	U5	U6	U7	U8	U9
U1	1								
U2	0.447	1							
U3	0.746	0.760	1						
U4	0.847	0.613	0.818	1					
U5	0.698	0.644	0.810	0.704	1				
U6	0.603	0.343	0.602	0.813	0.4829	1			
U7	0.773	0.465	0.758	0.765	0.8436	0.7008	1		
U8	0.074	—	0.191	—	—	—	—	1	
U9	0.752	0.221	0.648	0.716	0.679	0.661	0.749	0.011	1

由该矩阵可以看出，用户 U8 的相关系数比其他 8 个用户低很多，说明该用户与其他用户的行为活动规律呈不相关或者负相关关系，可以推测该用户的作息习惯可能与大多数人不同。在该矩阵中，相关系数最大的是 U4 和 U1，可见这两个用户有相似的行为活动规律，可以推测他们有相似的工作习惯、生活习惯和作息习惯。

19.3.4 微博博主的价值观自动评估方法

本研究提出了一种基于社交网络的价值观自动评估方法——AESV（Automatic Estimation of Schwartz Value，施瓦兹价值观自动评估），这种方法可以根据人们在社交网络上的发言或转发活动对人的价值观自动进行评估，并且能够适应不同的社会背景，包括语言和时间的变化。

价值观是个人或组织对于生活中不同事物重要性的理解,对个人或组织行为及态度起着很大的支配作用。施瓦兹提出的价值观模型具有较高的普遍适用性。大量研究证实了价值观和行为选择间的强烈关系,因此,可以将其作为对个人或组织行为选择进行预测的重要依据,应用于商业或政务的各个领域。对个人价值观的评估将暴露个人隐私中更深层次的精神世界,如精神是否健康、价值观是否存在偏颇等。

1. AESV 模型

本研究提出了一种根据社交网络用户的公开言论对其价值观进行评估的方法。施瓦兹从人生存的基本需求出发,定义了 10 个价值类型,即享乐、仁爱、普世、权力、成就、传统、遵从、安全、自我定向以及刺激,每一个价值类型下包含若干具体价值。已有的研究工作证明价值优先级不同会导致个人言论的主题和用词存在很大差异,本研究据此提出了 AESV 模型。该模型包含以下 3 个步骤。

1) 生成价值观向量空间的特征索引

利用基于分类文档的关键词抽取技术得到当前社会背景下与特定价值概念相关的具体词汇。采用百度新闻搜索引擎构建动态语料库,以搜索关键词作为类别标记,从而保证语料库可以自动分类并与当前社会背景保持同步。为了保证搜索得到的语料与价值概念的高度相关,首先构建一个检索词的三层树状结构,第一层是 10 个表示价值概念的词,第二层是 56 个表示具体价值的词,第三层是从第二层延伸出来的 198 个同义词。每次检索时同时使用 3 个检索词,按照树状结构分别使用一个价值概念、一个具体价值和一个同义词。由于百度新闻的排序与人们对新闻关注和讨论的热度一致,所以本研究抽取了指定时间窗口内前 160 条新闻的标题和摘要。

本研究选择统计量的平方根作为特征抽取依据,它表现了词汇和价值类型的关联关系。较高的值表示词汇与价值类型强相关,可作为该价值类型的特征词汇。抽取特征词汇具体需要以下 3 个步骤:首先使用 NLPIR-ICTCLAS 分词系统进行新词发现和分词;其次计算每个类别中每个词的统计量的平方根;最后,在每个价值类型中选出排在前 200 位的词,去除重复的词后进行汇总,生成向量空间的特征索引。

2) 计算动态价值观向量

计算特征索引中每个特征词在 10 个价值类型中的权重,生成动态价值观向量。每个特征词的权重为该词在价值类型中的文档频率、该词的反文档频率对数以及该词的信息增益3 个统计量的乘积。据此可以得到 10 个价值类型的向量表示,这些向量是在当前社会背景下价值概念到社交网络语言的具体映射,后续用于个人价值观的评估。

3) 评估个人价值观优先级

评估个人价值观优先级主要分为以下 3 个步骤。

(1) 获取个人语料。从多个社交网络平台(如新浪微博、腾讯微博、论坛)上爬取 200 条最新的个人言论。

(2) 计算个人价值观向量。

(3) 计算个人价值观向量与 10 个动态价值观向量的相似度。通过计算个人价值观向量与 10 个动态价值观向量的余弦相似度可以为每个人得到 10 个相似度值,将这 10 个相似度值按从高到低排序,即得到个人的价值观评估结果。

为证实此方法对传统量表的可替代性,本研究进行了信度和效度的检验。检验结果证实 AESV 模型具有较高的稳定性和准确性。

2. 实验

为了证实 AESV 模型的简易可行性,本研究利用 AESV 模型对 92 个新浪微博用户进行了分析,包括随机抽取的 30 个加 V 用户和 62 个普通用户,得到每个用户的价值观评估结果,对加 V 用户与普通用户的价值观进行了对比分析,如表 19-3 所示。从表 19-3 中可看出,加 V 用户和普通用户在多种价值上均存在显著差异。利用本研究提出的方法,根据其他应用及研究需求,可以对社交网络上的大规模用户进行价值观分析,从而满足不同的商业及政策需求。

表 19-3　加 V 用户与普通用户的价值观对比

价　值	加 V 用户	普通用户	P 值
享乐	−0.3142	0.6779	0.000 02
仁爱	1.1008	1.6939	0.001 82
传统	−0.4156	−0.1659	0.089 17
刺激	−0.5968	−0.2315	0.113 63
安全	−0.2835	−0.4744	0.196 44
成就	0.2127	0.1363	0.633 11
普世	0.4339	−0.2108	0.001 20
权力	0.5944	−0.1748	0.000 07

▶ 19.4　用于中文影视剧台词的语义消歧系统

19.4.1　背景介绍

在“一带一路”倡议的时代大背景下,为了实现通过推广中国的影视剧加大中国的文化影响力的目的,需要提升中文影视剧台词的机器翻译质量,其中涉及的一个关键问题就是对影视剧台词所承载的中文口语语义进行理解并且消除其中的歧义。基于以上背景,本研究针对适用于上述特定领域的中文语义消歧关键技术进行研究,构建具有实用价值且能够降低人工成本的语义消歧系统[①]。

本研究获得的语料库包括台词原句和人工进行消歧修改的消歧句,采用构建知识图谱的方式,为语义消歧算法提供歧义词相关知识。其中消歧知识提供了歧义词和消歧词间的替换关系,属性则提供了发生替换时的上下文语境信息。在完成包含清洗、分词、去除停用词等环节的预处理工作的基础上,进行了基于规则的知识抽取和基于语义相似度的知识融

---

① 刘子宇. 知识图谱与语义特征结合的中文消歧关键技术研究[D]. 北京:北京理工大学,2021.

合工作,从而实现了语义消歧知识图谱的构建。

本研究提出了基于知识图谱和语义特征的语义消歧算法。将待消歧文本以句子粒度输入该算法,在完成预处理工作的基础上,对在句子中发现的歧义词进行标注,借助 BERT 预训练语言模型抽取歧义词上下文语境的语义特征向量,结合新语境和历史语境的余弦相似度和归一化函数计算候选消歧词的语义特征评分,基于评分制定修改建议的输出规则,针对输入的每一句话输出相应的消歧修改建议及其推荐强度。最后通过实验验证了该算法的有效性。该算法支持对较大数量的歧义词进行语义消歧,同时具有对特定领域的适应性。

本研究结合语义消歧知识图谱的构建和语义消歧算法,完成了语义消歧系统的整体架构设计,开发了具有可视化界面的语义消歧系统。该系统能够自动获取消歧知识,并针对待消歧文本给出相应的修改建议,降低了消歧工作对人工的依赖,有效地提升了语义消歧工作的效率。

19.4.2　语义消歧知识图谱的构建

本研究属于有监督的语义消歧的范畴,然而,与传统意义上的有监督语义消歧利用带有语义标注的语料库不同的是,本研究获取的语料库是由原始句子和人工进行消歧修改后的句子组成的。因此,本研究希望利用知识图谱的相关理念和技术,从语料库中发掘可用于语义消歧的知识,从而构建语义消歧知识图谱,实现基于知识图谱和语义特征的语义消歧算法。语义消歧知识图谱的构建流程如图 19-9 所示。本研究所采用的语料库分为训练集和测试集,其中,训练集包含 1 191 191 个原始句子及对应的消歧句子,测试集包含 21 863 个原始句子及对应的消歧句子。

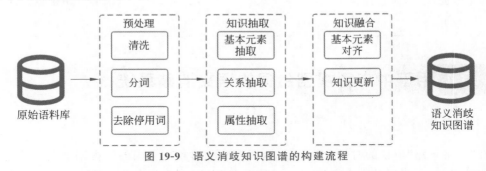

图 19-9　语义消歧知识图谱的构建流程

1. 语义消歧知识图谱的定义

语义消歧知识图谱的知识来源是由原始句子和人工进行消歧修改后的句子组成的台词语料库,首先需要对台词语料库进行分析。人工进行的对原始文本的语义消歧方法为:将原始文本上下文语境中可能产生歧义的词语或短语替换成在该语境中不会产生歧义的词语或短语,从而形成修改后的消歧文本;如果认为原始文本中不存在可能产生歧义的词语或短语,则不对原始文本进行修改。

语义消歧知识图谱的具体表示方式阐述如下:

一条语义消歧知识的表示方式为三元组 $T = (V_a, R, V_b)$,其中,V_a 为歧义词,是由若干个词组成的列表,列表长度大于或等于 1;R 为关系"可被替换成",即 V_a 可被替换成 V_b;V_b 为 V_a 的消歧词,是由若干个词组成的列表,列表长度大于或等于 1;V_b 有两个属性,分别为 T 在语料库中出现的频次和 T 在语料库中时所处的上下文语境的集合。

2. 语料库预处理

为了构建高质量的语义消歧知识图谱,预处理是在进行知识抽取工作之前的必经环节。针对语料库中每一句话进行的预处理主要包括清洗、分词、去除停用词 3 个步骤。

3. 基于规则的语义消歧知识抽取

基于规则的语义消歧知识抽取包括 3 个内容,分别为基本元素抽取、关系抽取和属性抽取。

1) 基本元素抽取

基本元素抽取即发现歧义词和消歧词。发现歧义词和消歧词的思路是对分词后的未消歧句子和消歧句子进行比较,忽略在两个句子中同时出现(即没有发生变化)的词,将仅出现在未消歧句子中的词作为歧义词,将仅出现在消歧句子中的词作为消歧词。

2) 关系抽取

关系抽取即发掘歧义词和消歧词之间的关系,通常通过将一个歧义词替换成一个消歧词的方法达到语义消歧的效果。考虑到语料库中以替换为主的语义消歧修改方式,本研究认为可以建立关系的歧义词和消歧词应该在各自句子中的相同位置。

3) 属性抽取

一个歧义词被替换成一个消歧词被称为一次替换,该替换作为一个整体对应两个属性,分别为该替换发生的次数和发生该替换时的上下文语境的集合。这两个属性的抽取都需要与关系抽取同步进行。本研究涉及的上下文语境定义如下。与一个歧义词建立关系的一个消歧词对应多个上下文语境。一个上下文语境包含两种情况:一是只包含本句去除歧义词的文本,称为单句上下文语境;二是包含上句、本句、下句 3 句去除歧义词的文本,称为三句上下文语境。单句上下文语境和三句上下文语境在进行语义相似度计算之后将按照两者的相似度进行融合。

4. 基于语义相似度的知识融合

基于规则的知识抽取实现了从非结构化的语料库中获得基本元素、关系、属性,这些结果将作为构建知识图谱的元素。然而,在这些结果中可能包含冗余或重复的信息,有必要进行清理和整合,这就需要进行知识融合以提升知识的质量。本研究涉及的知识融合操作包含基本元素对齐和知识更新两部分。通过基本元素对齐,实现去除歧义词可能出现的各种重复现象;通过知识更新,将歧义词在语料库中没有发生替换的信息融入知识图谱中。

5. 基于语义特征向量的知识表示

在完成预处理、知识抽取、知识融合等工作之后,就获得了完整的语义消歧知识图谱。然而,文本的表示形式无法实现基本元素间语义相似度的直接计算。为了提升语义消歧算法的效率,需要提前将语义消歧知识图谱中的歧义词、消歧词、上下文语境等基本元素或属性值利用语义特征向量进行表示。表示基本元素或属性值的向量将分别存储在各自的矩阵中。为了实现基本元素或属性值和矩阵中的向量的快速对应和读取,需要先将基本元素或属性值进行索引。读取向量时,根据索引编号获取矩阵中对应行的向量即可。

19.4.3 基于知识图谱和语义特征的语义消歧算法

1. 基于 BERT 的语义特征向量提取

因为文本的语义无法直接进行相似度计算,故需要将上下文语境文本的语义转化成可直接进行计算的向量,这涉及文本语义特征向量的提取工作。在此,选择利用深度学习领域的 BERT 预训练语言模型进行语义特征向量的提取。

BERT 模型的输入是由句子得到的标记序列,与英文 BERT 模型以单词作为标记不同的是,中文 BERT 模型输入的标记序列是字粒度的。把一句话中某一个或某几个字替换成 [MASK],再将其输入到 BERT 预训练语言模型,在获得的[MASK]对应的字向量中,主要包含了[MASK]所在位置的上下文语义,融合了当前位置可能的信息。因此,可以通过用与歧义词字数相同的[MASK]替换歧义词,获取[MASK]对应的向量,这些向量即可以被认为是歧义词的上下文语境语义特征向量。

本研究将歧义词上下文语境分为单句上下文语境和三句上下文语境两种情况,这两种情况只有上下文文本长度的不同。获取上下文语境的语义特征向量的具体流程如下:获取歧义词所在句子,以字为单位组成标记序列,将歧义词所在位置的标记替换成[MASK],形成单句上下文语境标记序列,将此序列输入到 BERT 预训练语言模型中,获得序列中每一个标记的向量表示,求所有[MASK]标记对应的向量的平均值,作为该歧义词所在位置的单句上下文语境的语义特征向量表示。

2. 多特征向量间的语义相似度计算

在获得了某个上下文语境的语义特征向量的基础上,采用余弦相似度算法计算两个上下文语境之间或一个上下文语境与多个上下文语境之间的语义相似度。余弦相似度以向量夹角的余弦值作为度量指标,夹角越小,相似度越高。因为一个上下文语境的语义特征向量不会为负,所以这里讨论的两个向量的余弦相似度范围是[0,1]。

假设有向量 A 和向量 B,可以根据式(19-14)计算这两个向量间的相似度:

$$\text{similarity} = \cos\theta = \frac{A \cdot B}{\|A\| \|B\|} = \frac{\sum_{i=1}^{n} A_i \times B_i}{\sqrt{\sum_{i=1}^{n}(A_i)^2} \times \sqrt{\sum_{i=1}^{n}(B_i)^2}} \tag{19-14}$$

为了计算一个目标向量与多个候选向量之间的相似度,可以将多个候选向量拼合成一个矩阵以提升计算效率。假设目标向量为 f,第 i 个候选向量为 c_i,目标向量和候选向量均为 d 维,则可以根据式(19-15)将 e 个向量 c 拼接成矩阵 F。

$$F = [c_1, c_2, \cdots, c_e]_{e \times d}^{\mathrm{T}} \tag{19-15}$$

接下来,可以根据式(19-16)计算向量 f 和矩阵 F 中每一个向量之间的相似度,得到相似度向量 g,g 中第 i 维的值即为 f 与第 i 个候选向量的相似度。

$$g = \frac{f \cdot F^{\mathrm{T}}}{\| f \| \| F \|} \tag{19-16}$$

同理，为了计算分别属于两个向量集合的向量之间的余弦相似度，可以先将两个向量集合依据式(19-16)所示的方法拼合成两个矩阵，以提升计算效率。假设拼合得到的两个矩阵分别为 C 和 D，则可以根据式(19-17)计算矩阵 C 中的任一向量和矩阵 D 中的任一向量之间的相似度，得到相似度矩阵 G。

$$G = \frac{C \cdot D^{\mathrm{T}}}{\| C \| \| D \|} \tag{19-17}$$

3. 基于知识图谱和语义特征的语义消歧算法

基于语料库的语义消歧方法包括：基于图或基于上下文、词语聚类的无监督学习方法，基于机器学习或深度学习训练分类器的有监督学习方法，以及采用小规模标注语料的半监督学习方法，这些方法在通用的语义消歧任务上取得了不错的效果，但是针对中文影视剧字幕的语义消歧这一特定领域可能会存在一些问题：可以消歧的歧义词数量有限，无法应对大量的歧义词的情况；针对每一个歧义词训练一个模型，不仅要求每个歧义词都有足够多的知识，而且有可能导致算法时间复杂度过大；歧义词的上下文语境可能需要从较大范围的文本中提取，不适用于口语对话这种情景和语义快速变化的场景。

本研究所提出的基于知识图谱和语义特征的语义消歧算法(以下简称本算法)可以在一定程度上解决以上问题，兼顾运行效率和准确性，同时提升对特定领域的适用性。

因本算法所需的语义消歧知识存储于语义消歧知识图谱中，因此需要进行知识图谱的加载。将待消歧文本以句子列表的形式输入语义消歧算法，在完成预处理工作之后得到由 n 个列表形式的句子 Q 组成的集合 $S = \{Q_j | 1 \leqslant j \leqslant n\}$，分别进行歧义词标注、候选消歧词语义特征评分计算、消歧修改建议输出。

1) 歧义词的标注

实现对待消歧文本的语义消歧，需要在待消歧文本中发现歧义词并对其进行标注。本研究依托语义特征相似度实现歧义词的发现，即发现待消歧句子中的词语有哪些与知识图谱中歧义词的语义相似度超过阈值，并将这些词语标注成歧义词，以便下一步进行语义消歧。基于对歧义词的定义，一个歧义词可能由一个或多个词语组成，因此在进行歧义词发现的时候，不仅需要考虑一元词语，还需要考虑由多个词语组成的短语(二元短语、三元短语)。

2) 候选消歧词语义特征评分计算

一个歧义词在待消歧文本中的上下文语境与该歧义词在知识图谱中发生某种替换的历史上下文语境相似度越高，则该歧义词就有更大的概率在待消歧文本中通过上述替换实现语义消歧。

基于此假设，本研究希望将候选消歧词的历史上下文语境与待消歧句子中的歧义词所处的上下文语境相似度超过阈值的频次信息融入评分的计算，提出了如式(19-18)和式(19-19)所示的候选消歧词语义特征评分的计算方法。

$$S_i = (1 - \alpha) \times \max(g_i) + \alpha \times \max(g_i') \tag{19-18}$$

$$P_i = \frac{e^{R_i}}{\sum_k e^{R_K}}, \text{其中 } R_i = \frac{e^{\frac{n_i}{N_i}}}{\sum_k e^{\frac{n_k}{N_k}}} \times S_i \tag{19-19}$$

其中，i 表示由在待消歧文本中发现的歧义词 V_a 可替换成的候选消歧词 $V_{d,i}$ 的编号，g_i 是采用介绍的方法计算的歧义词 V_a 在待消歧文本中的三句上下文语境与第 i 个候选消歧词 $V_{d,i}$ 所对应的每一个历史三句上下文语境的语义相似度所组成的向量，$\max(g_i)$ 表示 g_i 中的最大值，g' 是单句上下文语境间的相似度向量，S_i 是 V_a 的第 i 个消歧词 $V_{d,i}$ 的混合最大相似度，α 是混合相似度中单句相似度所占的比例，将 α 设定为 0.7；n_i 表示 $V_{d,i}$ 的历史三句上下文语境中与新的三句上下文语境的相似度超过阈值（本文设定为 0.9）的个数，N_i 表示 $V_{d,i}$ 的历史三句上下文语境的总个数，R_i 是 V_a 与 $V_{d,i}$ 上下文语境的混合相似度的加权结果，权重为 V_a 的各候选消歧词超过阈值的上下文语境个数与总上下文语境个数比值的 Softmax 值；P_i 是 R_i 通过 Softmax 进行归一化的结果，可被看作 V_a 替换成第 i 个候选消歧词 $V_{d,i}$ 的概率，作为 V_a 的第 i 个候选消歧词 $V_{d,i}$ 的语义特征评分。

3）输出消歧修改建议

针对一个待消歧句子的消歧修改建议包括两部分：一是与原句对应的消歧句，二是与在原句中发现的每一个歧义词对应的首选消歧词和备选消歧词。对于一个原句，如果没有在其中发现已经存在于语义消歧知识图谱中的歧义词，则将原句作为消歧句直接输出；如果在其中发现了若干个歧义词，针对其中一个歧义词，将与其对应的语义特征评分中最大的候选消歧词作为该歧义词的首选消歧词，将其他候选消歧词作为备选消歧词。

19.4.4 实验结果与分析

为了评估对实际的中文影视剧台词语义消歧工作的有效程度，验证本算法在特定领域所具有的优越性，本研究设置了对比实验，对比了几种不同的方法在台词数据集上的准确性指标。

为了使对比实验的设置更加合理，本研究选择的用于对比的其他方法均能以合理的时间复杂度实现数千个歧义词的语义消歧。

首先介绍基线的定义及其合理性。由于本研究采用的台词数据集中存在一定数量的人工消歧句，在进行语义消歧时认为这些句子不存在歧义，而没有对它们进行修改，因此基线被定义为将测试集中每一句话都不加修改地直接输出。

其次给出本研究选择的用于对比的 5 种方法：

（1）利用独热编码对文本进行编码，基于所构建的知识图谱和上下文语境相似度的语义消歧算法，根据相似度直接对候选消歧词进行排序。

（2）利用 Word2Vec 对文本进行编码，基于知识图谱和上下文语境相似度的语义消歧算法。

（3）利用 Word2Vec 对文本进行编码，基于知识图谱和语义特征的语义消歧算法，根据计算得到的语义特征评分对候选消歧词进行排序。

（4）利用 BERT 预训练语言模型对文本进行编码，基于知识图谱和上下文语境相似度的语义消歧算法。

（5）利用 BERT 对文本进行编码，基于知识图谱和语义特征的语义消歧算法，即本研究重点阐述的算法。

按照上述方法,基于训练集进行语义消歧知识图谱的构建,一共获得 4230 个歧义词、9689 个消歧词以及 999 125 个上下文语境。1 个歧义词平均与 2.29 个消歧词建立了关系,1 个歧义词平均对应 236.20 个上下文语境。基于此知识图谱,本算法支持对较大数量的歧义词进行语义消歧,相较于以往仅支持数量级为 10 的语义消歧算法,本算法更加适用于中文影视剧台词语义消歧这一特定领域的实际工作。同时本算法具有一定的拓展性,可以将其应用于其他中文文本的语义消歧或者其他类型短文本的语义消歧。

表 19-4 表明,本算法相较于基线方法在句子粒度准确率上有 7.61 个百分点的提升,证明了本算法在中文影视剧台词的语义消歧这一特定领域具有较为出色的效果,可以为实际工作提供帮助,能在一定程度上降低特定领域语义消歧工作对人工的依赖,这是本算法的一大优势和目标。

表 19-4 对比实验结果

方　　法	词粒度准确率/%	词粒度召回率/%	句粒度准确率/%
基线	—	—	86.08
独热＋相似度	56.89	67.53	86.97
Word2Vec＋相似度	63.21	89.86	88.43
Word2Vec＋语义特征评分	71.23	93.47	90.56
BERT＋相似度	69.34	92.45	89.78
BERT＋语义特征评分	76.02	98.17	93.69

利用本算法,将测试集中的 21 863 个原句按照剧情顺序输入,得到针对每句话的语义消歧修改建议,如表 19-5 所示。

表 19-5 测试集消歧结果示例

原　　句	状态	消　歧　句	修　改　建　议
妈要抱孙子	建议修改	妈要获得孙子	［建议修改］抱→获得 ［无须修改］孙子→孙子
我怎么给父母交代	可以修改	我怎么给父母解释	［可以修改］交代→解释
这是他的背景资料他确实有问题	可以修改	这是他的背景资料他确实有嫌疑	［可以修改］问题→嫌疑
你能不能招一个稍微正经一点的	建议修改	你能不能招聘一个稍微正经一点的	［建议修改］招→招聘

如表 19-5 所示,本算法在示例原句中发现了存在于知识图谱中的歧义词,针对每一个歧义词均给出了合理的修改建议,使得生成的新句子可以无歧义地准确表达原句的语义,证明了本研究提出的知识图谱的构建方法和语义消歧算法均设计合理,能够达到目标效果。

19.4.5　语义消歧系统

语义消歧系统主要包括消歧知识图谱构建、语义消歧、消歧结果评估 3 个模块,其中,语义消歧模块涉及的可视化用户界面采用 Web 技术实现,如图 19-10 所示。

图 19-10　语义消歧模块 Web 页面

语义消歧模块的操作步骤如下。

步骤 1:资料加载。Web 服务启动时在后端执行本步骤,自动读取语义消歧知识图谱和 BERT 预训练语言模型。

步骤 2:获取文本。将需要进行语义消歧的文本以一行一句话的形式输入到 Web 页面"请输入"文本框中,单击"提交"按钮,Web 页面会将文本传给服务器端以进行后续步骤。

步骤 3:语义消歧。在后端运行,针对读取的文本中的每一句话,在进行预处理的基础上,查找有哪些歧义词包含在本句中。如果本句中没有歧义词,则对本句给出"无歧义"的结果;否则计算候选消歧词的评分,进而给出修改建议,结果会以 JSON 格式传给前端 Web 页面。

步骤 4:消歧结果展示。将消歧结果以表格的形式展示在 Web 页面上。其中,"建议"列默认展示每个歧义词及其对应的首选消歧词。当把鼠标指针移动至每一行末尾的"i"图标上时,展示所有的备选消歧词。

▶ 19.5　大数据考研分析

19.5.1　背景介绍

2021 年考研报名人数达 377 万人,创下历史新高。如今,考研已经成为越来越多的人的选择。而现在的考研图书和培训市场鱼龙混杂,会使刚踏上考研征程的萌新感到迷茫。本项目旨在从考研名师、考研资料、考研机构、考生等多个方面全面分析考研信息,从大量数据中客观刻画考研现状,分析对比考研名师、考研资料、考研机构的优缺点,从考生角度对这些考研名师、考研资料、考研机构进行情感评价,萌新可以根据这些客观分析结果选择适合自己的名师、资料、机构。同时,本项目还对考生的情绪进行了分析,总结不同年份的考生的情绪变化以及 2021 年考生在一年中的情绪变化。这些结论可以让考生很好地把握考研的节奏,对于情绪上的波动能做出冷静分析和及时调整。[①]

19.5.2　模块设计

本项目开发的系统由以下 4 个模块组成。

1. 考研名师分析模块

考研名师分析模块通过对微博用户发布的与张宇、李永乐、李林、汤家凤、肖秀荣、徐涛这几位考研名师相关的内容进行处理,分析数据处理的结果,从而对考研学子给出合理、有效的建议。

本模块的数据来源为微博用户发布的内容。首先通过网络爬虫技术获取与上述名师相关的数据内容,进行数据清洗、去重。其次使用结巴分词软件进行分词,并基于 TF-IDF 提取关键词,生成情感词云,使用 SnowNLP 库对文本进行情感分析。最后通过 LDA 模型分析出数据中的主题。

2. 考研资料分析模块

考研资料分析模块统计热门考研资料销量,从英语、数学、政治三科的资料中各选出几本进行情感分析。首先爬取知乎网站上有关考研资料的相关评论,在进行数据清洗(包括去除噪声、停用词、无效字符和数据)后,使用分词工具进行分词处理。统计词频后提取与考研资料相关的关键词,计算关键词的情感得分,最后利用可视化工具对结果进行展示。

3. 考研机构分析模块

考研机构分析模块包括数据获取、热点机构统计和机构评论分析 3 个子模块。

数据获取子模块利用 selenium 框架从知乎、贴吧、新浪等门户网站爬取大量用户对不同考研机构的评论数据,进行数据分析,并返回统计数据给系统维护人员。系统维护人员采用 JSON 格式处理数据,并利用词云图等手段分析数据。用户通过浏览器就能和网站上的内容交互。该子模块主要采用以下几种编程语言:

(1) Python。进行后端 selenium 和数据分析模块的开发。

(2) HTML5。得到 XPath 路径结构,实现爬虫功能。

热点机构统计子模块用于分析数据获取子模块获得的大量考研机构数据。该子模块综合运用 TF-IDF、词频统计、结巴分词、关键词、词云提取等技术,对数据获取子模块爬取的数据进行分析,得到所有考研机构在数据中呈现的热度,热度最高的几家考研机构即为热点机构。

机构评论分析子模块用于计算各考研机构在其话题下的评论中的好评率。该子模块综合运用情感分析技术,对每个考研机构的评论数据分别进行分析,计算情感倾向,得到各考研机构评论中的好评率以及差评率。

[①]　19.5 节来源于杜伦、冯博凯、张隽驰、王彦浩、刘维康、赵青青的小组作业。

4. 考生分析模块

针对爬取的微博评论数据,首先使用 Python 对数据库的数据进行格式统一化,然后对数据进行分类,得到同年不同月和同月不同年等几种文件,分别进行分词,利用分词结果进行情感分析,并使用 animation 和 Pandas 对数据进行动态可视化。针对从 QQ 中获取的聊天数据,统计每月聊天数据量,并分析变化,使用分词和去停用词等手段处理基础数据,为 LDA 主题模型和词云提供源数据,然后针对 12 个月的数据进行 SA 分析。

19.5.3 结果及分析

1. 考研名师结果分析

总体来说,考生对考研名师分析结果的评价以正向居多。关键词词云中出现的词语多为感谢、喜欢、开心、可爱、欣慰等积极词汇,情感分析结果也表明正向情感占绝大部分。对于各个考研名师的具体分析在此不做详细陈述。

2. 考研资料结果分析

以英语资料为例,由表 19-6 可见,红宝书和恋练有词在单词上更为突出,而黄皮书在阅读和写作上更为突出,这也是符合大众的主观认知的。

表 19-6　英语资料情感分析

资　　料	关　键　词				
	单词	阅读	词汇	写作	选择题
红宝书	1	0.6	0.62	0.18	0.13
恋练有词	1	0.5	0.39	0.24	0.12
黄皮书	0.85	0.96	0.24	0.63	0.33

再以数学资料为例,由表 19-7 可见,复习全书更注重基础。在习题这个维度上,李永乐复习全书得分最高。同时,在提及考研资料时,人们往往习惯用同类事物与之比较,例如考生评论汤家凤时往往会提及张宇和李永乐。

表 19-7　数学资料情感分析

资　　料	关　键　词								
	基础	数学	张宇	视频	资料	强化	讲义	汤家凤	习题
李永乐复习全书	1	0.85	0.31	0.41	0.47	0.29	0.31	0.23	0.31
汤家凤复习全书	1	0.95	0.98	0.57	0.16	0.41	0.45	0.38	0.22
张宇 18 讲	0.91	0.95	1	0.59	0.34	0.44	0.18	0.44	0.15

3. 考研机构结果分析

本项目借助词云第三方库并根据多维度分析得到的统计数据生成直观的词云,按照考研机构在分析结果中的权重大小,在词云中用相应大小的字显示,如图 19-11 所示,热度最高的 5 家考研机构为文都、王道、凯程、考虫和启航。

图 19-11　考研机构热度词云

4. 考生结果分析

考生分析使用了包括考研名师微博评论数据、考研 QQ 群聊天数据在内的 15 万条数据。这样做的目的有两个:一个是分析考生在考研历程的不同阶段内心情感和情绪的变化,并根据分析结果对考生提出相应的建议,以帮助考生缓解由于外部环境变化而产生的压力;另一个是通过动态情感图反映出不同年份考生状态的差异,例如偶数年考生情绪普遍比奇数年考生低,这也侧面反映了偶数年数学题难度偏大。通过对这一动态变化的揭示有利于考生分析和预测考研形势,作好应对。

从 QQ 群聊天记录的情绪变化可以看出,大部分考生从 5—6 月开始备考;9—10 月进入考研复习高潮;11—12 月聊天人数下降,说明考生都专注于冲刺。

▶ 19.6 客服通话文本摘要提取

19.6.1 背景介绍

本项目[①]为中国计算机学会和中国联通主办的赛事“客服通话文本摘要提取”参赛作品。

客服中心每天都需要接通大量的客户来电,客户来电需要从语音转换为文本,同时对文本进行概括,提取客户核心诉求,但是人工完成这些任务会增加客服工作量,降低工作效率,因此可以考虑使用人工智能算法自动生成文本摘要。

本项目的任务是对客服通话数据进行摘要提取。因为客服通话属于特定领域的通话数据,所以同一般的文本摘要提取存在一定的差异,主要的难点如下:

(1)语音通话通过第三方服务转写为文本内容,存在一定的转写错误。

---

① 　19.6 节来源于张晓松、李育霖、李静、张恒瑀、汤泽阳的小组作业。

（2）文本长度不固定，长短不一，可能存在文本过长的现象。

（3）因为是涉及具体领域的客服通话文本，专业词汇可能较多。

19.6.2　数据说明

数据来源于客服中心通话文本数据库。首先对通话进行录音，然后使用第三方服务将语音转为文本。文本常规情况下主要用于数据分析以及客服人员指标评定和关键字分析。

数据集使用 CSV 格式的文件，包括索引、通话文本和摘要，文本格式为 UTF-8，共25 000 条训练数据。

19.6.3　评价指标

本项采用 ROUGE 评价指标。

ROUGE 指标将自动生成的摘要与参考摘要进行比较，其中 ROUGE-1 衡量一元匹配情况，ROUGE-2 衡量二元匹配情况，ROUGE-L 记录最长公共子序列，三者都只采用 F1 分数。ROUGE 指标的加权计算表达式如下：

$$0.2 \times f\text{-}\mathrm{score}(R1) + 0.4 \times f\text{-}\mathrm{score}(R2) + 0.4 \times f\text{-}\mathrm{score}(RL) \tag{19-20}$$

其中，$f\text{-}\mathrm{score}(R1)$、$f\text{-}\mathrm{score}(R2)$ 和 $f\text{-}\mathrm{score}(RL)$ 分别为 ROUG1、ROUGE-2 和 ROUGE-L 的 F1 值。

19.6.4　实验方法

1. 模型选择

在中文自然语言生成技术研究中，预训练语言模型还处于空白。mT5 尽管支持中文，但是它并非根据中文的特点设计数据处理方式、构建预训练语料，因此无法将中文自然语言生成效果提升到令人满意的程度。为了推进中文自然语言生成技术的发展，追一科技公司技术团队结合中文自然语言生成技术研究的特点和需求，构建了为中文定制的开源 T5 PEGASUS 模型（https://github.com/ZhuiyiTechnology/t5-pegasus）。本项目采用该模型。

2. 数据预处理

在数据预处理环节，使用文本纠错技术对训练集常见的文本错误类型（如错别字等）进行修正。

3. 调整合适的超参数

首先对 t5-base（12 层）与 t5-small（8 层）进行验证评估。由于数据的稀疏性，t5-base 表现不如 t5-small，所以本项目选择了 t5-small。其次选择合适的 max_len 和 output_len，通过计算文本的平均长度、最大长度以及最小长度，不断调整 max_len、output_len 的值，实验证明，在 max_len＝2048、output_len＝300 时，生成的摘要效果最好。最后调整迭代次数，实验证明，在训练到 35 轮时，模型表现出最佳效果。

本项目通过实验尝试了不同的生成策略。对比不同的 top_k、top_p 以及 beam_search

值,最终发现在 top_p＝0.9、beam_search ＝ 3 时效果最佳。

4. 实验结果及展示

在实验中对几种模型的最高 ROUGE 值进行了对比,实验结果如表 19-8 所示。实验证明,本项目采用的方法优于几种基线模型的效果。

表 19-8　几种模型最高 ROUGE 值对比

模　型	最高 ROUGE 值
Pointer-Generator-Network	1376.92
Unilm	1656.84
Bart	1762.77
T5-base_27Epochs(本项目)	1815.03
T5-small_35Epochs(本项目)	1891.18

下面是一个示例。

通话如下:

【坐席】先生您好。【客户】唉,你好,我们那个前两天不是我昨天打这个电话预约这个宽带的,他没接我的电话,然后那个我没接上,你帮我催一下好吗? 尽快想把这个覆盖安上。【坐席】稍等一下,申请的时候留的联系电话是现在这个手机号对吗? 嗯,稍等。【客户】开机一下好吗? 他虽然打电话没接上。【坐席】嗯,您申请的是,您是通过客服这边申请的吗? 对这边的话应该还会再联系到您的,您可以等待这边再联系我们这边只看到有一个电子医疗单,是 1 月 26 日申请的吗? 昨天吗? 对嗯对,嗯,那我帮您加急一下吧,到时候您等待回复,嗯,好不客气,唉,感谢来电再见。

摘要如下:

×××用户来电反映在 1 月 26 日申请了宽带,但师傅没有接听到电话,现来电着急安装问题,详见:ts×××,要求尽快上门安装,请尽快处理并回复,谢谢。

第 20 章
自然语言处理应用案例

本章对北京理工大学国家精品课程"大数据分析及应用"中优秀的学生作业继续进行汇总。与第 19 章介绍的应用项目相比,本章介绍的应用案例的特点是具体而微,涉及的内容主要包括《红楼梦》前 80 回和后 40 回作者同一性分析、丁真走红事件网络舆情分析、个人语言特征消除工具、问药小助手、自动写诗与鉴赏翻译系统,涉及的自然语言处理关键技术包括网络爬虫、命名实体识别、机器阅读理解、情感分析、文本摘要和机器翻译等。[①]

▶ 20.1 《红楼梦》前 80 回和后 40 回作者同一性分析

20.1.1 背景介绍

《红楼梦》前 80 回和后 40 回到底是不是同一个作者写的? 人们普遍认为《红楼梦》的作者有两个,曹雪芹写了前 80 回,高鹗续写了后 40 回。然而,红学界关于《红楼梦》作者的争议一直很大,存在着很多种观点。本项目旨在对《红楼梦》前后作者进行同一性分析[②]。

高鹗续作《红楼梦》后 40 回的说法最早出自清代文学家张问陶。张问陶《赠高兰墅(鹗)同年》诗题自注云:"传奇《红楼梦》八十回以后俱兰墅所补。"《绘境轩读画记》记载,曹雪芹"《红楼梦》小说,称古今平话第一。嘉庆时,汉军高进士鹗酷嗜此书,续作四十卷附于后,自号为'红楼外史'。"

清代文人张新之指出,《红楼梦》前 80 回和后 40 回在思想、结构和人物性格发展上都具有高度的一致性,他在《红楼梦读法》中写道:"一部《石头记》,计百二十回,沥沥洋洋,可谓繁矣,而实无一句闲文。有谓此书只八十回,其余四十回乃出另手,吾不能知。但观其中结构,如常山蛇,首尾相应,安根伏线,有牵一发浑身动摇之妙,且此句笔气,前后略无差别——重以父兄命,万金赠,使闲人增半回,不能也。何以耳为目,随声附和者之多?"

20.1.2 输入数据

本案例的数据来源为《红楼梦》全集文本,数据格式为 UTF-8。

20.1.3 分析工具和方法

本案例采用 NLPIR-Parser 作为分析工具。

---

① 本章由汤泽阳整理。
② 张华平,商建云,刘兆友. 大数据智能分析[M]. 北京:清华大学出版社,2019.

本案例从文本中的虚词入手,通过计算数据之间的 KL 距离分析文本的相似性。

1. NLPIR-Parser

NLPIR-Parser 是融合了自然语言理解、网络搜索和文本挖掘的技术,针对互联网内容处理相关需要的文本搜索与挖掘开发平台(NLPIR 在线演示平台地址为 http://ictclas.nlpir.org/nlpir/),该平台提供了用于二次开发的基础工具集。

2. 虚词的选择

每个人的写作都有特定的文字风格。虽然一部作品前后的内容会有差别,但是用词的习惯不容易改变。由于前 80 回和后 40 回情节的不同,涉及的词也就有所不同,但是一个人使用虚词的方式和频率可能存在一定的规律。

本案例采用了 1987 年李贤平发表的《〈红楼梦〉成书新说》一书中列出的 47 个虚词分为以下 5 类:

(1) 13 个文言虚词:之、其、或、亦、方、于、即、皆、因、仍、故、尚、乃。

(2) 9 个句尾虚词:呀、吗、咧、罢咧、啊、罢、罢了、么、呢。

(3) 13 个常用的白话虚词:了、的、着、一、不、把、让、向、往、是、在、别、好。

(4) 10 个表示转折、程度、比较等意的虚词:可、便、就、但、越、再、更、比、很、偏。

(5) 后缀于名词的“儿”字和后缀于副词、形容词和动词的“儿”字(视为两个不同的虚词)。

3. KL 距离

KL 距离可以衡量两个随机分布的数据之间的距离。当两个随机分布的数据相同时,它们的相对熵为 0;当两个随机分布的数据差别增大时,它们的相对熵也会增大。所以,可以用 KL 距离比较文本的相似度。其公式为

$$D(P \parallel Q) = \sum_{x \in X} P(x) \log_2 \frac{P(x)}{Q(x)} \tag{20-1}$$

20.1.4　结果及分析

本案例将《红楼梦》的 120 回按顺序均分为 3、6、12 等份,将这 3 种划分方法分别命名为“3 组”“6 组”“12 组”。将各组数据作为语料,使用 NLPIR 对各组数据分别进行批量分词的分析操作,然后统计出虚词的词频,最后对各组数据之间 KL 距离进行计算。

接下来以“3 组”为例详细介绍,“6 组”与“12 组”与 之等同。将 120 回按顺序均分为 3 等份,即第 1~40 回、第 41~80 回、第 81~120 回,作为 3 组数据。统计出 47 个虚词在每组的词频及概率。这 3 组数据中部分虚词的词频及概率如表 20-1 所示,其中概率为本组数据中某个虚词的个数与本组数据中虚词总数的比值。

根据 KL 距离计算公式得到的结果如表 20-2 所示。将表 20-2 中的行所在回数的各个虚词的概率值记为 $P(x)$,将表 20-2 中列所在回数的各个虚词的概率值记为 $Q(x)$。其他组实验与之等同。例如,计算第 1~40 回与第 41~80 回的 KL 值时,KL 距离计算公式中的 x 表示某个虚词,$P(x)$ 表示 x 在第 1~40 回中的概率,$Q(x)$ 表示 x 在第 41~80 回中的概率。需要注意的是 $D(P \parallel Q)$ 与 $D(Q \parallel P)$ 不同。

表 20-1　部分虚词在 3 组数据中的词频及概率

虚词	第 1~40 回		第 41~80 回		第 81~120 回	
	词频	概率	词频	概率	词频	概率
的	3854	0.128 689 729	5156	0.142 089 454	5269	0.162 377 885
不	3063	0.102 277 281	3805	0.104 858 489	3510	0.108 169 743
是	2293	0.076 566 048	2975	0.081985 284	3039	0.093 654 658
一	2202	0.073 527 448	2750	0.075784 716	1953	0.060186 755
着	1607	0.053 659 700	1855	0.051 120 236	2112	0.065 086 752
便	1075	0.035 895 552	1272	0.035 053 876	1295	0.039 908 781
在	1026	0.034 259 383	1089	0.030010 748	1253	0.038 614 441
就	935	0.031 220 783	1101	0.030341 445	817	0.025 177 972

表 20-2　3 组数据的 KL 值

$P(x)$对应的回数	$Q(x)$对应的回数		
	第 1~40 回	第 41~80 回	第 81~120 回
第 1~40 回	0	0.008	0.082
第 41~80 回	0.007	0	0.06
第 81~120 回	0.051	0.049	0

　　从表 20-2 中可以观察到第一行中第 1~40 回与第 81~120 回的 KL 值是第 1~40 回与第 41~80 回的 KL 值的大约 10 倍。由于当两组随机分布数据的差别增大时,它们的相对熵也会增大。所以第 1~40 回与第 81~120 回的相似性比第 1~40 回与第 41~80 回的相似性低。

　　如图 20-1 所示,可以观察到第 1~40 回与第 41~80 回的相似性较高,第 1~40 回和第 41~80 回的相似性和第 1~40 回与第 81~120 回的相似性相比有明显变化。

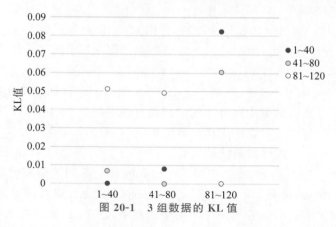

图 20-1　3 组数据的 KL 值

　　"6 组"将 120 回按顺序均分为 6 等份,即第 1~20 回、第 21~40 回、第 41~60 回、第 61~

80 回、第 81～100 回、第 101～120 回。

这 6 组数据的 KL 距离计算结果如表 20-3 所示,对应的图如图 20-2 所示。在图 20-2 中,各折线从右端看,从上往下依次为 1～20、61～80、41～60、21～40、81～100、101～120。

表 20-3　6 组数据的 KL 值

$P(x)$ 对应的回数	$Q(x)$ 对应的回数					
	第 1～20 回	第 21～40 回	第 41～60 回	第 61～80 回	第 81～100 回	第 101～120 回
第 1～20 回	0	0.088	0.078	0.023	0.155	0.177
第 21～40 回	0.065	0	0.01	0.026	0.027	0.054
第 41～60 回	0.052	0.01	0	0.015	0.046	0.065
第 61～80 回	0.019	0.028	0.018	0	0.07	0.087
第 81～100 回	0.104	0.018	0.033	0.057	0	0.041
第 101～120 回	0.11	0.038	0.045	0.068	0.018	0

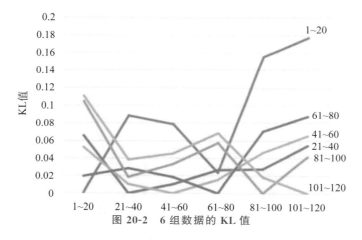

图 20-2　6 组数据的 KL 值

当两组随机分布的数据差别增大时,它们的 KL 值也会增大。从结果可以发现:前 4 组数据在与后两组数据进行比较时,KL 值明显较大;后两组数据在与前 4 组数据进行比较时,KL 值明显较小。

“12 组”将 120 回按顺序均分为 12 等份,即第 1～10 回、第 11～20 回……第 111～120 回。这 12 组数据的 KL 距离计算结果如表 20-4 所示。

表 20-4　12 组数据的 KL 值

$P(x)$ 对应的回数	$Q(x)$ 对应的回数											
	第 1～10 回	第 11～20 回	第 21～30 回	第 31～40 回	第 41～50 回	第 51～60 回	第 61～70 回	第 71～80 回	第 81～90 回	第 91～100 回	第 101～110 回	第 111～120 回
第 1～10 回	0	0.024	0.109	0.102	0.128	0.048	0.069	0.03	0.192	0.186	0.193	0.188
第 11～20 回	0.027	0	0.07	0.644	0.82	0.028	0.041	0.018	0.149	0.151	0.154	0.15

$P(x)$对应的回数	$Q(x)$对应的回数											
	第1~10回	第11~20回	第21~30回	第31~40回	第41~50回	第51~60回	第61~70回	第71~80回	第81~90回	第91~100回	第101~110回	第111~120回
第21~30回	0.08	0.057	0	0.013	0.016	0.024	0.019	0.056	0.033	0.042	0.05	0.062
第31~40回	0.094	0.066	0.018	0	0.01	0.023	0.025	0.059	0.034	0.049	0.055	0.07
第41~50回	0.1	0.066	0.019	0.007	0	0.025	0.024	0.057	0.031	0.042	0.048	0.056
第51~60回	0.057	0.037	0.032	0.025	0.033	0	0.017	0.03	0.086	0.083	0.086	0.072
第61~70回	0.053	0.035	0.017	0.018	0.022	0.009	0	0.035	0.055	0.06	0.066	0.064
第71~80回	0.027	0.016	0.06	0.052	0.063	0.023	0.038	0	0.12	0.105	0.117	0.105
第81~90回	0.133	0.105	0.025	0.02	0.022	0.057	0.046	0.099	0	0.023	0.035	0.041
第91~100回	0.115	0.094	0.029	0.02	0.021	0.04	0.044	0.097	0.022	0	0.011	0.15
第101~110回	0.123	0.096	0.036	0.026	0.025	0.042	0.056	0.079	0.035	0.011	0	0.012
第111~120回	0.135	0.109	0.051	0.042	0.039	0.055	0.063	0.089	0.044	0.016	0.013	0

从表 20-4 中可以观察到,前 80 回中的任意一组数据与后 40 回各组数据的 KL 值均比与前 80 回其他组数据的 KL 值高。

图 20-3 为 12 组数据与后 40 回对应的 4 组数据的 KL 值。可以看出,前 80 回的 8 组数据的 KL 值与后 40 回的 4 组数据的 KL 值有不同程度的差距。后 40 回的 4 组数据之间的 KL 值比前 80 回的 8 组数据与后 40 回的 4 组数据之间的 KL 值小,说明后 40 回的 4 组数据相似度较高。

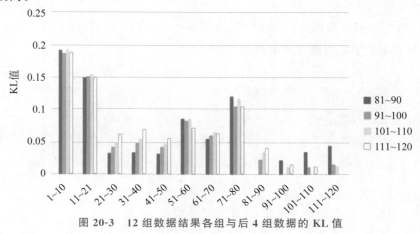

图 20-3 12 组数据结果各组与后 4 组数据的 KL 值

经过一系列分析,前 80 回与后 40 回确实在虚词使用习惯上有明显的差异。据此可以大胆推测后 40 回出自另一个人之手。

▶ 20.2 丁真走红事件网络舆情分析

20.2.1 背景介绍

2020 年 11 月,丁真因为一脸纯真朴素的笑容意外走红,成为网络"新晋顶流"。女性网友为他欢呼,甚至引起部分男性网友嫉妒。他也是仅有的被外交部发言人转发、得到央视当家主播祝福的草根红人,可以说集帅气和流量于一身。

针对这样一个引起各界热评甚至争议的热点事件,本项目通过爬取新浪微博官方媒体博主下的普通用户评论和微博话题讨论、知乎关于丁真所有问答和话题下的所有用户评论以及 B 站视频弹幕得到大量数据并进行文本处理及分析,从而实现了基于大数据的网络舆情分析[①]。

20.2.2 系统结构及方法

本项目主要包括数据爬取处理模块和数据分析模块,各模块使用的主要技术和工具如图 20-4 所示。

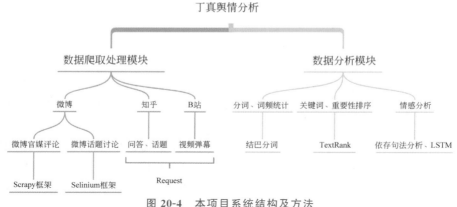

图 20-4　本项目系统结构及方法

1. 爬取数据

本项目从微博、知乎以及 B 站 3 个平台进行数据采集。由于这 3 个平台的用户群有不同的特征,因此根据这 3 个平台的数据可以从不同角度更全面地分析大众对丁真事件的评论及背后的原因。在微博平台上的数据爬取分为两个方向。第一个方向是与丁真有关的官方微博下面的评论,这部分数据可以反映主流媒体下公众的态度。本项目从理塘丁真、人民日报、四川电视台新闻现场、四川观察和央视新闻这 5 个官方微博号中共爬取了 60 条与丁真有关的微博,得到 3 万条评论。第二个方向是与丁真有关的话题,本项目搜索了 20

① 20.2 节来源于高玉箫、蔡佳豪、杜博轩、李书豪、李松、陈凯悦的作业。

个话题,共 2000 条微博数据。

微博爬取的话题如下:"♯丁真♯""♯理塘♯""♯有些直男对丁真的恶意♯""♯部分男性对丁真的态度♯""♯丁真以前就放牛骑马现在要干活""♯丁真撞脸邂逅大王♯""♯全国各地都在邀请丁真♯""♯丁真高原藏族妆♯""♯丁真亮相理塘旅游推介♯""♯杜冬说丁真像理塘的眼睛♯""♯丁真回应 2020 全网爆红♯""♯丁真说想来北京看升国旗♯""♯四川为了丁真有多努力♯""♯路人镜头下的丁真♯""♯丁真的家乡有多美♯""♯邀请丁真来我家乡♯""♯少狼主丁真♯""♯丁真为何爆火♯""♯丁真有多爱他的小马珍珠♯""♯丁真没放好牛也没实现目标♯"。

在知乎上,分别以"丁真"和"丁真扶贫"为关键词爬取相关问答,在与"丁真"有关的 65 个问题中共爬取了 36 343 个回答,在与"丁真扶贫"有关的 84 个问题中共爬取了 44 965 个回答。

在 B 站爬取了与丁真相关的 986 个视频,共 113 921 条弹幕消息。

以上 3 种来源的数据存储为 CSV 文件和 JSON 文件,作为后续处理分析的依据。

2. 生成关键词并进行重要性排序

首先对从各个平台上爬取的数据进行整理,提取所有评论内容,进行分词及关键词提取,以便后续数据分析。

使用 TextRank 算法提取关键词并进行排序,将排序后的关键词输入词云图生成程序。为了更好地反映评价,本项目还对词性进行了标记,并过滤了停用词,只保留指定词性的单词,如名词、动词、形容词。对特定词性的关键词进行排序和词云图绘制,并从外在评价、关联原因、负面态度等角度进行分析。

3. 大众对丁真的评价总览

通常人们对一个人的评价无外乎外在和内在两方面,而这些评价的词语通常都是形容词。为准确提取评价,本项目使用微博评论数据,并筛选形容词,考虑到不同性别的群体可能会有不一样的看法,将爬取的数据分成男性和女性两个群体进行分析,得到的男性评和女性评词云图如图 20-5、图 20-6 所示。女性对丁真的评价几乎都是正面、积极的词语,如美好、善良、单纯等;而男性的评价中虽然也有美好、清澈等积极的词语,但是高频出现的还有落后、贫困、艰苦、愚昧等,可以看出,他们对丁真的评价考虑到了其生活背景和当地发展状况,此现象将在后面进一步探究。

图 20-5　微博评论中女性评论的词云图

图 20-6　微博评论中男性评论的词云图

4. 微博话题讨论情感分类

通过长短时记忆人工神经网络搭建文本情感分类的深度学习模型,本项目对 2084 条微博话题讨论进行了情感取向分类,结果如图 20-7 所示,其中积极评价占 69%,而消极评价占 31%。

微博话题讨论情感取向

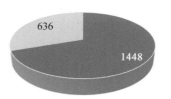

5. 丁真现象的负面评价分析

其实,对于丁真爆红,有相当一部分人持负面态度,在贴吧上也经常会有"男性普遍仇视辱骂丁真"的帖子,典型的两类人群分别是"做题家"和"男性"。为探究负面评价产生的原因,本项目从知乎中两个关注度较高的问题中挖掘回答,得到的关键词分布如图 20-8 和图 20-9 所示。

图 20-7　微博话题讨论情感取向分类

在知乎话题"'做题家'们的怨气为何要往丁真身上撒"关键词词云图中可以看到,针对这一话题的观点有廉价、贫困、光鲜、黑暗等关键词,说明有一部分人对于丁真爆红持有置疑态度,认为这种不依靠脚踏实地的努力而轻易获取的名利是不值得宣扬的。

图 20-8　知乎"做题家"话题关键词词云图

图 20-9　知乎"男性"话题关键词词云图

在知乎话题"为何贴吧男性普遍仇视辱骂丁真"关键词词云图中出现的词语包括离谱、反感、不行、恶心等,这也表明丁真爆火对于一部分男性来说是无法接受的,认为这种现象是不正常的。

6. 丁真现象的关联原因分析

丁真爆红背后的原因远不止其外表和最初摄影师所拍的视频。为探究其深层原因,从数据中去掉形容词,提取名词和动词,使数据更加有说服力。由于微博的评论相对客观与多样化知乎用户的文化水平普遍较高,思辨能力较强,因此本项目从微博的评论和知乎的回答中进行关键词提取,相应的词云图如图 20-10 和图 20-11 所示。

图 20-10　微博评论关键词词云图(动词+名词)

从图 20-10 和图 20-11 中可以看出,除了对丁真的赞美外,丁真现象和家乡理塘、宣传、社会、扶贫、流量等密切相关,这也与理塘县一直主打的旅游宣传相符合,结合理塘县近几年一直宣传的理塘草原等旅游景点,丁真的爆红对理塘县的旅游宣传有很大的积极作用,

图 20-11　知乎问答关键词词云图（左为名词，右为名词＋动词）

而这种宣传的出发点也与国家对贫困地区的扶贫政策相契合，因此得到了政府和社会的支持。通过以上分析可以看出，在网络世界中一个人的爆红不会只有单一原因，这种现象一定是多种因素共同促成的。通过大数据分析，深挖其内在因素和关联，才能看到更真实的情况。

▶ 20.3　个人语言特征消除工具

20.3.1　背景介绍

大数据作者身份识别指的是：利用已有的文本信息，通过大数据技术对数字化的文本进行鉴定，分析其中的个人语言特征，从而实现判断文本作者。这一技术类似于对纸质文书的笔迹鉴定。作者身份识别技术在识别犯罪者身份等领域发挥了重要作用，但也引发了公众对个人隐私的担忧。在印刷时代，作者可以通过拼贴报纸文字、使用尺子辅助书写笔画等手段隐藏自己的笔迹。然而，在信息时代，大量的文本已经数字化，传统的方法也随之失去了效果。对于匿名博客作者或"吹哨人"来说，除非他们采取措施掩饰自己的写作风格，否则很可能被作者身份识别技术识破，从而暴露身份。因此，有必要找到一种在数字化的文本中隐藏"电子笔迹"，即模糊个人语言特征的技术。[①]

20.3.2　技术概念

1. 作者身份识别

作者身份识别是通过分析一篇文章的特征得出其作者身份的技术。由于每一个作者都具有独特的写作风格和写作方式，因此在语言学研究领域很早就已开始进行判断作者身份的语言学和文体研究。如今作者身份识别有了更加广泛的应用，除了对传统文学领域的作者进行分析研究，在刑侦、营销等领域也展现出其独特的优势。

作者身份识别与检测主要涉及 4 个研究领域：一是作者身份识别，即通过文章的写作风格识别其作者；二是作者身份描述，即推测作者性别、年龄、职业和教育程度等；三是作者身份验证，即检查一段文本或一组相似文本是否由某作者编写；四是剽窃检测，即搜索某作

---

① 20.3 节来源于耿明灏、张越崴、王雨石、王皎洁、王文博的作业。

者作品中有无从其他作品中复制的句子或段落。通常使用的文体特征主要包括词汇特征、句法特征、结构特征和具体内容特征。

2. 语义相似度检测

语义相似度检测旨在衡量两段文本在语义上的相近程度。由于文本中包含许多同义词、缩略词、否定词等,加之文本的句法结构复杂多变,都为文本语义相似度的计算增添了难度。学术界和工业界在这一领域进行了大量研究和实践,提出了一系列针对文本语义相似度计算问题的模型和方法。

3. 文本相似度检测

文本相似度指的是两段文字在文本内容上的相似程度。文本相似度检测用于针对两段语义信息相近的文本评估个人的语言特征被消除的程度。可以把文本的语言特征消除视为文本的语言习惯保留的逆问题,由此将计算语言特征消除程度的计算转化为输入文本和经过转化之后的文本之间具体特征相似度的计算。

20.3.3 系统设计

通过将语义相似度检测技术、文本相似度检测技术和机器翻译技术相结合,本项目设计了基于双重机器翻译的个人语言特征消除系统,用于抵御作者身份识别技术,同时设计并实现了个人语言特征擦除工具 ATTA(AnTi Text Analysis,反文本)。该系统分为 4 层:翻译层(Translator)、回译层(InvTranslator)、检查层(Checker)和验证层(Verifier),如图 20-12 所示。其中,翻译层负责访问神经机器翻译服务器,将原始文本翻译成中间语言。回译层负责将中间语言翻译回原始文本所用的语言。在翻译和回译的过程中,期望的结果是原始文本中的个人语言特征随着语言的两次翻译而消失。在两次翻译的过程中,可能会

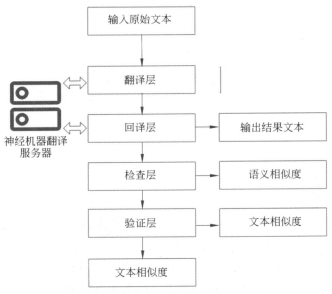

图 20-12 个人语言特征消除系统架构

发生语义的变化,因此加入了检查层负责检查回译层的输出与原始文本的语义是否一致,输出语义相似度。最后,验证层将验证回译层产生的输出是否消除了原始文本中的个人语言特征,输出文本相似度。

系统主要使用 Java 和 Python 进行开发,通过 JavaFX 技术实现图形用户界面,利用 Shell 脚本语言实现自动化辅助配置。输入和输出文本语言均为英语,选取简体中文作为中间语言。神经机器翻译服务器为 Google 神经机器翻译系统(GNMT 采用了 8 层 LSTM 网络,各层之间采用残差连接以优化梯度传播)。

检查层输出的结果为语义相似度,使用 SPICE 的 F_1 分数。

验证层输出的结果为文本相似度,使用 BLEU 实现。本项目使用 100 减去 BLEU 求得的语言相似度得分作为最终的个人语言特征消除程度的结果。经过一些单句的比对,纳入三元组和四元组两种信息之后,可以正确地评价个人语言特征的消除程度。因为一些单词在句子中或许不具有可替换性,经过翻译转换之后仍然相同;但是较长的词组和短语的联合使用能反映出一个人描述信息的个人习惯。因此,本项目选择 $L=4$ 作为 BLEU 算法的参数。

ATTA 的界面如图 20-13 所示。对于转换结果而言,语义相似度越高越好,文本相似度越低越好。

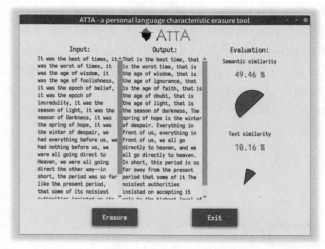

图 20-13　ATTA 的界面

20.3.4　总结分析

本项目主要完成了以下几方面工作:

(1) 创新性地提出并实现了基于双重机器翻译技术消除个人语言特征的思路。该方式逻辑清晰,使用方便,成本低廉,可以快速便捷地实现个人语言特征的消除。

(2) 设计并实现了语义保留程度的检测技术。在翻译和回译的过程中,原始文本中的个人语言特征随着语言的两次转换而消失,但也可能会发生语义的变化,因此加入了使用 SPICE 方法的检查层,负责检查回译层的输出与原始文本的语义是否一致。

(3) 设计并实现了个人语言特征消除程度的检测技术。对于机器翻译的结果,通过人工识别评价的方式无法准确量化且耗时耗力。考虑到运行效率等因素,本项目使用 BLEU 方法评估输入文本和双重翻译后的文本之间的相似度。

（4）系统整体采用 MVC 设计模式,其中的核心业务模块设计实现了翻译层、回译层、检查层和验证层 4 层系统架构,耦合性低,降低了层与层之间的依赖,有较高的可维护性和可扩展性。

▶ 20.4　问药小助手

20.4.1　应用概述

本项目[①]（问药小助手）主要服务于 C 端用户。用户通过微信小程序进入程序界面,描述自己目前出现的症状,由系统根据用户描述,为用户提供日常范围内疾病的诊断,同时利用数据库为用户提供非处方（OTC）类药物的推荐（因国家医疗体制有相应的规定,处方药（Rx）是指必须由有处方权的执业医师或者执业助理开出处方,才能到医院药房或者药店购买的药物。处方药绝大多数具有一定的毒副作用,因此需要在医生的指导下合理使用。与处方药对应的是非处方药,非处方药可以在药店随意购买,一般毒副作用比较小）。程序分为前端和后端两部分,主要基于 JavaScript 语言开发,包括 JSON、WXSS、WXML 3 个类型的文件。其中涉及文本框输入功能、语音识别功能、服务评价功能及核心的治疗药物推荐功能,以上功能通过客服对话的形式为用户提供服务。

用户通过语音或文字的形式描述病症。系统前端基于自然语言处理的命名实体识别技术,以文本语句的形式输出,进行标准化和归一化,确认该用户的症状;后端同样基于自然语言处理的命名实体识别技术,主要提供数据处理功能。前后端通过对现存数据中的药物名称与症状名称进行特征匹配,达到最终推荐药物的目的。

20.4.2　数据来源

本项目需要爬取的数据主要包括药物名称、药物功能主治、药物用法用量、症状描述及其所包含的命名实体（症状实体）。药物数据主要来自寻医问药网,处方药与非处方药的药品目录来源于国家药品监督局,症状描述与实体信息来源于寻医问药网和百科名医网,确保数据源的准确性与丰富性。其中,药物数据主要用于症状匹配,并在匹配完成后将基本信息提供给用户作为用药推荐。症状数据主要用于训练命名实体抽取模型,以用于药物与症状的特征匹配。

20.4.3　数据标注

得到药物的相关信息后,需要对药物可治疗的症状进行提取。本项目首先根据收集到的症状词典对药物信息进行 BIO 标注,具体步骤如下:

（1）输入存储药物信息的文件,对文件进行分句,得到 sentence_list。

（2）输入收集得到的症状词典,计算词典中命名实体的最大长度。

---

① 　20.4 节来源于唐永翔、郭倞涛、薛新月、侯晋宏、琚安怡、范佳兴的作业。

（3）令 $s=0$。

（4）取第 s 个句子：sentence=sentence_list[s]，令 tag_sentence 为空列表，用来记录句子 sentence 对应的 BIO 标注。

（5）使用最大长度匹配算法对 sentence 进行分词，得到 word_list。

（6）令 $i=0$。

（7）取 word_list 中的第 i 个单词：word=word_list[i]，判断 word 是否在词典中。若 word 在词典中，则执行第（8）步；否则，转到第（9）步。

（8）在句子中查找 word 的开始与结束位置，将 word 的开始位置记为 B，将其他位置记为 O，并将结果记录在 tag_sentence 中。

（9）将 i 的值加 1，判断此时 i 的值是否大于或等于 word_list 的长度。若是，则执行第（10）步；否则，转到第（7）步。

（10）按照句子中词的顺序将 word_list 与 tag_sentence 进行拼接，并将结果记录到 BIO 文件中。

（11）将 s 的值加 1，判断此时 s 的值是否大于或等于 sentence_list 的长度。若是，则执行第（12）步；否则，转到第（4）步。

（12）输出 BIO 文件，结束。

20.4.4 症状识别

本项目借助命名实体识别技术识别出药物适应症中的有关症状描述的内容，以此建立根据症状筛选药物的词典。命名实体识别技术通常可分为基于规则的方法、基于机器学习的方法和基于深度学习的方法。其中，基于规则的方法需要领域专家制定有效的规则，局限性较大；基于机器学习的方法中常用的模型有隐马尔可夫模型和条件随机场；基于深度学习的方法中常用的模型是循环神经网络（RNN）、长短时记忆网络等。循环神经网络适用于对序列数据进行标注，但无法解决长距离依赖问题，即后面的节点不能有效利用距离远的信息，因此研究者又提出了 LSTM，它使用门限机制对历史信息进行过滤，可以解决 RNN 的问题。但 LSTM 只能按时间步单向传递信息，无法捕捉由后向前传递的信息。为了解决这一问题，本项目使用双向长短时记忆网络（BiLSTM）记忆语句的前向和后向信息，通过 BiLSTM 学习上下文特征，结合条件随机场（CRF）获取实体标签中存在的依赖关系，最终完成医学领域中的非结构化文本实体识别。目前，BiLSTM-CRF 方法一般都作为命名实体识别模型以及相关竞赛的基线任务，这表明该方法具有长久的生命力。

本项目通过精确率、召回率以及 F1 值 3 个指标评估症状识别结果，如表 20-5 所示。

表 20-5 症状识别结果评估

症 状	精 确 率	召 回 率	F1 值
常见症状	0.8593	0.8944	0.8765
微平均	0.8593	0.8944	0.8765
宏平均	0.8593	0.8944	0.8765

20.4.5　医疗槽填充

传统的槽填充主要是通过已经设定好的领域专用词对给定的数据进行标注,这样就可以从预测的标签中提取出结构化的语义表示,即槽值对。但是,传统的槽填充方式存在两个问题:一方面,医疗数据存在不对齐的问题;另一方面,精确标注的医疗数据较难获得。因此,不能使用传统的槽填充方式进行建模。本项目将该任务转换为多标签分类问题,输入是口语化的医学数据,输出是结构化的语义表示。首先使用医学对话数据集对模型分类器进行预训练,然后在少量精确标注的数据集上对模型进行微调。

针对用户表述不连续的情况,加入关键词注意力机制,使模型提高对于医学领域关键词的敏感度,如图 20-14 所示。

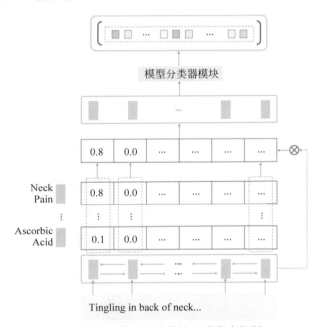

图 20-14　模型中的关键词注意力机制

设 $X=\{x_1,x_2,\cdots,x_n\}$ 是用户原始陈述的词向量序列,$S=\{s_1,s_2,\cdots,s_m\}$ 是所有候选症状的向量序列。将两个序列进行相似性度量,可以判断输入的某个词是否与某候选症状相关,并取其中的最大值为 $a_i=\max(x_i\cdot s_j)$,x_i 代表 X 中的第 i 个词,s_j 代表 S 中的第 j 个症状。加入关键词注意力机制后,用户的陈述词向量序列表示为 W。

本项目采用 BERT 和 TextCNN 编码对模型进行了训练,表 20-6 是实验结果。

表 20-6　实验结果

样本集	准确率	召回率	Micro F1 值	Macro F1 值	精确率
验证集	0.598 000	0.737 405	0.802 326	0.740 313	0.879 781
测试集	0.564 000	0.708 584	0.793 758	0.752 621	0.902 205

采用训练好的模型,对用户输入的文本进行槽填充,可得到其症状的专业术语表达。本模型可识别的症状共有 29 种。

▶ 20.5 自动写诗与古诗词鉴赏翻译系统

20.5.1 自动写诗

1. 背景介绍

人们期待计算机拥有智能,能够模拟人类的思考方式,通过训练学习,让计算机写诗就是一次有意义的尝试。随着社会的发展,越来越多的人有创作的需求,给定关键词等启发式信息自动写诗不仅可以辅助文艺工作者进行文学创作,提供灵感,并且给渴望创作的普通人提供了快速写诗的工具,大大节省了时间。

2. 数据集简介

训练数据集使用了 Chinese-poetry 里的《全唐诗》和《全宋诗》数据,提取里面的绝句,并进行繁简转换。算法选择采用 Keras 构建的 LSTM 模型实现自动编写古诗,解决了传统的 RNN 梯度消失或梯度爆炸的问题。最终由用户指定句子的开头和诗的长度,就可自动生成古诗。

3. 模型结构

本项目[①]的预训练语言模型结构如图 20-15 所示。输入层将数据集转换为独热编码传入嵌入层,嵌入层利用预训练的 Word2Vec 网络将训练数据的独热编码转化为低维稠密的

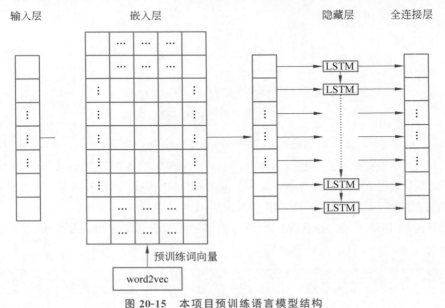

图 20-15　本项目预训练语言模型结构

---

① 20.5 节来源于梁致远、张新科、古亚鑫、谢玉君、张思佳、张子纯的作业。

分布式表示的词向量,隐藏层由 LSTM 网络和 Dropout 算法组成。最后一层为全连接层,该层用 tanh 激活函数。

输出包含所有时序的内容,通过梯度下降法不断减少输出与标签的交叉熵。

在模型训练过程中发现损失上升的情况,这是因为到后面学习率过大。解决的办法是对学习率进行动态调整。本项目选择了步长调整的方法,每过 10 个周期(epoch),学习率调整为原来的 0.1。

4. 结果展示

如图 20-16 所示,模型可以选择指定写藏头诗或随机写诗。当选择随机写诗时,随机地从全部的训练诗作当中抽出一首诗的首字,然后生成一首诗。

```
(qrnn3d) liangzy@lenovo:~/Chinese_Poem_Writer$ python main.py -m fast
Please input poem's rows: 4
Generating . . .
山夜路秋一上云
山路花云来是来
明人得日空花此
日人中空何知雨
(qrnn3d) liangzy@lenovo:~/Chinese_Poem_Writer$ python main.py -m fast
Please input poem's rows: 2
Generating . . .
空时云来无
时水生天生
(qrnn3d) liangzy@lenovo:~/Chinese_Poem_Writer$ python main.py -m head
Please input Chinese characters: 梁致远
Generating . . .
梁君花时江
致声高天空
远心人山春
相自庭时得
```

图 20-16　自动写诗结果展示

20.5.2　古诗词鉴赏与翻译

本项目基于张檬提出的基于非平行语料的双语词汇表示学习[①]进行古诗词鉴赏,基于沈世奇等提出的基于对偶分解的词语对齐搜索算法[②]进行中文词翻译。本项目的核心目标之一是实现让计算机理解古诗词,从而辅助读者阅读,提高古诗词阅读的趣味性与游戏性,降低古诗词学习与阅读的难度,激发读者的兴趣。

本项目进行古诗词鉴赏和翻译的语义识别方法使用隐变量的双语词向量匹配模型和对偶分解的词语对齐搜索算法,通过融合经典模型的翻译能力,取得尽可能好的翻译结果。

1. 背景介绍

审美鉴赏能力是指审美主体在审美鉴赏活动中对审美对象进行鉴别、理解和评价的能

①　张檬. 基于非平行语料的双语词汇表示学习[D]. 北京:清华大学,2018.
②　沈世奇,刘洋,孙茂松. 基于对偶分解的词语对齐搜索算法[J]. 中文信息学报,2013,27(4):9-16.

力。审美鉴赏是在审美感知的基础上加上理性的充分参与而进行的,需要调动想象、思维、情感等心理因素,特别是依据一些明确的专门化的审美标准鉴别审美对象,然后从中获得美的享受。古诗词翻译是审美鉴赏的基础。审美鉴赏是语义识别的高级阶段,需要在理解的基础上对文本进行分析和评价。

2. 数据来源

本项目的数据来源如下:

(1) 中国台湾省"中央研究院"上古汉语标记语料库。该语料库是中国台湾省"中央研究院"古汉语语料库的次级语料库,从 1995 年开始输入及标注,计划输入包括先秦至西汉时期 70 多种文献,至今已完成并开放使用的有 36 种文献,其中包括十三经、先秦诸子以及一部分西汉的著作。该语料库包括大约 250 万个汉字,是目前最大的上古汉语标记语料库。

(2) 北京大学中国语言学研究中心古代汉语语料库。该语料库收录了先秦至民国的古代汉语语料,包括经、史、子、集各类文献,主要有十三经、二十五史、诸子百家以及《全唐诗》《全宋词》《全元曲》《道藏》《大藏经》等,超过 1 亿 7 千万字,是目前最大的可供在线检索的古代汉语语料库。

3. 古诗词鉴赏

输入一段古诗词,利用基于隐变量的双语词向量匹配模型给出双语词向量空间,将其转换为白话文,输出结果。

4. 古诗词翻译

输入一段古诗词,利用基于对偶分解的词语对齐搜索算法将复杂的问题分解为两个相对简单的子问题,迭代求解直至收敛,输出结果。

5. 结果展示

模型可以对指定诗句进行白话文的鉴赏以及英文翻译,示例如下。

1) 白话文鉴赏

输入:"两个黄鹂鸣翠柳,一行白鹭上青天。窗含西岭千秋雪,门泊东吴万里船。"

输出:"两只黄鹂在翠绿的柳枝头鸣叫着,一行白鹭直直地飞上青天。窗外的西岭上的终年积雪白皑皑的一片,门口停泊着从东吴万里开来的船只。"

2) 英文翻译

输入:"两个黄鹂鸣翠柳,一行白鹭上青天。窗含西岭千秋雪,门泊东吴万里船。"

输出:"Two orioles are singing on the green willow branches, and a line of egrets are flying straight up to the sky. The snow on the Xiling mountains outside the window is white all the year around, and the boats coming from Dongwu are moored at the gate."